Burger · Einführung in die Theorie der Spiele

Einführung in die

Theorie der Spiele

Mit Anwendungsbeispielen, insbesondere aus Wirtschaftslehre und Soziologie

Dr. Ewald Burger

o. Professor der Mathematik
an der Universität Köln

2., durchgesehene Auflage

Walter de Gruyter & Co · Berlin 1966

vormals G. J. Göschen'sche Verlagshandlung · J. Guttentag, Verlagsbuchhandlung · Georg Reimer · Karl J. Trübner · Veit & Comp.

 — Archiv-Nr. 13 39 661.

Satz und Druck: Walter de Gruyter & Co., Berlin 30.

Vorwort

Die 1928 durch v. NEUMANN begründete *Theorie der Spiele* hat in den letzten 15 Jahren eine lebhafte Entwicklung durchgemacht. Und zwar hat sie sich sowohl in mathematischer Hinsicht weiterentwickelt als auch immer neue Anwendungen, insbesondere in der mathematischen Ökonomie, gefunden. Das vorliegende Buch ist in erster Linie der mathematischen Seite der Theorie gewidmet, während die verschiedenartigen Anwendungen nur sozusagen als Illustration auftreten. Aber auch bei dieser Beschränkung auf die mathematische Seite konnte bei dem vorgegebenen Umfang des Buches nicht daran gedacht werden, eine vollständige Darstellung aller mathematischen Ansätze und Ergebnisse zu geben. Es handelt sich lediglich um eine Einführung in diejenigen Gedankengänge der Spieltheorie, die dem Verfasser als besonders wichtig erscheinen. Daß dies natürlich weitgehend subjektiv bestimmt ist, ist selbstverständlich.

Wie bei jeder mathematischen Theorie, die ein Stück der realen Welt beschreiben will, müssen auch in der Theorie der Spiele die grundlegenden Definitionen und Begriffe durch intuitive Betrachtungen gerechtfertigt werden. Daher ist es leider unerläßlich, daß den strengen mathematischen Definitionen gewisse unscharfe intuitive Überlegungen vorausgehen, die den Zusammenhang der mathematischen Definitionen mit der Realität herzustellen haben. In diesem Buche wird versucht, diese intuitiven Überlegungen auf das unerläßliche Mindestmaß zu reduzieren. Der Verfasser gesteht nämlich freimütig, daß ihm bei diesen intuitiven Diskussionen niemals ganz geheuer ist und daß er sich hierfür auch nicht als kompetent betrachtet, so daß die Diskussion so rasch wie möglich auf das mathematische Gleis geschoben wird. Vielleicht wird hierdurch auch erreicht, daß der mathematische Gehalt der Theorie besonders deutlich in Erscheinung tritt.

An Vorkenntnissen verlangt das Buch nicht viel. Mathematikstudenten in mittleren Semestern sollten es ohne Schwierigkeiten durcharbeiten können. Einige weitergehende topologische Hilfsmittel, die gelegentlich gebraucht werden, sind mit Beweis in einem Anhang zusammengefaßt. Eine gewisse Schwierigkeit bietet der Begriff einer gemischten Strategie für kontinuierliche Spiele. Hier verläuft das Buch sozusagen zweigleisig. Für diejenigen Leser, die den Begriff einer allgemeinen Wahrscheinlichkeitsverteilung und die einfachsten damit zusammenhängenden Begriffe kennen, sind die kleingedruckten Abschnitte des Buches gedacht. Die anderen Leser können ohne Störung des Sinnzusammenhanges einfach alles Kleingedruckte überschlagen.

Im übrigen werden die üblichen mathematischen Zeichen verwendet. Insbesondere bezeichnet $\emptyset$ die leere Menge, $\mathfrak{A} - \mathfrak{B}$ die Menge aller Elemente von $\mathfrak{A}$, die nicht zu $\mathfrak{B}$ gehören (auch für den Fall $\mathfrak{B} \not\subseteq \mathfrak{A}$), $\{x \in C \mid \ldots\}$ die Menge aller $x \in C$, die die durch ... angedeutete Eigenschaft haben, $\{a_1, \ldots, a_n\}$ die endliche Menge mit den Elementen $a_1, \ldots, a_n$, $|\mathfrak{A}|$ die Anzahl der Elemente der endlichen Menge $\mathfrak{A}$. Ziffern und Buchstaben in eckigen Klammern verweisen auf das Literaturverzeichnis am Ende des Buches. Dieses erhebt keinerlei Anspruch auf Vollständigkeit in irgendeiner Hinsicht. Es ist lediglich eine Zusammenstellung der Arbeiten, auf die in diesem Buche Bezug genommen wird. Ausführlichere Literaturverzeichnisse findet der Leser in vielen der angegebenen Lehrbücher und Sammelbände. Der Inhalt der Bände [CIII] und [CIV] konnte für das vorliegende Buch nicht mehr berücksichtigt werden. Auf diese Bände sei daher vor allem verwiesen.

Das vorliegende Buch ist entstanden aus mehreren Vorlesungen für Mathematiker und mehreren Arbeitsgemeinschaften für Wirtschaftswissenschaftler, die der Verfasser in den Jahren 1955/57 an der Universität Frankfurt/Main gehalten hat.

Rixfeld, im Herbst 1957.

Der Verfasser

Inhalt

I. Der allgemeine Spielbegriff

§ 1. Einleitung

In der von v. NEUMANN in [12] begründeten Theorie der Spiele werden *strategische Spiele* betrachtet. Das sind solche Spiele, deren Ausgang im Gegensatz zu den reinen Glücksspielen nicht allein vom Zufall, sondern auch noch von gewissen Entscheidungen abhängt, die die Spieler im Verlaufe einer Partie des Spieles zu fällen haben. Typische Beispiele solcher Spiele sind die meisten Gesellschaftsspiele, in denen die beteiligten n Spieler nach gewissen Regeln Entscheidungen zu treffen haben. Diese Entscheidungen und eventuell noch gewisse Zufallsereignisse (wie das Verteilen der Karten in den meisten Kartenspielen) bestimmen den Ausgang der Partie und damit Gewinn und Verlust für die n Spieler. Außer bei den Gesellschaftsspielen kommen aber auch noch in zahlreichen anderen Gebieten Probleme vor, bei denen die Interessen mehrerer Teilnehmer miteinander in Konflikt liegen. Derartige Interessenkonflikte lassen sich häufig durch ein strategisches Spiel im obigen Sinne modellmäßig darstellen. Solche spieltheoretischen Modelle sind insbesondere nach dem Erscheinen des grundlegenden Buches [NM] für viele ökonomische, soziologische, militärstrategische und andere Probleme aufgestellt worden.

Es werden im folgenden Paragraphen einige Beispiele von strategischen Spielen betrachtet werden. Diese Beispiele sollen nicht nur dazu dienen, die weite und mannigfaltige Anwendbarkeit des allgemeinen Spielbegriffes zu illustrieren, sondern in erster Linie dazu, zur genauen Definition dieses Spielbegriffes hinzuführen und diese verständlich zu machen. Hierzu wird vor allem der v. NEUMANNsche Begriff einer *Strategie* eines Spielers eingeführt. Da dieser Begriff bei der in diesem Buche gewählten Darstellung in die Definition des Spielbegriffes sozusagen als undefinierter Grundbegriff eingeht, ist es wichtig, daß sich der Leser eine hinreichend deutliche intuitive Vorstellung von diesem Begriff bildet. Das soll durch die Beispiele des nächsten Paragraphen erreicht werden.

Im Rahmen der bisher benutzten unscharfen Ausdrucksweise kann der Begriff einer Strategie folgendermaßen umschrieben werden. Ein Spieler, der in einer Partie eine Entscheidung zu fällen hat, muß diese jeweils aus einer bestimmten *Situation* heraus treffen. Er ist bei dieser Entscheidung im allgemeinen nicht über den gesamten bisherigen Verlauf der Partie informiert, da er oft gemäß den Spielregeln eine der früher getroffenen Entscheidungen seiner Gegner oder auch eine frühere Zufallsentscheidung (wie zum Beispiel bei den meisten Kartenspielen die Kartenverteilung bei seinen Gegnern) nicht kennen darf. Es ist am zweckmäßigsten, den Begriff einer Situation des betrachteten Spieles einfach zu identifizieren mit der Gesamtheit der Informationen über den bisherigen Verlauf der Partie, die dem Spieler gemäß den Spielregeln zur Verfügung stehen in dem Moment, in dem er die betrachtete Entscheidung zu fällen hat. Allerdings ist es nicht für alle Fragen notwendig, den Begriff einer Situation so differenziert zu fassen. Zum Beispiel kann man sich leicht vorstellen, daß für viele Fragen über das Schachspiel zwei Situationen, die in der erreichten Stellung der Figuren auf dem Schachbrett übereinstimmen, schon als gleich angesehen werden können, wenn auch in beiden Fällen die Figurenstellung auf verschiedene Weise entstanden ist. Da jedoch auch hier Fragen denkbar sind, für welche die Entstehungsweise der Figurenstellung eine Rolle spielt, so ist es allgemein am zweckmäßigsten, den Situationsbegriff so zu fassen, wie das oben geschehen ist.

Nachdem der Begriff einer Situation derart umschrieben ist, kann man den Begriff einer *Strategie* folgendermaßen definieren: Eine Strategie eines Spielers für ein bestimmtes Spiel ist ein vollständiger Verhaltensplan, der für jede mögliche Situation, in die der Spieler im Verlaufe einer Partie des Spieles gelangen kann, das Verhalten des Spielers, d. h. die in dieser Situation zu treffende Entscheidung, festlegt.

Man kann sich ohne weiteres vorstellen, daß ein Spieler die Entscheidungen, die er im Verlaufe einer Partie zu fällen hat, nicht von Fall zu Fall trifft, sondern daß er vor Beginn der Partie einen vollständigen Verhaltensplan, d. h. eine Strategie, auswählt, die dann seine einzelnen Entscheidungen im Verlaufe der tatsächlich folgenden Partie festlegt. Es ist klar, daß die Auswahl einer solchen Strategie dem Spieler jedenfalls nicht weniger Entscheidungsmöglichkeiten läßt als die sukzessiven Entscheidungen im Verlaufe einer Partie. Seine Handlungsfreiheit wird also nicht eingeschränkt. In Wirklichkeit trifft der Spieler bei der Auswahl einer Strategie sogar viel mehr Entscheidungen, als in der folgenden Partie überhaupt benötigt werden; denn in einer Partie kann ja nur ein Teil aller möglichen Situationen des Spieles wirklich auftreten. Alle Verhaltensvorschriften der Strategie für nicht realisierte Situationen sind also für die betreffende Partie überflüssig. Auf der anderen Seite bietet die Einführung dieser überflüssigen zusätzlichen Entscheidungen den formalen Vorteil, daß die verschiedenartigen Entscheidungen im Laufe einer Partie zusammengefaßt werden können zu einer einzigen Entscheidung vor Beginn der Partie, nämlich der Auswahl einer Strategie. Dieser Vorteil geht auch nicht verloren, wenn man den Strategiebegriff noch etwas abändert. Eine Strategie, wie sie eben betrachtet wurde, enthält im allgemeinen nicht nur Entscheidungen für Situationen, die in der folgenden Partie tatsächlich nicht realisiert werden, sondern auch Entscheidungen für Situationen, die überhaupt nicht realisierbar sind. Durch die Entscheidung, die die Strategie eines Spielers für eine bestimmte Situation gefällt hat, werden ja gewisse an und für sich mögliche (spätere) Situationen ausgeschlossen. Wenn zum Beispiel in einem Kartenspiel eine Strategie für eine bestimmte Situation S das Ausspielen einer bestimmten Karte K vorschreibt, so kann natürlich die Situation S', die aus S entsteht, indem in der Situation S die Karte $K_1 \neq K$ ausgespielt wird, nicht auftreten. Entscheidungen für derartige nicht realisierbare Situationen brauchen natürlich nicht getroffen zu werden, und der Begriff einer Strategie als eines vollständigen Verhaltensplanes kann entsprechend modifiziert werden. Für manche Zwecke (zum Beispiel für den Beweis allgemeiner Sätze) ist der zuerst genannte, für andere (zum Beispiel für die Untersuchung eines bestimmten Spieles) der modifizierte

Strategiebegriff zweckmäßiger. Welchen der beiden Begriffe man aber auch verwendet, man erkennt in beiden Fällen, wenn man noch von der Beschränktheit der geistigen Kapazität der Spieler abstrahiert, so daß die zusätzlichen überflüssigen Entscheidungen von ihnen ohne weiteres getroffen werden können, daß dann das ganze Spiel einfach folgendermaßen gespielt werden kann: Jeder Spieler wählt unabhängig von den andern Spielern, d. h. ohne deren Wahl zu kennen, eine seiner Strategien aus. Auf diese Weise wird natürlich eine beträchtliche formale Vereinfachung des Spieles erreicht.

Hat jeder der n beteiligten Spieler eine seiner Strategien gewählt und enthält das Spiel keine Zufallszüge (wie zum Beispiel die meisten Brettspiele), so ist der Spielablauf, d. h. die gespielte Partie, offenbar vollständig bestimmt. Damit ist auch der Spielausgang bestimmt. Der Spielausgang legt aber auch die geldlichen oder andersartigen Gewinne oder Verluste der n Spieler fest. Um der Frage zu entgehen, wie ein nicht-geldlicher Gewinn oder, genauer gesagt, der *Nutzen* eines solchen Gewinnes für den betrachteten Spieler durch reelle Zahlen ausgedrückt werden kann, wird der Einfachheit halber im folgenden vorausgesetzt, daß bei allen betrachteten Spielen die Auszahlung in Geldeinheiten erfolgt. In diesem Buche wird also auf die Untersuchungen zum Nutzenbegriff, seine mathematische Formulierung und die Frage seiner Meßbarkeit nicht eingegangen. Interessierte Leser werden verwiesen auf [NM] Appendix, [D], [S] Chapter V, [LR] und die dort zitierte Literatur. Für die Zwecke dieses Buches denke man sich zum Beispiel im Schachspiel als ganz einfache Verabredung festgesetzt, daß der Verlierer dem Gewinner eine Geldeinheit zu zahlen hat, während im Falle eines Remis keine Zahlungen erfolgen. Auf diese Weise sind dann allgemein die Auszahlungen, die die n Spieler erhalten, als reellwertige Funktionen des gewählten Strategie-n-Tupels eindeutig bestimmt. Diese n Funktionen werden als *Auszahlungsfunktionen* des Spieles bezeichnet.

Falls das Spiel aber noch Zufallszüge enthält (zum Beispiel das Verteilen der Karten in Kartenspielen), so ist durch das gewählte Strategie-n-Tupel der Spielausgang noch nicht eindeutig festgelegt. Da aber die Wahrscheinlichkeiten der möglichen Ergebnisse der Zufallszüge des Spieles durch die Spielregeln vollständig bestimmt sind, so besitzt jetzt nach der Wahl des Strategie-n-Tupels jeder mögliche Spielausgang eine gewisse wohlbestimmte Wahrscheinlichkeit der Realisierung. Damit ist dann auch für jeden Spieler eine bestimmte Wahrscheinlichkeitsverteilung für die Größe seiner Auszahlungen festgelegt. Die einfachste Annahme, die man dann machen kann, ist die, daß es jedem Spieler nur auf den Erwartungswert seiner Auszahlung ankommt. Natürlich ist dies nicht die einzig mögliche Annahme. So sind zum Beispiel durchaus Fälle denkbar, in denen es auch auf die Streuung der Auszahlungs-Verteilung ankommt, oder Fälle, in denen für einen Spieler ein sicherer Gewinn von der Größe 1/2 nicht den gleichen Nutzen hat wie ein Lotterielos, das mit der Wahrscheinlichkeit 1/2 eine Niete ist und mit der Wahrscheinlichkeit 1/2 den Gewinn 1 bringt. Es wird jedoch im folgenden ausschließlich an der einfachen Annahme festgehalten, daß es jedem Spieler nur auf den Erwartungswert seiner Auszahlung ankommt. Diese n Erwartungswerte sind als Funktionen des gewählten Strategie-n-Tupels eindeutig bestimmt. Diese n Funktionen werden als *Auszahlungsfunktionen* des Spieles bezeichnet.

§ 2. Beispiele

Beispiel 1. Knobeln ist ein Zweipersonenspiel, bei dem jeder der beiden Spieler unabhängig vom anderen (d. h. ohne die Wahl des anderen zu kennen) eines der drei Symbole „Schere", „Stein", „Papier" wählt. Hierauf werden die beiden Wahlen verglichen und der Gewinner nach der folgenden Vorschrift bestimmt: „Schere" verliert gegenüber „Stein", „Stein" verliert gegenüber „Papier", „Papier" verliert gegenüber „Schere". Gemäß den allgemeinen Verabredungen im vorigen Paragraphen sei der geldliche Verlust in jedem dieser Fälle eine Geldeinheit. Offenbar hat hier jeder Spieler drei mögliche Strategien: Wahl von „Schere" (*Sch*), Wahl von „Stein" (*St*), Wahl von „Papier" (*P*). Man kann hier die Auszahlungsfunktionen der beiden Spieler durch je eine Matrix (*Auszahlungsmatrix*) darstellen, bei der die Zeile die Strategie des ersten, die Spalte die Strategie des zweiten Spielers angibt und die Elemente der Matrix die Auszahlungswerte für den betrachteten Spieler sind. So wird die Auszahlungsfunktion des ersten Spielers durch die Matrix

	Sch	*St*	*P*
Sch	0	—1	+1
St	+1	0	—1
P	—1	+1	0

,

die des zweiten Spielers durch die Matrix

	Sch	*St*	*P*
Sch	0	+1	—1
St	—1	0	+1
P	+1	—1	0

gegeben. Natürlich genügt hier die Angabe der ersten Matrix allein, da es sich hier wie bei den meisten Gesellschaftsspielen um ein *Nullsummenspiel* handelt, bei dem die Summe der Auszahlungsfunktionen identisch null ist.

Beispiel 2. Als nächstes Beispiel werde ein einfaches *Kartenspiel* betrachtet, das in [McK] beschrieben wird. An dem Spiel sind wieder zwei Spieler beteiligt. Man benötigt drei gleiche Kartenblätter. Jedes Kartenblatt enthält drei Karten. Die drei Karten haben die Werte 1, 2, 3. Jeder der beiden Spieler erhält eines der Blätter als seine Hand. Das dritte Blatt wird gemischt und als Päckchen verdeckt hingelegt. Dann wird die oberste Karte des Päckchens aufgedeckt. Darauf spielen die beiden Spieler gleichzeitig und unabhängig voneinander je eine ihrer Karten aus. Dann werden die ausgespielten Karten verglichen, und derjenige, der die höchste Karte ausgespielt hat, erhält von seinem Gegner soviele Einheiten gezahlt, wie der Wert der aufgedeckten Karte des Päckchens beträgt. Sind die Werte der beiden ausgespielten Karten gleich, so erfolgt keine Auszahlung. Hierauf werden die aufgedeckte Karte des Päckchens und die beiden ausgespielten Karten der Spieler abgelegt. Die erste Runde des Spieles ist beendet. Die zweite und dritte Runde folgen dann in derselben Weise.

Eine Strategie des Spielers I enthält zunächst eine Anweisung über das Verhalten in der ersten Runde. Hierzu ist für jede mögliche aufgedeckte Päckchen-Karte die auszuspielende Karte des Spielers I anzugeben. Diese Anweisung ist also eine Abbildung f der Menge $\{1, 2, 3\}$ in sich. Es gibt offenbar 3^3 verschiedene derartige Anweisungen f. Ferner muß die Strategie eine Anweisung g über das Verhalten in der zweiten Runde enthalten. Eine mögliche Situation für den Spieler I in der zweiten Runde wird nach den allgemeinen Bemerkungen im vorigen Paragraphen beschrieben durch die Werte der aufgedeckten Päckchen-Karten der ersten und zweiten Runde und die Werte der von den beiden Spielern in der ersten Runde ausgespielten Karten. Da die Anweisung f die in der ersten Runde von Spieler I auszuspielende Karte aus dem Wert der aufgedeckten Päckchen-Karte der ersten Runde bestimmt, kann die von Spieler I in der ersten Runde ausgespielte Karte als Bestimmungsstück für die möglichen Situationen der zweiten Runde außer Betracht bleiben. Diese Situationen können daher beschrieben werden durch ein Tripel $\{a_1, a_2, a_3\}$ von Ziffern, wobei a_1 den Wert der aufgedeckten Päckchen-Karte der ersten Runde, a_2 den der zweiten Runde und a_3 den Wert der von Spieler II in der ersten Runde ausgespielten Karte angibt. Es gibt also $3 \cdot 2 \cdot 3 = 18$ mögliche Situationen für für Spieler I in der zweiten Runde. Für jede dieser 18 Situationen muß die Anweisung g die auszuspielende Karte festlegen, wobei natürlich nur noch die beiden Werte $\neq f(a_1)$ zugelassen sind. Es gibt also 2^{18} mögliche Anweisungen g. Für die dritte Runde braucht die Strategie keine Anweisung mehr zu enthalten, da der Spieler in der dritten Runde keine Entscheidungsfreiheit mehr hat. Er hat ja nur noch eine Karte in der Hand. Eine Strategie des Spielers I wird also beschrieben durch ein Paar $[f, g]$, und es gibt $3^3 \cdot 2^{18}$ Strategien. Da das Spiel bezüglich der beiden Spieler völlig symmetrisch ist, besitzt Spieler II $3^3 \cdot 2^{18}$ analoge Strategien. Man sieht, daß schon in sehr einfachen Spielen die Zahl der Strategien recht groß ist. Allerdings handelt es sich bei der bisherigen rein kombinatorischen Aufzählung aller Strategien einfach nur um die Angabe aller möglichen Verhaltensweisen überhaupt. Unter diesen Verhaltensweisen gibt es natürlich auch solche „schlechten" Strategien, die kein intelligenter Spieler jemals wählen wird und die von vorneherein außer Betracht bleiben können. Für die (spätere) numerische Behandlung derartiger Spiele ist es natürlich wichtig, durch solche zusätzlichen Überlegungen möglichst viele Strategien von vorneherein auszuschalten, damit die Rechenarbeit nicht zu groß wird. Aber zunächst handelt es sich nicht darum, die einzelnen Strategien als gut oder schlecht zu bewerten, sondern einfach um eine Aufzählung aller Verhaltensmöglichkeiten. Die Frage nach *optimalen Strategien* oder nach *rationalem Verhalten* wird allgemein erst später (von § 4 an) behandelt werden. Für das vorliegende einfache Kartenspiel kann man diese Frage jedoch ohne Zuhilfenahme einer allgemeinen Theorie durch einfache Überlegungen lösen, was weiter unten geschehen wird.

Zunächst sollen jedoch noch die Auszahlungsfunktionen des Spieles genauer betrachtet werden. Hat jeder der beiden Spieler eine seiner Strategien gewählt, so ist damit für jede bestimmte Anordnung des Päckchens der Spielablauf und daher auch die Auszahlung eindeutig bestimmt. Es wähle zum Beispiel Spieler I die Strategie, immer die gleiche Karte wie die aufgedeckte Päckchen-

Karte auszuspielen, während Spieler II die Strategie wähle, seine drei Karten in den drei Runden einfach in der festen Reihenfolge abnehmender Werte auszuspielen. Dann ergibt sich die folgende Tabelle

Anordnung des Päckchens			Auszahlung
obere Karte	mittlere Karte	untere Karte	
1	2	3	I erhält 2 Einheiten von II
1	3	2	I erhält 4 Einheiten von II
2	1	3	I erhält 0 Einheiten von II
2	3	1	I erhält 1 Einheit von II
3	1	2	I erhält 1 Einheit von II
3	2	1	I erhält 0 Einheiten von II.

Ist die Anordnung des Päckchens noch nicht bestimmt, so liegt nach Wahl der beiden Strategien der Spielablauf noch nicht eindeutig fest. Wohl aber hat jetzt jeder der vorhin betrachteten, durch die Anordnungen des Päckchens bestimmten Spielabläufe eine wohlbestimmte Wahrscheinlichkeit der Realisierung, nämlich gerade die Wahrscheinlichkeit für das Auftreten der betreffenden Päckchenanordnung, also bei dem vorliegenden Spiel den Wert $^1/_6$. Damit treten in dem eben betrachteten Beispiel die in der Tabelle angegebenen Auszahlungen jeweils mit der Wahrscheinlichkeit $^1/_6$ auf. Demgemäß beträgt im vorliegenden Falle der Erwartungswert der Auszahlung für Spieler I $^2/_6 + {}^4/_6 + {}^1/_6 + {}^1/_6 = {}^8/_6 = {}^4/_3$, und entsprechend ist der Erwartungswert der Auszahlung für Spieler II gleich $-{}^4/_3$. Auf diese Weise ist allgemein bei jeder Wahl der Strategien von I und II der Erwartungswert der Auszahlungen für I und II, d. h. die Werte der beiden Auszahlungsfunktionen des Spieles bestimmt.

Um die Frage des optimalen Verhaltens für das vorliegende Spiel zu lösen, überzeugt man sich zunächst davon, daß die oben betrachtete Strategie, immer die gleiche Karte wie die aufgedeckte Päckchen-Karte auszuspielen, den Spieler I auf alle Fälle vor Verlust sichert. Sie sichert ihm eine Auszahlung $\geqq 0$ gegenüber jeder Strategie seines Gegners II. Spielt nämlich II im Falle der Päckchen-Karte 3 nicht seine höchste Karte aus, so erhält I in dieser Runde 3 Einheiten und daher im Endeffekt sicher eine Auszahlung $\geqq 0$. Es braucht also nur noch der Fall betrachtet zu werden, daß II bei der höchsten Päckchen-Karte ebenfalls seine höchste Karte ausspielt. Dann erfolgt in dieser Runde keine Auszahlung. Spielt aber II dann bei der zweithöchsten Päckchen-Karte nicht seine zweithöchste Karte aus, so erhält I in der betreffenden Runde 2 Einheiten und damit im Endeffekt eine Einheit, da jetzt im Falle der niedrigsten Päckchen-Karte Spieler II gewinnt. Spielt aber II bei der zweithöchsten Päckchen-Karte ebenfalls seine zweithöchste Karte aus, so erfolgt insgesamt keine Auszahlung. Also sichert die genannte Strategie dem Spieler I in jedem Falle eine Auszahlung $\geqq 0$. Auf Grund der Symmetrie des Spieles in bezug auf die beiden Spieler kann sich natürlich auch der Spieler II durch dieselbe Strategie eine Auszahlung $\geqq 0$ sichern und damit verhindern, daß Spieler I mehr als null gewinnt. In dieser Situation ist es daher offensichtlich vernünftig, den

Wert des Spieles für beide Spieler mit null anzusetzen und die erwähnte Strategie, die dem Spieler eine Auszahlung $\geqq 0$ sichert, als eine *optimale Strategie* zu bezeichnen. Die Frage nach der Existenz eines Wertes und optimaler Strategien für beide Spieler in beliebigen Zweipersonen-Nullsummenspielen wird im Kapitel III ausführlich behandelt werden.

Beispiel 3. Poker wird üblicherweise als n-Personenspiel ($2 \leqq n \leqq 6$) gespielt. Der Kenner der Spielregeln wird sofort einsehen, daß hier eine Strategie eines Spielers Anweisungen darüber enthalten muß, ob der Spieler bei einer gegebenen Pokerhand eröffnen oder passen soll, ferner ob er, nachdem in einer bestimmten Weise bereits Überbietungen und Passen stattgefunden haben, mit der gegebenen Hand weiter überbieten oder passen soll oder ob er (falls er dazu die Möglichkeit hat) Sehen verlangen soll. Für eine theoretische Behandlung ist das tatsächliche Pokerspiel zu komplex. Es sind daher in der Literatur (zum Beispiel in [NM], [CI], [CII], [CIII]) eine Reihe vereinfachter Poker-Modelle behandelt worden, die mit dem tatsächlichen Pokerspiel immerhin eine Reihe wichtiger Charakteristika gemeinsam haben. Ein solches Poker-Modell soll hier betrachtet werden, nämlich das Modell von Kuhn aus [CI].

Es handelt sich um ein Zweipersonen-Poker mit einem Kartenblatt aus drei Karten. Die Werte der drei Karten seien 1, 2, 3. Gegen einen Kaufpreis von einer Geldeinheit, der in die Kasse eingezahlt wird, erhält jeder der beiden Spieler in zufälliger Weise eine der drei Karten als seine Hand, während die dritte Karte übrigbleibt. Es sind also 6 verschiedene Verteilungen der Hände möglich. Jeder Spieler kennt nur seine eigene Hand. Hierauf beginnt das Passen und Bieten: In der ersten Runde kann zunächst Spieler I passen (d. h. aufgeben) oder bieten (d. h. eine zusätzliche Geldeinheit in die Kasse zahlen). Hierauf kommt Spieler II an die Reihe und hat ebenfalls die Möglichkeit zu passen oder zu bieten. Damit ist das Spiel beendet außer in dem Fall, daß Spieler I gepaßt und Spieler II geboten hat. In diesem Falle findet noch eine zweite Runde statt, in welcher Spieler I noch einmal die Möglichkeit hat, bei seinem früheren Passen zu bleiben oder doch noch zu bieten. Damit ist das Spiel beendet, und es erfolgt die Auszahlung nach folgender Regel: Paßt (in der ersten oder zweiten Runde) ein Spieler, nachdem vorher der andere Spieler geboten hat, so erhält der bietende Spieler ohne weiteres den Inhalt der Kasse und erzielt somit einen Gewinn von einer Einheit. In allen anderen Fällen (d. h. also nach zwei aufeinanderfolgenden Passen oder Bieten) werden die Hände verglichen, und der Spieler mit der höheren Hand erhält den Inhalt der Kasse. Er erzielt somit den Gewinn von einer Einheit im Falle zweier aufeinanderfolgender Passen und den Gewinn von zwei Einheiten im Falle zweier aufeinanderfolgender Bieten. Das Schema auf S. 16 faßt die Spielregeln nochmals in übersichtlicher Weise zusammen.

Eine Strategie des ersten Spielers in diesem Spiel muß für jede der drei möglichen Hände, die der Spieler bekommen kann, festsetzen, ob er in der ersten Runde passen oder bieten soll, sowie im ersten Falle, ob er in der zweiten Runde nach einem eventuellen Bieten von Spieler II passen oder bieten soll. Hierbei ist im Sinne der Bemerkungen zum Strategiebegriff im vorigen Paragraphen berücksichtigt, daß ein Bieten von Spieler I in der ersten Runde das Vorkom-

1. Runde Spieler I	1. Runde Spieler II	2. Runde Spieler I	Auszahlung
paßt	paßt		Besitzer der höheren Karte erhält eine Einheit
	bietet	paßt	Spieler II erhält eine Einheit
		bietet	Besitzer der höheren Karte erhält zwei Einheiten
bietet	paßt		Spieler I erhält eine Einheit
	bietet		Besitzer der höheren Karte erhält zwei Einheiten

men einer zweiten Runde unmöglich macht. Bezeichnet man Passen in der ersten Runde mit nachfolgendem Passen in der zweiten Runde mit PP, Passen in der ersten Runde mit nachfolgendem Bieten in der zweiten Runde mit PB und Bieten in der ersten Runde mit B, so läßt sich eine Strategie des Spielers I als ein Tripel von solchen Symbolen PP, PB, B beschreiben, wobei das erste Symbol in dem Tripel angibt, wie der Spieler sich bei der Hand 1 verhalten soll, das zweite, wie er sich bei der Hand 2, und das dritte, wie er sich bei der Hand 3 verhalten soll. Zum Beispiel bezeichnet (PP, PP, B) die folgende Strategie: Mit der Hand 1 oder 2 soll der Spieler in jedem Falle passen, mit der Hand 3 dagegen bieten. Der Spieler I besitzt also in diesem Spiel 27 Strategien. Hierunter befinden sich natürlich auch wieder solche Strategien, die etwa für die Hand 3 PP vorschreiben, obwohl diese Strategien ganz offensichtlich von keinem intelligenten Pokerspieler gewählt würden. Es handelt sich aber — wie schon im vorigen Beispiel gesagt wurde — bisher noch nicht um eine Bewertung der Strategien als gut oder schlecht, sondern einfach um eine Aufzählung aller Verhaltens-Möglichkeiten.

Eine Strategie des zweiten Spielers muß für jede der drei möglichen Hände festsetzen, wie der Spieler II auf das vorhergehende Passen oder Bieten von Spieler I zu reagieren hat. Es gibt hierfür offensichtlich vier Möglichkeiten: auf jeden Fall passen, das gleiche tun wie Spieler I (d. h. Passen mit Passen und Bieten mit Bieten beantworten), das Entgegengesetzte tun wie Spieler I (d. h. Passen mit Bieten und Bieten mit Passen beantworten), auf jeden Fall bieten. Jede dieser vier Möglichkeiten werde durch ein Buchstabenpaar bezeichnet, wobei der erste Buchstabe die Antwort auf Passen, der zweite Buchstabe die Antwort auf Bieten bedeutet. Die vier genannten Möglichkeiten werden dann in der oben angegebenen Reihenfolge durch pp bzw. pb bzw. bp bzw. bb bezeichnet. Eine Strategie von Spieler II läßt sich dann wieder beschreiben als ein Tripel von solchen Symbolen pp, pb, bp, bb, wobei wieder das erste Symbol die Verhaltensweise bei der Hand I, das zweite die bei der Hand 2, das dritte die bei der Hand 3 beschreibt. Zum Beispiel ist (pp, bb, bb) die Vorschrift, mit der Hand 1 auf jeden Fall zu passen, mit der Hand 2 oder 3 dagegen auf jeden Fall zu bieten. Spieler II besitzt also in diesem Spiel 64 Strategien.

Haben beide Spieler je eine ihrer Strategien gewählt, so ist damit für jede bestimmte Verteilung der Hände der Ablauf der Partie (und daher auch die Auszahlung) vollständig bestimmt. Wählt zum Beispiel Spieler I die Strategie (PP, PP, PB) und Spieler II die Strategie (pp, bp, bb), so ergibt sich die folgende Tabelle

Verteilung der Hände		Auszahlung
Spieler I	Spieler II	
1	2	I zahlt eine Einheit an II
1	3	I zahlt eine Einheit an II
2	1	I erhält eine Einheit von II
2	3	I zahlt eine Einheit an II
3	1	I erhält eine Einheit von II
3	2	I erhält zwei Einheiten von II .

Da die sechs Händeverteilungen gleich wahrscheinlich sind, beträgt demnach im vorliegenden Falle der Erwartungswert der Auszahlung für den Spieler I: $-{}^1/_6 - {}^1/_6 + {}^1/_6 - {}^1/_6 + {}^1/_6 + {}^2/_6 = {}^1/_6$, und entsprechend ist der Erwartungswert der Auszahlung für Spieler II gleich $-{}^1/_6$. Auf diese Weise ist wieder allgemein bei jeder Wahl der Strategien von I und II der Erwartungswert der Auszahlungen für I und II, d. h. die Werte der beiden Auszahlungsfunktionen des Spieles bestimmt. Für das vorliegende Pokerspiel ist die Frage nach optimalem oder rationalem Verhalten keineswegs mehr trivial. Die Antwort wird später in § 6 und § 8 gegeben werden.

Beispiel 4. Schach und *Nim* sind Beispiele von Spielen, in denen alle Züge offen erfolgen und auch keine verdeckten Zufallszüge (wie das Austeilen der Karten in den meisten Kartenspielen) vorkommen. Daher kennt jeder Spieler jedesmal, wenn er am Zuge ist, den gesamten bisherigen Verlauf der Partie. Als allgemeines Schema eines solchen Spieles kann man das folgende nehmen: Unter einem *Baum* soll (für die Zwecke dieses Buches) eine ebene Figur verstanden werden, die aus endlich vielen Strecken besteht, welche sich von einem Ausgangspunkt A ausgehend nach oben derart verzweigen, daß jede von A verschiedene Ecke mit genau einer Ecke des nächstniedrigen Niveaus verbunden ist (vgl. Abb.). Diejenigen Ecken, von denen keine Strecken mehr höher führen, heißen *Endpunkte* des Baumes. Es sei ein solcher Baum B gegeben. An jeder Ecke von B, die kein Endpunkt ist, sei eine der Ziffern $1, 2, \ldots, n$ notiert. Auf der Menge der Endpunkte von B als Argumentbereich seien n reellwertige Funktionen f_i $(i = 1, \ldots, n)$ definiert. Durch diese Vorgaben wird dann folgendes n-Personen-Spiel bestimmt: Die Spieler seien mit $1, 2, \ldots, n$ numeriert. Zunächst wählt der am Anfangspunkt A notierte Spieler eine der

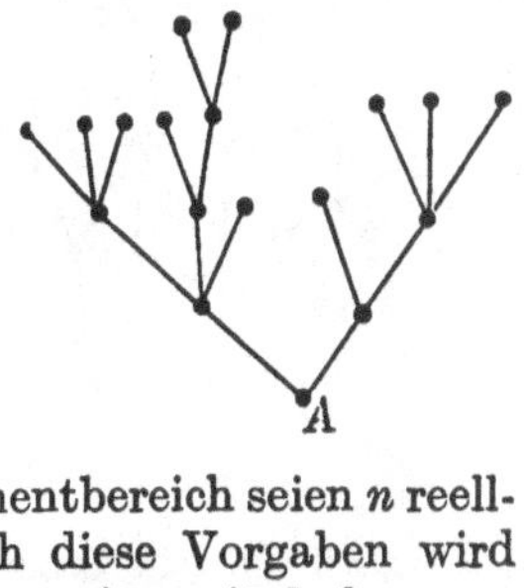

von A ausgehenden Strecken, darauf der am Endpunkt dieser Strecke notierte Spieler eine der von dort nach oben weiterführenden Strecken usw. Alle Züge erfolgen offen. Schließlich endet die Partie bei einem Endpunkt E. Dann erhält Spieler i ($i = 1, \ldots, n$) die Auszahlung $f_i(E)$.[1])

Die möglichen Situationen, in die Spieler i ($i = 1, \ldots, n$) im Verlaufe dieses Spieles gelangen kann, werden offensichtlich gerade gegeben durch die sämtlichen Eckpunkte des Baumes B, an denen die Ziffer i notiert ist. Da im folgenden insbesondere allgemeine Untersuchungen über derartige Baumspiele geführt werden sollen, ist es nach den Bemerkungen in § 1 am zweckmäßigsten, eine Strategie des Spielers i ($i = 1, \ldots, n$) einfach als eine Vorschrift zu betrachten, die an jeder Ecke von B, an der i notiert ist, eine der von dieser nach oben weiterführenden Strecken auswählt. Zwar enthält dann eine solche Strategie überflüssige Entscheidungen: Hat nämlich die Strategie an einer Ecke P eine bestimmte weiterführende Strecke s ausgewählt, so können im Verlaufe der Partie niemals Ecken berührt werden, die zu einem der Teilbäume gehören, die an der Ecke P durch eine von s verschiedene Strecke bestimmt werden. Die Entscheidungen für derartige Ecken sind also überflüssig. Diese überflüssigen Entscheidungen können aber offensichtlich kein Unglück anrichten, während andererseits ihre Beibehaltung in der Definition der Strategie — wie schon im § 1 bemerkt — aus formalen Gründen zweckmäßig ist. Natürlich ist die Anzahl der Strategien jedes Spielers endlich. Hat jeder der Spieler eine seiner Strategien gewählt, etwa der Spieler i ($i = 1, \ldots, n$) die Strategie σ_i, so wird dadurch eindeutig eine bestimmte Partie festgelegt, d. h. ein bestimmter von A ausgehender, stets aufsteigender Streckenzug in B, der an einem durch $\sigma_1, \sigma_2, \ldots, \sigma_n$ bestimmten Endpunkt $E(\sigma_1, \sigma_2, \ldots, \sigma_n)$ von B endet. Die n reellwertigen auf dem Bereich aller Strategie-n-Tupel $(\sigma_1, \sigma_2, \ldots, \sigma_n)$ definierten Funktionen A_i ($i = 1, \ldots, n$), die durch

$$A_i(\sigma_1, \sigma_2, \ldots, \sigma_n) = f_i\,(E(\sigma_1, \sigma_2, \ldots, \sigma_n)) \quad (i = 1, \ldots, n)$$

gegeben sind, sind dann die Auszahlungsfunktionen des Spieles.

Für einige einfachere Spiele dieser Art besitzt man seit langem eine vollständige Theorie. Dies gilt zum Beispiel für das Spiel Nim (vgl. hierzu etwa W. Ahrens, Mathematische Unterhaltungen und Spiele, 2. Auflage, Band I Leipzig/Berlin 1910, S. 72ff.). Hier soll nur eine ganz simple Modifikation von Nim betrachtet werden. Da das Beispiel lediglich zur Illustration der eingeführten Begriffe dienen soll, wird es nichts schaden, daß es so einfach und seine „Theorie" völlig trivial ist. Das Spiel sei durch folgende Regeln gegeben: Von einem Haufen von 5 Steinen dürfen zwei Spieler nacheinander

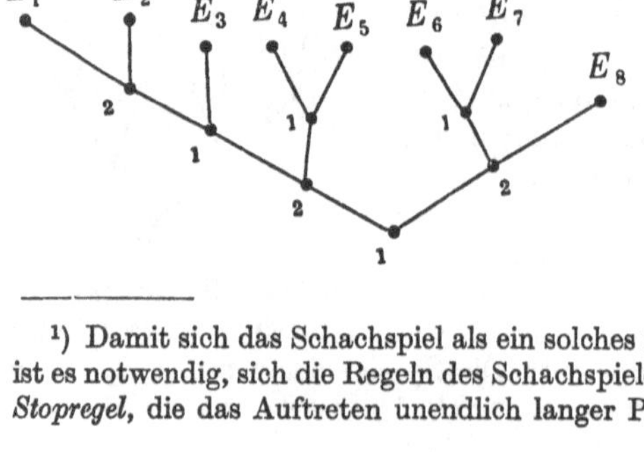

[1]) Damit sich das Schachspiel als ein solches Spiel mit endlichem Baum darstellen läßt, ist es notwendig, sich die Regeln des Schachspieles wie üblich ergänzt zu denken durch eine *Stopregel*, die das Auftreten unendlich langer Partien verhindert.

Steine wegnehmen, und zwar jeweils nach Belieben einen oder zwei. Wer den letzten Stein erhält, ist Sieger und erhält eine Einheit von seinem Gegner.

Es ergibt sich hier der vorstehende Baum, bei dem an jeder Ecke die linke von den beiden weiterführenden Strecken die Wegnahme eines Steines, die rechte die Wegnahme zweier Steine bedeuten soll:

Werden die Endpunkte des Baumes in der angegebenen Weise mit $E_1, E_2, \ldots, E_8$ bezeichnet, so ergibt sich hier

$$f_1(E_1) = f_1(E_5) = f_1(E_7) = f_1(E_8) = +1,$$
$$f_1(E_2) = f_1(E_3) = f_1(E_4) = f_1(E_6) = -1,$$
$$f_2(E_\nu) = -f_1(E_\nu) \quad (\nu = 1, \ldots, 8).$$

Hier ist es ganz offensichtlich, daß es für den ersten Spieler *Gewinnstrategien* gibt, d. h. solche, die ihm unter allen Umständen den Gewinn sichern, nämlich jede Strategie, die ihm vorschreibt, beim ersten Zug zwei Steine zu nehmen und, falls Spieler 2 dann einen Stein wegnimmt, im zweiten Zug ebenfalls zwei Steine wegzunehmen. Das Auftreten einer solchen Gewinnstrategie in diesem Beispiel ist ein Spezialfall eines allgemeinen Satzes, der später bewiesen wird (vgl. Satz 14 in § 6).

Die hier betrachteten Spiele können noch etwas verallgemeinert werden, indem auch offen durchgeführte Zufallszüge in den Spielverlauf eingebaut werden. Hierzu verabredet man, daß an einigen Ecken des Baumes B, die keine Endpunkte sind, statt einer der Ziffern $1, 2, \ldots, n$ die Ziffer 0 angeschrieben sei. Ferner seien für jede solche mit 0 notierte Ecke an den von dieser Ecke nach oben weiterführenden Strecken Wahrscheinlichkeiten angeschrieben, deren Summe gleich eins ist. Die Durchführung des Spieles soll ebenso erfolgen wie vorhin mit der folgenden Ergänzung: Gelangt die Partie an eine mit 0 bezeichnete Ecke, von der m Strecken mit den Wahrscheinlichkeiten $p_1, p_2, \ldots, p_m$ $(\sum_{\nu=1}^{m} p_\nu = 1)$ nach oben weiterführen, so wird durch einen Zufallsmechanismus mit den angegebenen Wahrscheinlichkeiten $p_1, p_2, \ldots, p_m$ der weitere Verlauf der Partie bestimmt. Die Entscheidung des Zufallsmechanismus erfolgt offen, d. h. wird allen Spielern bekannt gegeben. Als Beispiel kann man etwa für den Fall $m = 2$, $p_1 = p_2 = {}^1/_2$ an das Werfen einer Münze denken.

Durch das Einbauen solcher Zufallszüge wird an der vorhin gegebenen Beschreibung einer Strategie nichts geändert. Hat wieder jeder Spieler eine seiner Strategien gewählt, etwa der Spieler i $(i = 1, \ldots, n)$ die Strategie σ_i, so ist jetzt nicht mehr eine einzige Partie (und damit der Spielausgang) bestimmt, sondern nur für jeden Endpunkt des Spielbaumes eine gewisse Wahrscheinlichkeit der Realisierung. Seien die Endpunkte des Baumes B mit $E_1, E_2, \ldots, E_N$ bezeichnet. Dann ist bei dem gegebenen Strategie-n-Tupel $(\sigma_1, \sigma_2, \ldots, \sigma_n)$ diese Realisierungswahrscheinlichkeit $w_\nu(\sigma_1, \ldots, \sigma_n)$ für den Endpunkt $E_\nu (\nu = 1, \ldots, N)$ folgendermaßen gegeben: Durch den Endpunkt E_ν wird eindeutig ein Streckenzug (eine Partie) Π_ν von A nach E_ν im Baume B bestimmt. Gibt es auf diesem Streckenzug Π_ν eine Ecke, an der eine Ziffer i $(1 \leqq i \leqq n)$ notiert ist und für welche die Strategie σ_i nicht die auf Π_ν weiterführende Strecke auswählt, so kann der Endpunkt E_ν bei dem Strategie-n-Tupel $(\sigma_1, \ldots, \sigma_n)$ überhaupt nicht realisiert werden, d. h. $w_\nu(\sigma_1, \ldots, \sigma_n) = 0$. Wird dagegen an jeder Ecke des Streckenzuges Π_ν, an welcher eine der Ziffern $i = 1, \ldots, n$ notiert ist, durch die zugehörige Strategie σ_i gerade die auf Π_ν weiterführende Strecke ausgewählt, so betrachte man alle Ecken auf Π_ν, an denen die Ziffer 0 notiert ist, und für jede solche Ecke die auf Π_ν weiterführende Strecke und die ihr zugeordnete Wahrscheinlichkeit p. Das Produkt aller so erhaltenen Wahrscheinlichkeiten p ist dann gleich $w_\nu(\sigma_1, \ldots, \sigma_n)$. Damit liefert das Strategie-n-Tupel $(\sigma_1, \ldots, \sigma_n)$ für den Spieler i $(i = 1, \ldots, n)$ die Gewinnerwartung

$$A_i(\sigma_1, \ldots, \sigma_n) = \sum_{\nu=1}^{N} f_i(E_\nu) \cdot w_\nu(\sigma_1, \ldots, \sigma_n).$$

Diese n Funktionen A_i sind die Auszahlungsfunktionen des Spieles. Die bisher in diesem Beispiel 4 betrachteten Spiele werden als *Spiele mit vollständiger Information* (ohne bzw. mit Zufallszügen) bezeichnet.

In einigen Anwendungen ist man genötigt, diese Spiele noch zu verallgemeinern, indem man auch unendliche Bäume zuläßt. Der Einfachheit halber mögen dabei nur Spiele ohne Zufallszüge betrachtet werden. Weiter seien zwar unendliche Partien zugelassen, während daran festgehalten wird, daß von jeder Ecke aus nur endlich viele Strecken nach oben weiterführen. Da eine unendliche Partie keinen Endpunkt hat, wird jetzt als Argumentbereich der Funktionen f_i $(i = 1, \ldots, n)$ natürlich nicht die Menge der Endpunkte des Baumes, sondern einfach die Menge aller Partien genommen. Zwar können unendliche Partien nicht wirklich sukzessive Zug um Zug gespielt werden. Da sich aber die Beschreibung der Strategien von früher ungeändert übernehmen läßt, so kann das Spiel einfach derart gespielt werden, daß alle Spieler unabhängig voneinander je eine ihrer Strategien wählen. Hat der Spieler i $(i = 1, \ldots, n)$ seine Strategie σ_i gewählt, so definiert das Strategie-n-Tupel $(\sigma_1, \ldots, \sigma_n)$ eindeutig eine Partie $\Pi(\sigma_1, \ldots, \sigma_n)$ des Spieles, und die Auszahlungsfunktionen A_i des Spieles sind gegeben durch

$$A_i(\sigma_1, \ldots, \sigma_n) = f_i(\Pi(\sigma_1, \ldots, \sigma_n)) \qquad (i = 1, \ldots, n).$$

Für einen Spieler, der an abzählbar vielen Ecken des Baumes am Zuge ist, hat jetzt die Menge seiner Strategien die Mächtigkeit des Kontinuums. Die eben betrachteten Spiele werden als *Spiele mit vollständiger Information und unendlichem Baum* bezeichnet, während die früher betrachteten Spiele zur genaueren Unterscheidung als *Spiele mit vollständiger Information und endlichem Baum* bezeichnet werden. In diesem Buche werden Spiele mit unendlichem Baum — abgesehen von einem Gegenbeispiel in § 4 — nicht behandelt. Über sie und verwandte Spiele findet man Näheres in Gale-Stewart [CII], Shapley [16], ferner in [CIII] und [LR] Appendix 8, sowie [AG] und [Be]. Es soll aber hier wenigstens als Beispiel ein Problem beschrieben werden, das auf ein solches Spiel mit unendlichem Baum führt, nämlich ein Zweipersonen-Ruin-Spiel: Sei Γ ein Zweipersonenspiel mit vollständiger Information und endlichem Baum B ohne Zufallszüge. Jeder der beiden Spieler besitze zu Beginn des Spieles ein gewisses Vermögen V_1 bzw. V_2. Dann wird das Spiel Γ so oft hintereinander gespielt, bis einer der Spieler ruiniert ist, d. h. zahlungsunfähig geworden ist. Der ruinierte Spieler hat dann endgültig verloren, der nicht ruinierte endgültig gewonnen. Der endgültige Sieg werde mit $+1$, die endgültige Niederlage mit -1 bewertet. Dieses Ruinspiel Γ^* kann genauer als Spiel mit vollständiger Information mit dem folgenden unendlichen Baum B^* beschrieben werden: Zunächst beginnt der Baum B^* mit dem Baum B als Anfangsstück. Seien f_1, f_2 die beiden in die Definition von Γ eingehenden, auf der Menge der Endpunkte von B erklärten, reellwertigen Funktionen. Sei E ein beliebiger Endpunkt von B. Dann ist E auch schon Endpunkt von B^* falls für wenigstens ein i ($i = 1, 2$) $f_i(E) < -V_i$ ist. Für die durch diesen Endpunkt E von B^* definierte Partie Π im Spiel Γ^* hat man dann zu setzen

$$f_1^*(\Pi) = \begin{cases} +1 \text{ falls } f_1(E) \geqq -V_1,\ f_2(E) < -V_2 \\ 0 \text{ falls } f_1(E) < -V_1,\ f_2(E) < -V_2 \\ -1 \text{ falls } f_1(E) < -V_1,\ f_2(E) \geqq -V_2; \end{cases}$$

$$f_2^*(\Pi) = -f_1^*(\Pi).$$

Ist aber in dem betrachteten Endpunkt E von B $f_i(E) \geqq -V_i$ für $i = 1, 2$, so ist E kein Endpunkt von B^*, sondern es wird an E ein weiteres Exemplar des Baumes B angehängt. Ist E' ein Endpunkt dieses weiteren Exemplares von B, so ist E' ein Endpunkt von B^*, falls für wenigstens ein i ($i = 1, 2$) $f_i(E) + f_i(E') < -V_i$ ist. In diesem Falle wird wieder für die durch E' definierte Partie Π' im Spiel Γ^*

$$f_1^*(\Pi') = \begin{cases} +1 \text{ falls } f_1(E) + f_1(E') \geqq -V_1,\ f_2(E) + f_2(E') < -V_2 \\ 0 \text{ falls } f_1(E) + f_1(E') < -V_1,\ f_2(E) + f_2(E') < -V_2 \\ -1 \text{ falls } f_1(E) + f_1(E') < -V_1,\ f_2(E) + f_2(E') \geqq -V_2, \end{cases}$$

$$f_2^*(\Pi') = -f_1^*(\Pi')$$

gesetzt. Gilt aber in E' wieder $f_i(E) + f_i(E') \geqq -V_i$ für $i = 1, 2$, so wird an E' ein weiteres Exemplar des Baumes B angehängt. So fortfahrend definiert man in leicht verständlicher induktiver Weise den Baum B^*, sowie die Funkitonen f_1^*, f_2^* für alle endlichen Partien von B^*. Im allgemeinen wird B^* natürlich auch noch unendliche Partien enthalten. Für solche unendlichen Partien Π^* in B^* setze man noch $f_1^*(\Pi^*) = f_2^*(\Pi^*) = 0$, da in ihrem Verlaufe ja keiner der Spieler ruiniert wird. Damit ist das Spiel Γ^* als Spiel mit vollständiger Information mit dem unendlichen Baum B^* beschrieben.

Es sei noch erwähnt, daß man auch für Spiele mit unvollständiger Information ähnliche Baumdarstellungen angeben kann, wie sie hier für Spiele mit vollständiger Information betrachtet wurden. Es wird jedoch in diesem Buche auf solche allgemeinen *Spiele in extensiver Form* nicht näher eingegangen. Man findet Näheres hierüber in den Lehrbüchern [NM], [McK], [Be], [LR].

Beispiel 5. Unter einem *Oligopol* versteht man in den Wirtschaftswissenschaften eine Marktform, bei welcher einige Produzenten, etwa $n \geqq 2$, alleine den Markt eines bestimmten Gutes beliefern. Der Spezialfall $n = 2$ wird als *Duopol* bezeichnet. Die Wettbewerbs-Situation zwischen den Oligopolisten läßt sich als ein strategisches n-Personenspiel beschreiben. Um diese Beschreibung präzise zu machen, sind verschiedene spieltheoretische Oligopol-Modelle entwickelt worden, die natürlich alle mehr oder weniger vereinfachende Annahmen machen. Ein besonders einfaches derartiges Oligopol-Modell sei hier angegeben. Es wird angenommen, daß das Verhalten der Abnehmer des Gutes auf dem Markt sich beschreiben läßt durch eine stetige, monoton fallende Nachfragefunktion $p = f(x)$, die zu jeder Menge x des Gutes den Preis p angibt, bei dem gerade die Menge x nachgefragt wird. Die Oligopolisten bieten nun gleichzeitig und unabhängig voneinander je eine gewisse Menge des Gutes auf dem Markt an, etwa der Oligopolist i ($i = 1, \ldots, n$) die Menge x_i. Der Preis bestimmt sich dann so, daß gerade die Gesamtmenge $\sum_{i=1}^{n} x_i$ abgenommen wird, also $p = f(\sum_{i=1}^{n} x_i)$. Hieraus resultiert der Erlös $x_i \cdot f(\sum_{\nu=1}^{n} x_\nu)$ für den Oligopolisten i ($i = 1, \ldots, n$). Durch Abzug der jeweiligen Kosten erhält man den Gewinn A_i ($i = 1, \ldots, n$). Die Kosten werden dabei durch die stetigen Kostenfunktionen $K_i(x)$ ($i = 1, \ldots, n$) bestimmt, wobei $K_i(x)$ angibt, mit welchen Kosten die Menge x beim Produzenten i produziert werden kann.

Offensichtlich werden die verschiedenen Strategien des Oligopolisten i ($i = 1, \ldots, n$) durch die verschiedenen möglichen Werte von x_i gegeben. Es sei etwa für $i = 1, \ldots, n$ die Größe x_i im Intervall $0 \leqq x_i \leqq L_i$ wählbar, wobei L_i die Kapazitätsgrenze von i angibt. Die Strategienmengen der n Spieler sind also hier Intervalle der Zahlengeraden. Die Auszahlungsfunktionen des Spieles sind durch

$$A_i(x_1, \ldots, x_n) = x_i \cdot f(\sum_{\nu=1}^{n} x_\nu) - K_i(x_i) \qquad (i = 1, \ldots, n)$$

gegeben. Es sind also stetige Funktionen im Bereich $0 \leqq x_i \leqq L_i$ ($i = 1, \ldots, n$). Das Spiel ist natürlich kein Nullsummenspiel.

Die Frage nach dem rationalen Verhalten der Oligopolisten und insbesondere der Spezialfall $n = 2$ des Duopols ist schon seit langer Zeit in der ökonomischen Literatur erörtert worden. In der spieltheoretischen Auffassung findet man nicht nur die alten ökonomischen Lösungsvorschläge im Rahmen einer allgemeinen Theorie wieder, sondern darüber hinaus auch neue Lösungsvorschläge. Einige dieser Ansätze werden später im § 5, § 12 und § 13 besprochen werden. Eine vergleichende Betrachtung mehrerer Duopolmodelle findet der Leser in dem Buche [Sh] von Shubik. Auf dieses Buch sei auch allgemein für ökonomische Anwendungen der Theorie der Spiele verwiesen.

Beispiel 6. Ein anderes ökonomisches Problem, für welches spieltheoretische Modelle aufgestellt wurden, ist das der Werbung zweier Kaufleute I und II um einen Kunden. Es soll auch hier nur ein ganz einfaches derartiges Modell angegeben werden: Der ganze Vorgang der Werbung erstrecke sich über ein Zeitintervall, das der Einfachheit halber als $0 \leqq t \leqq 1$ angenommen werden kann. Jeder der beiden Kaufleute I und II darf einmal an einem von ihm gewählten Zeitpunkt in diesem Intervall seine Werbung um den Kunden vornehmen, und zwar ohne die Wahl des gegnerischen Zeitpunktes zu kennen. Der Kunde kauft höchstens einmal, und zwar auf eine Werbung im Zeitpunkt t mit der Wahrscheinlichkeit $P(t)$, falls er bis zu diesem Zeitpunkt noch nicht gekauft hat. $P(t)$ ist eine für $0 \leqq t \leqq 1$ definierte, monoton wachsende, stetige Funktion, die den beiden Kaufleuten bekannt ist.

Eine Strategie von I besteht in der Wahl eines Zeitpunktes t_1 im Intervall $0 \leqq t_1 \leqq 1$. Ebenso besteht eine Strategie von II in der Wahl eines Zeitpunktes t_2 im Intervall $0 \leqq t_2 \leqq 1$. Wegen des monotonen Wachstums der Funktion $P(t)$ ist es für jeden der beiden Kaufleute günstig, so spät wie möglich zu werben, vorausgesetzt nur, daß er seinem Gegner noch zuvorkommt. Dies ist eine typische Spielsituation. Wählt I die Strategie t_1 und II die Strategie t_2, so erhält I den Kunden im Falle $t_1 < t_2$ mit der Wahrscheinlichkeit $P(t_1)$, im Falle $t_2 < t_1$ mit der Wahrscheinlichkeit $(1 - P(t_2)) \cdot P(t_1)$. Im Falle gleichzeitiger Werbung, $t_1 = t_2$, werde noch verabredet, daß der Kunde, falls er überhaupt kauft, durch einen Münzenwurf zwischen I und II entscheidet. In diesem Beispiel kann man offenbar vernünftigerweise die Erfolgswahrscheinlichkeit als Auszahlung betrachten. Dann erhält man also die folgenden Auszahlungsfunktionen

$$A_1(t_1, t_2) = \begin{cases} P(t_1) & \text{falls } t_1 < t_2 \\ \frac{1}{2} \cdot P(t_1) & \text{falls } t_1 = t_2 \\ (1 - P(t_2)) \cdot P(t_1) & \text{falls } t_2 < t_1 \end{cases} \qquad \text{für I},$$

$$A_2(t_1, t_2) = \begin{cases} P(t_2) & \text{falls } t_2 < t_1 \\ \frac{1}{2} \cdot P(t_2) & \text{falls } t_2 = t_1 \\ (1 - P(t_1)) \cdot P(t_2) & \text{falls } t_1 < t_2 \end{cases} \qquad \text{für II}.$$

Die Auszahlungsfunktionen sind also auf dem Einheitsquadrat $0 \leqq t_1 \leqq 1$, $0 \leqq t_2 \leqq 1$ definierte Funktionen, die an der Diagonalen $t_1 = t_2$ des Quadrates unstetig sind. Einige solcher *Spiele über dem Einheitsquadrat* werden später im § 10 eingehender behandelt.

Beispiel 7. Ein weiteres einfaches ökonomisches *Marktmodell* ist das folgende: Zwei Anbieter I und II besitzen je ein Exemplar eines bestimmten Gutes (etwa ein Auto). Ein Käufer III will ein Exemplar dieses Gutes erwerben. Um gemäß der Verabredung in § 1 die Auszahlungen in Geldeinheiten auszudrücken, werde folgendes verabredet: Anbieter I bewertet den Besitz des Gutes mit u_1 Geldeinheiten. Dieser Betrag u_1 kann zum Beispiel verstanden werden als Preis des Gutes auf einem externen Markt, auf dem I das Gut jederzeit zu diesem Preis verkaufen kann. Entsprechend bewerte II den Besitz des Gutes mit u_2 und III den Besitz des Gutes mit u_3. Der Betrag u_3 kann entsprechend verstanden werden als Preis des Gutes auf einem externen Markt, auf dem III das Gut jederzeit zu diesem Preis kaufen kann. Damit überhaupt ein positiver Anreiz zum Handeln für die drei Partner gegeben ist, sei $u_1 < u_3$, $u_2 < u_3$. Das Handeln verlaufe nun in diesem Modell einfach so: Anbieter I und II nennen gleichzeitig und unabhängig voneinander einen Preis p_1 bzw. p_2. Nach Kenntnis dieser Preise entschließt sich Käufer III, ob er überhaupt kaufen will, und bejahendenfalls, bei welchem der beiden Anbieter er zu dem genannten Preis das Gut erwerben will.

Die Strategien von I sind die möglichen Werte von p_1, die vernünftigerweise von vorneherein auf das Intervall $u_1 \leqq p_1 \leqq u_3$ eingeschränkt werden. Ebenso sind die Strategien von II die Werte p_2 aus dem Intervall $u_2 \leqq p_2 \leqq u_3$. Eine Strategie des Käufers III dagegen ist eine Vorschrift, die ihm zu jedem Preisangebot p_1, p_2 angibt, bei welchem Anbieter er kaufen soll (I bzw. II) oder ob er überhaupt nicht kaufen soll (N). Eine solche Strategie ist also eine Funktion f der beiden Variablen p_1, p_2 mit Funktionswerten aus der Menge $\{\mathrm{I}, \mathrm{II}, N\}$. Die Auszahlungsfunktionen A_1, A_2, A_3 für die Spieler I, II, III werden gegeben durch

$$A_1(p_1, p_2; f) = \begin{cases} p_1 - u_1 & \text{falls } f(p_1, p_2) = \mathrm{I} \\ 0 & \text{sonst} \end{cases},$$

$$A_2(p_1, p_2; f) = \begin{cases} p_2 - u_2 & \text{falls } f(p_1, p_2) = \mathrm{II} \\ 0 & \text{sonst} \end{cases},$$

$$A_3(p_1, p_2; f) = \begin{cases} u_3 - p_1 & \text{falls } f(p_1, p_2) = \mathrm{I} \\ u_3 - p_2 & \text{falls } f(p_1, p_2) = \mathrm{II} \\ 0 & \text{falls } f(p_1, p_2) = N. \end{cases}$$

Da in diesem Modell von einem Handeln im üblichen Sinne, von Verhandlungen zwischen den Spielern, Preisabsprachen (Koalitionen) und dergleichen überhaupt noch nicht die Rede ist, werden diese Punkte bei der weiteren Behandlung des Spieles zu berücksichtigen sein. Das wird bei der Behandlung eines allgemeineren Marktmodelles von SHAPLEY im Rahmen einer allgemeinen *kooperativen Theorie* der Spiele, die den Gegenstand des Kapitels IV dieses Buches bildet, geschehen.

Beispiel 8. Ein Kanal von variabler Breite erstrecke sich längs der t-Achse von $t = 0$ bis $t = 1$. Ein Unterseeboot I will den Kanal unbemerkt durchfahren. Es kann aber nur eine Strecke von der Länge $l < 1$ untergetaucht fahren. Es sei ihm dabei das folgende Verhalten gestattet: Überwasserfahrt von $t = 0$ bis zu einer beliebig wählbaren Stelle $t = a \geqq 0$, darauf Tauchfahrt von $t = a$ bis zur Stelle $t = a + l \leqq 1$, darauf wieder Überwasserfahrt bis $t = 1$. Der Gegner II überwacht den Kanal durch Patrouillenflüge quer zur Kanalrichtung. Setzt er eine Einheit seiner Luftstreitkräfte an der Stelle t des Kanals zur Überwachung an, so ist die Wahrscheinlichkeit, daß er das Unterseeboot entdeckt, falls es an der Stelle t aufgetaucht fährt, gegeben durch $P(t)$. Dagegen kann er das Unterseeboot überhaupt nicht entdecken, falls es an der Stelle t untergetaucht fährt. Dem Überwacher II sei es erlaubt, seine Luftstreitkräfte längs des Kanals beliebig mit stetiger Verteilungsdichte zu verteilen. Es sei $\varphi(t)dt$ der Bruchteil der Gesamtstreitkräfte im Intervall von t bis $t + dt$. Dann ist also φ eine stetige Funktion von t im Intervall $0 \leqq t \leqq 1$ mit $\int_0^1 \varphi(t)dt = 1$.

Die Strategien von I sind also hier durch die Punkte a eines Intervalles, nämlich $0 \leqq a \leqq 1 - l$ gegeben, während eine Strategie von II eine beliebige in $0 \leqq t \leqq 1$ stetige Funktion $\varphi \geqq 0$ mit $\int_0^1 \varphi(t)dt = 1$ ist. Als Auszahlung für I kann man hier vernünftigerweise die Wahrscheinlichkeit betrachten, daß I den Kanal unentdeckt durchfährt, als Auszahlung für II entsprechend die Wahrscheinlichkeit, I zu entdecken. Diese Wahrscheinlichkeiten bestimmen sich folgendermaßen. Sei $P_n(t)$ die Wahrscheinlichkeit, ein aufgetaucht fahrendes Boot an der Stelle t zu entdecken, wenn an dieser Stelle n Einheiten zur Überwachung angesetzt sind. Dann ist nach bekannten Regeln der Wahrscheinlichkeitsrechnung

$$P_{n+1}(t) = P_n(t) + (1 - P_n(t)) \cdot P(t),$$

also

$$1 - P_{n+1}(t) = (1 - P_n(t))(1 - P(t)).$$

Aus dieser Rekursionsformel folgt sofort, daß $1 - P_n(t) = (1 - P(t))^n$, also $P_n(t) = 1 - (1 - P(t))^n$ ist. Sei N die Gesamtzahl der Einheiten, die dem Überwacher II zur Verfügung stehen. Dann ist die Wahrscheinlichkeit, daß ein aufgetaucht fahrendes Boot an der Stelle t entdeckt wird, wenn an dieser Stelle der Bruchteil $q = n/N$ der Gesamtstreitkräfte eingesetzt wird, gegeben durch $1 - (1 - P(t))^n = 1 - (1 - P_N(t))^q$. Sei nun die Verteilungsdichte φ vorgegeben. Dann wird also im Intervall von t bis $t + dt$ der Bruchteil $\varphi(t)dt$ der Gesamtstreitkräfte eingesetzt. Daher beträgt die Wahrscheinlichkeit, ein aufgetauchtes Boot in diesem Intervall von t bis $t + dt$ zu entdecken,

$$\frac{\partial}{\partial q}[1 - (1 - P_N(t))^q]\Big|_{q=0} \cdot \varphi(t)dt = -[\lg(1 - P_N(t))] \cdot \varphi(t)dt.$$

Sei $Q_\varphi(t)$ $(0 \leqq t \leqq 1)$ die Wahrscheinlichkeit, daß ein aufgetauchtes Boot bei der Überwachungsdichte φ bis zur Stelle t des Kanals unentdeckt fährt, dann muß wieder nach den Regeln der Wahrscheinlichkeitsrechnung gelten

$$Q_\varphi(t + dt) = Q_\varphi(t) \cdot [1 + [\lg(1 - P_N(t))] \cdot \varphi(t)dt].$$

Als Lösung dieser Differentialgleichung ergibt sich mit der Anfangsbedingung $Q_\varphi(0) = 1$

$$Q_\varphi(t) = \exp\left(\int_0^t [\lg(1 - P_N(\tau))] \cdot \varphi(\tau)d\tau\right).$$

Für $t = 1$ ergibt dies die Wahrscheinlichkeit, daß das Unterseeboot den Kanal aufgetaucht durchfahren kann, ohne entdeckt zu werden. Taucht dagegen das Boot auf der Strecke von a bis $a + l$, so ist bei der Berechnung der Wahrscheinlichkeit, nicht entdeckt zu werden, der Teil des Integrales von $\tau = a$ bis $\tau = a + l$ zu annullieren. Damit ergibt sich bei den Strategien a und φ die Wahrscheinlichkeit, daß I den Kanal unentdeckt durchfährt, zu $\exp\left(\int_0^a \varphi(\tau) \cdot \lg(1 - P_N(\tau))d\tau + \int_{a+l}^1 \varphi(\tau) \cdot \lg(1 - P_N(\tau))d\tau\right)$. Also hat man die Auszahlungsfunktionen

$$A_1(a; \varphi) = \exp\left(\int_0^a \varphi(\tau) \cdot \lg(1 - P_N(\tau))d\tau + \int_{a+l}^1 \varphi(\tau) \cdot \lg(1 - P_N(\tau))d\tau\right) \quad \text{für I},$$

$$A_2(a; \varphi) = 1 - A_1(a; \varphi) \qquad \text{für II}.$$

Es handelt sich hier also, da $A_1(a; \varphi) + A_2(a; \varphi) = 1$ ist für alle a und φ, um ein *Konstantsummenspiel.* Natürlich hätte man als Auszahlung für II ebensogut $A_2(a; \varphi) - 1$ verwenden können und hätte dann ein Nullsummenspiel erhalten.

Die Strategienmenge des zweiten Spielers in diesem Spiel ist eine Menge von Funktionen. Derartige *Spiele über Funktionenräumen* werden in diesem Buche nicht behandelt werden, da hierzu weitergehende mathematische Hilfsmittel benötigt werden. Interessierte Leser finden zum Beispiel ein vollständig durchdiskutiertes derartiges Spiel über einem Funktionenraum in [2] sowie weitere Untersuchungen in [4], [CIII], [AG] und [Is].

Um Mißverständnissen vorzubeugen, sei noch ausdrücklich bemerkt, daß natürlich die in den Beispielen 5 bis 8 betrachteten Modelle reichlich primitiv erscheinen, wenn man sie mit der Vielgestaltigkeit und Komplexheit der entsprechenden Situationen in der Wirklichkeit vergleicht. Es wird auch keineswegs behauptet, daß die angegebenen speziellen Modelle zur adäquaten Beschreibung der Wirklichkeit ohne weiteres ausreichen oder gar brauchbare numerische Ergebnisse liefern. Hierzu sind sie, wie gesagt, doch zu primitiv. Natürlich hindert nichts daran, diese Modelle beliebig weiter auszubauen und so der wirklichen Situation besser anzunähern. Es kam jedoch hier nur darauf an, an Hand möglichst einfacher Modelle zu zeigen, daß die betreffenden Situationen sich prinzipiell als Spiele auffassen lassen und daher in einer allgemeinen Theorie der Spiele durch hinreichend komplexe Modelle eine adäquate Behandlung erfahren können.

§ 3. Spiele in Normalform

Nach den im vorigen Paragraphen betrachteten Beispielen wird nun die folgende auf v. Neumann zurückgehende Definition ohne weiteres verständlich sein.

Definition 1. *Ein* n-Personen-Spiel (*in Normalform*) *wird gegeben durch* n *nicht-leere Mengen* Σ_i $(i = 1, \ldots, n)$, die Strategien-Mengen *der Spieler* $1, 2, \ldots, n$, *und* n *reellwertige auf* $\Sigma_1 \times \Sigma_2 \times \ldots \times \Sigma_n$[1]) *definierte Funktionen* A_i $(i = 1, \ldots, n)$, *die* Auszahlungsfunktionen *der Spieler* $1, 2, \ldots, n$. *Dieses Spiel wird mit* $\{\Sigma_1, \ldots, \Sigma_n; A_1, \ldots, A_n\}$ *bezeichnet. Die Strategien-Mengen* Σ_i *können auch noch eine topologische Struktur besitzen, zum Beispiel Punktmengen euklidischer Räume sein.*

Es folgen noch einige weitere einfache Definitionen.

Definition 2. *Das Spiel* $\{\Sigma_1, \ldots, \Sigma_n; A_1, \ldots, A_n\}$ *heißt ein* Konstantsummenspiel, *falls es eine Zahl* c *mit*

$$\sum_{i=1}^{n} A_i(\sigma_1, \ldots, \sigma_n) = c \text{ für alle } \sigma_1 \in \Sigma_1, \ldots, \sigma_n \in \Sigma_n$$

gibt. Im Falle $c = 0$ *heißt das Spiel ein* Nullsummenspiel.

Definition 3. *Sind alle Mengen* $\Sigma_1, \ldots, \Sigma_n$ *endlich, so heißt das Spiel* $\{\Sigma_1, \ldots, \Sigma_n; A_1, \ldots, A_n\}$ endlich.

Definition 4. *Sind alle Mengen* $\Sigma_1, \ldots, \Sigma_n$ *beschränkte, abgeschlossene Intervalle der Zahlengeraden, so heißt das Spiel* $\{\Sigma_1, \ldots, \Sigma_n; A_1, \ldots, A_n\}$ kontinuierlich. *Die Auszahlungsfunktionen eines kontinuierlichen Spieles brauchen nicht stetig zu sein.*

---

[1]) Die Produktmenge $\Sigma_1 \times \ldots \times \Sigma_n$ ist die Menge aller n-Tupel $(\sigma_1, \ldots, \sigma_n)$ mit $\sigma_1 \in \Sigma_1, \ldots, \sigma_n \in \Sigma_n$. Wenn im folgenden von einem Strategie-n-Tupel die Rede ist, ist stets ein solches n-Tupel $(\sigma_1, \ldots, \sigma_n)$ mit $\sigma_1 \in \Sigma_1, \ldots, \sigma_n \in \Sigma_n$ gemeint.

Werden mehrere Partien des gleichen Spieles hintereinander gespielt, so wird es im allgemeinen für einen Spieler nicht zweckmäßig sein, in allen Partien dieselbe Strategie zu benutzen. Zum Beispiel würde eventuell der Gegner dies merken und daraus Nutzen ziehen können. Daher wird der Spieler in einer längeren Serie von Partien verschiedene Strategien mit gewissen relativen Häufigkeiten spielen. Auch in einer einzelnen Partie kann es unter Umständen zweckmäßig sein (um zum Beispiel dem Gegner das Ausspionieren der eigenen Absichten zu erschweren), verschiedene Strategien mit gewissen Wahrscheinlichkeiten zu „mischen". Das kann etwa so geschehen, daß mittels eines Zufallsmechanismus mit den entsprechenden Wahrscheinlichkeiten eine Strategie ausgewählt wird. Für solche Fälle wurde von v. NEUMANN der Begriff einer *gemischten Strategie* eingeführt. Eine solche ist also eine Wahrscheinlichkeitsverteilung über der Strategienmenge Σ des Spielers. Die Auszahlungen sind dann natürlich durch die entsprechenden Erwartungswerte zu ersetzen. Der Einfachheit halber werden hier nur die beiden wichtigsten Fälle der endlichen und kontinuierlichen Spiele betrachtet.

Im Falle einer endlichen Strategienmenge Σ besteht eine Wahrscheinlichkeitsverteilung über Σ einfach in der Angabe, mit welcher Wahrscheinlichkeit jede einzelne Strategie aus Σ zu nehmen ist, wobei die Summe aller dieser Wahrscheinlichkeiten gleich 1 ist. Also:

Definition 5. *Sei die Strategienmenge Σ eines Spielers P in einem Spiel Γ eine endliche Menge, $\Sigma = \{\sigma^{(1)}, \ldots, \sigma^{(N)}\}$. Eine* gemischte Strategie *von P im Spiel Γ ist dann definitionsgemäß ein N-gliedriger Vektor $X = (x_1, \ldots, x_N)$ mit reellen Komponenten $x_\nu \geqq 0$ $(\nu = 1, \ldots, N)$ mit $\sum_{\nu=1}^{N} x_\nu = 1$. Zum Unterschied von den gemischten Strategien werden die gewöhnlichen Strategien auch als* reine Strategien *bezeichnet. Sie lassen sich natürlich als spezielle gemischte Strategien auffassen.*

Definition 6. *Sei $\Gamma = \{\Sigma_1, \ldots, \Sigma_n;\ A_1, \ldots, A_n\}$ ein endliches Spiel, $\Sigma_i = \{\sigma_i^{(1)}, \ldots, \sigma_i^{(N_i)}\}$ $(i = 1, \ldots, n)$. Sei $\tilde{\Sigma}_i$ $(i = 1, \ldots, n)$ die Menge der gemischten Strategien des Spielers i im Spiel Γ. Seien für jedes n-Tupel $(X_1, \ldots, X_n)$ von gemischten Strategien $X_i = (x_{i1}, x_{i2}, \ldots, x_{iN_i}) \in \tilde{\Sigma}_i$ $(i = 1, \ldots, n)$ die Erwartungswerte der Auszahlungen mit $E_i(X_1, \ldots, X_n)$ bezeichnet, also*

$$E_i(X_1, \ldots, X_n) = \sum_{i_1=1}^{N_1} \ldots \sum_{i_n=1}^{N_n} A_i(\sigma_1^{(i_1)}, \ldots, \sigma_n^{(i_n)}) \cdot x_{1i_1} \ldots x_{ni_n} (i = 1, \ldots, n).$$

Dann heißt das Spiel $\tilde{\Gamma} = \{\tilde{\Sigma}_1, \ldots, \tilde{\Sigma}_n;\ E_1, \ldots, E_n\}$ die gemischte Erweiterung *von Γ.*

In einem kontinuierlichen Spiel ist definitionsgemäß jede Strategienmenge Σ ein Intervall der Zahlengeraden. Sei etwa Σ das Intervall $a \leqq \sigma \leqq b$. Dann wird eine Wahrscheinlichkeitsverteilung über Σ im folgenden immer in bekannter Weise beschrieben durch ihre kumulative Verteilungsfunktion F, wobei $F(\sigma)$ für jedes σ aus dem Intervall $[a, b]$ die Wahrscheinlichkeit dafür angibt, daß eine Strategie τ aus dem Intervall $a \leqq \tau \leqq \sigma$ gewählt wird. Läßt man hierbei alle Wahrscheinlichkeitsverteilungen über Σ zu, so kann bekanntlich F eine beliebige im Intervall $a \leqq \sigma \leqq b$ definierte, monoton nichtabnehmende, von rechts stetige Funktion mit $F(a) \geqq 0$ und $F(b) = 1$ sein. Es wird sich jedoch im folgenden auch gelegentlich als zweckmäßig erweisen, nicht alle, sondern nur eine bestimmte Klasse von Wahrscheinlichkeitsverteilungen zuzulassen, zum Beispiel die Klasse aller diskreten Wahrscheinlichkeitsverteilungen. Diese sind bekanntlich dadurch gekennzeichnet, daß für höchstens abzählbar viele Punkte aus dem Intervall $[a, b]$ positive Wahrscheinlichkeiten mit der Gesamtsumme 1 vorgeschrieben sind. Die zugehörige kumulative Verteilungsfunktion F ist dann also eine Treppenfunktion. Leser, die den allgemeinen Begriff einer Wahrscheinlichkeitsverteilung und die einfachsten damit zusammenhängenden Begriffe nicht kennen, können sich im folgenden auf die Betrachtung der diskreten Verteilungen beschränken und unter einer *Klasse von gemischten Strategien* (Definition 7) immer die Klasse aller diskreten Wahrscheinlichkeitsverteilungen über dem betreffenden Intervall verstehen. Sie können dann ohne Störung des Sinnzusammenhanges alles überschlagen, was sich auf beliebige Verteilungen bezieht und durch Kleindruck kenntlich gemacht ist.

Definition 7. *Sei die Strategienmenge Σ eines Spielers P in einem Spiel Γ das Intervall $a \leqq \sigma \leqq b$ der Zahlengeraden. Eine nicht-leere Klasse $\tilde{\Sigma}$ von Wahrscheinlichkeitsverteilungen über dem Intervall Σ (beschrieben durch ihre zugehörigen kumulativen Verteilungsfunktionen) wird als eine* Klasse von gemischten Strategien *von P in Γ bezeichnet, wenn mit $F, G \in \tilde{\Sigma}$ auch stets $\lambda F + (1 - \lambda) G \in \tilde{\Sigma}$ für alle λ mit $0 \leqq \lambda \leqq 1$.*

Definition 8. *Sei $\Gamma = \{\Sigma_1, \ldots, \Sigma_n; A_1, \ldots, A_n\}$ ein kontinuierliches Spiel mit beschränkten Borel-meßbaren Auszahlungsfunktionen $A_1, \ldots, A_n$. Sei Σ_i $(i = 1, \ldots, n)$ das Intervall $a_i \leqq \sigma_i \leqq b_i$ der Zahlengeraden. Sei $\tilde{\Sigma}_i$ $(i = 1, \ldots, n)$ eine Klasse von gemischten Strategien des Spielers i im Spiele Γ. Seien für jedes n-Tupel $(F_1, \ldots, F_n)$ von gemischten Strategien $F_i \in \tilde{\Sigma}_i$ $(i = 1, \ldots, n)$ die Erwartungswerte der Auszahlungen mit $E_i(F_1, \ldots, F_n)$ $(i = 1, \ldots, n)$ bezeichnet, also*

$$E_i(F_1, \ldots, F_n) = \int_{a_1}^{b_1} \cdots \int_{a_n}^{b_n} A_i(\sigma_1, \ldots, \sigma_n) dF_1(\sigma_1) \ldots dF_n(\sigma_n) \quad ^{1)} \qquad (i = 1, \ldots, n).$$

Dann heißt das Spiel $\tilde{\Gamma} = \{\tilde{\Sigma}_1, \ldots, \tilde{\Sigma}_n; E_1, \ldots, E_n\}$ eine gemischte Erweiterung *von Γ.*

Ist $\tilde{\Sigma}_i$ $(i = 1, \ldots, n)$ die Klasse aller Wahrscheinlichkeitsverteilungen über Σ_i, so heißt $\tilde{\Gamma}$ die maximale gemischte Erweiterung *von Γ.*

Ist $\tilde{\Sigma}_i$ $(i = 1, \ldots, n)$ die Klasse aller diskreten Wahrscheinlichkeitsverteilungen über Σ_i, so heißt $\tilde{\Gamma}$ die diskrete gemischte Erweiterung *von Γ* [2]).

---

[1]) Im Falle diskreter Wahrscheinlichkeitsverteilungen geht dieses Integral einfach in eine absolut konvergente unendliche Reihe über. Ist zum Beispiel F_1 die diskrete Strategie, die den abzählbar vielen Punkten $\sigma_1^{(1)}, \sigma_1^{(2)}, \ldots$ aus Σ_1 die Wahrscheinlichkeiten $x_1, x_2, \ldots$ zuordnet, so ist

$$\int_{a_1}^{b_1} A_i(\sigma_1, \ldots, \sigma_n) dF_1(\sigma_1) = \sum_{\nu=1}^{\infty} A_1(\sigma_1^{(\nu)}, \sigma_2, \ldots, \sigma_n) \cdot x_\nu .$$

[2]) Natürlich kann eine solche diskrete gemischte Erweiterung nicht nur für kontinuierliche Spiele Γ, sondern ganz analog auch für beliebige Spiele Γ mit beschränkten Auszahlungsfunktionen definiert werden.

II. Nichtkooperative Theorie allgemeiner Spiele

§ 4. Gleichgewichtspunkte

Nachdem im vorigen Paragraphen eine exakte Definition des Spielbegriffes gegeben wurde, wird nun das eigentliche Anliegen der Theorie der Spiele behandelt. Das ist das Problem des *rationalen* oder *optimalen Verhaltens* in einem Spiele. Da der intuitive Begriff des rationalen Verhaltens sehr vage ist, besteht die erste Aufgabe darin, für möglichst weite Klassen von Spielen diesen Begriff exakt zu definieren. Natürlich muß der exakte Begriff vom vagen intuitiven Standpunkt aus annehmbar sein. Nachdem der Begriff exakt definiert ist, tritt dann natürlich die Frage auf, ob es für jedes Spiel der betrachteten Klasse ein rationales Verhalten gibt. Es sei gleich von vornherein bemerkt, daß eine wirklich vollständige und definitive Erledigung dieses Problems des rationalen Verhaltens bis jetzt im wesentlichen nur für Zweipersonen-Nullsummenspiele gelungen ist.

Es soll zunächst das Problem etwas eingehender betrachtet werden. Sei $\Gamma = \{\Sigma_1, \ldots, \Sigma_n; A_1, \ldots, A_n\}$ ein n-Personen-Spiel. Natürlich kann man als primäres Interesse des Spielers i das Bestreben ansehen, seinen Gewinn so groß wie möglich zu machen. Zunächst bedeutet das also die Maximierung von $A_i(\sigma_1, \ldots, \sigma_n)$. In dieser Funktion A_i aber verfügt der Spieler i nur über die freie Wahl der einen Variablen σ_i, während die übrigen Variablen von seinen Gegnern kontrolliert werden. Diese wiederum haben das Bestreben, ihre eigenen Auszahlungsfunktionen zu maximieren, in denen sie aber auch nur je eine Variable kontrollieren. Daher könnte nun der Spieler i versuchen, einen anderen Spieler j zur Wahl einer ganz bestimmten Strategie σ_j zu überreden, indem er ihm zum Beispiel hierfür gewisse Kompensationszahlungen anbietet oder im Falle der Weigerung Bestrafung dadurch androht, daß er seine eigene Strategie σ_i in für j ungünstiger Weise wählen wird. Auf diese und ähnliche Weise kommt sowohl der Spieler i als auch der Spieler j dazu, nicht nur seine eigene Auszahlungsfunktion als allein entscheidend für Gewinn oder Verlust anzusehen, sondern auch durch indirekte Mittel zu versuchen, seine Gewinnmöglichkeiten zu verbessern. Durch derartige Verhandlungen zwischen den Spielern kann es dann zur Bildung von Koalitionen, Gegenkoalitionen und ähnlichem kommen.

Es wird nun offenbar einen wesentlichen Unterschied für die Theorie ausmachen, ob derartige Verhandlungen und Koalitionsbildungen zwischen den Spielern erlaubt oder zum Teil oder ganz verboten sind. Die Fälle, in denen solche Verhandlungen wenigstens zum Teil erlaubt sind, werden als *kooperativ* bezeichnet, während der Extremfall, daß keinerlei Verhandlungen zwischen den Spielern vor und während des Spieles erlaubt sind, als *nicht-kooperativ* bezeichnet wird. Die Frage, ob ein bestimmtes Spiel kooperativ oder nichtkooperativ zu behandeln ist, muß von Fall zu Fall entschieden werden. Bei

Zweipersonen-Nullsummenspielen zum Beispiel sind die Interessen der beiden Spieler derart strikt einander entgegengesetzt, daß eine Kooperation der beiden Spieler wenig sinnvoll erscheint. Für die meisten Mehrpersonen-Gesellschaftsspiele verbietet die übliche „Ethik“ der Gesellschaftsspiele Kooperationen und Absprachen zwischen den Spielern, so daß hier eine nicht-kooperative Behandlung angebracht ist. Bei der Behandlung des Oligopolspieles (Beispiel 5 in § 2) ist zu beachten, daß in vielen Staaten durch Kartellgesetze Absprachen zwischen den Oligopolisten explizite verboten sind. Daher erscheint auch hier eine nicht-kooperative Theorie angemessen. Auf der anderen Seite ist natürlich für das Oligopolproblem auch eine kooperative Behandlung interessant, die sozusagen vergleichsweise der nicht-kooperativen gegenübergestellt werden kann. Für das Marktmodell aus Beispiel 7 in § 2 wurde schon seinerzeit bemerkt, daß eine kooperative Theorie für dieses Spiel angebracht erscheint.

Es werde hier zunächst die nicht-kooperative Theorie allgemeiner Spiele behandelt. Hier ist der wichtigste Begriff der eines *Gleichgewichtspunktes*, der folgendermaßen definiert ist:

Definition 9. *Sei $\{\Sigma_1, \ldots, \Sigma_n; A_1, \ldots, A_n\}$ ein Spiel. Ein Strategie-n-Tupel $(\sigma_1^*, \sigma_2^*, \ldots, \sigma_n^*)$ $(\sigma_1^* \in \Sigma_1, \ldots, \sigma_n^* \in \Sigma_n)$ heißt* Gleichgewichtspunkt *des Spieles, wenn für alle $i = 1, \ldots, n$*

$$A_i(\sigma_1^*, \ldots, \sigma_{i-1}^*, \sigma_i, \sigma_{i+1}^*, \ldots, \sigma_n^*) \leqq A_i(\sigma_1^*, \ldots, \sigma_n^*) \text{ für alle } \sigma_i \in \Sigma_i$$

gilt. Die Strategie σ_i^*, die also mit gewissen Strategien der anderen Spieler zusammen einen Gleichgewichtspunkt bildet, heißt dann Gleichgewichtsstrategie *des Spielers i $(i = 1, \ldots, n)$.*

Anschaulich gesprochen ist ein Gleichgewichtspunkt also eine Verhaltensvorschrift (= Strategie-n-Tupel) für die Spieler von solcher Art, daß, wenn alle Spieler außer einem sich an diese Vorschrift halten, der restliche Spieler nichts Besseres tun kann, als sich auch an diese Vorschrift zu halten. Ein solcher Gleichgewichtspunkt stellt mithin ein in gewissem Sinne stabiles Verhalten der Spielergesamtheit dar. Hat sich dieses Verhalten etwa in einer längeren Spielserie erst einmal eingebürgert, so besteht für keinen Spieler Veranlassung, von diesem Verhalten abzuweichen. Ein Spieler allein kann ja durch Änderung seiner Strategie sich nicht verbessern, und Verhandlungen mit den anderen Spielern mit dem Ziel, diese ebenfalls zur Änderung ihrer Strategien zu überreden, sind ihm nicht erlaubt. Der allgemeine Begriff eines Gleichgewichtspunktes wurde von Nash in [10] eingeführt. In speziellen Fällen war er jedoch schon früher bekannt. Für das in § 2, Beispiel 5 angegebene Duopol-Modell zum Beispiel ist der Begriff eines Gleichgewichtspunktes unter der Bezeichnung *Cournotscher Duopolpunkt* seit langem in der ökonomischen Literatur bekannt.

Als erstes ist es nun natürlich, die Frage nach der Existenz von solchen Gleichgewichtspunkten zu behandeln. Offensichtlich hat nicht jedes Spiel, nicht einmal jedes endliche Spiel einen Gleichgewichtspunkt. Zum Beispiel bestätigt man sofort, daß das in Beispiel 1 in § 2 angeführte Knobelspiel keinen Gleichgewichtspunkt besitzt. Es gilt aber der folgende wichtige Satz, der in dieser Allgemeinheit von KUHN stammt, nachdem v. NEUMANN und noch früher schon ZERMELO Spezialfälle von ihm bewiesen hatten.

Satz 1. *Jedes Spiel mit vollständiger Information und endlichem Baum (in der in Beispiel 4 in § 2 beschriebenen Normalform) hat mindestens einen Gleichgewichtspunkt.*

Beweis. Sei $\Gamma = \{\Sigma_1, \ldots, \Sigma_n; A_1, \ldots, A_n\}$ ein n-Personenspiel mit vollständiger Information und endlichem Baum B. Es werden die in § 2, Beispiel 4 eingeführten Bezeichnungen verwendet. Eine Partie des Spieles ist ein vom Anfangspunkt A des Baumes B ausgehender, stets aufsteigender Streckenzug in B, der an einem Endpunkt von B endet. Die Anzahl der durchlaufenen Strecken in einer Partie wird als *Länge* der Partie bezeichnet. Der Beweis des Satzes 1 wird durch vollständige Induktion nach der Länge $\lambda(\Gamma)$ der längsten Partie in Γ geführt.

Ist $\lambda(\Gamma) = 0$, so entartet der Baum B in den Punkt A, der dann gleichzeitig der einzige Endpunkt ist. Das Spiel besteht also einfach nur in der Vornahme der zum Punkt A gehörigen Auszahlungen. Jeder Spieler besitzt nur eine Strategie, nämlich, da er nie an die Reihe kommt, nur die triviale Vorschrift, nichts zu tun. Trivialerweise ist dieses einzige Strategie-n-Tupel ein Gleichgewichtspunkt.

Sei nun $\lambda(\Gamma) \geqq 1$. Seien $s_1, s_2, \ldots, s_m$ die von A weiterführenden Strecken, also $m \geqq 1$. Die Strecke s_k $(k = 1, \ldots, m)$ bestimmt einen Teilbaum $B^{(k)}$ von B, nämlich denjenigen, der den von A verschiedenen Eckpunkt der Strecke s_k als Anfangspunkt hat. Der Teilbaum $B^{(k)}$ definiert seinerseits ein n-Personenspiel $\Gamma^{(k)} = \{\Sigma_1^{(k)}, \ldots, \Sigma_n^{(k)}; A_1^{(k)}, \ldots, A_n^{(k)}\}$ mit vollständiger Information, indem man die Zuordnung der Ecken von $B^{(k)}$ zu den Spielern $i = 1, 2, \ldots, n$ und zum Zufall (0), sowie im zweiten Falle die zugehörigen Wahrscheinlichkeiten und schließlich auch die an den Endpunkten von $B^{(k)}$ definierten Auszahlungen aus dem Spiel Γ ungeändert übernimmt. Offensichtlich ist $\lambda(\Gamma^{(k)}) < \lambda(\Gamma)$ $(k = 1, \ldots, m)$, so daß die Spiele $\Gamma^{(k)}$ nach Induktionsvoraussetzung Gleichgewichtspunkte besitzen.

Es werde für jedes $k = 1, \ldots, m$ im Spiel $\Gamma^{(k)}$ ein Gleichgewichtspunkt $(\sigma_1^{*(k)}, \ldots, \sigma_n^{*(k)})$ $(\sigma_1^{*(k)} \in \Sigma_1^{(k)}, \ldots, \sigma_n^{*(k)} \in \Sigma_n^{(k)})$ ausgewählt. Dann ist also für alle $i = 1, 2, \ldots, n$ und alle $k = 1, 2, \ldots, m$

$$A_i^{(k)}(\sigma_1^{*(k)}, \ldots, \sigma_{i-1}^{*(k)}, \sigma_i^{(k)}, \sigma_{i+1}^{*(k)}, \ldots, \sigma_n^{*(k)}) \leqq A_i^{(k)}(\sigma_1^{*(k)}, \ldots, \sigma_n^{*(k)}) \text{ für alle } \sigma_i^{(k)} \in \Sigma_i^{(k)}. \quad (1)$$

Zunächst wird nun der Fall betrachtet, daß die Ecke A im Spiel Γ einen Zufallszug darstellt. Seien dabei $p_1, p_2, \ldots, p_m$ $(\sum_{k=1}^{m} p_k = 1)$ die Wahrscheinlichkeiten für die Strecken $s_1, s_2, \ldots, s_m$. In diesem Falle definieren für jeden Spieler i $(i = 1, \ldots, n)$ die m Strategien $\sigma_i^{*(1)}, \ldots, \sigma_i^{*(m)}$ zusammen gerade eine Strategie σ_i^* des Spielers i im Spiel Γ. Sie liefern zusammen ja gerade eine Vorschrift, die an jeder Ecke von B, an der der Spieler i an der Reihe ist, eine der von dieser Ecke weiterführenden Strecken auswählt, da jede solche Ecke von B zu genau einem der Teilbäume $B^{(1)}, \ldots, B^{(m)}$ gehört.

Es wird nun behauptet, daß $(\sigma_1^*, \ldots, \sigma_n^*)$ ein Gleichgewichtspunkt von Γ ist. Sei $\sigma_i \in \Sigma_i$ $(i = 1, \ldots, n)$ beliebig. Dann bezeichne $\sigma_i^{(k)}$ $(i = 1, \ldots, n;\ k = 1, \ldots, m)$ diejenige Strategie aus $\Sigma_i^{(k)}$, die auf den Ecken von $B^{(k)}$, an denen der Spieler i an der Reihe ist, ebenso entscheidet wie σ_i. Diese Bezeichnung ist in Übereinstimmung mit der oben benutzten Bezeichnung σ_i^* und $\sigma_i^{*(k)}$. Sei nun E ein Endpunkt des Spieles $\Gamma^{(k)}$. Sei $w^{(k)}(\sigma_1^{(k)}, \ldots, \sigma_n^{(k)})$ die Realisierungswahrscheinlichkeit des Endpunktes E im Spiel $\Gamma^{(k)}$ bei dem Strategie-n-Tupel $(\sigma_1^{(k)}, \ldots, \sigma_n^{(k)})$ und $w(\sigma_1, \ldots, \sigma_n)$ die Realisierungswahrscheinlichkeit von E im Spiel Γ bei dem Strategie-n-Tupel $(\sigma_1, \ldots, \sigma_n)$. Dann ist offenbar $w(\sigma_1, \ldots, \sigma_n) = p_k \cdot w^{(k)}(\sigma_1^{(k)}, \ldots, \sigma_n^{(k)})$, und zwar gilt diese Beziehung auch für den Fall, daß E bei dem Strategie-n-Tupel $(\sigma_1, \ldots, \sigma_n)$ überhaupt nicht realisierbar ist. Daher folgt, wenn man in

$$A_i(\sigma_1, \ldots, \sigma_n) = \sum_{\nu=1}^{N} f_i(E_\nu) \cdot w_\nu(\sigma_1, \ldots, \sigma_n)$$

die Summe über alle Endpunkte von Γ in die entsprechenden Teilsummen über die Endpunkte der Teilspiele $\Gamma^{(k)}$ $(k = 1, \ldots, m)$ zerlegt, daß

$$A_i(\sigma_1, \ldots, \sigma_n) = \sum_{k=1}^{m} p_k \cdot A_i^{(k)}(\sigma_1^{(k)}, \ldots, \sigma_n^{(k)}) \qquad (i = 1, \ldots, n) \tag{2}$$

ist. Dann erhält man aus (2) und (1) für $i = 1, \ldots, n$

$$\begin{aligned} A_i(\sigma_1^*, \ldots, \sigma_{i-1}^*, \sigma_i, \sigma_{i+1}^*, \ldots, \sigma_n^*) & \\ = \sum_{k=1}^{m} p_k \cdot A_i^{(k)}(\sigma_1^{*(k)}, \ldots, \sigma_{i-1}^{*(k)}, \sigma_i^{(k)}, \sigma_{i+1}^{*(k)}, \ldots, \sigma_n^{*(k)}) & \\ \leqq \sum_{k=1}^{m} p_k \cdot A_i^{(k)}(\sigma_1^{*(k)}, \ldots, \sigma_n^{*(k)}) = A_i(\sigma_1^*, \ldots, \sigma_n^*) & \end{aligned}$$

für alle $\sigma_i \in \Sigma_i$. Also ist $(\sigma_1^*, \ldots, \sigma_n^*)$ ein Gleichgewichtspunkt von Γ.

Zweitens wird der Fall betrachtet, daß an der Ecke A im Spiel Γ der Spieler i_0 $(1 \leqq i_0 \leqq n)$ an der Reihe ist. Dann definieren für jeden Spieler $i \neq i_0$ die m Strategien $\sigma_i^{*(1)}, \ldots, \sigma_i^{*(m)}$ zusammen wie vorhin eine Strategie σ_i^* des Spielers i im Spiel Γ. Für den Spieler i_0 wird eine spezielle Strategie $\sigma_{i_0}^* \in \Sigma_{i_0}$ definiert, indem wie eben auf den von A verschiedenen Ecken von B, an denen i_0 an der Reihe ist, jeweils die entsprechenden Strategien $\sigma_{i_0}^{*(1)}, \ldots, \sigma_{i_0}^{*(m)}$ aus den Spielen $\Gamma^{(1)}, \ldots, \Gamma^{(m)}$ entscheiden, während an der Ecke A vorgeschrieben wird, daß $\sigma_{i_0}^*$ eine solche Strecke s_{k_0} wählt, für welche die Gleichgewichtsauszahlung des Spielers i_0 in dem entsprechenden Spiel $\Gamma^{(k_0)}$ maximal ist unter allen $k = 1, 2, \ldots, m$, d. h.

$$A_{i_0}^{(k)}(\sigma_1^{*(k)}, \ldots, \sigma_n^{*(k)}) \leqq A_{i_0}^{(k_0)}(\sigma_1^{*(k_0)}, \ldots, \sigma_n^{*(k_0)}) \tag{3}$$
$$\text{für alle } k = 1, 2, \ldots, m.$$

Es wird nun wieder behauptet, daß $(\sigma_1^*, \ldots, \sigma_n^*)$ ein Gleichgewichtspunkt von Γ ist. Sei wieder $\sigma_i \in \Sigma_i$ $(i = 1, \ldots, n)$ beliebig, und bezeichne wieder $\sigma_i^{(k)}$ $(i = 1, \ldots, n;\ k = 1, \ldots, m)$ wie vorhin diejenige Strategie aus $\Sigma_i^{(k)}$, deren Entscheidungen auf den Ecken von $B^{(k)}$, an denen der Spieler i an der Reihe ist, mit den Entscheidungen von σ_i übereinstimmen. Wählt dann die Strategie

σ_{i_0} an der Ecke A die Strecke s_k aus, so sind bei dem Strategie-n-Tupel $(\sigma_1, \ldots, \sigma_n)$ im Spiel Γ alle Endpunkte, welche Endpunkte eines Teilspieles $\Gamma^{(k')}$ mit $k' \neq k$ sind, nicht realisierbar. Für die übrigen Endpunkte von Γ, d. h. für die Endpunkte von $\Gamma^{(k)}$, ist die Realisierungswahrscheinlichkeit $w(\sigma_1, \ldots, \sigma_n) = w^{(k)}(\sigma_1^{(k)}, \ldots, \sigma_n^{(k)})$. Daher bleiben in dem Ausdruck

$$A_i(\sigma_1, \ldots, \sigma_n) = \sum_{\nu=1}^{N} f_i(E_\nu) \cdot w_\nu(\sigma_1, \ldots, \sigma_n)$$

nur die auf die Endpunkte des Teilspieles $\Gamma^{(k)}$ bezüglichen Summanden übrig, und es folgt

$$A_i(\sigma_1, \ldots, \sigma_n) = A_i^{(k)}(\sigma_1^{(k)}, \ldots, \sigma_n^{(k)}) \quad (i = 1, \ldots, n), \tag{4}$$

wobei k der Index der von der Strategie σ_{i_0} am Anfangspunkt A ausgewählten Strecke ist. Daher ergibt sich für die Spieler $i \neq i_0$ nach (4) und (1)

$$\begin{aligned} &A_i(\sigma_1^*, \ldots, \sigma_{i-1}^*, \sigma_i, \sigma_{i+1}^*, \ldots, \sigma_n^*) \\ &\quad = A_i^{(k_0)}(\sigma_1^{*(k_0)}, \ldots, \sigma_{i-1}^{*(k_0)}, \sigma_i^{(k_0)}, \sigma_{i+1}^{*(k_0)}, \ldots, \sigma_n^{*(k_0)}) \\ &\quad \leqq A_i^{(k_0)}(\sigma_1^{*(k_0)}, \ldots, \sigma_n^{*(k_0)}) = A_i(\sigma_1^*, \ldots, \sigma_n^*). \end{aligned}$$

Für den Spieler i_0 ergibt sich, wenn der Index k gemäß (4) bestimmt ist, nach (4), (1) und (3)

$$\begin{aligned} &A_{i_0}(\sigma_1^*, \ldots, \sigma_{i_0-1}^*, \sigma_{i_0}, \sigma_{i_0+1}^*, \ldots, \sigma_n^*) \\ &\quad = A_{i_0}^{(k)}(\sigma_1^{*(k)}, \ldots, \sigma_{i_0-1}^{*(k)}, \sigma_{i_0}^{(k)}, \sigma_{i_0+1}^{*(k)}, \ldots, \sigma_n^{*(k)}) \\ &\quad \leqq A_{i_0}^{(k)}(\sigma_1^{*(k)}, \ldots, \sigma_n^{*(k)}) \\ &\quad \leqq A_{i_0}^{(k_0)}(\sigma_1^{*(k_0)}, \ldots, \sigma^{*(k_0)}) = A_{i_0}(\sigma_1^*, \ldots, \sigma_n^*). \end{aligned}$$

Also ist $(\sigma_1^*, \ldots, \sigma_n^*)$ ein Gleichgewichtspunkt in Γ. Damit ist Satz 1 bewiesen.

Für Spiele mit unendlichem Baum und vollständiger Information gilt dagegen ein entsprechender Satz nicht mehr, wie das folgende von Gale und Stewart in [CII] angegebene Zweipersonen-Nullsummenspiel zeigt, bei dessen Beschreibung ebenfalls die Bezeichnungen aus § 2, Beispiel 4 verwendet werden. Der Baum B sei folgendermaßen definiert: Vom Anfangspunkt A führen zwei Strecken weiter, von deren Endpunkten jeweils wieder zwei, und so fort in infinitum. Am Anfangspunkt A sei Spieler 1 am Zuge, darauf Spieler 2, darauf wieder 1 und so abwechselnd immer weiter. Die Auszahlungen werden dadurch definiert, daß die Menge aller Partien in zwei disjunkte Teilmengen $\mathfrak{S}_1$ und $\mathfrak{S}_2$ zerlegt wird. Auf $\mathfrak{S}_1$ sei f_1 überall gleich $+1$, auf $\mathfrak{S}_2$ dagegen gleich -1. Ferner sei $f_2 = -f_1$. Es wird nun behauptet, daß man $\mathfrak{S}_1$ und $\mathfrak{S}_2$ so wählen kann, daß zu jeder Strategie σ_1 des Spielers 1 eine Strategie σ_2 des Spielers 2 existiert, so daß σ_1 und σ_2 zusammen eine Partie $\Pi(\sigma_1, \sigma_2)$ aus $\mathfrak{S}_2$ bestimmen, und ebenso zu jeder Strategie σ_2 des Spielers 2 eine Strategie σ_1 des Spielers 1, so daß σ_1 und σ_2 zusammen eine Partie $\Pi(\sigma_1, \sigma_2)$ aus $\mathfrak{S}_1$ bestimmen. Falls $\mathfrak{S}_1$ und $\mathfrak{S}_2$ so gewählt sind, kann das Spiel keinen Gleichgewichtspunkt haben. Sei nämlich (σ_1^*, σ_2^*) ein beliebiges Paar von Strategien des ersten und zweiten Spielers. Dann ist die Auszahlung $A_1(\sigma_1^*, \sigma_2^*) = f_1(\Pi(\sigma_1^*, \sigma_2^*))$ gleich einem der Werte ± 1. Sei $A_1(\sigma_1^*, \sigma_2^*) = -1$. Dann ist (σ_1^*, σ_2^*) kein Gleichgewichtspunkt; denn es existiert nach Voraussetzung zu σ_2^* eine Strategie σ_1

mit $\Pi(\sigma_1, \sigma_2^*) \in \mathfrak{S}_1$, also $A_1(\sigma_1, \sigma_2^*) = +1$. Sei andererseits $A_1(\sigma_1^*, \sigma_2^*) = +1$. Auch dann ist (σ_1^*, σ_2^*) kein Gleichgewichtspunkt; denn jetzt ist $A_2(\sigma_1^*, \sigma_2^*) = -1$, und es existiert nach Voraussetzung zu σ_1^* eine Strategie σ_2 mit $\Pi(\sigma_1^*, \sigma_2) \in \mathfrak{S}_2$, also mit $A_2(\sigma_1^*, \sigma_2) = +1$.

Es bleibt also noch zu zeigen, daß die angegebene Wahl von $\mathfrak{S}_1$ und $\mathfrak{S}_2$ möglich ist. Zunächst hat offenbar die Menge Σ_1 aller Strategien des ersten Spielers die Mächtigkeit $\mathfrak{c}$ des Kontinuums. Dasselbe gilt für die Menge Σ_2 aller Strategien des zweiten Spielers. Ferner sei für jede festgewählte Strategie $\sigma_1 \in \Sigma_1$ mit $\mathfrak{P}_{\sigma_1}$ die Menge aller Partien $\Pi(\sigma_1, \sigma_2)$ mit dem festgewählten σ_1 und beliebigen $\sigma_2 \in \Sigma_2$ bezeichnet, d. h. die Menge aller Partien, die durch diese Strategie σ_1 zusammen mit einer beliebigen Strategie $\sigma_2 \in \Sigma_2$ realisiert werden. Offenbar ist die Mächtigkeit der Menge $\mathfrak{P}_{\sigma_1}$ gleichfalls gleich $\mathfrak{c}$. Ebenso ist die Mächtigkeit der Menge $\mathfrak{Q}_{\sigma_2}$ aller Partien $\Pi(\sigma_1, \sigma_2)$ mit einer festgewählten Strategie $\sigma_2 \in \Sigma_2$ und beliebigen $\sigma_1 \in \Sigma_1$ gleich $\mathfrak{c}$. Sei nun α die kleinste Ordnungszahl mit der Mächtigkeit $\mathfrak{c}$. Dann kann man also die Elemente von Σ_1 mit den Ordnungszahlen $\beta < \alpha$ indizieren, $\Sigma_1 = \{\sigma_1^{(\beta)} \mid \beta < \alpha\}$. Ebenso kann man die Strategien des zweiten Spielers mit den Ordnungszahlen $\beta < \alpha$ indizieren, $\Sigma_2 = \{\sigma_2^{(\beta)} \mid \beta < \alpha\}$. Es werden nun durch transfinite Induktion für jedes $\beta < \alpha$ eine Partie $\Pi^{(\beta)} \in \mathfrak{P}_{\sigma_1^{(\beta)}}$ und eine Partie $P^{(\beta)} \in \mathfrak{Q}_{\sigma_2^{(\beta)}}$ folgendermaßen definiert: Seien die Partien $\Pi^{(\gamma)}$ und $P^{(\gamma)}$ für alle $\gamma < \beta$ schon definiert. Wegen der Minimalauswahl von α hat dann die Menge aller $P^{(\gamma)}$ mit $\gamma < \beta$ eine Mächtigkeit $< \mathfrak{c}$. Da aber die Mächtigkeit von $\mathfrak{P}_{\sigma_1^{(\beta)}}$ gleich $\mathfrak{c}$ ist, kann man dann $\Pi^{(\beta)} \in \mathfrak{P}_{\sigma_1^{(\beta)}}$ so wählen, daß $\Pi^{(\beta)} \neq P^{(\gamma)}$ für alle $\gamma < \beta$. Analog kann $P^{(\beta)} \in \mathfrak{Q}_{\sigma_2^{(\beta)}}$ so gewählt werden, daß $P^{(\beta)} \neq \Pi^{(\gamma)}$ für alle $\gamma \leqq \beta$. Auf diese Weise seien induktiv die Partien $\Pi^{(\beta)}$ und $P^{(\beta)}$ für alle $\beta < \alpha$ definiert. Sei nun $\mathfrak{S}_1'$ die Menge aller dieser Partien $P^{(\beta)}$ mit $\beta < \alpha$ und $\mathfrak{S}_2'$ die Menge aller $\Pi^{(\beta)}$ mit $\beta < \alpha$. Dann existiert zu jeder Strategie $\sigma_1 \in \Sigma_1$ eine Partie $\Pi \in \mathfrak{P}_{\sigma_1} \cap \mathfrak{S}_2'$, d. h. zu jeder Strategie $\sigma_1 \in \Sigma_1$ existiert eine Strategie $\sigma_2 \in \Sigma_2$, so daß $\Pi(\sigma_1, \sigma_2) \in \mathfrak{S}_2'$. Ebenso existiert zu jeder Strategie $\sigma_2 \in \Sigma_2$ eine Strategie $\sigma_1 \in \Sigma_1$, so daß $\Pi(\sigma_1, \sigma_2) \in \mathfrak{S}_1'$. Ferner sind die beiden Mengen $\mathfrak{S}_1'$ und $\mathfrak{S}_2'$ disjunkt. Sei nämlich $\Pi^{(\beta)}\,(\beta < \alpha)$ eine beliebige Partie aus $\mathfrak{S}_2'$ und $P^{(\gamma)}\,(\gamma < \alpha)$ eine beliebige Partie aus $\mathfrak{S}_1'$. Im Falle $\gamma < \beta$ ist dann $\Pi^{(\beta)} \neq P^{(\gamma)}$ nach Auswahl von $\Pi^{(\beta)}$. Im Falle $\beta \leqq \gamma$ ist $P^{(\gamma)} \neq \Pi^{(\beta)}$ nach Auswahl von $P^{(\gamma)}$. Also sind die Mengen $\mathfrak{S}_1'$ und $\mathfrak{S}_2'$ disjunkt. Daher kann man die Menge aller Partien in zwei disjunkte Teilmengen $\mathfrak{S}_1$ und $\mathfrak{S}_2$ so zerlegen, daß $\mathfrak{S}_1' \subseteqq \mathfrak{S}_1$ und $\mathfrak{S}_2' \subseteqq \mathfrak{S}_2$. Dann haben offenbar diese Mengen $\mathfrak{S}_1$, $\mathfrak{S}_2$ die verlangten Eigenschaften. Damit ist die Konstruktion des Beispieles beendet.

Vor der Formulierung des zweiten wichtigen Existenzsatzes für Gleichgewichtspunkte seien einige auch für das Folgende wichtige Begriffe in Erinnerung gebracht: Eine Punktmenge Σ in einem euklidischen Raum R heißt bekanntlich *konvex*, wenn mit irgendzwei Punkten auch stets ihre Verbindungsstrecke zur Menge Σ gehört, d. h. wenn aus $\sigma^{(1)}, \sigma^{(2)} \in \Sigma$ stets folgt

$$\lambda\sigma^{(1)} + (1 - \lambda)\sigma^{(2)} \in \Sigma \quad \text{für alle } \lambda \text{ mit } 0 \leqq \lambda \leqq 1. \tag{5}$$

Hier und im folgenden ist die Addition zweier Punkte eines euklidischen Raumes sowie die Multiplikation eines Punktes mit einem Skalar natürlich stets komponentenweise zu verstehen. Die Beziehung (5) läßt sich bekanntlich noch dahingehend verallgemeinern, daß für eine konvexe Punktmenge Σ aus $\sigma^{(1)}, \ldots, \sigma^{(r)} \in \Sigma$ stets folgt

$$\sum_{j=1}^{r} \lambda_j \sigma^{(j)} \in \Sigma \text{ für alle } \lambda_1 \geqq 0, \ldots, \lambda_r \geqq 0 \text{ mit } \sum_{j=1}^{r} \lambda_j = 1. \tag{6}$$

Weiter sei daran erinnert, daß eine reellwertige Funktion f, die auf einer konvexen Punktmenge Σ eines euklidischen Raumes R definiert ist, als *konkav* bezeichnet wird, wenn für irgendzwei Punkte $\sigma^{(1)}, \sigma^{(2)} \in \Sigma$ stets gilt

$$f(\lambda\sigma^{(1)} + (1 - \lambda)\sigma^{(2)}) \geqq \lambda \cdot f(\sigma^{(1)}) + (1 - \lambda) f(\sigma^{(2)})$$
$$\text{für alle } \lambda \text{ mit } 0 \leqq \lambda \leqq 1. \tag{7}$$

Auch hier gilt allgemeiner für jede konkave Funktion f auf Σ, daß aus $\sigma^{(1)}, \ldots, \sigma^{(r)} \in \Sigma$ stets folgt

$$f(\sum_{j=1}^{r} \lambda_j \sigma^{(j)}) \geqq \sum_{j=1}^{r} \lambda_j \cdot f(\sigma^{(j)}) \text{ für alle } \lambda_1 \geqq 0, \ldots, \lambda_r \geqq 0 \text{ mit } \sum_{j=1}^{r} \lambda_j = 1. \tag{8}$$

Analog heißt die Funktion f *konvex*, wenn in (7) das $\leqq$-Zeichen gilt.

Mittels dieser Begriffe kann nun der folgende Existenzsatz von Nikaido-Isoda [14] formuliert werden:

Satz 2. *Genüge das Spiel* $\Gamma = \{\Sigma_1, \ldots, \Sigma_n; A_1, \ldots, A_n\}$ *für alle* $i = 1, 2, \ldots, n$ *den folgenden Bedingungen:*

1. Σ_i *ist eine beschränkte, abgeschlossene, konvexe Menge eines euklidischen Raumes* R_i;
2. $A_i(\sigma_1, \ldots, \sigma_n)$ *ist konkav bezüglich* σ_i *bei festgehaltenen* $\sigma_1, \ldots, \sigma_{i-1}, \sigma_{i+1}, \ldots, \sigma_n$;
3. $A_i(\sigma_1, \ldots, \sigma_n)$ *ist stetig in* $\sigma_1, \ldots, \sigma_n$.

Dann besitzt Γ *mindestens einen Gleichgewichtspunkt.*

Beweis. Es werde mit $\mathfrak{S}$ die Gesamtheit aller Strategie-n-Tupel $(\sigma_1, \ldots, \sigma_n)$ $(\sigma_i \in \Sigma_i;\ i = 1, \ldots, n)$ bezeichnet. Ist R_i n_i-dimensional $(i = 1, \ldots, n)$ und $\sum_{i=1}^{n} n_i = N$, so betrachte man $\mathfrak{S}$ als Punktmenge im N-dimensionalen euklidischen Raum R^N. Natürlich ist $\mathfrak{S}$ nicht-leer, beschränkt, abgeschlossen und konvex. Die Variablen $s = (\sigma_1, \ldots, \sigma_n)$ und $t = (\tau_1, \ldots, \tau_n)$ mögen nun unabhängig voneinander die Menge $\mathfrak{S} \leqq R^N$ durchlaufen. Dann wird die Funktion

$$\Phi(s, t) = \sum_{i=1}^{n} A_i(\tau_1, \ldots, \tau_{i-1}, \sigma_i, \tau_{i+1}, \ldots, \tau_n)$$

betrachtet. Sie ist offensichtlich stetig in s, t und konkav bezüglich s.

Es genügt nun zu zeigen, daß es ein Strategie-n-Tupel $t^* = (\tau_1^*, \ldots, \tau_n^*) \in \mathfrak{S}$ gibt, so daß $\Phi(s, t^*)$ als Funktion von s ihr Maximum für $s = t^*$ annimmt,

$$\Phi(t^*, t^*) = \max_{s \in \mathfrak{S}} \Phi(s, t^*).$$

Wenn dies nämlich der Fall ist, so ist insbesondere für $s = (\tau_1^*, \ldots, \tau_{i-1}^*, \sigma_i, \tau_{i+1}^*, \ldots, \tau_n^*)$ mit beliebigem $\sigma_i \in \Sigma_i (i = 1, \ldots, n)$

$$\Phi(t^*, t^*) \geqq \Phi(s, t^*),$$

d. h.

$$A_i(\tau_1^*, \ldots, \tau_n^*) \geqq A_i(\tau_1^*, \ldots, \tau_{i-1}^*, \sigma_i, \tau_{i+1}^*, \ldots, \tau_n^*)$$
$$\text{für alle } \sigma_i \in \Sigma_i \ (i = 1, \ldots, n).$$

Also ist dann $t^* = (\tau_1^*, \ldots, \tau_n^*)$ Gleichgewichtspunkt von Γ.

Der Existenzbeweis für t^* wird durch Widerspruch geführt. Angenommen, es gibt kein t^* mit der oben genannten Eigenschaft. Dann gibt es also zu jedem $t \in \mathfrak{S}$ ein $s \in \mathfrak{S}$ mit $\Phi(t, t) < \Phi(s, t)$. Es werde für jedes $s \in \mathfrak{S}$ mit $\mathfrak{G}_s$ die Gesamtheit derjenigen $t \in \mathfrak{S}$ bezeichnet, für welche $\Phi(t, t) < \Phi(s, t)$ ist, also

$$\mathfrak{G}_s = \{t \in \mathfrak{S} \mid \Phi(t, t) < \Phi(s, t)\} \leqq \mathfrak{S}.$$

Nach dem eben Gesagten überdecken diese Punktmengen $\mathfrak{G}_s$ zusammen die ganze beschränkte, abgeschlossene Punktmenge $\mathfrak{S} \leqq R^N$,

$$\mathfrak{S} = \bigcup_{s \in \mathfrak{S}} \mathfrak{G}_s.$$

Wegen der Stetigkeit der Funktion $\Phi(s, t)$ in s, t sind alle Mengen $\mathfrak{G}_s$ offen in $\mathfrak{S}$. Daher genügen nach dem Überdeckungssatz von HEINE-BOREL schon endlich viele von ihnen zur Überdeckung von $\mathfrak{S}$. Es gibt also endlich viele $s_1, s_2, \ldots, s_r \in \mathfrak{S}$, so daß

$$\mathfrak{S} = \bigcup_{j=1}^{r} \mathfrak{G}_{s_j}. \tag{9}$$

Es werden nun die r Funktionen

$$f_j(t) = \max\,[\Phi(s_j, t) - \Phi(t, t), 0] \qquad (j = 1, \ldots, r)$$

betrachtet. Offensichtlich ist $f_j(t) \geqq 0$ für alle $j = 1, \ldots, r$ und alle $t \in \mathfrak{S}$. Ferner gibt es wegen der Überdeckungseigenschaft (9) zu jedem $t \in \mathfrak{S}$ mindestens ein $j (1 \leqq j \leqq r)$ mit $f_j(t) > 0$. Es ist also für alle $t \in \mathfrak{S}$ sicher $f(t) = \sum_{j=1}^{r} f_j(t) > 0$. Daher ist für jedes $t \in \mathfrak{S}$ der Punkt $\sum_{j=1}^{r} (f_j(t)/f(t)) s_j$ ein wohlbestimmter Punkt aus R^N, der wegen der Konvexität von $\mathfrak{S}$ nach (6) sogar zu $\mathfrak{S}$ gehört. Da ferner die Funktionen f_j $(j = 1, \ldots, r)$ offensichtlich stetig sind, so ist die Zuordnung

$$t \in \mathfrak{S} \longrightarrow \sum_{j=1}^{r} (f_j(t)/f(t)) s_j \in \mathfrak{S} \tag{10}$$

eine stetige Abbildung der beschränkten, abgeschlossenen, konvexen, nichtleeren Punktmenge $\mathfrak{S} \leqq R^N$ in sich. Jede solche Abbildung besitzt nach dem BROUWERschen Fixpunktsatz[1]) einen Fixpunkt. Sei $\tilde{t} \in \mathfrak{S}$ ein solcher, also

$$\tilde{t} = \sum_{j=1}^{r} (f_j(\tilde{t})/f(\tilde{t})) s_j.$$

[1]) Vgl. § 14. Satz C.

Dann folgt aber aus der Konkavität von $\Phi(s, \tilde{t})$ bezüglich s nach (8), daß

$$\Phi(\tilde{t}, \tilde{t}) \geqq \sum_{j=1}^{r} (f_j(\tilde{t})/f(\tilde{t})) \cdot \Phi(s_j, \tilde{t})$$

ist. Dies ist aber unmöglich; denn es ist nach Definition von f_j

$$\Phi(s_j, \tilde{t}) > \Phi(\tilde{t}, \tilde{t})$$

für alle $j (1 \leqq j \leqq r)$ mit $f_j(\tilde{t}) > 0$. Für die übrigen j, d. h. diejenigen mit $f_j(\tilde{t}) = 0$, ist trivialerweise

$$f_j(\tilde{t}) \cdot \Phi(s_j, \tilde{t}) = f_j(\tilde{t}) \cdot \Phi(\tilde{t}, \tilde{t}).$$

Da für mindestens ein j $f_j(\tilde{t}) > 0$ ist, gilt also

$$\sum_{j=1}^{r} (f_j(\tilde{t})/f(\tilde{t})) \cdot \Phi(s_j, \tilde{t}) > \sum_{j=1}^{r} (f_j(\tilde{t})/f(\tilde{t})) \cdot \Phi(\tilde{t}, \tilde{t}) = \Phi(\tilde{t}, \tilde{t}).$$

Der erhaltene Widerspruch beweist den Satz 2.

Aus Satz 2 erhält man sofort als Spezialfall den wichtigen Satz von NASH [10]:

Satz 3. *Für jedes endliche Spiel* $\Gamma = \{\Sigma_1, \ldots, \Sigma_n; A_1, \ldots, A_n\}$ *besitzt die gemischte Erweiterung* $\tilde{\Gamma} = \{\tilde{\Sigma}_1, \ldots, \tilde{\Sigma}_n; E_1, \ldots, E_n\}$ *mindestens einen Gleichgewichtspunkt.*

Beweis. $\tilde{\Sigma}_i$ $(i = 1, \ldots, n)$ ist offenbar eine beschränkte, abgeschlossene, konvexe Punktmenge eines euklidischen Raumes. $E_i(X_1, \ldots, X_n)$ $(i = 1, \ldots, n)$ ist in den Komponenten von X_i linear, also sicher konkav bezüglich X_i. Es gilt dann nämlich in der zu (7) analogen Ungleichung sogar das Gleichheitszeichen. Als multilineare Funktion in den Komponenten von $X_1, \ldots, X_n$ ist $E_i(X_1, \ldots, X_n)$ $(i = 1, \ldots, n)$ natürlich auch stetig in $X_1, \ldots, X_n$, womit für das Spiel $\tilde{\Gamma}$ alle Voraussetzungen von Satz 2 erfüllt sind. Dieser liefert also die Existenz eines Gleichgewichtspunktes von $\tilde{\Gamma}$, w. z. b. w.

Die Voraussetzung der Endlichkeit in Satz 3 ist wesentlich. Schon für abzählbare Spiele gilt ein analoger Satz nicht mehr, wie das folgende Beispiel von WALD zeigt: Im Zweipersonen-Nullsummenspiel $\Gamma = \{\Sigma_1, \Sigma_2; A_1, A_2\}$ sei die Strategienmenge für jeden der beiden Spieler die Menge der natürlichen Zahlen, $\Sigma_1 = \Sigma_2 = \{1, 2, 3, \ldots\}$. Ferner sei

$$A_1(n, m) = \begin{cases} 1 \text{ falls } n \geqq m, \\ -1 \text{ falls } n < m \end{cases} \quad A_2(n, m) = \begin{cases} -1 \text{ falls } n \geqq m \\ 1 \text{ falls } n < m. \end{cases}$$

In diesem Falle hat die (diskrete) gemischte Erweiterung $\tilde{\Gamma} = \{\tilde{\Sigma}_1, \tilde{\Sigma}_2; E_1, E_2\}$ von Γ keinen Gleichgewichtspunkt. Um dies einzusehen, sei $\varepsilon > 0$ beliebig vorgegeben. Dann gibt es zu jeder Strategie $X \in \tilde{\Sigma}_1$ eine Strategie $m \in \Sigma_2$, so daß $E_2(X, m) > 1 - \varepsilon$ wird. Sei nämlich $X = (x_1, x_2, \ldots)$, wobei x_ν $(\nu = 1, 2, \ldots)$ die Wahrscheinlichkeit ist, die X der reinen Strategie $\nu \in \Sigma_1$ erteilt. Es ist also $x_\nu \geqq 0$, $\sum_{\nu=1}^{\infty} x_\nu = 1$. Dann wähle man m so, daß $\sum_{\nu=m}^{\infty} x_\nu < \varepsilon/2$ ist. Dann ist $E_2(X, m) = \sum_{\nu=1}^{m-1} x_\nu - \sum_{\nu=m}^{\infty} x_\nu > 1 - \varepsilon$, wie verlangt wurde. Daher muß für einen Gleichgewichtspunkt (X^*, Y^*) jedenfalls $E_2(X^*, Y^*) > 1 - \varepsilon$ sein. In analoger Weise gibt es zu jeder Strategie $Y \in \tilde{\Sigma}_2$ eine Strategie $n \in \Sigma_1$ mit $E_1(n, Y) > 1 - \varepsilon$, so daß für einen Gleichgewichtspunkt (X^*, Y^*) auch $E_1(X^*, Y^*) > 1 - \varepsilon$ gelten muß, was wegen $E_1 = - E_2$ unmöglich ist. Also besitzt $\tilde{\Gamma}$ keinen Gleichgewichtspunkt.

Aus Satz 2 ergeben sich noch weitere wichtige Folgerungen, wenn man beachtet, daß die Bedingung 1 des Satzes 2 (aus Gründen der Einfachheit) unnötig speziell formuliert wurde. Für die Gültigkeit des oben geführten Beweises genügt es vielmehr, daß Σ_i $(i = 1, \ldots, n)$ eine kompakte konvexe Teilmenge eines linearen topologischen Raumes über den reellen Zahlen ist. Man hat dann nur die Zuordnung (10) speziell als Selbstabbildung der konvexen Hülle der endlich vielen Elemente $s_1, \ldots, s_r$ zu betrachten. Auf diese Weise erhält man insbesondere Existenzsätze für Gleichgewichtspunkte von gemischten Erweiterungen kontinuierlicher Spiele. Da jedoch die Kenntnis der eben erwähnten topologischen und anderen Begriffe in diesem Buche nicht vorausgesetzt werden soll, wird hier alles ausführlich mittels der für kontinuierliche Spiele eingeführten Begriffe formuliert. Zunächst wird der folgende Satz bewiesen:

Satz 4. *Sei $\tilde{\Gamma} = \{\tilde{\Sigma}_1, \ldots, \tilde{\Sigma}_n; E_1, \ldots, E_n\}$ eine gemischte Erweiterung des kontinuierlichen Spieles $\Gamma = \{\Sigma_1, \ldots, \Sigma_n; A_1, \ldots, A_n\}$. Für jedes $i = 1, \ldots, n$ existiere zu jeder Folge $F_i^{(1)}, F_i^{(2)}, \ldots$ von gemischten Strategien $F_i^{(\nu)} \in \tilde{\Sigma}_i$ $(\nu = 1, 2, \ldots)$ eine Teilfolge $F_i^{(\nu_1)}, F_i^{(\nu_2)}, \ldots$ und ein Element $F_i^{(0)} \in \tilde{\Sigma}_i$, so daß für alle $k = 1, \ldots, n$ die Auszahlungen $E_k(F_1, \ldots, F_{i-1}, F_i^{(\nu_\mu)}, F_{i+1}, \ldots, F_n)$ mit $\mu \to \infty$ gegen $E_k(F_1, \ldots, F_{i-1}, F_i^{(0)}, F_{i+1}, \ldots, F_n)$ streben, und zwar gleichmäßig für alle $F_1 \in \tilde{\Sigma}_1, \ldots, F_{i-1} \in \tilde{\Sigma}_{i-1}, F_{i+1} \in \tilde{\Sigma}_{i+1}, \ldots, F_n \in \tilde{\Sigma}_n$. Dann besitzt $\tilde{\Gamma}$ mindestens einen Gleichgewichtspunkt.*

Beweis. Der Beweis ist im wesentlichen eine Wiederholung des Beweises von Satz 2. Es sei jetzt $\mathfrak{S}$ die Gesamtheit aller n-Tupel $(F_1, \ldots, F_n)$ mit $F_i \in \tilde{\Sigma}_i$ $(i = 1, \ldots, n)$. Für irgendzwei $s_1 = (F_1^{(1)}, \ldots, F_n^{(1)}) \in \mathfrak{S}$ und $s_2 = (F_1^{(2)}, \ldots, F_n^{(2)}) \in \mathfrak{S}$ gehört dann auch $\lambda s_1 + (1-\lambda)s_2 = (\lambda F_1^{(1)} + (1-\lambda)F_1^{(2)}, \ldots, \lambda F_n^{(1)} + (1-\lambda)F_n^{(2)})$ zu $\mathfrak{S}$ für alle λ mit $0 \leqq \lambda \leqq 1$. Die Variablen $s = (F_1, \ldots, F_n)$ und $t = (G_1, \ldots, G_n)$ mögen wieder unabhängig voneinander die Menge $\mathfrak{S}$ durchlaufen. Es wird wieder die Funktion

$$\Phi(s, t) = \sum_{i=1}^{n} E_i(G_1, \ldots, G_{i-1}, F_i, G_{i+1}, \ldots, G_n)$$

betrachtet. Es genügt zu zeigen, daß ein $t^* \in \mathfrak{S}$ existiert mit $\Phi(t^*, t^*) = \max_{s \in \mathfrak{S}} \Phi(s, t^*)$. Falls es kein solches t^* gibt, überdecken, wenn s alle Elemente aus $\mathfrak{S}$ durchläuft, die Mengen $\mathfrak{G}_s = \{t \in \mathfrak{S} \mid \Phi(t, t) < \Phi(s, t)\}$ die Menge $\mathfrak{S}$. Angenommen, es sei bewiesen, daß dann wieder endlich viele dieser $\mathfrak{G}_s$, etwa $\mathfrak{G}_{s_1}, \ldots, \mathfrak{G}_{s_r}$ zur Überdeckung von $\mathfrak{S}$ genügen. Dann werden wie früher die r Funktionen $f_j(t)$ $(j = 1, \ldots, r)$ definiert. Es ist wieder für alle $t \in \mathfrak{S}$ $f_j(t) \geqq 0$ $(j = 1, \ldots, r)$ und $f(t) = \sum_{j=1}^{r} f_j(t) > 0$. Man wähle nun im euklidischen R^{r-1} irgend r Punkte $\mathfrak{s}_1, \ldots, \mathfrak{s}_r$ in allgemeiner Lage und betrachte das von ihnen aufgespannte Simplex Q, d. h. die Gesamtheit aller Punkte $\mathfrak{p} = \sum_{j=1}^{r} \lambda_j \mathfrak{s}_j \in R^{r-1}$ mit $\lambda_1 \geqq 0, \ldots, \lambda_r \geqq 0$ und $\sum_{j=1}^{r} \lambda_j = 1$. Wegen der allgemeinen Lage der Punkte $\mathfrak{s}_1, \ldots, \mathfrak{s}_r$ sind hierbei für jeden Punkt $\mathfrak{p} \in Q$ seine baryzentrischen Koordinaten $\lambda_1, \ldots, \lambda_r$ eindeutig bestimmt. Sei $\mathfrak{p} \in Q$ beliebig, und seien $\lambda_1(\mathfrak{p}), \ldots, \lambda_r(\mathfrak{p})$ seine baryzentrischen Koordinaten. Dann ist $t(\mathfrak{p})$

$= \sum_{j=1}^{r} \lambda_j(\mathfrak{p}) s_j \in \mathfrak{S}$, und die Größen $f_j(t(\mathfrak{p}))$ $(j = 1, \ldots, r)$ sind wohlbestimmt. Sie hängen in stetiger Weise von $\mathfrak{p}$ ab wegen der Multilinearität von $E_i(F_1, \ldots, F_n)$ in $F_1, \ldots, F_n$. Daher wird durch

$$\mathfrak{p} \longrightarrow \sum_{j=1}^{r} \left(f_j(t(\mathfrak{p})) \,/\, f(t(\mathfrak{p}))\right)\mathfrak{s}_j$$

eine stetige Abbildung von Q in sich gegeben, die nach dem BROUWERschen Fixpunktsatz einen Fixpunkt $\tilde{\mathfrak{p}}$ besitzen muß. Dann ist also

$$t(\tilde{\mathfrak{p}}) = \sum_{j=1}^{r} \left(f_j(t(\tilde{\mathfrak{p}})) \,/\, f(t(\tilde{\mathfrak{p}}))\right) s_j.$$

Aus der Linearität von $\Phi(s, t)$ bezüglich s folgt dann wie früher der Widerspruch

$$\Phi(t(\tilde{\mathfrak{p}}), t(\tilde{\mathfrak{p}})) = \sum_{j=1}^{r} \left(f_j(t(\tilde{\mathfrak{p}})) \,/\, f(t(\tilde{\mathfrak{p}}))\right) \cdot \Phi(s_j, t(\tilde{\mathfrak{p}})) > \Phi(t(\tilde{\mathfrak{p}}), t(\tilde{\mathfrak{p}})).$$

Es bleibt also zu zeigen, daß unter der Voraussetzung $\mathfrak{S} = \bigcup_{s \in \mathfrak{S}} \mathfrak{G}_s$ endlich viele dieser $\mathfrak{G}_s$ zur Überdeckung von $\mathfrak{S}$ genügen. Sei $s^{(0)} = (F_1^{(0)}, \ldots, F_n^{(0)}) \in \mathfrak{S}$ beliebig und $\varepsilon > 0$ beliebig. Dann bezeichne $\mathfrak{U}_\varepsilon(s^{(0)})$ die Gesamtheit derjenigen $t = (G_1, \ldots, G_n) \in \mathfrak{S}$, für welche

$$|E_k(F_1, \ldots, F_{i-1}, G_i, F_{i+1}, \ldots, F_n) - E_k(F_1, \ldots, F_{i-1}, F_i^{(0)}, F_{i+1}, \ldots, F_n)| < \varepsilon$$
$$\text{für alle } i, k = 1, \ldots, n \text{ und alle } F_1 \in \tilde{\Sigma}_1, \ldots, F_{i-1} \in \tilde{\Sigma}_{i-1}, F_{i+1} \in \tilde{\Sigma}_{i+1}, \ldots, F_n \in \tilde{\Sigma}_n$$

ist. Es wird zunächst behauptet, daß für jedes $\varepsilon > 0$ endlich viele Elemente $s_1, \ldots, s_r \in \mathfrak{S}$ existieren, so daß die zugehörigen $\mathfrak{U}_\varepsilon(s_1), \ldots, \mathfrak{U}_\varepsilon(s_r)$ zusammen $\mathfrak{S}$ überdecken. Wäre dies nämlich für $\varepsilon_0 > 0$ nicht der Fall, so sei $s_1 \in \mathfrak{S}$ beliebig. Da $\mathfrak{U}_{\varepsilon_0}(s_1)$ nicht ganz $\mathfrak{S}$ überdeckt, gibt es dann ein $s_2 \in \mathfrak{S}$, das nicht zu $\mathfrak{U}_{\varepsilon_0}(s_1)$ gehört. Da $\mathfrak{U}_{\varepsilon_0}(s_1)$ und $\mathfrak{U}_{\varepsilon_0}(s_2)$ zusammen ebenfalls nicht ganz $\mathfrak{S}$ überdecken, gibt es ein $s_3 \in \mathfrak{S}$, das weder zu $\mathfrak{U}_{\varepsilon_0}(s_1)$ noch zu $\mathfrak{U}_{\varepsilon_0}(s_2)$ gehört. So fortfahrend erhält man eine Folge $s_1, s_2, \ldots$ von Elementen aus $\mathfrak{S}$ derart, daß s_ν $(\nu = 2, 3, \ldots)$ nicht zu $\mathfrak{U}_{\varepsilon_0}(s_1), \ldots, \mathfrak{U}_{\varepsilon_0}(s_{\nu-1})$ gehört. Sei $s_\nu = (F_1^{(\nu)}, \ldots, F_n^{(\nu)})$ $(\nu = 1, 2, \ldots)$. Indem man die Voraussetzung von Satz 4 sukzessive auf die Komponentenfolgen der Folge $\{s_\nu\}$ anwendet, erhält man nach n-maliger Bildung einer geeigneten Teilfolge schließlich eine Teilfolge $s_{\nu_1}, s_{\nu_2}, \ldots$ und Elemente $F_1^{(0)} \in \Sigma_1, \ldots, F_n^{(0)} \in \tilde{\Sigma}_n$, so daß $E_k(F_1, \ldots, F_{i-1}, F_i^{(\nu_\mu)}, F_{i+1}, \ldots, F_n)$ mit $\mu \to \infty$ gegen $E_k(F_1, \ldots, F_{i-1}, F_i^{(0)}, F_{i+1}, \ldots, F_n)$ strebt, und zwar gleichmäßig für alle $i, k = 1, \ldots, n$ und alle $F_1 \in \tilde{\Sigma}_1, \ldots, F_{i-1} \in \tilde{\Sigma}_{i-1}, F_{i+1} \in \tilde{\Sigma}_{i+1}, \ldots, F_n \in \tilde{\Sigma}_n$. Für jedes $\varepsilon > 0$ liegen also fast alle Elemente der Teilfolge $s_{\nu_1}, s_{\nu_2}, \ldots$ in der Menge $\mathfrak{U}_\varepsilon(s^{(0)})$, wobei $s^{(0)} = (F_1^{(0)}, \ldots, F_n^{(0)})$ ist. Insbesondere ist also für alle hinreichend großen μ das Element $s_{\nu_\mu} \in \mathfrak{U}_{\varepsilon_0/2}(s^{(0)})$. Da dann also auch $s_{\nu_{\mu+1}} \in \mathfrak{U}_{\varepsilon_0/2}(s^{(0)})$ ist, so ist $s_{\nu_{\mu+1}} \in \mathfrak{U}_{\varepsilon_0}(s_{\nu_\mu})$, entgegen der Konstruktion der Folge $s_1, s_2, \ldots$.

Also gibt es für jedes $\varepsilon > 0$ endlich viele Elemente $s_1, \ldots, s_r \in \mathfrak{S}$, so daß die zugehörigen $\mathfrak{U}_\varepsilon(s_1), \ldots, \mathfrak{U}_\varepsilon(s_r)$ zusammen $\mathfrak{S}$ überdecken. Es wird nun bewiesen, daß es ein $\varepsilon_0 > 0$ gibt, so daß für jeden Punkt $s^{(0)} \in \mathfrak{S}$ die Menge $\mathfrak{U}_{\varepsilon_0}(s^{(0)})$ durch endlich viele Mengen $\mathfrak{G}_s$ $(s \in \mathfrak{S})$ überdeckbar ist. Dann ist also auch $\mathfrak{S}$ durch endlich viele $\mathfrak{G}_s$ $(s \in \mathfrak{S})$ überdeckbar. Angenommen, es gebe zu jedem $\varepsilon > 0$ einen Punkt $s^{(0)} \in \mathfrak{S}$, so daß $\mathfrak{U}_\varepsilon(s^{(0)})$ nicht durch endlich viele $\mathfrak{G}_s$ überdeckbar ist. Dann lasse man ε die Nullfolge $1/\nu$ $(\nu = 1, 2, \ldots)$ durchlaufen. Es seien s_ν $(\nu = 1, 2, \ldots)$ die zugehörigen Punkte aus $\mathfrak{S}$, so daß $\mathfrak{U}_{1/\nu}(s_\nu)$ nicht durch endlich viele Mengen $\mathfrak{G}_s$ überdeckbar ist. Nach der Voraussetzung in Satz 4 gibt es dann wieder eine Teilfolge $s_{\nu_1}, s_{\nu_2}, \ldots$ und ein Element $s^{(0)} = (F_1^{(0)}, \ldots, F_n^{(0)}) \in \mathfrak{S}$, so daß für jedes $\varepsilon > 0$ fast alle Elemente der Teilfolge $s_{\nu_1}, s_{\nu_2}, \ldots$ in der Menge $\mathfrak{U}_\varepsilon(s^{(0)})$ liegen. Da alle $\mathfrak{G}_s$ zusammen $\mathfrak{S}$ überdecken, existiert ein $s' = (F'_1, \ldots, F'_n) \in \mathfrak{S}$ mit $s^{(0)} \in \mathfrak{G}_{s'}$, d. h. $\Phi(s', s^{(0)}) - \Phi(s^{(0)}, s^{(0)}) = \delta > 0$. Es ist nun leicht zu sehen, daß für $\varepsilon_0 = \delta/(2n^2)$ auch noch $\mathfrak{U}_{\varepsilon_0}(s^{(0)}) \leqq \mathfrak{G}_{s'}$ ist. Sei nämlich $t = (G_1, \ldots, G_n) \in \mathfrak{U}_{\varepsilon_0}(s^{(0)})$ beliebig. Dann ist auf Grund der Definition von $\mathfrak{U}_{\varepsilon_0}(s^{(0)})$ sicher

$$\begin{aligned} &| E_k(G_1, \ldots, G_n) - E_k(F_1^{(0)}, \ldots, F_n^{(0)}) | \\ &\leqq | E_k(G_1, \ldots, G_n) - E_k(F_1^{(0)}, G_2, \ldots, G_n) | \\ &\quad + | E_k(F_1^{(0)}, G_2, \ldots, G_n) - E_k(F_1^{(0)}, F_2^{(0)}, G_3, \ldots, G_n) | \\ &\quad + \ldots + | E_k(F_1^{(0)}, \ldots, F_{n-1}^{(0)}, G_n) - E_k(F_1^{(0)}, \ldots, F_n^{(0)}) | \\ &< n \cdot \varepsilon_0 = \delta/(2n) \qquad (k = 1, \ldots, n) \end{aligned}$$

und ähnlich

$$| E_i(G_1, \ldots, G_{i-1}, F'_i, G_{i+1}, \ldots, G_n) - E_i(F_1^{(0)}, \ldots, F_{i-1}^{(0)}, F'_i, F_{i+1}^{(0)}, \ldots F_n^{(0)} | < \delta/2(n) \qquad (i = 1, \ldots, n).$$

Also ist nach Definition von Φ sicher

$$| \Phi(t, t) - \Phi(s^{(0)}, s^{(0)}) | < \delta/2$$

und

$$| \Phi(s', t) - \Phi(s', s^{(0)}) | < \delta/2,$$

also

$$\Phi(s', t) - \Phi(t, t) > 0,$$

d. h. $t \in \mathfrak{G}_{s'}$. Also ist $\mathfrak{U}_{\varepsilon_0}(s^{(0)}) \leqq \mathfrak{G}_{s'}$. Man wähle nun den Index μ so groß, daß $s_{\nu_\mu} \in \mathfrak{U}_{\varepsilon_0/2}(s^{(0)})$ und $1/\nu_\mu < \varepsilon_0/2$ ist. Dann ist natürlich

$$\mathfrak{U}_{1/\nu_\mu}(s_{\nu_\mu}) \leqq \mathfrak{U}_{\varepsilon_0/2}(s_{\nu_\mu}) \leqq \mathfrak{U}_{\varepsilon_0}(s^{(0)}) \leqq \mathfrak{G}_{s'}.$$

Also wird $\mathfrak{U}_{1/\nu_\mu}(s_{\nu_\mu})$ von $\mathfrak{G}_{s'}$ überdeckt, während es nach Konstruktion der Folge $s_1, s_2, \ldots$ nicht durch endlich viele $\mathfrak{G}_s$ ($s \in \mathfrak{S}$) überdeckbar ist. Damit ist Satz 4 bewiesen.

Aus Satz 4 erhält man leicht als Folgerung den

Satz 5. *Sei $\tilde{\Gamma} = \{\tilde{\Sigma}_1, \ldots, \tilde{\Sigma}_n; E_1, \ldots, E_n\}$ die maximale gemischte Erweiterung des kontinuierlichen Spieles $\Gamma = \{\Sigma_1, \ldots, \Sigma_n; A_1, \ldots, A_n\}$, dessen Auszahlungsfunktionen A_i ($i = 1, \ldots, n$) in $(\sigma_1, \ldots, \sigma_n)$ stetig seien. Dann besitzt $\tilde{\Gamma}$ mindestens einen Gleichgewichtspunkt.*

Zum Beweis werden die folgenden beiden Sätze über kumulative Verteilungsfunktionen benötigt:

Satz A. *Ist $F^{(1)}, F^{(2)}, \ldots$ eine Folge von kumulativen Verteilungsfunktionen über dem Intervall $a \leqq \sigma \leqq b$. Dann existiert eine Teilfolge $F^{(\nu_1)}, F^{(\nu_2)}, \ldots$ und eine Verteilungsfunktion $F^{(0)}$ über $[a, b]$, so daß $F^{(\nu_\mu)}(\sigma)$ mit $\mu \to \infty$ gegen $F^{(0)}(\sigma)$ konvergiert an jeder Stelle σ, an welcher $F^{(0)}$ von links stetig (und daher auch stetig) ist.*

Satz B. *Sei $F^{(1)}, F^{(2)}, \ldots$ eine Folge von kumulativen Verteilungsfunktionen über $[a, b]$ und $F^{(0)}$ eine kumulative Verteilungsfunktion über $[a, b]$. Konvergiert $F^{(\nu)}(\sigma)$ gegen $F^{(0)}(\sigma)$ an jeder Stelle σ, an der $F^{(0)}$ von links stetig ist, so gilt für jede im Intervall $a \leqq \sigma \leqq b$ stetige Funktion f, daß $\int_a^b f(\sigma) dF^{(\nu)}(\sigma)$ gegen $\int_a^b f(\sigma) dF^{(0)}(\sigma)$ konvergiert. Und zwar ist diese Konvergenz gleichmäßig für jede im Intervall $[a, b]$ gleichgradig-stetige und gleichgradig-beschränkte Familie $\mathfrak{C}$*[1] *von Funktionen f.*

[1]) Die Funktionenfamilie $\mathfrak{C}$ heißt bekanntlich gleichgradig-stetig, wenn zu jedem $\varepsilon > 0$ ein $\delta > 0$ gehört, so daß für alle $\sigma, \sigma' \in [a, b]$ mit $| \sigma - \sigma' | < \delta$ und alle Funktionen $f \in \mathfrak{C}$ gilt $| f(\sigma) - f(\sigma') | < \varepsilon$. Sie heißt gleichgradig-beschränkt, wenn es eine Schranke M mit $| f | < M$ für alle $f \in \mathfrak{C}$ gibt.

Beweis von Satz 5. Sei für irgendein i $(1 \leqq i \leqq n)$ $F_i^{(1)}, F_i^{(2)}, \ldots$ eine Folge von Strategien $F_i^{(\nu)} \in \tilde{\Sigma}_i$ $(\nu = 1, 2, \ldots)$. Dann sind also die $F_i^{(\nu)}$ $(\nu = 1, 2, \ldots)$ kumulative Verteilungsfunktionen über einem gewissen Intervall $a_i \leqq \sigma_i \leqq b_i$. Dann gibt es nach Satz A eine Teilfolge $F_i^{(\nu_1)}, F_i^{(\nu_2)}, \ldots$ und eine Verteilungsfunktion $F_i^{(0)}$ über $[a_i, b_i]$, so daß $F_i^{(\nu_\mu)}(\sigma_i)$ mit $\mu \to \infty$ gegen $F_i^{(0)}(\sigma_i)$ konvergiert an jeder Stelle σ_i, an welcher $F_i^{(0)}$ von links stetig ist. Weiter ist für alle $k = 1, \ldots, n$ und alle $F_1 \in \tilde{\Sigma}_1, \ldots, F_{i-1} \in \tilde{\Sigma}_{i-1}, F_{i+1} \in \tilde{\Sigma}_{i+1}, \ldots,$ $F_n \in \tilde{\Sigma}_n$

$$E_k(F_1, \ldots, F_{i-1}, F_i^{(\nu_\mu)}, F_{i+1}, \ldots, F_n)$$

$$= \int_{a_i}^{b_i} \Big[\int_{a_1}^{b_1} \ldots \int_{a_{i-1}}^{b_{i-1}} \int_{a_{i+1}}^{b_{i+1}} \ldots \int_{a_n}^{b_n} A_k(\sigma_1, \ldots, \sigma_n) dF_1(\sigma_1) \ldots dF_{i-1}(\sigma_{i-1}) dF_{i+1}(\sigma_{i+1}) \ldots dF_n(\sigma_n)\Big] dF_i^{(\nu_\mu)}(\sigma_i).$$

Wegen der gleichmäßigen Stetigkeit der Auszahlungsfunktion A_k auf ihrem Definitionsbereich bilden offenbar die obigen Integranden

$$\int_{a_1}^{b_1} \ldots \int_{a_{i-1}}^{b_{i-1}} \int_{a_{i+1}}^{b_{i+1}} \ldots \int_{a_n}^{b_n} A_k(\sigma_1, \ldots, \sigma_n) dF_1(\sigma_1) \ldots dF_{i-1}(\sigma_{i-1}) dF_{i+1}(\sigma_{i+1}) \ldots dF_n(\sigma_n)$$

für alle $k = 1, \ldots, n$ und alle $F_1 \in \tilde{\Sigma}_1, \ldots, F_{i-1} \in \tilde{\Sigma}_{i-1}, F_{i+1} \in \Sigma_{i+1}, \ldots, F_n \in \tilde{\Sigma}_n$ eine gleichgradig-stetige und gleichgradig-beschränkte Familie von Funktionen von σ_i. Da aber $F_i^{(\nu_\mu)}(\sigma_i)$ gegen $F_i^{(0)}(\sigma_i)$ strebt an jeder linksseitigen Stetigkeitsstelle von $F_i^{(0)}$, so konvergiert nach Satz B $E_k(F_1, \ldots, F_{i-1}, F_i^{(\nu_\mu)}, F_{i+1}, \ldots, F_n)$ für $\mu \to \infty$ gegen $E_k(F_1, \ldots,$ $F_{i-1}, F_i^{(0)}, F_{i+1}, \ldots, F_n)$, und zwar gleichmäßig für alle $k = 1, \ldots, n$ und alle $F_1 \in \tilde{\Sigma}_1, \ldots,$ $F_{i-1} \in \tilde{\Sigma}_{i-1}, F_{i+1} \in \tilde{\Sigma}_{i+1}, \ldots, F_n \in \tilde{\Sigma}_n$, w. z. b. w.

Der Vollständigkeit halber seien hier noch die Beweise der obigen Sätze A und B gegeben.

Beweis von Satz A. Es ist also $F^{(\nu)}$ $(\nu = 1, 2, \ldots)$ eine in $a \leqq \sigma \leqq b$ definierte, monoton nicht-abnehmende, von rechts stetige Funktion mit $F^{(\nu)}(a) \geqq 0$, $F^{(\nu)}(b) = 1$. Es sei $\sigma^{(1)}, \sigma^{(2)}, \ldots$ eine Abzählung der sämtlichen rationalen Zahlen im Intervall $a \leqq \sigma \leqq b$. Da die Zahlenfolge $F^{(1)}(\sigma^{(\varrho)}), F^{(2)}(\sigma^{(\varrho)}), \ldots$ für jedes $\varrho = 1, 2, \ldots$ beschränkt ist, existieren Teilfolgen $\{F^{(\nu_\mu^{(1)})}\}, \{F^{(\nu_\mu^{(2)})}\}, \ldots$ von $\{F^{(\nu)}\}$, die jeweils Teilfolgen der vorhergehenden Folgen sind und an den Stellen $\sigma^{(1)}$ bzw. $\sigma^{(1)}, \sigma^{(2)}$ bzw. $\sigma^{(1)}, \sigma^{(2)}, \sigma^{(3)}$ bzw. ... konvergieren. Die Diagonalfolge $\{F^{(\nu_\mu^{(\mu)})}\}$ konvergiert dann offenbar an allen Stellen $\sigma^{(\varrho)}$ $(\varrho = 1, 2, \ldots)$. Sei diese Diagonalfolge kurz mit $\{F^{(\nu_\mu)}\}$ bezeichnet. Sei $\lim\limits_{\mu \to \infty} F^{(\nu_\mu)}(\sigma^{(\varrho)}) = c_\varrho$. Dann werde die Funktion $F^{(0)}$ für $a \leqq \sigma \leqq b$ durch

$$F^{(0)}(\sigma) = \begin{cases} \inf\limits_{\sigma^{(\varrho)} > \sigma} c_\varrho & \text{falls } a \leqq \sigma < b \\ 1 & \text{falls } \sigma = b \end{cases}$$

definiert. Es ist dann leicht zu sehen, daß $F^{(0)}$ eine kumulative Verteilungsfunktion ist. Offenbar ist nämlich für $\sigma < \sigma' < b$ sicher $\inf\limits_{\sigma^{(\varrho)} > \sigma} c_\varrho \leqq \inf\limits_{\sigma^{(\varrho)} > \sigma'} c_\varrho$, also $F^{(0)}(\sigma) \leqq F^{(0)}(\sigma')$. Ferner ist wegen $F^{(\nu_\mu)}(\sigma^{(\varrho)}) \leqq 1$ sicher $c_\varrho \leqq 1$ für alle $\varrho = 1, 2, \ldots$, also $F^{(0)}(\sigma) \leqq 1$ $= F^{(0)}(b)$ für alle σ. Also ist $F^{(0)}$ monoton nicht-abnehmend. Sei weiter $a \leqq \sigma < b$ und $\varepsilon > 0$. Dann existiert nach Definition von $F^{(0)}(\sigma)$ ein $\sigma^{(\varrho)} > \sigma$ mit $c_\varrho < F^{(0)}(\sigma) + \varepsilon$. Daher wird für alle σ' mit $\sigma \leqq \sigma' < \sigma^{(\varrho)}$ sicher $F^{(0)}(\sigma') = \inf\limits_{\sigma^{(\nu)} > \sigma'} c_\nu \leqq c_\varrho < F^{(0)}(\sigma) + \varepsilon$. Da wegen der Monotonie von $F^{(0)}$ auch $F^{(0)}(\sigma) \leqq F^{(0)}(\sigma')$ ist, so folgt also $|F^{(0)}(\sigma') - F^{(0)}(\sigma)| < \varepsilon$ für alle σ' mit $\sigma \leqq \sigma' < \sigma^{(\varrho)}$. Also ist $F^{(0)}$ von rechts stetig. Schließlich ist wegen $F^{(\nu_\mu)}(\sigma^{(\varrho)}) \geqq 0$ auch $c_\varrho \geqq 0$, also auch $F^{(0)}(a) \geqq 0$ und nach Definition von $F^{(0)}$ auch $F^{(0)}(b) = 1$. Also ist $F^{(0)}$ eine kumulative Verteilungsfunktion.

Es bleibt zu zeigen, daß $\lim_{\mu\to\infty} F^{(\nu_\mu)}(\sigma) = F^{(0)}(\sigma)$ ist für jede Stelle σ, an welcher $F^{(0)}$ von links stetig ist. Für $\sigma = b$ ist trivialerweise $\lim_{\mu\to\infty} F^{(\nu_\mu)}(b) = F^{(0)}(b)$. Sei also weiterhin $a < \sigma < b$ und $F^{(0)}$ an der Stelle σ von links stetig. Sei $\varepsilon > 0$ vorgegeben. Dann gibt es nach Definition von $F^{(0)}(\sigma)$ ein $\sigma^{(\varrho)} > \sigma$ mit $c_\varrho < F^{(0)}(\sigma) + \varepsilon/2$. Weiter ist nach Definition von c_ϱ für alle hinreichend großen μ $| F^{(\nu_\mu)}(\sigma^{(\varrho)}) - c_\varrho | < \varepsilon/2$. Daher ist für diese μ

$$\begin{aligned} F^{(\nu_\mu)}(\sigma) - F^{(0)}(\sigma) &\leqq F^{(\nu_\mu)}(\sigma^{(\varrho)}) - F^{(0)}(\sigma) \\ &= (F^{(\nu_\mu)}(\sigma^{(\varrho)}) - c_\varrho) + (c_\varrho - F^{(0)}(\sigma)) < \varepsilon. \end{aligned}$$

Andrerseits gibt es wegen der linksseitigen Stetigkeit von $F^{(0)}$ an der Stelle σ eine Stelle $\bar\sigma < \sigma$ mit $| F^{(0)}(\bar\sigma) - F^{(0)}(\sigma) | < \varepsilon/2$. Es sei $\sigma^{(\tau)}$ eine rationale Zahl mit $\bar\sigma < \sigma^{(\tau)} \leqq \sigma$. Dann ist nach Definition von $F^{(0)}(\bar\sigma)$ jedenfalls $F^{(0)}(\bar\sigma) \leqq c_\tau$, also auch $F^{(0)}(\sigma) < c_\tau + \varepsilon/2$. Weiter ist nun nach Definition von c_τ für alle hinreichend großen μ sicher $| F^{(\nu_\mu)}(\sigma^{(\tau)}) - c_\tau | < \varepsilon/2$. Daher ist für diese μ

$$\begin{aligned} F^{(\nu_\mu)}(\sigma) - F^{(0)}(\sigma) &\geqq F^{(\nu_\mu)}(\sigma^{(\tau)}) - F^{(0)}(\sigma) \\ &= (F^{(\nu_\mu)}(\sigma^{(\tau)}) - c_\tau) + (c_\tau - F^{(0)}(\sigma)) > -\varepsilon. \end{aligned}$$

Dieses Ergebnis zusammen mit dem vorigen besagt, daß $\lim_{\mu\to\infty} F^{(\nu_\mu)}(\sigma) = F^{(0)}(\sigma)$ ist, w. z. b. w.

Beweis von Satz B. Sei $\varepsilon > 0$ vorgegeben. Dann gibt es ein $\delta > 0$, so daß für alle $\sigma, \sigma' \in [a, b]$ mit $| \sigma - \sigma' | < \delta$ und alle Funktionen $f \in \mathfrak{C}$ gilt $| f(\sigma) - f(\sigma') | < \varepsilon/3$. Unterteilt man das Intervall $[a, b]$ in Teilintervalle einer Länge $< \delta/2$, so kann man in jedem Teilintervall eine Stelle herausgreifen, an der die Funktion $F^{(0)}$ von links stetig ist, da sie als monotone Funktion höchstens abzählbar viele Unstetigkeitsstellen hat. Seien die herausgegriffenen Stellen der Reihe nach $\sigma^{(1)}, \sigma^{(2)}, \ldots, \sigma^{(N-1)}$. Sei weiter $\sigma^{(0)} = a$, $\sigma^{(N)} = b$. Dann ist jedenfalls $| \sigma^{(i+1)} - \sigma^{(i)} | < \delta$ $(i = 0, 1, \ldots, N-1)$. Weiter ist für alle $f \in \mathfrak{C}$ und alle $\nu = 1, 2, \ldots$, sowie für $\nu = 0$

$$\begin{aligned} \int_a^b f(\sigma)\, dF^{(\nu)}(\sigma) &= \int\limits_{\sigma^{(0)} \leqq \sigma \leqq \sigma^{(1)}} f(\sigma)\, dF^{(\nu)}(\sigma) + \sum_{i=1}^{N-1} \int\limits_{\sigma^{(i)} < \sigma \leqq \sigma^{(i+1)}} f(\sigma)\, dF^{(\nu)}(\sigma) \\ &= \int\limits_{\sigma^{(0)} \leqq \sigma \leqq \sigma^{(1)}} f(\sigma^{(1)})\, dF^{(\nu)}(\sigma) + \sum_{i=1}^{N-1} \int\limits_{\sigma^{(i)} < \sigma \leqq \sigma^{(i+1)}} f(\sigma^{(i+1)})\, dF^{(\nu)}(\sigma) \\ &\quad + \int\limits_{\sigma^{(0)} \leqq \sigma \leqq \sigma^{(1)}} (f(\sigma) - f(\sigma^{(1)}))\, dF^{(\nu)}(\sigma) + \sum_{i=1}^{N-1} \int\limits_{\sigma^{(i)} < \sigma \leqq \sigma^{(i+1)}} (f(\sigma) - f(\sigma^{(i+1)}))\, dF^{(\nu)}(\sigma) \\ &= f(\sigma^{(1)}) \cdot F^{(\nu)}(\sigma^{(1)}) + \sum_{i=1}^{N-1} f(\sigma^{(i+1)})\, (F^{(\nu)}(\sigma^{(i+1)}) - F^{(\nu)}(\sigma^{(i)})) + \Delta_\nu. \end{aligned}$$

Hierbei ist $|\Delta_\nu| < \varepsilon/3$, da wegen $| \sigma^{(i+1)} - \sigma^{(i)} | < \delta$ $(i = 0, 1, \ldots, N-1)$ die Integranden in den entsprechenden Integralen einen Betrag $< \varepsilon/3$ haben. Da nun die Funktion $F^{(0)}$ an den Stellen $\sigma^{(1)}, \ldots, \sigma^{(N-1)}$ von links stetig ist, ist $\lim_{\nu\to\infty} F^{(\nu)}(\sigma^{(i)}) = F^{(0)}(\sigma^{(i)})$ für $i = 1, \ldots, N-1$. Und trivialerweise gilt dies auch noch für $i = N$. Wegen der gleichgradigen Beschränktheit der Funktionen $f \in \mathfrak{C}$ ist daher für alle hinreichend großen ν

$$| f(\sigma^{(1)}) \cdot F^{(\nu)}(\sigma^{(1)}) + \sum_{i=1}^{N-1} f(\sigma^{(i+1)}) (F^{(\nu)}(\sigma^{(i+1)}) - F^{(\nu)}(\sigma^{(i)}))$$

$$- f(\sigma^{(1)}) F^{(0)}(\sigma^{(1)}) - \sum_{i=1}^{N-1} f(\sigma^{(i+1)}) (F^{(0)}(\sigma^{(i+1)}) - F^{(0)}(\sigma^{(i)})) | < \varepsilon/3$$

für alle $f \in \mathfrak{C}$ und daher für diese ν

$$|\int_a^b f(\sigma)\, dF^{(\nu)}(\sigma) - \int_a^b f(\sigma)\, dF^{(0)}(\sigma)| < \varepsilon$$

für alle $f \in \mathfrak{C}$, w. z. b. w.

Aus Satz 4 kann man noch eine andere interessante Folgerung ziehen. Hierzu wird zunächst definiert

Definition 10. *Durchlaufe f alle über dem Intervall $a \leqq \sigma \leqq b$ definierten Borel-meßbaren Funktionen mit $0 \leqq f(\sigma) \leqq c$ für alle $\sigma \in [a, b]$. Dabei sei $c \geqq 1/(b - a)$ eine beliebige fest-gewählte reelle Zahl. Dann bezeichnet man die Gesamtheit aller kumulativen Verteilungsfunktionen F über $[a, b]$, die sich in der Gestalt*

$$F(\sigma) = \int_a^\sigma f(s) ds \qquad (a \leqq \sigma \leqq b)$$

darstellen lassen, als eine Klasse von Verteilungsfunktionen *über* $[a, b]$ mit beschränkter Dichte.

Nun kann man die folgende Folgerung aus Satz 4 formulieren:

Satz 6. *Sei $\Gamma = \{\Sigma_1, \ldots, \Sigma_n; A_1, \ldots, A_n\}$ ein kontinuierliches Spiel mit beschränkten Borel-meßbaren Auszahlungsfunktionen A_i $(i = 1, \ldots, n)$. Sei $\tilde{\Sigma}_i$ $(i = 1, \ldots, n)$ eine Klasse von Verteilungsfunktionen über dem Intervall Σ_i mit beschränkter Dichte. Dann besitzt die zugehörige gemischte Erweiterung $\tilde{\Gamma} = \{\tilde{\Sigma}_1, \ldots, \tilde{\Sigma}_n; E_1, \ldots, E_n\}$ von Γ mindestens einen Gleichgewichtspunkt.*

Beweis. Es wird gezeigt, daß im Falle des Satzes 6 die Voraussetzungen des Satzes 4 erfüllt sind. Sei also i $(1 \leqq i \leqq n)$ beliebig, und sei Σ_i das Intervall $[a_i, b_i]$. Sei $F_i^{(1)}, F_i^{(2)}, \ldots$ eine Folge von Strategien $F_i^{(\nu)} \in \tilde{\Sigma}_i$ $(\nu = 1, 2, \ldots)$. Dann gibt es nach dem obigen Satz A eine Teilfolge $F_i^{(\nu_1)}, F_i^{(\nu_2)}, \ldots$ und eine kumulative Verteilungsfunktion $F_i^{(0)}$ über $[a_i, b_i]$, so daß $F_i^{(\nu_\mu)}(\sigma)$ mit $\mu \to \infty$ gegen $F_i^{(0)}(\sigma)$ strebt an jeder Stelle $\sigma \in [a_i, b_i]$, an welcher $F_i^{(0)}$ von links stetig ist.

Unter den gegenwärtigen Umständen ist leicht zu sehen, daß sogar $\lim\limits_{\mu \to \infty} F_i^{(\nu_\mu)}(\sigma) = F_i^{(0)}(\sigma)$ für alle $\sigma \in [a_i, b_i]$. Für $\sigma = b_i$ ist dies trivial. Sei $a_i < \sigma < b_i$. Sei $\varepsilon > 0$ beliebig. Da $F_i^{(0)}$ höchstens abzählbar viele Unstetigkeitsstellen hat, gibt es zwei Zahlen $\eta_1, \eta_2 > 0$, so daß $F_i^{(0)}$ an den Stellen $\sigma - \eta_1$ und $\sigma + \eta_2$ von links stetig ist und daß $\eta_1, \eta_2 < \varepsilon/(4c_i)$ ist. Dabei ist c_i die vorgeschriebene obere Schranke für die Dichten der Strategien aus $\tilde{\Sigma}_i$. Dann ist

$$0 \leqq F_i^{(0)}(\sigma) - F_i^{(0)}(\sigma - \eta_1) \leqq F_i^{(0)}(\sigma + \eta_2) - F_i^{(0)}(\sigma - \eta_1)$$
$$\leqq F_i^{(\nu_\mu)}(\sigma + \eta_2) - F_i^{(\nu_\mu)}(\sigma - \eta_1) + \varepsilon/2$$

für ein hinreichend großes μ. Da aber die Strategie $F_i^{(\nu_\mu)}$ eine durch c_i beschränkte Dichte hat, ist

$$F_i^{(\nu_\mu)}(\sigma + \eta_2) - F_i^{(\nu_\mu)}(\sigma - \eta_1) \leqq c_i(\eta_1 + \eta_2) < \varepsilon/2.$$

Also ist $F_i^{(0)}(\sigma) - F_i^{(0)}(\sigma - \eta_1) < \varepsilon$, also $F_i^{(0)}$ von links stetig an der Stelle σ. Also konvergiert $F_i^{(\nu_\mu)}(\sigma)$ gegen $F_i^{(0)}(\sigma)$. Sei schließlich $\sigma = a_i$. Analog zu eben sei $0 < \eta < \varepsilon/(2c_i)$ und $F_i^{(0)}$ von links stetig an der Stelle $a_i + \eta$. Dann ist für hinreichend großes μ

$$0 \leqq F_i^{(0)}(a_i) \leqq F_i^{(0)}(a_i + \eta) \leqq F_i^{(\nu_\mu)}(a_i + \eta) + \varepsilon/2 \leqq c_i \cdot \eta + \varepsilon/2 < \varepsilon,$$

also $F_i^{(0)}(a_i) = 0$ und daher trivialerweise $\lim\limits_{\mu\to\infty} F^{(\nu_\mu)}(a_i) = F_i^{(0)}(a_i)$.

Nun sieht man sofort, daß $F_i^{(0)} \in \widetilde{\Sigma}_i$ ist; denn wegen $\lim\limits_{\mu\to\infty} F_i^{(\nu_\mu)}(\sigma) = F_i^{(0)}(\sigma)$ für alle $\sigma \in [a_i, b_i]$ ist für alle $\sigma, \sigma' \in [a_i, b_i]$ bei beliebigem $\varepsilon > 0$ für hinreichend großes μ $| F_i^{(0)}(\sigma) - F_i^{(0)}(\sigma') | \leqq | F_i^{(\nu_\mu)}(\sigma) - F_i^{(\nu_\mu)}(\sigma') | + \varepsilon \leqq c_i \cdot | \sigma - \sigma' | + \varepsilon$, also $| F_i^{(0)}(\sigma) - F_i^{(0)}(\sigma') | \leqq c_i \cdot |\sigma - \sigma'|$, d. h. die Funktion $F_i^{(0)}$ hat beschränkte Differenzenquotienten. Dann existiert aber nach dem Hauptsatz über Differentiation und Integration bei Lebesgue-Integralen die Ableitung f von $F_i^{(0)}$ fast überall, und es ist $F_i^{(0)}(\sigma) = \int\limits_{a_i}^{\sigma} f(s)\,ds$ für alle $\sigma \in [a_i, b_i]$. Da hierbei offenbar $0 \leqq f(\sigma) \leqq c_i$ ist, ist $F_i^{(0)} \in \widetilde{\Sigma}_i$.

Es bleibt also zu zeigen, daß für alle $k = 1, \ldots, n$ die Auszahlungen $E_k(F_1, \ldots, F_{i-1}, F_i^{(\nu_\mu)}, F_{i+1}, \ldots, F_n)$ für $\mu \to \infty$ gegen $E_k(F_1, \ldots, F_{i-1}, F_i^{(0)}, F_{i+1}, \ldots, F_n)$ streben, und zwar gleichmäßig für alle $F_1 \in \widetilde{\Sigma}_1, \ldots, F_{i-1} \in \widetilde{\Sigma}_{i-1}, F_{i+1} \in \widetilde{\Sigma}_{i+1}, \ldots, F_n \in \widetilde{\Sigma}_n$. Sei $\varepsilon > 0$ beliebig vorgegeben. Wegen der Beschränktheit der Funktion A_k existiert eine Konstante M mit $| A_k(\sigma_1, \ldots, \sigma_n) | < M$ für alle $\sigma_\lambda \in \Sigma_\lambda$ $(\lambda = 1, \ldots, n)$. Man wähle die Zahlen $t_0 = -M < t_1 < \cdots < t_N = M$ so, daß $t_{j+1} - t_j < \varepsilon$ $(j = 0, 1, \ldots, N-1)$ ist. Wegen der Meßbarkeit der Funktion A_k sind alle Mengen $\mathfrak{C}_j = \{(\sigma_1, \ldots, \sigma_n) \in \Sigma_1 \times \cdots \times \Sigma_n \mid t_j < A_k(\sigma_1, \ldots, \sigma_n) \leqq t_{j+1}\}$ $(j = 0, 1, \ldots, N-1)$ Borel-Mengen. Daher ist für $\varrho = \nu_1, \nu_2, \ldots$ und für $\varrho = 0$

$$\begin{aligned} &E_k(F_1, \ldots, F_{i-1}, F_i^{(\varrho)}, F_{i+1}, \ldots, F_n) \\ &= \sum_{j=0}^{N-1} \int\limits_{\mathfrak{C}_j} A_k(\sigma_1, \ldots, \sigma_n)\, dF_1(\sigma_1) \ldots dF_{i-1}(\sigma_{i-1})\, dF_i^{(\varrho)}(\sigma_i)\, dF_{i+1}(\sigma_{i+1}) \ldots dF_n(\sigma_n). \end{aligned}$$

Ersetzt man nun im Integrationsbereich $\mathfrak{C}_j$ $(j = 0, 1, \ldots, N-1)$ den Integranden A_k durch die Konstante t_j, so erhält man

$$\begin{aligned} &| E_k(F_1, \ldots, F_{i-1}, F_i^{(\varrho)}, F_{i+1}, \ldots, F_n) \\ &- \sum_{j=0}^{N-1} t_j \cdot \int\limits_{\mathfrak{C}_j} dF_1(\sigma_1) \cdots dF_{i-1}(\sigma_{i-1}) dF_i^{(\varrho)}(\sigma_i) dF_{i+1}(\sigma_{i+1}) \cdots dF_n(\sigma_n) \,| < \varepsilon, \end{aligned}$$

und zwar für alle $F_1 \in \widetilde{\Sigma}_1, \ldots, F_{i-1} \in \widetilde{\Sigma}_{i-1}, F_{i+1} \in \widetilde{\Sigma}_{i+1}, \ldots, F_n \in \widetilde{\Sigma}_n$. Hieraus ist ersichtlich, daß es zu beweisen genügt, daß für jede Borel-Menge $\mathfrak{B}$ im Quader $\Sigma_1 \times \cdots \times \Sigma_n$ gilt, daß $\int\limits_{\mathfrak{B}} dF_1 \cdots dF_{i-1} dF_i^{(\nu_\mu)} dF_{i+1} \cdots dF_n$ mit $\mu \to \infty$ gegen $\int\limits_{\mathfrak{B}} dF_1 \cdots dF_{i-1} dF_i^{(0)} dF_{i+1} \cdots dF_n$ strebt, und zwar gleichmäßig für alle $F_1 \in \widetilde{\Sigma}_1, \ldots, F_{i-1} \in \widetilde{\Sigma}_{i-1}, F_{i+1} \in \widetilde{\Sigma}_{i+1}, \ldots, F_n \in \widetilde{\Sigma}_n$.

Für $\varrho = \nu_1, \nu_2, \ldots$ und für $\varrho = 0$ bezeichne nun m_ϱ das Wahrscheinlichkeitsmaß über dem Quader $\Sigma_1 \times \cdots \times \Sigma_n$ mit der kumulativen Verteilungsfunktion $F_1 \cdots F_{i-1} F_i^{(\varrho)} \cdot F_{i+1} \cdots F_n$. Dieses Wahrscheinlichkeitsmaß ist bekanntlich folgendermaßen definiert: Da die Verteilungsfunktionen $F_1, \ldots, F_{i-1}, F_i^{(\varrho)}, F_{i+1}, \ldots, F_n$ Dichten haben, ist für jeden achsenparallelen Quader Q in $\Sigma_1 \times \cdots \times \Sigma_n$, ob seine Randpunkte ganz, teilweise oder gar nicht zu Q gerechnet werden, das m_ϱ-Maß $m_\varrho(Q) = (F_1(b_1') - F_1(a_1')) \cdots (F_{i-1}(b_{i-1}') - F_{i-1}(a_{i-1}'))\,(F_i^{(\varrho)}(b_i') - F_i^{(\varrho)}(a_i'))\,(F_{i+1}(b_{i+1}') - F_{i+1}(a_{i+1}')) \cdots (F_n(b_n') - F_n(a_n'))$, wobei die abgeschlossene Hülle $\overline{Q}$ von Q die Punktmenge $\{(\sigma_1, \ldots, \sigma_n) \mid a_1' \leqq \sigma_1$

$\leqq b_1', \ldots, a_n' \leqq \sigma_n \leqq b_n'\}$ ist. Weiter ist für jede in $\Sigma_1 \times \cdots \times \Sigma_n$ offene Menge Ω das m_ϱ-Maß $m_\varrho(\Omega) = \sum_{l=1}^{\infty} m_\varrho(Q_l)$, wobei die Q_l $(l = 1, 2, \ldots)$ achsenparallele Quader in $\Sigma_1 \times \cdots \times \Sigma_n$ mit $Q_1 \cup Q_2 \cup \cdots = \Omega$ sind, die paarweise höchstens Randpunkte gemeinsam haben. Eine solche Darstellung der offenen Menge Ω ist bekanntlich immer möglich. Schließlich ist für eine beliebige Borel-Menge $\mathfrak{B} \leqq \Sigma_1 \times \cdots \times \Sigma_n$ das m_ϱ-Maß $m_\varrho(\mathfrak{B}) = \inf m_\varrho(\Omega)$, wobei das Infimum zu nehmen ist über alle in $\Sigma_1 \times \cdots \times \Sigma_n$ offenen Mengen Ω mit $\mathfrak{B} \leqq \Omega$.

Wegen der beschränkten Dichten der Verteilungsfunktionen $F_1, \ldots, F_{i-1}, F_i^{(\varrho)}, F_{i+1}, \ldots, F_n$ ist dann offenbar $m_\varrho(Q) \leqq c^n \cdot m(Q)$ für jeden achsenparallelen Quader $Q \leqq \Sigma_1 \times \cdots \times \Sigma_n$, wobei $m(Q)$ den elementargeometrischen Inhalt von Q bedeutet und c eine obere Schranke für die Dichte aller Verteilungsfunktionen $F_\lambda \in \tilde{\Sigma}_\lambda$ $(\lambda = 1, \ldots, n)$. Daher folgt dann für jede in $\Sigma_1 \times \cdots \times \Sigma_n$ offene Menge Ω, daß $m_\varrho(\Omega) \leqq c^n \cdot m(\Omega)$ ist, wobei $m(\Omega)$ das Lebesguesche Maß von Ω ist. Schließlich gilt dieselbe Beziehung $m_\varrho(\mathfrak{B}) \leqq c^n \cdot m(\mathfrak{B})$ daher auch für alle Borel-Mengen $\mathfrak{B} \leqq \Sigma_1 \times \cdots \times \Sigma_n$.

Wegen $\int_{\mathfrak{B}} dF_1 \cdots dF_{i-1} dF_i^{(\varrho)} dF_{i+1} \cdots dF_n = m_\varrho(\mathfrak{B})$ bleibt nun also zu zeigen, daß für jede Borel-Menge $\mathfrak{B} \leqq \Sigma_1 \times \cdots \times \Sigma_n$ $m_{\nu_\mu}(\mathfrak{B}) \to m_0(\mathfrak{B})$ strebt, und zwar gleichmäßig für alle $F_1 \in \tilde{\Sigma}_1, \ldots, F_{i-1} \in \tilde{\Sigma}_{i-1}, F_{i+1} \in \tilde{\Sigma}_{i+1}, \ldots, F_n \in \tilde{\Sigma}_n$. Wegen $\lim_{\mu \to \infty} F_i^{(\nu_\mu)}(a) = F_i^{(0)}(a)$ für alle $a \in [a_i, b_i]$ gilt offenbar für jeden achsenparallelen Quader $Q \leqq \Sigma_1 \times \cdots \times \Sigma_n$, daß $m_{\nu_\mu}(Q)$ gegen $m_0(Q)$ strebt, und zwar gleichmäßig in der verlangten Weise. Nun sei Ω eine in $\Sigma_1 \times \cdots \times \Sigma_n$ offene Menge und $\Omega = Q_1 \cup Q_2 \cup \cdots$ eine Zerlegung von Ω in achsenparallele Quader Q_l $(l = 1, 2, \ldots)$, die paarweise höchstens Randpunkte gemeinsam haben. Man wähle nun l so groß, daß $m(Q_{l+1}) + m(Q_{l+2}) + \cdots = m(Q_{l+1} \cup Q_{l+2} \cup \cdots) < \varepsilon/(3c^n)$ ist. Dann wird nach dem eben Bewiesenen $m_\varrho(Q_{l+1} \cup Q_{l+2} \cup \cdots) < \varepsilon/3$ $(\varrho = \nu_1, \nu_2, \ldots$ und $\varrho = 0)$, also $m_\varrho(\Omega) - m_\varrho(Q_1 \cup \cdots \cup Q_l) < \varepsilon/3$, und zwar für alle $F_1 \in \tilde{\Sigma}_1, \ldots, F_{i-1} \in \tilde{\Sigma}_{i-1}, F_{i+1} \in \tilde{\Sigma}_{i+1}, \ldots, F_n \in \tilde{\Sigma}_n$. Nun ist für alle hinreichend großen μ nach dem eben über Quader Bewiesenen

$$\begin{aligned} &|m_0(Q_1 \cup \cdots \cup Q_l) - m_{\nu_\mu}(Q_1 \cup \cdots \cup Q_l)| \\ &= \left|\sum_{j=1}^{l} (m_0(Q_j) - m_{\nu_\mu}(Q_j))\right| < \varepsilon/3, \end{aligned}$$

und zwar gleichmäßig in der verlangten Weise. Mithin wird für alle hinreichend großen μ sicher $|m_0(\Omega) - m_{\nu_\mu}(\Omega)| < \varepsilon$, und zwar gleichmäßig in der verlangten Weise. Damit ist die zu beweisende Behauptung für alle in $\Sigma_1 \times \cdots \times \Sigma_n$ offenen Mengen Ω bewiesen. Sei schließlich $\mathfrak{B} \leqq \Sigma_1 \times \cdots \times \Sigma_n$ eine beliebige Borel-Menge. Da das Lebesgue-Maß von $\mathfrak{B}$ in der gleichen Weise aus den Lebesgue-Maßen der überdeckenden offenen Mengen bestimmt wird wie die m_ϱ-Maße, so existiert zu jedem $\varepsilon > 0$ eine in $\Sigma_1 \times \cdots \times \Sigma_n$ offene Menge Ω mit $\mathfrak{B} \leqq \Omega$ und $m(\Omega) < m(\mathfrak{B}) + \varepsilon/(3c^n)$, d. h. $m(\Omega - \mathfrak{B}) < \varepsilon/(3c^n)$. Daher ist $m_\varrho(\Omega - \mathfrak{B}) < \varepsilon/3$ $(\varrho = \nu_1, \nu_2, \ldots$ und $\varrho = 0)$, d. h. $m_\varrho(\Omega) - m_\varrho(\mathfrak{B}) < \varepsilon/3$, und zwar gleichmäßig in der verlangten Weise. Nach dem eben für offene Mengen Ω Bewiesenen ist nun für alle hinreichend großen μ jedenfalls $|m_0(\Omega) - m_{\nu_\mu}(\Omega)| < \varepsilon/3$, und zwar gleichmäßig in der verlangten Weise. Daher ist für alle hinreichend großen μ auch $|m_0(\mathfrak{B}) - m_{\nu_\mu}(\mathfrak{B})| < \varepsilon$, und zwar gleichmäßig in der verlangten Weise, w. z. b. w.

Es ist bemerkenswert, daß ein zu Satz 6 analoger Satz für die maximale gemischte Erweiterung eines kontinuierlichen Spieles nicht mehr gilt, d. h. es gibt kontinuierliche Spiele Γ mit beschränkten Borel-meßbaren Auszahlungsfunktionen, deren maximale gemischte Erweiterung $\tilde{\Gamma}$ keinen Gleichgewichtspunkt besitzt. Ein Beispiel eines solchen Spieles ist das folgende von VILLE [17] angegebene Zweipersonen-Nullsummenspiel $\Gamma = \{\Sigma_1, \Sigma_2; A_1, A_2\}$: Es sei $\Sigma_1 = \Sigma_2$ das Einheitsintervall $[0, 1]$ und

$$A_1(\sigma_1, \sigma_2) = -A_2(\sigma_1, \sigma_2) = \begin{cases} 0 \text{ falls } 0 \leqq \sigma_1 = \sigma_2 \leqq 1 \\ -1 \text{ falls } 0 \leqq \sigma_1 < \sigma_2 < 1 \text{ und falls } \sigma_1 = 1, 0 \leqq \sigma_2 < 1 \\ +1 \text{ falls } 0 \leqq \sigma_2 < \sigma_1 < 1 \text{ und falls } \sigma_2 = 1, 0 \leqq \sigma_1 < 1 \end{cases}$$

Sei $\{\tilde{\Sigma}_1, \tilde{\Sigma}_2; E_1, E_2\}$ die maximale gemischte Erweiterung von Γ. Sei $F_1 \in \tilde{\Sigma}_1$ eine beliebige gemischte Strategie des ersten Spielers. Sei $\varepsilon > 0$ beliebig vorgegeben. Es bezeichne $F_1(1-0)$ den Grenzwert $\lim\limits_{\substack{x\to 1\\ x<1}} F_1(x)$, und es werde $\delta > 0$ so bestimmt, daß

$$F_1(1-0) - F_1(1-\delta) < \varepsilon/2$$

ist. Es sei $F_2 \in \Sigma_2$ die kumulative Verteilungsfunktion der reinen Strategie $\sigma_2 = 1 - \delta/2$ des zweiten Spielers, d. h.

$$F_2(\sigma_2) = \begin{cases} 0 \quad \text{falls } 0 \leqq \sigma_2 < 1 - \delta/2 \\ 1 \quad \text{falls } 1 - \delta/2 \leqq \sigma_2 \leqq 1. \end{cases}$$

Dann ist

$$E_1(F_1, F_2) = \int_0^1 A_1(\sigma_1, 1-\delta/2)\, dF_1(\sigma_1)$$

$$= -\int_{0 \leqq \sigma_1 \leqq 1-\delta} dF_1(\sigma_1) + \int_{1-\delta < \sigma_1 < 1} A_1(\sigma_1, 1-\delta/2)\, dF_1(\sigma_1) - (1 - F_1(1-0)).$$

Nun ist

$$\int_{0 \leqq \sigma_1 \leqq 1-\delta} dF_1(\sigma_1) = F_1(1-\delta)$$

und

$$\Big| \int_{1-\delta < \sigma_1 < 1} A_1(\sigma_1, 1-\delta/2)\, dF_1(\sigma_1) \Big| \leqq F_1(1-0) - F_1(1-\delta),$$

also

$$E_1(F_1, F_2) \leqq -1 + 2(F_1(1-0) - F_1(1-\delta)) < -1 + \varepsilon.$$

Es gibt also zu jeder Strategie $F_1 \in \tilde{\Sigma}_1$ eine Strategie $F_2 \in \tilde{\Sigma}_2$ mit $E_1(F_1, F_2) < -1 + \varepsilon$, d. h. $E_2(F_1, F_2) = -E_1(F_1, F_2) > 1 - \varepsilon$. Ganz analog zeigt man, daß es zu jeder Strategie $F_2 \in \tilde{\Sigma}_2$ eine Strategie $F_1 \in \tilde{\Sigma}_1$ mit $E_1(F_1, F_2) > 1 - \varepsilon$ gibt. Wäre nun (F_1^*, F_2^*) ein Gleichgewichtspunkt von $\tilde{\Gamma}$, so wähle man $\varepsilon < 1$ und bestimme $F_2 \in \tilde{\Sigma}_2$ mit $E_2(F_1^*, F_2) > 1 - \varepsilon$ und $F_1 \in \tilde{\Sigma}_1$ mit $E_1(F_1, F_2^*) > 1 - \varepsilon$. Dann ist $E_2(F_1^*, F_2^*) \geqq E_2(F_1^*, F_2) > 1 - \varepsilon$, also $E_1(F_1^*, F_2^*) < -1 + \varepsilon < 1 - \varepsilon < E_1(F_1, F_2^*)$, entgegen der Voraussetzung, daß (F_1^*, F_2^*) ein Gleichgewichtspunkt ist. Also besitzt $\tilde{\Gamma}$ keinen Gleichgewichtspunkt.

Außer der Frage nach der Existenz ist natürlich auch die Frage nach der Eindeutigkeit für Gleichgewichtspunkte von Bedeutung. Es empfiehlt sich hierbei, zwei Gleichgewichtspunkte, die in allen Auszahlungen übereinstimmen, als *äquivalent* zu bezeichnen. Allgemeiner:

Definition 11. *Im n-Personenspiel* $\Gamma = \{\Sigma_1, \ldots, \Sigma_n; A_1, \ldots, A_n\}$ *heißen zwei Strategie-n-Tupel* $(\sigma_1, \ldots, \sigma_n)$ *und* $(\sigma_1', \ldots, \sigma_n')$ $(\sigma_i, \sigma_i' \in \Sigma_i;\ i = 1, \ldots, n)$ äquivalent, *wenn* $A_i(\sigma_1, \ldots, \sigma_n) = A_i(\sigma_1', \ldots, \sigma_n')$ *für alle* $i = 1, \ldots, n$.

Nun sieht man schon an ganz einfachen Beispielen, daß ein Spiel mehrere inäquivalente Gleichgewichtspunkte haben kann. Sei zum Beispiel Γ ein Zweipersonen-Spiel, in dem der Spieler 1 zwei Strategien $\sigma_1^{(1)}, \sigma_1^{(2)}$ und ebenso der Spieler 2 zwei Strategien $\sigma_2^{(1)}, \sigma_2^{(2)}$ besitzt. Sei die Auszahlungsfunktion A_1 durch die Auszahlungsmatrix

	$\sigma_2^{(1)}$	$\sigma_2^{(2)}$
$\sigma_1^{(1)}$	4	—3
$\sigma_1^{(2)}$	1	—2

,

die Auszahlungsfunktion A_2 durch die Auszahlungsmatrix

	$\sigma_2^{(1)}$	$\sigma_2^{(2)}$
$\sigma_1^{(1)}$	—20	—30
$\sigma_1^{(2)}$	10	40

gegeben. Hier sind $(\sigma_1^{(1)}, \sigma_2^{(1)})$ und $(\sigma_1^{(2)}, \sigma_2^{(2)})$ zwei inäquivalente Gleichgewichtspunkte. Offensichtlich würde in diesem Beispiel Spieler 1 den ersten und Spieler 2 den zweiten Gleichgewichtspunkt bevorzugen. Diese Schwierigkeit kann nicht auftreten, wenn alle Gleichgewichtspunkte des Spieles äquivalent sind. Der wichtigste Fall, in dem das immer zutrifft, ist der Fall der Zweipersonen-Konstantsummen-Spiele.

Satz 7. *In einem Zweipersonen-Konstantsummen-Spiel sind alle Gleichgewichtspunkte äquivalent.*

Beweis. Seien (σ_1^*, σ_2^*) und $(\tilde{\sigma}_1, \tilde{\sigma}_2)$ zwei Gleichgewichtspunkte des Konstantsummenspieles $\Gamma = \{\Sigma_1, \Sigma_2; A_1, A_2\}$. Dann gilt $A_1(\tilde{\sigma}_1, \sigma_2^*) \leqq A_1(\sigma_1^*, \sigma_2^*)$, da (σ_1^*, σ_2^*) Gleichgewichtspunkt ist. Aus $A_1 + A_2 = \text{const}$ folgt dann $A_2(\sigma_1^*, \sigma_2^*) \leqq A_2(\tilde{\sigma}_1, \sigma_2^*)$. Nun ist aber $A_2(\tilde{\sigma}_1, \sigma_2^*) \leqq A_2(\tilde{\sigma}_1, \tilde{\sigma}_2)$, da $(\tilde{\sigma}_1, \tilde{\sigma}_2)$ Gleichgewichtspunkt ist. Also erhält man $A_2(\sigma_1^*, \sigma_2^*) \leqq A_2(\tilde{\sigma}_1, \tilde{\sigma}_2)$. Aus Symmetriegründen ist dann $A_2(\sigma_1^*, \sigma_2^*) = A_2(\tilde{\sigma}_1, \tilde{\sigma}_2)$ und daher auch $A_1(\sigma_1^*, \sigma_2^*) = A_1(\tilde{\sigma}_1, \tilde{\sigma}_2)$, w.z.b.w.

Überdies besitzen die Gleichgewichtspunkte eines Zweipersonen-Konstantsummen-Spieles die folgende *Vertauschbarkeitseigenschaft*:

Satz 8. *Sind (σ_1^*, σ_2^*) und $(\tilde{\sigma}_1, \tilde{\sigma}_2)$ zwei Gleichgewichtspunkte eines Zweipersonen-Konstantsummen-Spieles Γ, so ist auch $(\tilde{\sigma}_1, \sigma_2^*)$ und daher ebenso auch $(\sigma_1^*, \tilde{\sigma}_2)$ Gleichgewichtspunkt von Γ.*

Beweis. Wie im Beweis von Satz 7 gezeigt wurde, ist $A_2(\sigma_1^*, \sigma_2^*) \leqq A_2(\tilde{\sigma}_1, \sigma_2^*) \leqq A_2(\tilde{\sigma}_1, \tilde{\sigma}_2) = A_2(\sigma_1^*, \sigma_2^*)$, also auch $A_2(\tilde{\sigma}_1, \sigma_2^*) = A_2(\tilde{\sigma}_1, \tilde{\sigma}_2)$ und $A_2(\tilde{\sigma}_1, \sigma_2^*) = A_2(\sigma_1^*, \sigma_2^*)$. Aus der ersten Gleichung folgt dann wegen der Gleichgewichtseigenschaft von $(\tilde{\sigma}_1, \tilde{\sigma}_2)$, daß $A_2(\tilde{\sigma}_1, \sigma_2^*) \geqq A_2(\tilde{\sigma}_1, \sigma_2)$ für alle $\sigma_2 \in \Sigma_2$. Aus der zweiten Gleichung folgt wegen der Konstantsummen-Eigenschaft, daß $A_1(\tilde{\sigma}_1, \sigma_2^*) = A_1(\sigma_1^*, \sigma_2^*)$ ist, und daher wegen der Gleichgewichts-Eigenschaft von (σ_1^*, σ_2^*), daß $A_1(\tilde{\sigma}_1, \sigma_2^*) \geqq A_1(\sigma_1, \sigma_2^*)$ für alle $\sigma_1 \in \Sigma_1$. Also ist $(\tilde{\sigma}_1, \sigma_2^*)$ ein Gleichgewichtspunkt, w. z. b. w.

Wegen der Vertauschbarkeits-Eigenschaft bildet in einem Zweipersonen-Konstantsummen-Spiel jede Gleichgewichtsstrategie des ersten Spielers mit jeder Gleichgewichtsstrategie des zweiten Spielers zusammen einen Gleichgewichtspunkt. Beabsichtigt also der erste Spieler die Realisierung eines gewissen Gleichgewichtspunktes und spielt dazu seine entsprechende Gleichgewichtsstrategie und spielt ebenso der zweite Spieler eine Gleichgewichtsstrategie in der Absicht, einen bestimmten Gleichgewichtspunkt zu realisieren, so wird tatsächlich ein (gewisser dritter) Gleichgewichtspunkt realisiert. Da nach Satz 7 aber alle Gleichgewichtspunkte äquivalent sind, wird jeder Spieler in seinen Erwartungen befriedigt. Beachtet man noch, daß eine gemischte Erweiterung eines Konstantsummenspieles wieder ein Konstantsummenspiel ist und daß nach Satz 3 die gemischte Erweiterung jedes endlichen Spieles einen Gleichgewichtspunkt besitzt, so sieht man, daß für die endlichen Zweipersonen-Konstantsummen-Spiele bezüglich der Gleichgewichtspunkte besonders einfache Verhältnisse vorliegen. Diese Spiele werden im nächsten Kapitel genauer betrachtet werden.

Es sei noch erwähnt, daß auch für die Klasse aller Spiele mit vollständiger Information und endlichem Baum das Eindeutigkeitsproblem für die Gleichgewichtspunkte durch einen von GALE [5] angekündigten Satz in einem gewissen Sinne gelöst wird: Zwar kann es bei diesen Spielen mehrere inäquivalente Gleichgewichtspunkte geben, aber GALE sondert durch intuitiv einsichtige Forderungen einen einzigen wohldefinierten Gleichgewichtspunkt aus der Menge aller Gleichgewichtspunkte der gemischten Erweiterung des Spieles aus.

§ 5. Einige Anwendungen der nichtkooperativen Theorie

Zunächst soll ein einfaches ökonomisches Beispiel untersucht werden, nämlich das Oligopolmodell aus Beispiel 5 in § 2. Es werden die dort eingeführten Bezeichnungen verwendet und zur Vereinfachung folgende Voraussetzungen gemacht: Die Kostenfunktionen der n Oligopolisten sind alle einander gleich, $K_i(x) = K(x)$ $(i = 1, \ldots, n)$. Dabei ist K eine zweimal differenzierbare Funktion mit $K'(x) > 0$, $K''(x) \geqq 0$ für alle x. Die Nachfragefunktion f fällt im Intervall $0 \leqq x \leqq \xi$ monoton von $f(0) > 0$ bis zu $f(\xi) = 0$, und es ist $f(x) = 0$ für $x \geqq \xi$. Im Intervall $0 \leqq x \leqq \xi$ ist f zweimal differenzierbar mit $f'(x) < 0$, $f''(x) \leqq 0$. Schließlich sind die Kapazitätsgrenzen $L_i \geqq \xi$ $(i = 1, \ldots, n)$.

Dann gilt die folgende Verallgemeinerung eines Satzes von WALD:

Satz 9. *Sei Γ das Oligopolspiel mit den Auszahlungsfunktionen*

$$A_i(x_1, \ldots, x_n) = x_i \cdot f\left(\sum_{\nu=1}^{n} x_\nu\right) - K(x_i) \qquad (i = 1, \ldots, n).$$

Dann hat Γ unter den eben genannten Voraussetzungen genau einen Gleichgewichtspunkt, und zwar $(x^*, \ldots, x^*)$. Dabei ist im Falle $K'(0) \geqq f(0)$ die Strategie $x^* = 0$ und im Falle $K'(0) < f(0)$ die Strategie x^* gleich der einzigen Wurzel der Gleichung

$$f(nx) + x \cdot f'(nx) - K'(x) = 0$$

im Intervall $0 < x < \xi/n$.

Beweis. Damit das Strategie-n-Tupel $(x_1^*, \ldots, x_n^*)$ ein Gleichgewichtspunkt von Γ ist, ist notwendig und hinreichend, daß

$$A_i(x_1^*, \ldots, x_n^*) = \max_{0 \leqq x_i \leqq L_i} A_i(x_1^*, \ldots, x_{i-1}^*, x_i, x_{i+1}^*, \ldots, x_n^*) \qquad (i = 1, \ldots, n) \tag{1}$$

gilt. Sei zunächst $\sum_{\nu=1}^{n} x_\nu^* > \xi$, also $A_i(x_1^*, \ldots, x_n^*) = -K(x_i^*)$ $(i = 1, \ldots, n)$. Diese Auszahlung kann aber wegen $K' > 0$ durch Übergang von der Strategie x_i^* zu einer Strategie $x_i < x_i^*$ vergrößert werden. Also ist $(x_1^*, \ldots x_n^*)$ in diesem Falle kein Gleichgewichtspunkt.

Sei zweitens $\sum_{\nu=1}^{n} x_\nu^* \leqq \xi$. In diesem Falle ist für einen beliebigen Index $i = 1, \ldots, n$ die Funktion $\varphi_i(x_i) = A_i(x_1^*, \ldots, x_{i-1}^*, x_i, x_{i+1}^*, \ldots, x_n^*)$ im Intervall $0 \leqq x_i \leqq \xi - \sum_{\nu \neq i} x_\nu^*$ zweimal differenzierbar mit der ersten Ableitung $f(x_i + \sum_{\nu \neq i} x_\nu^*) + x_i \cdot f'(x_i + \sum_{\nu \neq i} x_\nu^*) - K'(x_i)$ und der zweiten Ableitung $2f'(x_i + \sum_{\nu \neq i} x_\nu^*) + x_i \cdot f''(x_i + \sum_{\nu \neq i} x_\nu^*) - K''(x_i)$. Letztere ist auf Grund der Voraussetzungen über f und K sicher < 0. Also ist die erste Ableitung φ_i' im engeren Sinne monoton fallend, und zwar vom Werte $\varphi_i'(0) = f(\sum_{\nu \neq i} x_\nu^*) - K'(0)$ bis zum Werte $\varphi_i'(\xi - \sum_{\nu \neq i} x_\nu^*) = (\xi - \sum_{\nu \neq i} x_\nu^*) \cdot f'(\xi) - K'(\xi - \sum_{\nu \neq i} x_\nu^*) < 0$. Im Intervall $\xi - \sum_{\nu \neq i} x_\nu^* \leqq x_i \leqq L_i$ ist dann weiterhin die Funktion $\varphi_i(x_i) = -K(x_i)$ also monoton fallend im engeren Sinne.

Sei nun zunächst $K'(0) \geqq f(0)$. Dann ist also $\varphi_i'(0) = f(\sum_{\nu \neq i} x_\nu^*) - K'(0) \leqq f(0) - K'(0) \leqq 0$. Also ist nach dem eben über φ_i' und φ_i Bemerkten die Funktion φ_i monoton fallend im engeren Sinne im ganzen Intervall $0 \leqq x_i \leqq L_i$. Daher sind die Gleichgewichtsbedingungen (1) genau dann erfüllt, wenn $x_i^* = 0$ ist für $i = 1, \ldots, n$.

Es bleibt also noch der Fall $K'(0) < f(0)$ zu betrachten. Sei in diesem Falle $(x_1^*, \ldots, x_n^*)$ ein Gleichgewichtspunkt. Dann können nicht für alle $i = 1, \ldots, n$ die Strategien $x_i^* = 0$ sein; denn sonst wäre für jedes $i = 1, \ldots, n$ der Wert $\varphi_i'(0) = f(0) - K'(0) > 0$, also die Bedingung (1) sicher verletzt. Sei also etwa $x_j^* > 0$. Da, wie oben bemerkt wurde, $\varphi_j'(\xi - \sum_{\nu \neq j} x_\nu^*) < 0$ und φ_j im Intervall $\xi - \sum_{\nu \neq j} x_\nu^* \leqq x_j \leqq L_j$ monoton fällt, ist dann sicher wegen der Maximalitätsbedingung (1) $0 < x_j^* < \xi - \sum_{\nu \neq j} x_\nu^*$ und daher $\varphi_j'(x_j^*) = 0$, d. h. $f(\sum_{\nu=1}^{n} x_\nu^*) + x_j^* \cdot f'(\sum_{\nu=1}^{n} x_\nu^*) - K'(x_j^*) = 0$. Daher ist nach den Voraussetzungen über f und K sicher $f(\sum_{\nu \neq i} x_\nu^*) - K'(0) > 0$, d. h. $\varphi_i'(0) > 0$ für $i = 1, \ldots, n$. Wegen (1) ist daher $x_i^* > 0$ $(i = 1, \ldots, n)$, und daher sieht man ebenso wie vorhin für x_j^*, daß auch $\varphi_i'(x_i^*) = 0$ $(i = 1, \ldots, n)$ ist, d. h. $f(\sum_{\nu=1}^{n} x_\nu^*) + x_i^* \cdot f'(\sum_{\nu=1}^{n} x_\nu^*) - K'(x_i^*) = 0$ $(i = 1, \ldots, n)$. Durch Subtraktion zweier dieser Gleichungen folgt dann für $k, l = 1, \ldots, n$ sofort $(x_k^* - x_l^*) \cdot f'(\sum_{\nu=1}^{n} x_\nu^*) = K'(x_k^*) - K'(x_l^*)$, woraus wegen $f' < 0$ und $K'' \geqq 0$ sofort $x_k^* = x_l^*$ $(k, l = 1, \ldots, n)$ folgt. Es muß also $x_1^* = x_2^* = \cdots = x_n^*$ sein. Damit geht die obige Gleichung für x_i^* über in $f(nx_i^*) + x_i^* \cdot f'(nx_i^*) - K'(x_i^*) = 0$ $(i = 1, \ldots, n)$. Die Gleichung $f(nx) + x \cdot f'(nx) - K'(x) = 0$ hat aber im Intervall $0 < x < \xi/n$ genau eine Wurzel; denn für die Funktion $\Psi(x) = f(nx) + x \cdot f'(nx) - K'(x)$ gilt $\Psi(0) = f(0) - K'(0) > 0$, $\Psi(\xi/n) = (\xi/n) \cdot f'(\xi) - K'(\xi/n) < 0$, $\Psi'(x) = (n+1) f'(nx) + nx \cdot f''(nx) - K''(x) < 0$ für $0 \leqq x \leqq \xi/n$. Sei x^* die Wurzel der Gleichung $f(nx) + x \cdot f'(nx) - K'(x) = 0$ im Intervall $0 < x < \xi/n$. Dann ist $(x^*, \ldots, x^*)$ in dem betrachteten Falle $K'(0) < f(0)$ tatsächlich ein Gleichgewichtspunkt. Zunächst ist nämlich $\sum_{\nu=1}^{n} x_\nu^* = nx^* < \xi$. Daher ist nach den früheren Bemerkungen über die Funktion φ_i $(i = 1, \ldots, n)$ die Stelle des Maximums dieser Funktion φ_i jedenfalls im Intervall $0 \leqq x_i < \xi - (n-1)x^*$ zu suchen. Da weiter $\varphi_i'(0) = f((n-1)x^*) - K'(0) > f(nx^*) + x^* \cdot f'(nx^*) - K'(x^*) = 0$ ist, kann das Maximum der Funktion φ_i auch nicht an der Stelle $x_i = 0$ liegen. Es liegt mithin im offenen Intervall $0 < x_i < \xi - (n-1)x^*$. Daher muß an der Maximalstelle x_i jedenfalls $\varphi_i'(x_i) = 0$ sein. Da φ_i' im Intervall $0 \leqq x_i \leqq \xi - (n-1)x^*$ im engeren Sinne monoton fällt, gibt es dort nur eine Stelle x_i mit $\varphi_i'(x_i) = 0$, d.h. mit $f(x_i + (n-1)x^*) + x_i \cdot f'(x_i + (n-1)x^*) - K'(x_i) = 0$. Da aber $\varphi_i'(x^*) = f(nx^*) + x^* \cdot f'(nx^*) - K'(x^*) = 0$ ist, so muß x^* diese Maximalstelle sein, w. z. b. w.

Als zweites Beispiel werde ein allgemeines ökonomisches *Tauschgleichgewicht* untersucht. Mathematische Modelle für derartige Situationen gehen schon bis auf Walras und Pareto zurück. Den ersten strengen Existenzbeweis für ein Gleichgewicht in einem solchen Modell hat aber erst Wald [19] in den dreißiger Jahren gegeben. Neuere Modelle dieser Art stellten Arrow-Debreu [1] und Gale [6] auf. Das hier behandelte Modell ist das von Gale [6]. Es gibt darin m Güter und n ökonomische Einheiten. Die Güterarten umfassen hierbei auch alle möglichen Arten von Arbeit und Dienstleistungen. Jede ökonomische Einheit bietet gewisse Mengen gewisser Güter an und verbraucht gewisse Mengen anderer Güter. Die angebotenen und verbrauchten Gütermengen werden zu einem Gütervektor $\mathfrak{x} \in R^m$ zusammengefaßt, dessen Komponenten die Mengen der einzelnen Güter angeben. Eine positive Komponente bedeutet Angebot, eine negative Komponente Verbrauch des betreffenden Gutes. Im allgemeinen kann eine ökonomische Einheit verschiedene Gütervektoren realisieren, und zwar auf Grund ihrer ursprünglichen Ausstattung mit Gütern, ihrer physischen Arbeitsmöglichkeiten, ihrer Verbrauchsfähigkeit und dergleichen. Dabei ist zunächst auf monetäre und Budgetbedingungen noch keinerlei Rücksicht genommen. Es handelt sich einfach um die physisch realisierbaren Gütervektoren. Die Menge dieser physisch realisierbaren Gütervektoren der i-ten ökonomischen Einheit $(i = 1, \ldots, n)$ ist eine gewisse Menge $X_i \subseteq R^m$, zu der auf alle Fälle der Nullvektor gehört. Ein System $\mathfrak{x}_1, \ldots, \mathfrak{x}_n$ $(\mathfrak{x}_i \in X_i;\ i = 1, \ldots, n)$ von Gütervektoren heißt *verträglich*, wenn für jedes Gut der Verbrauch insgesamt nicht größer als das Angebot ist. Für die i-te ökonomische Einheit $(i = 1, \ldots, n)$

repräsentiert jeder Gütervektor $\mathfrak{x} \in X_i$ einen bestimmten Nutzen. Der Einfachheit halber wird angenommen, daß dieser Nutzen durch eine reelle Zahl gemessen werden kann. Es gibt also für jede ökonomische Einheit $i = 1, \ldots, n$ eine reellwertige Nutzenfunktion u_i, die auf X_i definiert ist, so daß für jeden Punkt $\mathfrak{x} \in X_i$ der Funktionswert $u_i(\mathfrak{x})$ den Nutzen des Gütervektors $\mathfrak{x}$ für die ökonomische Einheit i angibt. Das Bestreben der i-ten ökonomischen Einheit ist die Maximierung ihres Nutzens. Hierbei ist aber nun der Gütervektor nicht frei in der Menge X_i wählbar, sondern es muß die Budgetbedingung $\mathfrak{p} \cdot \mathfrak{x} = 0$ erfüllt sein, wo $\mathfrak{p} = (p_1, \ldots, p_m)$ der Preisvektor ist, dessen Komponenten die Preise der einzelnen Güter angeben. Die Preise $p_1, \ldots, p_m$ sind nicht negativ und nicht alle gleich null. Da sie nur bis auf einen gemeinsamen Faktor bestimmt sind, sollen sie im folgenden stets so normiert werden, daß $\sum_{\nu=1}^{m} p_\nu = 1$ ist. Die Menge P aller zulässigen Preisvektoren besteht dann also aus allen Vektoren $\mathfrak{p} = (p_1, \ldots, p_m)$ mit $p_\nu \geqq 0$ $(\nu = 1, \ldots, m)$, $\sum_{\nu=1}^{m} p_\nu = 1$. Die Menge P ist also ein $(m - 1)$-dimensionales Simplex im R^m.

Die Frage nach einem Tauschgleichgewicht ist nun die Frage nach einem verträglichen System von Gütervektoren $\mathfrak{x}_1^*, \ldots, \mathfrak{x}_n^*$ $(\mathfrak{x}_i^* \in X_i; i = 1, \ldots, n)$ und einem Preisvektor $\mathfrak{p}^* \in P$, so daß der Gütervektor $\mathfrak{x}_i^*$ $(i = 1, \ldots, n)$ gerade den Nutzen der i-ten ökonomischen Einheit unter der Budgetbedingung als Nebenbedingung maximiert.

Definition 12. *In dem eben beschriebenen Modell werde für alle* $i = 1, \ldots, n$ *und alle* $\mathfrak{p} \in P$ *mit* $\Phi_i(\mathfrak{p})$ *die Gesamtheit aller* $\mathfrak{x} \in X_i$ *mit* $\mathfrak{p} \cdot \mathfrak{x} = 0$ *bezeichnet. Dann ist ein* Tauschgleichgewicht *ein System von* $n + 1$ *Vektoren* $\mathfrak{x}_1^* \in X_1, \ldots, \mathfrak{x}_n^* \in X_n$, $\mathfrak{p}^* \in P$ *mit den Eigenschaften:*

1. $\sum_{i=1}^{n} \mathfrak{x}_i^* \geqq 0$ [1]),
2. $\mathfrak{p}^* \cdot \mathfrak{x}_i^* = 0$ $(i = 1, \ldots, n)$,
3. $u_i(\mathfrak{x}_i^*) = \max_{\mathfrak{x} \in \Phi_i(\mathfrak{p}^*)} u_i(\mathfrak{x})$ $(i = 1, \ldots, n)$.

Das eben beschriebene Modell für das Tauschgleichgewicht ist zunächst kein Spiel im früher definierten Sinne. Es läßt sich jedoch als ein gewisses *verallgemeinertes Spiel* auffassen, in dem die Strategienwahl eines Spielers nicht völlig frei ist, sondern die Wahlen aller anderen Spieler für seine Wahl eine zulässige Teilmenge aus der Menge aller seiner Strategien bestimmen. Dieser von Debreu in [3] eingeführte Begriff eines verallgemeinerten Spieles wird also folgendermaßen definiert:

Definition 13. *Ein* verallgemeinertes n-Personenspiel *wird gegeben durch ein* n*-Personenspiel* $\{\Sigma_1, \ldots, \Sigma_n; A_1, \ldots, A_n\}$ *sowie* n *Funktionen* $Z_i: \Sigma_1 \times \cdots \times \Sigma_{i-1} \times \Sigma_{i+1} \times \cdots \times \Sigma_n \to \mathfrak{P}_{\Sigma i}$ $(i = 1, \ldots, n)$, *wobei* $\mathfrak{P}_{\Sigma i}$ *die Menge aller nicht-leeren Teilmengen von* Σ_i *bedeutet. Diese Funktion* Z_i $(i = 1, \ldots, n)$ *legt also für jedes Strategie-*$(n - 1)$*-Tupel* $(\sigma_1, \ldots, \sigma_{i-1}, \sigma_{i+1}, \ldots, \sigma_n)$

---

[1]) Ungleichungen für Vektoren sind hier und im folgenden immer komponentenweise zu verstehen.

$(\sigma_\nu \in \Sigma_\nu;\ \nu = 1, \ldots, n;\ \nu \neq i)$ *eine nicht-leere Teilmenge* $Z_i(\sigma_1, \ldots, \sigma_{i-1}, \sigma_{i+1}, \ldots, \sigma_n) \leqq \Sigma_i$, *den* zulässigen Teilbereich, *fest.*

Auf solche verallgemeinerten Spiele läßt sich natürlich der Begriff eines Gleichgewichtspunktes sinngemäß übertragen als eine Verhaltensvorschrift (= Strategie-n-Tupel) für die Spieler von solcher Art, daß, wenn alle Spieler außer einem sich an diese Vorschrift halten, der restliche Spieler im Rahmen seines zulässigen Teilbereiches nicht Besseres tun kann, als sich auch an diese Vorschrift zu halten. Genauer:

Definition 14. *Sei das verallgemeinerte Spiel* Γ *gegeben durch* $\{\Sigma_1, \ldots, \Sigma_n; A_1, \ldots, A_n; Z_1, \ldots, Z_n\}$. *Ein* Gleichgewichtspunkt *von* Γ *ist ein Strategie-n-Tupel* $(\sigma_1^*, \ldots, \sigma_n^*)$ $(\sigma_1^* \in \Sigma_1, \ldots, \sigma_n^* \in \Sigma_n)$ *mit*

1. $\sigma_i^* \in Z_i(\sigma_1^*, \ldots, \sigma_{i-1}^*, \sigma_{i+1}^*, \ldots, \sigma_n^*) \quad (i = 1, \ldots, n),$
2. $A_i(\sigma_1^*, \ldots, \sigma_{i-1}^*, \sigma_i, \sigma_{i+1}^*, \ldots, \sigma_n^*) \leqq A_i(\sigma_1^*, \ldots, \sigma_n^*)$
   für alle $\sigma_i \in Z_i(\sigma_1^*, \ldots, \sigma_{i-1}^*, \sigma_{i+1}^*, \ldots, \sigma_n^*) \quad (i = 1, \ldots, n).$

Mittels dieser verallgemeinerten Begriffe läßt sich nun ein Tauschgleichgewicht folgendermaßen beschreiben:

Satz 10. *Dem obigen Tauschgleichgewichts-Modell werde das verallgemeinerte* $(n+1)$-*Personenspiel* $\Gamma = \{X_1, \ldots, X_n, P;\ u_1, \ldots, u_n, w;\ \Phi_1, \ldots, \Phi_n, Z_{n+1}\}$ *mit*

$$w(\mathfrak{x}_1, \ldots, \mathfrak{x}_n, \mathfrak{p}) = -\mathfrak{p} \cdot \sum_{i=1}^{n} \mathfrak{x}_i \qquad (\mathfrak{x}_1 \in X_1, \ldots, \mathfrak{x}_n \in X_n, \mathfrak{p} \in P),$$

$$Z_{n+1}(\mathfrak{x}_1, \ldots, \mathfrak{x}_n) = P \qquad (\mathfrak{x}_1 \in X_1, \ldots, \mathfrak{x}_n \in X_n)$$

zugeordnet. Dann ist jedes Tauschgleichgewicht ein Gleichgewichtspunkt von Γ *und umgekehrt.*

Beweis. Wegen $0 \in X_i$ $(i = 1, \ldots, n)$ ist $\Phi_i(\mathfrak{p}) \neq \emptyset$ für alle $\mathfrak{p} \in P$, also Γ tatsächlich ein verallgemeinertes Spiel. Weiter sind offenbar die Bedingungen 2 und 3 für ein Tauschgleichgewicht gleichwertig mit den Gleichgewichtspunkt-Bedingungen für die Spieler $i = 1, \ldots, n$ im Spiel Γ. Weiter ist für den Spieler $n + 1$ die Bedingung $\mathfrak{p} \in Z_{n+1}(\mathfrak{x}_1, \ldots, \mathfrak{x}_n) = P$ immer erfüllt. Schließlich folgt aus $\mathfrak{p}^* \cdot \mathfrak{x}_i^* = 0$ $(i = 1, \ldots, n)$ sofort $w(\mathfrak{x}_1^*, \ldots, \mathfrak{x}_n^*, \mathfrak{p}^*) = -\mathfrak{p}^* \cdot \sum_{i=1}^{n} \mathfrak{x}_i^* = 0$ und aus $\sum_{i=1}^{n} \mathfrak{x}_i^* \geqq 0$ sofort $w(\mathfrak{x}_1^*, \ldots, \mathfrak{x}_n^*, \mathfrak{p}) \leqq 0$ für alle $\mathfrak{p} \in P$, also $w(\mathfrak{x}_1^*, \ldots, \mathfrak{x}_n^*, \mathfrak{p}) \leqq w(\mathfrak{x}_1^*, \ldots, \mathfrak{x}_n^*, \mathfrak{p}^*)$ für alle $\mathfrak{p} \in P$, d. h. die Gleichgewichtspunkt-Bedingung für Spieler $n + 1$. Umgekehrt folgt aus $\mathfrak{p}^* \cdot \mathfrak{x}_i^* = 0$ $(i = 1, \ldots, n)$ und $w(\mathfrak{x}_1^*, \ldots, \mathfrak{x}_n^*, \mathfrak{p}) \leqq w(\mathfrak{x}_1^*, \ldots, \mathfrak{x}_n^*, \mathfrak{p}^*)$ für alle $\mathfrak{p} \in P$, daß $\mathfrak{p} \cdot \sum_{i=1}^{n} \mathfrak{x}_i^* \geqq 0$ für alle $\mathfrak{p} \in P$ ist. Setzt man in dieser letzten Ungleichung für $\mathfrak{p}$ speziell die m Einheitsvektoren ein, die ja zu P gehören, so ergibt sich, daß alle Komponenten des Vektors $\sum_{i=1}^{n} \mathfrak{x}_i^*$ größer oder gleich null sind, d. h. $\sum_{i=1}^{n} \mathfrak{x}_i^* \geqq 0$, also die erste Bedingung für ein Tauschgleichgewicht, w. z. b. w.

Die Rolle des im Spiel Γ eingeführten fiktiven „Preis-Spielers", der den Preisvektor $\mathfrak{p}$ wählt, kann durch folgende heuristische Betrachtung noch etwas beleuchtet werden. Wenn der Preisspieler bei irgendeinem gegebenen System $\mathfrak{x}_1, \ldots, \mathfrak{x}_n, \mathfrak{p}$ von Güter- und Preisvektoren prüft, ob für ihn die Gleichgewichtsbedingung erfüllt ist, so stellt er folgendes fest: Wenn die größte Komponente des Vektors $\sum_{i=1}^{n} \mathfrak{x}_i$ positiv ist und der zugehörige Preis gleichfalls positiv ist, so kann der Preisspieler seine Auszahlung $-\mathfrak{p} \cdot \sum_{i=1}^{n} \mathfrak{x}_i$ noch vergrößern, indem er den genannten Preis heruntersetzt. Ebenso kann er seine Auszahlung vergrößern, wenn die kleinste Komponente von $\sum_{i=1}^{n} \mathfrak{x}_i$ negativ ist und der zugehörige Preis < 1 ist, indem er den betreffenden Preis heraufsetzt. Beachtet man, daß eine positive Komponente von $\sum_{i=1}^{n} \mathfrak{x}_i$ einen Angebotsüberschuß des betreffenden Gutes, eine negative Komponente dagegen einen Nachfrageüberschuß bedeutet, so sieht man, daß das Streben des Preisspielers nach maximaler Auszahlung Preisbewegungen im Sinne des klassischen Marktgesetzes bewirkt: Überangebot drückt auf die Preise, Unterangebot hebt sie an.

Bezüglich der Frage nach der Existenz eines Tauschgleichgewichtes hat Gale [6] den folgenden Satz bewiesen:

Satz 11. *Sind im obigen Modell für alle $i = 1, \ldots, n$ die folgenden Bedingungen erfüllt:*

1. *X_i ist eine beschränkte, abgeschlossene, konvexe Teilmenge des R^m mit $0 \in X_i$;*
2. *es existiert ein $\mathfrak{x} \in X_i$ mit $\mathfrak{x} > 0$; es existiert ein $\mathfrak{x} \in X_i$ mit $\mathfrak{x} < 0$;*
3. *u_i ist stetig auf X_i;*
4. *ist $u_i(\mathfrak{x}) = u_i(\mathfrak{x}')$ für $\mathfrak{x}, \mathfrak{x}' \in X_i$, so ist $u_i(\lambda\mathfrak{x} + (1 - \lambda)\mathfrak{x}') \geqq u_i(\mathfrak{x})$ für alle $0 \leqq \lambda \leqq 1$.*

Dann existiert ein Tauschgleichgewicht.

Beweis. Auf Grund der Voraussetzungen über X_i und u_i existiert $\max_{\mathfrak{x} \in \Phi_i(\mathfrak{p})} u_i(\mathfrak{x})$ für alle $i = 1, \ldots, n$ und alle $\mathfrak{p} \in P$. Daher ist für alle $i = 1, \ldots, n$ und alle $\mathfrak{p} \in P$ die Menge $\Psi_i(\mathfrak{p})$ aller $\mathfrak{x} \in X_i$ mit $\mathfrak{p} \cdot \mathfrak{x} = 0$ und $u_i(\mathfrak{x}) = \max_{\mathfrak{x} \in \Phi_i(\mathfrak{p})} u_i(\mathfrak{x})$ eine nicht-leere Teilmenge von X_i. Ferner ist die Menge $\Psi_i(\mathfrak{p})$ ($i = 1, \ldots, n$; $\mathfrak{p} \in P$) konvex. Sind nämlich $\mathfrak{x}, \mathfrak{x}' \in \Psi_i(\mathfrak{p})$, so ist für alle $0 \leqq \lambda \leqq 1$ wegen $\mathfrak{x}, \mathfrak{x}' \in X_i$ auch $\lambda\mathfrak{x} + (1 - \lambda)\mathfrak{x}' \in X_i$, wegen $\mathfrak{p} \cdot \mathfrak{x} = \mathfrak{p} \cdot \mathfrak{x}' = 0$ auch $\mathfrak{p} \cdot (\lambda\mathfrak{x} + (1 - \lambda)\mathfrak{x}') = 0$ und schließlich wegen $u_i(\mathfrak{x}) = u_i(\mathfrak{x}') = \max_{\mathfrak{x} \in \Phi_i(\mathfrak{p})} u_i(\mathfrak{x})$ nach der obigen Bedingung 4 $u_i(\lambda\mathfrak{x} + (1 - \lambda)\mathfrak{x}') \geqq u_i(\mathfrak{x}) = \max_{\mathfrak{x} \in \Phi_i(\mathfrak{p})} u_i(\mathfrak{x})$, also $u_i(\lambda\mathfrak{x} + (1 - \lambda)\mathfrak{x}') = \max_{\mathfrak{x} \in \Phi_i(\mathfrak{p})} u_i(\mathfrak{x})$, also $\lambda\mathfrak{x} + (1 - \lambda)\mathfrak{x}' \in \Psi_i(\mathfrak{p})$. Schließlich sind die Funktionen Ψ_i ($i = 1, \ldots, n$) stetig im folgenden Sinne: Die Menge aller Paare $(\mathfrak{p}, \mathfrak{x})$ mit $\mathfrak{p} \in P$, $\mathfrak{x} \in \Psi_i(\mathfrak{p})$ ist abgeschlossen im Produktraum $P \times X_i$. Seien nämlich $\mathfrak{p}^{(1)}, \mathfrak{p}^{(2)}, \cdots \in P$ und $\mathfrak{x}^{(1)}, \mathfrak{x}^{(2)}, \cdots \in X_i$ Folgen mit $\mathfrak{x}^{(\nu)} \in \Psi_i(\mathfrak{p}^{(\nu)})$ ($\nu = 1, 2, \ldots$)

und konvergiere $\mathfrak{p}^{(\nu)}$ gegen $\mathfrak{p}^{(0)}$ und $\mathfrak{x}^{(\nu)}$ gegen $\mathfrak{x}^{(0)}$, so ist zu zeigen, daß $\mathfrak{x}^{(0)} \in \Psi_i(\mathfrak{p}^{(0)})$ ist. Natürlich ist zunächst $\mathfrak{p}^{(0)} \in P$, $\mathfrak{x}^{(0)} \in X_i$ und $\mathfrak{p}^{(0)} \cdot \mathfrak{x}^{(0)} = 0$. Wäre nun $u_i(\mathfrak{x}^{(0)}) \neq \max\limits_{\mathfrak{x} \in \Phi_i(\mathfrak{p}^{(0)})} u_i(\mathfrak{x})$, so gäbe es ein $\tilde{\mathfrak{x}} \in X_i$ mit $\mathfrak{p}^{(0)} \cdot \tilde{\mathfrak{x}} = 0$ und $u_i(\tilde{\mathfrak{x}}) > u_i(\mathfrak{x}^{(0)})$. Wegen der Stetigkeit von u_i gibt es dann eine Umgebung U von $\tilde{\mathfrak{x}}$ in X_i, so daß $u_i(\mathfrak{x}) > u_i(\mathfrak{x}^{(\nu)})$ für alle $\mathfrak{x} \in U$ und alle hinreichend großen ν. Für alle diese ν definiere man nun

$$\tilde{\mathfrak{x}}^{(\nu)} = \begin{cases} \dfrac{1}{\mathfrak{p}^{(\nu)}(\mathfrak{x}^+ - \tilde{\mathfrak{x}})} [(\mathfrak{p}^{(\nu)} \cdot \mathfrak{x}^+)\tilde{\mathfrak{x}} - (\mathfrak{p}^{(\nu)} \cdot \tilde{\mathfrak{x}})\mathfrak{x}^+] \text{ falls } \mathfrak{p}^{(\nu)} \cdot \tilde{\mathfrak{x}} \leqq 0 \\ \dfrac{1}{\mathfrak{p}^{(\nu)}(\tilde{\mathfrak{x}} - \mathfrak{x}^-)} [-(\mathfrak{p}^{(\nu)} \cdot \mathfrak{x}^-)\tilde{\mathfrak{x}} + (\mathfrak{p}^{(\nu)} \cdot \tilde{\mathfrak{x}})\mathfrak{x}^-] \text{ falls } \mathfrak{p}^{(\nu)} \cdot \tilde{\mathfrak{x}} > 0, \end{cases}$$

wobei $\mathfrak{x}^+, \mathfrak{x}^- \in X_i$ Punkte mit $\mathfrak{x}^+ > 0$, $\mathfrak{x}^- < 0$ sind, deren Existenz gemäß Bedingung 2 gesichert ist. Die Definition der $\tilde{\mathfrak{x}}^{(\nu)}$ ist so getroffen, daß der Punkt $\tilde{\mathfrak{x}}^{(\nu)}$ auf der Strecke von $\tilde{\mathfrak{x}}$ nach $\mathfrak{x}^+$ bzw. nach $\mathfrak{x}^-$ liegt, also $\tilde{\mathfrak{x}}^{(\nu)} \in X_i$ ist, und daß $\mathfrak{p}^{(\nu)} \cdot \tilde{\mathfrak{x}}^{(\nu)} = 0$ ist. Also ist $\tilde{\mathfrak{x}}^{(\nu)} \in \Phi_i(\mathfrak{p}^{(\nu)})$. Ferner konvergiert $\mathfrak{p}^{(\nu)} \cdot \tilde{\mathfrak{x}}$ gegen $\mathfrak{p}^{(0)} \cdot \tilde{\mathfrak{x}} = 0$, und daher konvergiert $\tilde{\mathfrak{x}}^{(\nu)}$ gegen $\tilde{\mathfrak{x}}$. Für hinreichend großes ν ist also $\tilde{\mathfrak{x}}^{(\nu)} \in U$, also nach Wahl von U sicher $u_i(\tilde{\mathfrak{x}}^{(\nu)}) > u_i(\mathfrak{x}^{(\nu)}) = \max\limits_{\mathfrak{x} \in \Phi_i(\mathfrak{p}^{(\nu)})} u_i(\mathfrak{x})$, was wegen $\tilde{\mathfrak{x}}^{(\nu)} \in \Phi_i(\mathfrak{p}^{(\nu)})$ unmöglich ist. Damit ist die Stetigkeit von Ψ_i $(i = 1, \ldots, n)$ im obigen Sinne bewiesen.

Es wird nun für jedes $\mathfrak{p} \in P$ mit $\Psi(\mathfrak{p})$ die Menge aller $\mathfrak{x} \in R^m$ bezeichnet, die sich in der Form $\mathfrak{x} = \sum\limits_{i=1}^{n} \mathfrak{x}_i$ mit $\mathfrak{x}_i \in \Psi_i(\mathfrak{p})$ $(i = 1, \ldots, n)$ darstellen lassen. Dann ist Ψ eine auf P definierte Funktion mit Funktionswerten in der Menge aller Teilmengen des R^m. Sie hat folgende Eigenschaften: Zunächst ist Ψ beschränkt in dem Sinne, daß es eine beschränkte Menge $M \subseteqq R^m$ gibt, die sämtliche Mengen $\Psi(\mathfrak{p})$ für alle $\mathfrak{p} \in P$ enthält. Das folgt wegen $\Psi_i(\mathfrak{p}) \subseteqq X_i$ sofort aus der Beschränktheit der X_i $(i = 1, 2, \ldots, n)$. Weiter ist Ψ stetig in dem obigen Sinne, daß die Menge aller Paare $(\mathfrak{p}, \mathfrak{x})$ mit $\mathfrak{p} \in P$ und $\mathfrak{x} \in \Psi(\mathfrak{p})$ abgeschlossen ist im Produktraum $P \times R^m$. Das folgt sofort aus der Stetigkeit der Funktionen Ψ_i und der Beschränktheit der Mengen X_i $(i = 1, \ldots, n)$. Weiter ist für jedes $\mathfrak{p} \in P$ die Menge $\Psi(\mathfrak{p})$ nicht-leer und konvex. Das folgt sofort aus den entsprechenden Eigenschaften für $\Psi_i(\mathfrak{p})$ $(i = 1, \ldots, n)$. Schließlich ist $\mathfrak{x} \cdot \mathfrak{p} = 0$ für alle $\mathfrak{p} \in P$ und $\mathfrak{x} \in \Psi(\mathfrak{p})$, wie sich sofort aus der Definition von $\Psi(\mathfrak{p})$ und $\Psi_i(\mathfrak{p})$ $(i = 1, \ldots, n)$ ergibt. Dann aber folgt die Behauptung des Satzes 11 sofort aus dem folgenden Hilfssatz:

Hilfssatz. *Sei Ψ eine auf P definierte Funktion mit Funktionswerten in der Menge aller Teilmengen des R^m, die folgende Eigenschaften hat:*

1. *Ψ ist beschränkt in dem Sinne, daß es eine beschränkte Menge $M \subseteqq R^m$ gibt, welche für alle $\mathfrak{p} \in P$ die Mengen $\Psi(\mathfrak{p})$ enthält;*
2. *Ψ ist stetig in dem Sinne, daß die Menge aller Paare $(\mathfrak{p}, \mathfrak{x})$ mit $\mathfrak{p} \in P$ und $\mathfrak{x} \in \Psi(\mathfrak{p})$ abgeschlossen ist im Produktraum $P \times R^m$;*
3. *$\Psi(\mathfrak{p})$ ist nicht-leer und konvex für alle $\mathfrak{p} \in P$;*
4. *$\mathfrak{x} \cdot \mathfrak{p} \geqq 0$ für alle $\mathfrak{p} \in P$ und $\mathfrak{x} \in \Psi(\mathfrak{p})$.*

Dann existiert ein $\mathfrak{p}^* \in P$ und $\mathfrak{x}^* \in \Psi(\mathfrak{p}^*)$ mit $\mathfrak{x}^* \geqq 0$.

Beweis. Zunächst wird der Fall betrachtet, daß die Menge $\Psi(\mathfrak{p})$ für jedes $\mathfrak{p} \in P$ nur aus einem Punkt besteht. Dann kann Ψ als Abbildung von P in R^m aufgefaßt werden, und diese Abbildung ist dann offenbar stetig im gewöhnlichen Sinne. Sei $\Psi(\mathfrak{p}) = (\psi_1(\mathfrak{p}), \ldots, \psi_m(\mathfrak{p})) \in R^m$. Dann sind also die Funktionen ψ_j $(j = 1, \ldots, m)$ stetig. Man bezeichne nun für $j = 1, \ldots, m$ mit C_j die Menge aller Punkte $\mathfrak{p} \in P$ mit $\psi_j(\mathfrak{p}) \geqq 0$. Die Mengen C_j $(j = 1, \ldots, m)$ sind wegen der Stetigkeit von ψ_j abgeschlossene Teilmengen von P. Für ein solches System von m abgeschlossenen Teilmengen eines $(m - 1)$-dimensionalen Simplexes P gilt nun der folgende Satz von KNASTER-KURATOWSKI-MAZURKIEWICZ[1]): Seien $\mathfrak{e}_1, \ldots, \mathfrak{e}_m$ die Ecken von P. Wenn dann für jede Teilmenge $\{j_1, \ldots, j_s\}$ $(1 \leqq s \leqq m)$ der Indexmenge $\{1, \ldots, m\}$ das durch die Ecken $\mathfrak{e}_{j_1}, \ldots, \mathfrak{e}_{j_s}$ aufgespannte Seitensimplex von P in $C_{j_1} \cup \cdots \cup C_{j_s}$ enthalten ist, so ist der Durchschnitt $\bigcap_{j=1}^{m} C_j$ nicht-leer. Im vorliegenden Falle ist aber die Voraussetzung dieses Satzes erfüllt. Sei nämlich $\mathfrak{p} = (p_1, \ldots, p_m)$ ein beliebiger Punkt aus dem von $\mathfrak{e}_{j_1}, \ldots, \mathfrak{e}_{j_s}$ aufgespannten Seitensimplex. Dann ist also $p_j = 0$ für alle $j \neq j_1, \ldots, j_s$. Da aber nach Bedingung 4 $\sum_{j=1}^{m} \psi_j(\mathfrak{p}) \cdot p_j = \sum_{\nu=1}^{s} \psi_{j_\nu}(\mathfrak{p}) \cdot p_{j_\nu} \geqq 0$ ist, so sind sicher nicht alle $\psi_{j_\nu}(\mathfrak{p}) < 0$ $(\nu = 1, \ldots, s)$. Also ist $\mathfrak{p} \in C_{j_1} \cup \cdots \cup C_{j_s}$. Mithin kann also der Durchschnitt $\bigcap_{j=1}^{m} C_j$ nicht leer sein. Für jeden Punkt $\mathfrak{p}^* \in \bigcap_{j=1}^{m} C_j$ gilt aber für den zugehörigen Punkt $\mathfrak{x}^* = \Psi(\mathfrak{p}^*)$ nach Definition der Mengen C_j $(j = 1, \ldots, m)$, daß $\mathfrak{x}^* \geqq 0$ ist. Damit ist der Hilfssatz für den Fall, daß die Mengen $\Psi(\mathfrak{p})$ $(\mathfrak{p} \in P)$ einpunktig sind, bewiesen.

Sei nun Ψ eine beliebige Funktion, die die Voraussetzungen des Hilfssatzes erfüllt[2]). Man bezeichne für jede reelle Zahl α mit $\mathfrak{c}_\alpha$ den Punkt $(\alpha, \ldots, \alpha) \in R^m$. Wegen der Beschränktheit der Menge $M \leqq R^m$ aus Bedingung 1 existiert eine Schranke s, so daß $(\mathfrak{x} + \mathfrak{c}_\alpha) \cdot (\mathfrak{x} + \mathfrak{c}_\alpha) \leqq s^2$ ist für alle $\mathfrak{x} \in M$ und alle $0 \leqq \alpha \leqq 1$. Nun konstruiere man eine Folge Λ_ν $(\nu = 1, 2, \ldots)$ von simplizialen Unterteilungen von P, so daß der maximale Durchmesser δ_ν der Simplexe von Λ_ν höchstens gleich $1/(s \cdot \nu)$ ist. Für jedes $\nu = 1, 2, \ldots$ definiere man nun eine stetige Funktion $\Psi^{(\nu)} : P \to R^m$ folgendermaßen: Für jede Ecke $\mathfrak{p}$ der Unterteilung Λ_ν wähle man $\mathfrak{x} \in \Psi(\mathfrak{p})$ beliebig und setze $\Psi^{(\nu)}(\mathfrak{p}) = \mathfrak{x} + \mathfrak{c}_{1/\nu}$. Weiter setze man $\Psi^{(\nu)}$ in linearer Weise auf die Simplexe von Λ_ν fort, d. h. ist $\mathfrak{p} = \sum_{j=1}^{m} \lambda_j \mathfrak{p}_j$ $(\lambda_j \geqq 0$ $(j = 1, \ldots, m)$, $\sum_{j=1}^{m} \lambda_j = 1)$ ein Punkt des Simplexes von Λ_ν mit den Ecken $\mathfrak{p}_1, \ldots, \mathfrak{p}_m$, so ist $\Psi^{(\nu)}(\mathfrak{p}) = \sum_{j=1}^{m} \lambda_j \Psi^{(\nu)}(\mathfrak{p}_j)$. Diese Vorschrift ist offenbar eindeutig und liefert eine stetige Abbildung $\Psi^{(\nu)}$ $(\nu = 1, 2, \ldots)$. Für diese Funktion $\Psi^{(\nu)}$ $(\nu = 1, 2, \ldots)$ ist nun auch die Bedingung 4 des Hilfssatzes

[1]) Vgl. § 14, Satz B.

[2]) Vgl. zu diesem Teil des Beweises den Beweis des Fixpunktsatzes von KAKUTANI in § 14.

erfüllt: $\mathfrak{p} \cdot \Psi^{(\nu)}(\mathfrak{p}) \geqq 0$ für alle $\mathfrak{p} \in P$. Sei nämlich $\mathfrak{p} = \sum_{j=1}^{m} \lambda_j \mathfrak{p}_j$ ($\lambda_j \geqq 0$ ($j = 1, \ldots, m$), $\sum_{j=1}^{m} \lambda_j = 1$) ein Punkt des Simplexes von Λ_ν mit den Ecken $\mathfrak{p}_1, \ldots, \mathfrak{p}_m$, dann ist für alle $j = 1, \ldots, m$ nach Konstruktion von Λ_ν sicher $(\mathfrak{p} - \mathfrak{p}_j) \cdot (\mathfrak{p} - \mathfrak{p}_j) \leqq \delta_\nu^2 \leqq 1/(s^2 \cdot \nu^2)$ und nach Konstruktion von $\Psi^{(\nu)}$ sicher $\Psi^{(\nu)}(\mathfrak{p}_j) \cdot \Psi^{(\nu)}(\mathfrak{p}_j) \leqq s^2$. Daher ist $\mathfrak{p}_j \cdot \Psi^{(\nu)}(\mathfrak{p}_j) - \mathfrak{p} \cdot \Psi^{(\nu)}(\mathfrak{p}_j) = (\mathfrak{p}_j - \mathfrak{p}) \cdot \Psi^{(\nu)}(\mathfrak{p}_j) \leqq 1/\nu$ nach der Schwarzschen Ungleichung. Da andererseits $\mathfrak{p}_j \cdot \Psi^{(\nu)}(\mathfrak{p}_j) \geqq 1/\nu$ nach Konstruktion von $\Psi^{(\nu)}(\mathfrak{p}_j)$, so ist $\mathfrak{p} \cdot \Psi^{(\nu)}(\mathfrak{p}_j) \geqq 0$ ($j = 1, \ldots, m$) und daher auch $\mathfrak{p} \cdot \Psi^{(\nu)}(\mathfrak{p}) = \mathfrak{p} \cdot \sum_{j=1}^{m} \lambda_j \Psi^{(\nu)}(\mathfrak{p}_j) \geqq 0$. Daher kann auf die Funktion $\Psi^{(\nu)}$ ($\nu = 1, 2, \ldots$) der bereits bewiesene Teil des Hilfssatzes angewendet werden. Er liefert jür jedes $\nu = 1, 2, \ldots$ einen Punkt $\mathfrak{p}^{(\nu)} \in P$ mit $\Psi^{(\nu)}(\mathfrak{p}^{(\nu)}) \geqq 0$. Sei $\mathfrak{p}^{(\nu)} = \sum_{j=1}^{m} \lambda_j^{(\nu)} \mathfrak{p}_j^{(\nu)}$ ($\lambda_j^{(\nu)} \geqq 0$ ($j = 1, \ldots, m$), $\sum_{j=1}^{m} \lambda_j^{(\nu)} = 1$), wobei die $\mathfrak{p}_j^{(\nu)}$ ($j = 1, \ldots, m$) Ecken eines Simplexes der Unterteilung Λ_ν sind ($\nu = 1, 2, \ldots$). Durch Übergang zu einer Teilfolge kann man voraussetzen, daß alle Folgen $\mathfrak{p}_j^{(1)}, \mathfrak{p}_j^{(2)}, \ldots, \lambda_j^{(1)}, \lambda_j^{(2)}, \ldots, \Psi^{(1)}(\mathfrak{p}_j^{(1)}), \Psi^{(2)}(\mathfrak{p}_j^{(2)}), \ldots$ ($j = 1, \ldots, m$) konvergieren. Wegen $\delta_\nu \to 0$ müssen dann die Folgen $\mathfrak{p}_j^{(1)}, \mathfrak{p}_j^{(2)}, \ldots$ ($j = 1, \ldots, m$) alle den gleichen Grenzwert $\mathfrak{p}^* \in P$ haben. Konvergiere die Folge $\lambda_j^{(1)}, \lambda_j^{(2)}, \ldots$ ($j = 1, \ldots, m$) gegen λ_j^* und die Folge $\Psi^{(1)}(\mathfrak{p}_j^{(1)}), \Psi^{(2)}(\mathfrak{p}_j^{(2)}), \ldots$ ($j = 1, \ldots, m$) gegen $\mathfrak{x}_j^*$. Nun ist nach Konstruktion von $\Psi^{(\nu)}$ für alle $j = 1, \ldots, m$ und alle $\nu = 1, 2, \ldots$ der Punkt $\Psi^{(\nu)}(\mathfrak{p}_j^{(\nu)}) = \mathfrak{x}_j^{(\nu)} + \mathfrak{c}_{1/\nu}$ mit $\mathfrak{x}_j^{(\nu)} \in \Psi(\mathfrak{p}_j^{(\nu)})$ ($j = 1, \ldots, m$). Daher konvergieren auch die Folgen $\mathfrak{x}_j^{(1)}, \mathfrak{x}_j^{(2)}, \ldots$ ($j = 1, \ldots, m$) gegen $\mathfrak{x}_j^*$. Wegen der Stetigkeit von Ψ ist daher $\mathfrak{x}_j^* \in \Psi(\mathfrak{p}^*)$ ($j = 1, \ldots, m$). Weiter konvergiert $\Psi^{(\nu)}(\mathfrak{p}^{(\nu)}) = \sum_{j=1}^{m} \lambda_j^{(\nu)} \Psi^{(\nu)}(\mathfrak{p}_j^{(\nu)})$ gegen $\mathfrak{x}^* = \sum_{j=1}^{m} \lambda_j^* \mathfrak{x}_j^*$. Wegen der Konvexität von $\Psi(\mathfrak{p}^*)$ ist daher $\mathfrak{x}^* \in \Psi(\mathfrak{p}^*)$, und wegen $\Psi^{(\nu)}(\mathfrak{p}^{(\nu)}) \geqq 0$ ($\nu = 1, 2, \ldots$) ist auch $\mathfrak{x}^* \geqq 0$, w. z. b. w.

Zu der intuitiven Bedeutung der Bedingungen in Satz 11 seien noch einige Bemerkungen gemacht. Die Bedingungen 1 und 3 sind ohne weiteres verständlich. Bezüglich der Forderungen in Bedingung 2 ist klar, daß die ökonomische Einheit i einen Gütervektor $\mathfrak{x} < 0$ realisieren kann. Das bedeutet ja nur, daß sie gleichzeitig von allen Gütern etwas nachfragen kann. Daß dagegen auch ein Gütervektor $\mathfrak{x} > 0$ in X_i existiert, bedeutet, daß die ökonomische Einheit i auch von jedem Gut gleichzeitig etwas anbieten kann. Das ist natürlich keine sehr einleuchtende Bedingung. Sie hat hier auch nur beweistechnischen Charakter. Bedenkt man, daß dabei die Komponenten dieses Vektors $\mathfrak{x} > 0$ immerhin beliebig kleine positive Zahlen sein dürfen, so wird der einschränkende Charakter dieser Bedingung jedoch nicht allzu stark empfunden werden. Die Bedingung 4 entspricht der üblichen Konvexitätsforderung für die Indifferenzflächen der ökonomischen Einheit i.

Bezüglich der Eindeutigkeitsfrage für das Tauschgleichgewicht beweist GALE den folgenden einfachen

Satz 12. *Man bezeichne im obigen Tauschgleichgewichts-Modell wieder für* $i = 1, \ldots, n$ *und alle* $\mathfrak{p} \in P$ *mit* $\Psi_i(\mathfrak{p})$ *die Menge aller* $\mathfrak{x} \in X_i$ *mit* $\mathfrak{p} \cdot \mathfrak{x} = 0$ *und*

$u_i(\mathfrak{x}) = \max_{\mathfrak{x} \in \Phi_i(\mathfrak{p})} u_i(\mathfrak{x})$. *Erfüllen die Funktionen* Ψ_i $(i = 1, \ldots, n)$ *die folgenden Bedingungen:*

1. $\Psi_i(\mathfrak{p})$ *ist einpunktig für alle* $i = 1, \ldots, n$ *und alle* $\mathfrak{p} \in P$;
2. *für irgendzwei Preisvektoren* $\mathfrak{p} = (p_1, \ldots, p_m) \in P$ *und* $\mathfrak{p}' = (p_1', \ldots, p_m') \in P$ *mit*

$$p_{j_1} < p'_{j_1}, \ldots, p_{j_s} < p'_{j_s}, p_j \geqq p'_j \ (j \neq j_1, \ldots, j_s)$$

gibt es wenigstens einen unter den Indizes $j_1, \ldots, j_s$, *so daß die zugehörige Komponente des Vektors* $\sum_{i=1}^{n} \Psi_i(\mathfrak{p}')$ *größer ist als die entsprechende Komponente des Vektors* $\sum_{i=1}^{n} \Psi_i(\mathfrak{p})$.

Dann gibt es höchstens ein Tauschgleichgewicht.

Beweis. Sei $\mathfrak{x}_1^*, \ldots, \mathfrak{x}_n^*, \mathfrak{p}^*$ ein Tauschgleichgewicht. Sei nun $\mathfrak{p} = (p_1, \ldots, p_m)$ ein beliebiger Preisvektor aus P, der von $\mathfrak{p}^* = (p_1^*, \ldots, p_m^*)$ verschieden ist. Sei $p_{j_1}^* < p_{j_1}, \ldots, p_{j_s}^* < p_{j_s}, p_j^* \geqq p_j \ (j \neq j_1, \ldots, j_s)$. Dann gibt es nach Voraussetzung einen unter den Indizes $j_1, \ldots, j_s$, etwa j_1, so daß die j_1-te Komponente von $\sum_{i=1}^{n} \Psi_i(\mathfrak{p})$ größer ist als die j_1-te Komponente von $\sum_{i=1}^{n} \Psi_i(\mathfrak{p}^*)$. Wegen $\sum_{i=1}^{n} \Psi_i(\mathfrak{p}^*) = \sum_{i=1}^{n} \mathfrak{x}_i^* \geqq 0$ ist also die j_1-te Komponente von $\sum_{i=1}^{n} \Psi_i(\mathfrak{p})$ positiv. Da auch $p_{j_1} > 0$ ist, folgt aus $\mathfrak{p} \cdot \sum_{i=1}^{n} \Psi_i(\mathfrak{p}) = \sum_{i=1}^{n} \mathfrak{p} \cdot \Psi_i(\mathfrak{p}) = 0$, daß wenigstens eine Komponente des Vektors $\sum_{i=1}^{n} \Psi_i(\mathfrak{p})$ negativ ist. Also liefert der Preisvektor $\mathfrak{p}$ kein Tauschgleichgewicht, w. z. b. w.

Die Bedingung 2 in Satz 12 besagt, daß falls die Preise einer Gruppe von Gütern wachsen, während alle anderen Preise nicht wachsen, daß dann das Gesamtangebot für wenigstens ein Gut aus der genannten Gruppe wächst.

III. Zweipersonen-Nullsummen-Spiele

§ 6. Wert und optimale Strategien

Sei $\Gamma = \{\Sigma_1, \Sigma_2; A_1, A_2\}$ ein Zweipersonen-Konstantsummen-Spiel mit $A_1 + A_2 = c$. Man betrachte das Spiel $\Gamma' = \{\Sigma_1, \Sigma_2; A_1, A_2 - c\}$. Dies ist offensichtlich ein Nullsummenspiel, das sich von Γ nur dadurch unterscheidet, daß, nachdem ein Spielausgang nach den Regeln von Γ bezahlt worden ist, der zweite Spieler jedesmal noch den festen Betrag c abgeben muß. Da alle Partien des Spieles in gleicher Weise mit dieser festen Abgabeforderung belastet werden, tritt hinsichtlich der strategischen Verhältnisse für den zweiten Spieler keine Änderung gegenüber dem Spiel Γ ein. Dasselbe gilt natürlich auch für den ersten Spieler. Aus diesem Grunde kann man von vornherein Γ als Nullsummenspiel voraussetzen, d. h. $c = 0$.

Im Zweipersonen-Nullsummen-Spiel $\Gamma = \{\Sigma_1, \Sigma_2; A_1, A_2\}$ ist also $A_2 = -A_1$. Es kann daher in der Beschreibung dieses Spieles die Angabe der Auszahlungsfunktion A_2 unterbleiben. Aus diesem Grunde soll für das Zweipersonen-Nullsummen-Spiel Γ weiterhin die abgekürzte Bezeichnung $\Gamma = \{\Sigma_1, \Sigma_2; A_1\}$ gebraucht werden. Ist Γ endlich, etwa $\Sigma_1 = \{\sigma_1^{(1)}, \ldots, \sigma_1^{(m)}\}$, $\Sigma_2 = \{\sigma_2^{(1)}, \ldots, \sigma_2^{(n)}\}$, so kann man die Auszahlungswerte in einer $(m \times n)$-Matrix $(A_1(\sigma_1^{(i)}, \sigma_2^{(j)}))$, der sogenannten *Auszahlungsmatrix*, zusammenfassen. Solche Spiele werden daher auch als *Matrixspiele* bezeichnet.

Sei $\Gamma = \{\Sigma_1\ \Sigma_2; A\}$ ein Zweipersonen-Nullsummen-Spiel. Die Bedingungen für einen Gleichgewichtspunkt (σ_1^*, σ_2^*), nämlich

$$A_1(\sigma_1, \sigma_2^*) \leqq A_1(\sigma_1^*, \sigma_2^*) \text{ für alle } \sigma_1 \in \Sigma_1,$$
$$A_2(\sigma_1^*, \sigma_2) \leqq A_2(\sigma_1^*, \sigma_2^*) \text{ für alle } \sigma_2 \in \Sigma_2,$$

lassen sich jetzt wegen $A_1 = A$, $A_2 = -A$ in der folgenden Gestalt schreiben:

$$A(\sigma_1, \sigma_2^*) \leqq A(\sigma_1^*, \sigma_2^*) \leqq A(\sigma_1^*, \sigma_2) \text{ für alle } \sigma_1 \in \Sigma_1, \sigma_2 \in \Sigma_2$$

oder, was dasselbe ist,

$$A(\sigma_1^*, \sigma_2^*) = \max_{\sigma_1 \in \Sigma_1} A(\sigma_1, \sigma_2^*) = \min_{\sigma_2 \in \Sigma_2} A(\sigma_1^*, \sigma_2). \tag{1}$$

Die Funktion A muß also an der Stelle (σ_1^*, σ_2^*) ein Maximum bezüglich σ_1 und ein Minimum bezüglich σ_2 besitzen. Aus diesem Grunde werden die Gleichgewichtspunkte für Zweipersonen-Nullsummen-Spiele nach v. Neumann auch als *Sattelpunkte* bezeichnet.

Die Existenz eines Sattelpunktes kann noch etwas anders formuliert werden:

Satz 13. *Das Zweipersonen-Nullsummen-Spiel $\Gamma = \{\Sigma_1, \Sigma_2; A\}$ mit beschränkter Auszahlungsfunktion A besitzt dann und nur dann einen Gleichgewichtspunkt, wenn*

$$\max_{\sigma_1 \in \Sigma_1} \inf_{\sigma_2 \in \Sigma_2} A(\sigma_1, \sigma_2) = \min_{\sigma_2 \in \Sigma_2} \sup_{\sigma_1 \in \Sigma_1} A(\sigma_1, \sigma_2) \tag{2}$$

ist. Ist $\max_{\sigma_1 \in \Sigma_1} \inf_{\sigma_2 \in \Sigma_2} A(\sigma_1, \sigma_2) = \min_{\sigma_2 \in \Sigma_2} \sup_{\sigma_1 \in \Sigma_1} A(\sigma_1, \sigma_2) = v$, *so sind die Gleichgewichts-strategien des ersten Spielers diejenigen Strategien* σ_1^*, *für welche* $\inf_{\sigma_2 \in \Sigma_2} A(\sigma_1^*, \sigma_2) = v$ *ist, d. h. diejenigen Strategien, für welche das* σ_2*-Infimum maximal wird. Ebenso sind die Gleichgewichtsstrategien des zweiten Spielers diejenigen Strategien* σ_2^*, *für welche* $\sup_{\sigma_1 \in \Sigma_1} A(\sigma_1, \sigma_2^*) = v$ *ist. Für jeden Gleichgewichtspunkt* (σ_1^*, σ_2^*) *ist* $A(\sigma_1^*, \sigma_2^*) = v$.

Beweis. Sei (σ_1^*, σ_2^*) ein Gleichgewichtspunkt von Γ. Dann ist nach (1) $A(\sigma_1, \sigma_2^*) \leqq A(\sigma_1^*, \sigma_2^*)$ für alle $\sigma_1 \in \Sigma_1$. Daher gilt für das wegen der Beschränktheit von A existierende $\inf_{\sigma_2 \in \Sigma_2} A(\sigma_1, \sigma_2)$ erst recht $\inf_{\sigma_2 \in \Sigma_2} A(\sigma_1, \sigma_2) \leqq A(\sigma_1^*, \sigma_2^*)$ für alle $\sigma_1 \in \Sigma_1$. Da außerdem nach (1) $A(\sigma_1^*, \sigma_2^*) = \min_{\sigma_2 \in \Sigma_2} A(\sigma_1^*, \sigma_2)$, also selbst ein solches σ_2-Infimum ist, so folgt $A(\sigma_1^*, \sigma_2^*) = \max_{\sigma_1 \in \Sigma_1} \inf_{\sigma_2 \in \Sigma_2} A(\sigma_1, \sigma_2)$. Ganz analog folgt aus (1) auch, daß $A(\sigma_1^*, \sigma_2^*) = \min_{\sigma_2 \in \Sigma_2} \sup_{\sigma_1 \in \Sigma_1} A(\sigma_1, \sigma_2)$ ist. Also ist die Gleichung $\max_{\sigma_1 \in \Sigma_1} \inf_{\sigma_2 \in \Sigma_2} A(\sigma_1, \sigma_2) = \min_{\sigma_2 \in \Sigma_2} \sup_{\sigma_1 \in \Sigma_1} A(\sigma_1, \sigma_2) = A(\sigma_1^*, \sigma_2^*) = v$ erfüllt und dabei $\inf_{\sigma_2 \in \Sigma_2} A(\sigma_1^*, \sigma_2) = A(\sigma_1^*, \sigma_2^*) = v$ und ebenso $\sup_{\sigma_1 \in \Sigma_1} A(\sigma_1, \sigma_2^*) = A(\sigma_1^*, \sigma_2^*) = v$.

Sei umgekehrt $\max_{\sigma_1 \in \Sigma_1} \inf_{\sigma_2 \in \Sigma_2} A(\sigma_1, \sigma_2) = \min_{\sigma_2 \in \Sigma_2} \sup_{\sigma_1 \in \Sigma_1} A(\sigma_1, \sigma_2) = v$. Sei σ_1^* so gewählt, daß das σ_2-Infimum maximal wird, d. h. $\inf_{\sigma_2 \in \Sigma_2} A(\sigma_1^*, \sigma_2) = v$, und ebenso σ_2^* so gewählt, daß $\sup_{\sigma_1 \in \Sigma_1} A(\sigma_1, \sigma_2^*) = v$ ist. Dann folgt aus $\inf_{\sigma_2 \in \Sigma_2} A(\sigma_1^*, \sigma_2) = v$, daß $A(\sigma_1^*, \sigma_2^*) \geqq v$ ist. Ebenso folgt aus $\sup_{\sigma_1 \in \Sigma_1} A(\sigma_1, \sigma_2^*) = v$, daß $A(\sigma_1^*, \sigma_2^*) \leqq v$ ist. Also ist $A(\sigma_1^*, \sigma_2^*) = v = \sup_{\sigma_1 \in \Sigma_1} A(\sigma_1, \sigma_2^*) = \max_{\sigma_1 \in \Sigma_1} A(\sigma_1, \sigma_2^*)$. Gleichzeitig ist $A(\sigma_1^*, \sigma_2^*) = v = \inf_{\sigma_2 \in \Sigma_2} A(\sigma_1^*, \sigma_2) = \min_{\sigma_2 \in \Sigma_2} A(\sigma_1^*, \sigma_2)$. Also ist Gleichung (1) erfüllt, d. h. (σ_1^*, σ_2^*) ist ein Gleichgewichtspunkt, womit alles bewiesen ist.

Wegen der in Satz 13 gegebenen Charakterisierung der Gleichgewichtsstrategien eines Zweipersonen-Nullsummen-Spieles bezeichnet man diese auch als *Minimax-Strategien.* Übrigens ist es vielleicht nicht überflüssig zu bemerken, daß zwar für jeden Gleichgewichtspunkt (σ_1^*, σ_2^*) $A(\sigma_1^*, \sigma_2^*) = v$ ist, daß aber umgekehrt, wie man an ganz einfachen Beispielen sieht, keineswegs jedes Strategienpaar (σ_1^*, σ_2^*) mit $A(\sigma_1^*, \sigma_2^*) = v$ ein Gleichgewichtspunkt ist.

Es soll nun durch einige inhaltlich-intuitive Betrachtungen deutlich gemacht werden, daß für Zweipersonen-Nullsummen-Spiele wirklich durch den Begriff des Sattelpunktes eine befriedigende Theorie des rationalen Verhaltens geliefert wird. Um die Diskussion auf das Wesentliche zu beschränken, wird dabei immer von Maximum und Minimum statt von Supremum und Infimum gesprochen, die Existenz dieser Extrema also vorausgesetzt.

Wählt der Spieler 1 im Spiel $\Gamma = \{\Sigma_1, \Sigma_2; A\}$ die Strategie $\sigma_1 \in \Sigma_1$, so kann er sicher sein, daß sein Gewinn nicht kleiner sein wird als $\min\limits_{\sigma_2 \in \Sigma_2} A(\sigma_1, \sigma_2)$. Dieser sichere Minimalgewinn hängt natürlich von σ_1 ab. Der Spieler 1 kann daher seine Strategie so wählen, daß dieser sichere Minimalgewinn maximal wird. Mittels einer solchen Strategie $\sigma_1^* \in \Sigma_1$, für die also $\min\limits_{\sigma_2 \in \Sigma_2} A(\sigma_1^*, \sigma_2) = \max\limits_{\sigma_1 \in \Sigma_1} \min\limits_{\sigma_2 \in \Sigma_2} A(\sigma_1, \sigma_2)$ ist, sichert sich also der Spieler 1 den Auszahlungsbetrag $v_1 = \max\limits_{\sigma_1 \in \Sigma_1} \min\limits_{\sigma_2 \in \Sigma_2} A(\sigma_1, \sigma_2)$ ganz unabhängig vom Verhalten seines Gegners 2. Gleichzeitig verhindert er natürlich, daß sein Gegner 2 mehr als $-v_1$ gewinnt. Der Spieler 2 seinerseits hindert durch Wahl seiner Strategie $\sigma_2 \in \Sigma_2$ den Spieler 1 daran, mehr als $\max\limits_{\sigma_1 \in \Sigma_1} A(\sigma_1, \sigma_2)$ zu gewinnen. Verfügt der Spieler 2 derart über seine Strategie, daß dieser Maximalgewinn minimiert wird, indem er eine Strategie $\sigma_2^* \in \Sigma_2$ mit $\max\limits_{\sigma_1 \in \Sigma_1} A(\sigma_1, \sigma_2^*) = \min\limits_{\sigma_2 \in \Sigma_2} \max\limits_{\sigma_1 \in \Sigma_1} A(\sigma_1, \sigma_2)$ wählt, so hindert er also den Spieler 1 auf jeden Fall, mehr als $v_2 = \min\limits_{\sigma_2 \in \Sigma_2} \max\limits_{\sigma_1 \in \Sigma_1} A(\sigma_1, \sigma_2)$ zu gewinnen, Gleichzeitig sichert er damit sich selbst auf alle Fälle den Gewinn $-v_2$. Ist nun ein Sattelpunkt vorhanden, also $v_1 = v_2 = v$, so entsteht die folgende Situation: Der Spieler 1 kann sich durch Wahl der Strategie σ_1^* die Auszahlung v auf alle Fälle sichern, gleichgültig was Spieler 2 tut. Andererseits kann dieser durch Wahl der Strategie σ_2^* auf alle Fälle verhindern, daß Spieler 1 mehr als v erhält. Damit sichert sich der Spieler 2 zugleich den Gewinn $-v$, während der Spieler 1 ihn durch die Strategie σ_1^* hindert, mehr als $-v$ zu erhalten. Man findet also in diesem Falle die gleichen Verhältnisse wieder, die seinerzeit im Beispiel 2 des § 2 angetroffen wurden. In diesem Falle ist offensichtlich die Wahl der Strategien σ_1^* und σ_2^* das Vernünftigste, was die Spieler tun können. Die Strategien σ_1^* und σ_2^* sind aber nach Satz 13 gerade Gleichgewichtsstrategien.

Man kann hieran noch folgende Betrachtung anknüpfen: Wenn es im obigen Spiel Γ für Spieler 1 wirklich das Vernünftigste ist, die Strategie σ_1^* zu wählen, so kann Spieler 2 also damit rechnen, daß der Spieler 1 die Strategie σ_1^* spielt. Durch diese Überlegung erfährt also effektiv Spieler 2 die Wahl von Spieler 1. Dieser wiederum muß sich durch dieselbe Überlegung darüber im Klaren sein, daß Spieler 2 in dieser Weise seine Wahl herausgefunden hat. Insgesamt entsteht also eine Situation, die nicht mehr durch das Spiel Γ beschrieben wird, sondern vielmehr durch das folgende Spiel Γ': Zunächst wählt Spieler 1 ein Element $\sigma_1 \in \Sigma_1$, darauf wählt Spieler 2 in Kenntnis der Wahl von 1 ein Element $\sigma_2 \in \Sigma_2$. Darauf zahlt 2 an 1 den Betrag $A(\sigma_1, \sigma_2)$[1]. In dem Spiel Γ' ist aber das optimale Verhalten von 2 völlig evident. Auf jede Wahl $\sigma_1 \in \Sigma_1$ antwortet er mit einer solchen Strategie $\sigma_2 \in \Sigma_2$, für welche $A(\sigma_1, \sigma_2) = \min\limits_{\sigma_2 \in \Sigma_2} A(\sigma_1, \sigma_2)$ ist. Dann ist aber auch das optimale Verhalten von 1 völlig klar. Er wählt ein

[1]) Die Normalform dieses Spieles Γ' wird in Beispiel 2 zu Satz 14 beschrieben.

solches $\sigma_1^* \in \Sigma_1$, daß $\min_{\sigma_2 \in \Sigma_2} A(\sigma_1^*, \sigma_2) = \max_{\sigma_1 \in \Sigma_1} \min_{\sigma_2 \in \Sigma_2} A(\sigma_1, \sigma_2)$ wird. Hat das Spiel Γ einen Sattelpunkt, so ist aber nach Satz 13 ein solches σ_1^* gerade eine Gleichgewichtsstrategie von 1 in Γ. Minimiert nun 2 durch Wahl seiner Strategie σ_2 die Auszahlung $A(\sigma_1^*, \sigma_2)$, so erhält 1 gerade den Betrag $\min_{\sigma_2 \in \Sigma_2} A(\sigma_1^*, \sigma_2) = \max_{\sigma_1 \in \Sigma_1} \min_{\sigma_2 \in \Sigma_2} A(\sigma_1, \sigma_2) = v$, also den gleichen Betrag wie im Spiel Γ. Spieler 2 kann also durch seine zusätzliche Kenntnis im Spiel Γ' keinen Vorteil für sich gewinnen. Die Strategie σ_1^* schützt in diesem Sinne den Spieler 1 dagegen, von 2 ausspioniert zu werden. Natürlich kann man in dieser Betrachtung auch die Rollen von 1 und 2 vertauschen, indem man das folgende Spiel Γ'' betrachtet: Zunächst wählt 2 ein Element $\sigma_2 \in \Sigma_2$, darauf wählt 1 in Kenntnis der Wahl von 2 ein Element $\sigma_1 \in \Sigma_1$. Darauf zahlt 2 an 1 den Betrag $A(\sigma_1, \sigma_2)$. Das Ergebnis der Analyse von Γ'' ist ganz analog zu dem für Γ'.

Nach all diesen Betrachtungen dürfte nun die folgende von v. Neumann stammende Definition gerechtfertigt sein:

Definition 15. *Besitze das Zweipersonen-Nullsummen-Spiel* $\Gamma = \{\Sigma_1, \Sigma_2; A\}$ *einen Gleichgewichtspunkt. Dann wird die Zahl* $v = v(\Gamma) = \max_{\sigma_1 \in \Sigma_1} \inf_{\sigma_2 \in \Sigma_2} A(\sigma_1, \sigma_2) = \min_{\sigma_2 \in \Sigma_2} \sup_{\sigma_1 \in \Sigma_1} A(\sigma_1, \sigma_2)$ *als* Wert des Spieles *(für den Spieler 1) bezeichnet. Die Gleichgewichtsstrategien für Spieler 1 bzw. 2 heißen* optimale Strategien *von 1 bzw. 2.*

Anmerkung. Vertauscht man die Rollen der beiden Spieler im Zweipersonen-Nullsummenspiel $\Gamma = \{\Sigma_1, \Sigma_2; A\}$ mit dem Wert v, so erhält man das Spiel $\Gamma^T = \{\Sigma_2, \Sigma_1; A^T\}$, wobei $A^T(\sigma_2, \sigma_1) = -A(\sigma_1, \sigma_2)$ ist für alle $\sigma_2 \in \Sigma_2, \sigma_1 \in \Sigma_1$. Dann ist $\max_{\sigma_2 \in \Sigma_2} \inf_{\sigma_1 \in \Sigma_1} A^T(\sigma_2, \sigma_1) = \max_{\sigma_2 \in \Sigma_2} \inf_{\sigma_1 \in \Sigma_1} (-A(\sigma_1, \sigma_2)) = -\min_{\sigma_2 \in \Sigma_2} \sup_{\sigma_1 \in \Sigma_1} A(\sigma_1, \sigma_2) = -v$ und ebenso $\min_{\sigma_1 \in \Sigma_1} \sup_{\sigma_2 \in \Sigma_2} A^T(\sigma_2, \sigma_1) = -v$. Es hat also das Spiel Γ^T einen Wert, und zwar $-v$, wie ja auch intuitiv klar ist. Ist insbesondere Γ endlich mit der Auszahlungsmatrix $\mathfrak{A}$, so ist die Auszahlungsmatrix von Γ^T die negative Transponierte $-\mathfrak{A}^T$ von $\mathfrak{A}$.

Auf diese Weise hat man also eine befriedigende Theorie des rationalen Verhaltens für alle Zweipersonen-Nullsummen-Spiele, die einen Gleichgewichtspunkt besitzen. Diese Theorie des rationalen Verhaltens bestimmt also die optimalen Verhaltensweisen als Minimax-Strategien. Dieses *Minimax-Prinzip* als Prinzip des rationalen Verhaltens ist nicht nur in Fällen direkter Interessenkonflikte zwischen zwei Spielern, wie sie etwa in den in § 2 betrachteten Beispielen von Zweipersonen-Nullsummen-Spielen vorkommen, benutzt worden, sondern auch in Fällen folgender Art, in denen eine Entscheidung angesichts von Ungewißheiten (unvollständiger Information) gefällt werden muß: Ein Mensch hat eine Entscheidung zu fällen, d. h. ein Element aus einer bestimmten Menge Σ_1 (= Menge der möglichen Handlungsweisen, Strategienmenge) auszuwählen, wobei er über den wahren Zustand, dem er sich gegenüberbefindet, im Ungewissen ist. Er weiß lediglich, daß dieser Zustand einer aus einer gewissen Menge Σ_2 (= Menge der möglichen Zustände der Natur, Strategienmenge der Natur) ist, sowie daß jede seiner Handlungsweisen $\sigma_1 \in \Sigma_1$ bei jedem bestimmten Zustand $\sigma_2 \in \Sigma_2$ der Natur zu einer bestimmten Konsequenz für ihn führt, deren Nutzen für ihn durch eine reelle Zahl $A(\sigma_1, \sigma_2)$ gegeben wird. Natürlich kann hier die „Natur" nicht ohne weiteres als rationaler Spieler aufgefaßt werden, dessen Bestreben es ist, den Nutzen des Menschen, der die Entscheidung zu fällen hat, zu minimieren. Trotzdem ist es in gewissen Fällen vernünftig, das Nullsummenspiel $\{\Sigma_1, \Sigma_2; A\}$ zu betrachten und das Minimax-Prinzip als Prinzip des rationalen Verhaltens für den Menschen, der die Entscheidung zu fällen hat, zu benutzen. Dieses Minimax-Prinzip, das alle Möglichkeiten für den Zustand der Natur in Betracht zieht und den jeweiligen Minimalnutzen maximiert, ist in einem bestimmten Sinne die vorsichtigste Verhaltensmaxime. Derartige *Spiele gegen die Natur* hat insbesondere der Statistiker zu spielen, der sich für ein bestimmtes statistisches Ermittlungsverfahren zur Beantwortung einer vorgelegten Frage zu entscheiden hat. Hierauf beruht die Anwendung der Theorie der Zweipersonen-Nullsummen-Spiele in der Statistik. Auf diese Anwendung kann im Rahmen dieses Buches nicht weiter eingegangen werden. Leser, die an diesen Fragen interessiert sind, werden auf die Lehrbücher [W], [Wei], [BG], sowie auf [DP] und [LR] Chapter 13 verwiesen.

Wegen der großen Bedeutung der Zweipersonen-Nullsummen-Spiele gewinnen nun die Existenzsätze für Gleichgewichtspunkte, die in § 4 hergeleitet wurden, eine besondere Bedeutung für solche Zweipersonen-Nullsummen-Spiele. So erhält man aus Satz 1 in § 4 den folgenden Satz von v. NEUMANN

Satz 14. *Jedes Zweipersonen-Nullsummen-Spiel mit vollständiger Information und endlichem Baum (in der in Beispiel 4 in § 2 beschriebenen Normalform) besitzt einen Wert und für beide Spieler optimale Strategien.*

Beispiel 1. Bei manchen Zweipersonen-Nullsummen-Spielen mit vollständiger Information und endlichem Baum, wie zum Beispiel bei dem Spiel Nim, gibt es keine Zufallszüge, und die Auszahlungsfunktion kann nur die Werte $+1$ (Gewinn) oder -1 (Verlust) annehmen. Eine Partie des Spieles kann also nur einfach „gewonnen" oder „verloren" werden. Für derartige Spiele kann dann offensichtlich auch der Wert v des Spieles nur ± 1 sein. Es besteht dann also folgende Alternative: Entweder ist $v = +1$, d. h. Spieler 1 besitzt eine Strategie, mit der er den Gewinn der Partie auf alle Fälle erzwingen kann; kurz gesagt, Spieler 1 besitzt eine *Gewinnstrategie.* In diesem Falle kann natürlich Spieler 2 keine Gewinnstrategie besitzen. Oder es ist $v = -1$, d. h. Spieler 2 besitzt eine Gewinnstrategie und Spieler 1 keine. So besitzt in der betrachteten Klasse von Spielen jeweils genau ein Spieler eine Gewinnstrategie. Für die Auszahlungsmatrix des betrachteten Spieles bedeutet dies: In der Auszahlungsmatrix gibt es entweder eine Zeile, deren Elemente alle $+1$ sind, oder eine Spalte, deren Elemente alle -1 sind.

Bei vielen anderen Gesellschaftsspielen, zum Beispiel bei den meisten Brettspielen, sind dieselben Bedingungen wie eben erfüllt mit der Ausnahme, daß die Auszahlungsfunktion auch noch den Wert 0 (Unentschieden) annehmen darf. Hier tritt zu den beiden obigen Alternativen noch eine dritte hinzu: Der Wert des Spieles kann $v = 0$ sein, d. h. der Spieler 1 kann Unentschieden erzwingen und der Spieler 2 ebenfalls; kurz gesagt, beide Spieler besitzen *Remis-Strategien*. In der Auszahlungsmatrix gibt es dann eine Zeile, deren Elemente alle 0 oder + 1 sind, sowie eine Spalte, deren Elemente alle 0 oder — 1 sind.

Grundsätzlich ist für alle diese Spiele die Entscheidung, welcher dieser drei Fälle vorliegt, in endlich vielen Schritten zu fällen. Man braucht ja nur die Zeilen und Spalten der Auszahlungsmatrix der Reihe nach zu inspizieren. Praktisch ist dieses Verfahren meist nicht durchführbar, da bei den meisten bekannten Gesellschaftsspielen die Auszahlungsmatrix viel zu groß ist. So liefert der obige Satz etwa für das Schachspiel das genannte Ergebnis, daß einer und nur einer der drei aufgezählten Fälle vorliegen muß. Es ist aber bis jetzt nicht bekannt, welcher der drei Fälle beim Schachspiel wirklich vorliegt.

Beispiel 2. Sei $\Gamma = \{\Sigma_1, \Sigma_2; A\}$ ein beliebiges endliches Zweipersonen-Nullsummen-Spiel und Γ' das zugehörige durch Γ bestimmte Spiel, das oben bei der intuitiven Diskussion von Wert und optimalen Strategien für Zweipersonen-Nullsummen-Spiele betrachtet wurde. In Γ' wählt also zunächst Spieler 1 eine Strategie $\sigma_1 \in \Sigma_1$ und darauf Spieler 2 nach Kenntnis der Wahl von 1 ein Element $\sigma_2 \in \Sigma_2$. Dann zahlt 2 an 1 den Betrag $A(\sigma_1, \sigma_2)$. Die Strategien von 1 im Spiel Γ' sind offensichtlich gerade die sämtlichen Elemente aus Σ_1. Dagegen ist eine Strategie von 2 im Spiel Γ' eine Vorschrift, die auf jede mögliche Wahl von 1 ein gewisses Element aus Σ_2 als Antwort vorschreibt. Mit anderen Worten: die Strategien von 2 sind die auf Σ_1 definierten Funktionen mit Werten in Σ_2. Sei Σ_2' die Gesamtheit dieser Funktionen. Die Auszahlungsfunktion A' von Γ' ist gegeben durch

$$A'(\sigma_1, f) = A(\sigma_1, f(\sigma_1)) \text{ für alle } \sigma_1 \in \Sigma_1, f \in \Sigma_2'.$$

Offensichtlich ist Γ' ein Spiel mit vollständiger Information und endlichem Baum. Es muß also nach Satz 14 einen Sattelpunkt besitzen. In der Tat: Sei $\sigma_1^* \in \Sigma_1$ so bestimmt, daß $\min\limits_{\sigma_2 \in \Sigma_2} A(\sigma_1^*, \sigma_2) = \max\limits_{\sigma_1 \in \Sigma_1} \min\limits_{\sigma_2 \in \Sigma_2} A(\sigma_1, \sigma_2)$ ist, und $f^* \in \Sigma_2'$ so bestimmt, daß

$$A(\sigma_1, f^*(\sigma_1)) = \min_{\sigma_2 \in \Sigma_2} A(\sigma_1, \sigma_2) \quad \text{für alle } \sigma_1 \in \Sigma_1$$

ist. Dann ist (σ_1^*, f^*) ein Sattelpunkt von Γ'; denn es ist

$$A'(\sigma_1^*, f^*) = A(\sigma_1^*, f^*(\sigma_1^*)) = \min_{\sigma_2 \in \Sigma_2} A(\sigma_1^*, \sigma_2) = \max_{\sigma_1 \in \Sigma_1} \min_{\sigma_2 \in \Sigma_2} A(\sigma_1, \sigma_2)$$

und daher für alle $\sigma_1 \in \Sigma_1$

$$A'(\sigma_1, f^*) = A(\sigma_1, f^*(\sigma_1)) = \min_{\sigma_2 \in \Sigma_2} A(\sigma_1, \sigma_2) \leqq A'(\sigma_1^*, f^*)$$

und für alle $f \in \Sigma_2'$

$$A'(\sigma_1^*, f) = A(\sigma_1^*, f(\sigma_1^*)) \geqq \min_{\sigma_2 \in \Sigma_2} A(\sigma_1^*, \sigma_2) = A'(\sigma_1^*, f^*),$$

d. h. die zu (1) analogen Gleichungen sind erfüllt. Also ist (σ_1^*, f^*) ein Gleichgewichtspunkt von Γ'. Der Wert von Γ' ist $A'(\sigma_1^*, f^*) = \max\limits_{\sigma_1 \in \Sigma_1} \min\limits_{\sigma_2 \in \Sigma_2} A(\sigma_1, \sigma_2)$. — Natürlich ist diese formale Betrachtung nichts anderes als die oben durchgeführte inhaltliche Diskussion des Spieles Γ'.

Beispiel 3. Das im Anschluß an Satz 1 in § 4 betrachtete Gegenbeispiel zeigt, daß ein Zweipersonen-Nullsummen-Spiel mit vollständiger Information und unendlichem Baum keinen Sattelpunkt zu haben braucht. Mit dieser Existenzfrage befassen sich z. B. mehrere Arbeiten in [CIII] und [AG].

Weiter erhält man aus Satz 3 in § 4 den sehr wichtigen

Satz 15. (*Hauptsatz für Matrixspiele*). *Für jedes endliche Zweipersonen-Nullsummen-Spiel* $\Gamma = \{\Sigma_1, \Sigma_2; A\}$ *besitzt die gemischte Erweiterung* $\tilde{\Gamma} = \{\tilde{\Sigma}_1, \tilde{\Sigma}_2; E\}$ *einen Wert und für beide Spieler optimale Strategien. Anders ausgedrückt: Es existiert ein Paar gemischter Strategien* $X^* \in \tilde{\Sigma}_1$, $Y^* \in \tilde{\Sigma}_2$, *so daß* (X^*, Y^*) *Sattelpunkt von* $\tilde{\Gamma}$ *ist,*

$$E(X, Y^*) \leqq E(X^*, Y^*) \leqq E(X^*, Y) \text{ für alle } X \in \tilde{\Sigma}_1,\ Y \in \tilde{\Sigma}_2.$$

Wegen seiner Bedeutung sei Satz 15 noch etwas anders formuliert. Sei $\Gamma = \{\Sigma_1, \Sigma_2; A\}$ ein endliches Zweipersonen-Nullsummen-Spiel, $\Sigma_1 = \{\sigma_1^{(1)}, \ldots, \sigma_1^{(m)}\}$, $\Sigma_2 = \{\sigma_2^{(1)}, \ldots, \sigma_2^{(n)}\}$. Dann ist für die gemischte Erweiterung $\tilde{\Gamma} = \{\tilde{\Sigma}_1, \tilde{\Sigma}_2; E\}$ für alle gemischten Strategien $X = (x_1, \ldots, x_m) \in \tilde{\Sigma}_1$, $Y = (y_1, \ldots, y_n) \in \tilde{\Sigma}_2$

$$E(X, Y) = \sum_{i=1}^{m} \sum_{j=1}^{n} A(\sigma_1^{(i)}, \sigma_2^{(j)})\, x_i y_j. \tag{3}$$

Daher existiert offensichtlich $\min_{Y \in \tilde{\Sigma}_2} E(X, Y)$ für jedes $X \in \tilde{\Sigma}_1$ und ebenso $\max_{X \in \tilde{\Sigma}_1} E(X, Y)$ für alle $Y \in \tilde{\Sigma}_2$. Nach Satz 13 läßt sich dann die Existenz eines Gleichgewichtspunktes im Spiel $\tilde{\Gamma}$ folgendermaßen formulieren:

Satz 15a. *Sei* $\Gamma = \{\Sigma_1, \Sigma_2; A\}$ *ein endliches Zweipersonen-Nullsummen-Spiel,* $\tilde{\Gamma} = \{\tilde{\Sigma}_1, \tilde{\Sigma}_2; E\}$ *seine gemischte Erweiterung. Dann ist*

$$\max_{X \in \tilde{\Sigma}_1} \min_{Y \in \tilde{\Sigma}_2} E(X, Y) = \min_{Y \in \tilde{\Sigma}_2} \max_{X \in \tilde{\Sigma}_1} E(X, Y). \tag{4}$$

Der Wert v *der beiden Seiten der Gleichung (4) ist der Wert des Spieles* $\tilde{\Gamma}$. *Es gibt eine Strategie* $X^* \in \tilde{\Sigma}_1$ *mit*

$$E(X^*, Y) \geqq v \qquad \textit{für alle } Y \in \tilde{\Sigma}_2;$$

ebenso gibt es eine Strategie $Y^* \in \tilde{\Sigma}_2$ *mit*

$$E(X, Y^*) \leqq v \qquad \textit{für alle } X \in \tilde{\Sigma}_1.$$

Aus dem Ausdruck (3) für die Auszahlungsfunktion E der gemischten Erweiterung ergibt sich noch sofort die folgende oft gebrauchte Beziehung

$$E(X, Y) = \sum_{i=1}^{m} E(\sigma_1^{(i)}, Y)\, x_i = \sum_{j=1}^{n} E(X, \sigma_2^{(j)})\, y_j. \tag{5}$$

Mit dem Satz 15 erhält man also eine befriedigende Theorie des rationalen Verhaltens für alle endlichen Zweipersonen-Nullsummen-Spiele, vorausgesetzt, daß auch gemischte Strategien zugelassen werden. Da dies im allgemeinen der

Fall ist, bezeichnet man auch den Wert $v(\tilde{\Gamma})$ der gemischten Erweiterung $\tilde{\Gamma}$ als *Wert des Spieles* Γ *(in gemischten Strategien)* und optimale Strategien in $\tilde{\Gamma}$ als *optimale gemischte Strategien* in Γ. Diese Bezeichnungen werden auch im folgenden benutzt werden. Mißverständnisse, falls Γ selbst einen Wert $v(\Gamma)$ in reinen Strategien besitzt, sind nicht zu befürchten, da in einem solchen Falle immer $v(\Gamma) = v(\tilde{\Gamma})$ ist und jede optimale reine Strategie in Γ auch in $\tilde{\Gamma}$ optimal ist, wenn sie in bekannter Weise als gemischte Strategie, d. h. als Element aus $\tilde{\Sigma}_1$ bzw. $\tilde{\Sigma}_2$, aufgefaßt wird. Sei nämlich (σ_1^*, σ_2^*) ein Gleichgewichtspunkt von $\Gamma = \{\Sigma_1, \Sigma_2; A\}$, d. h. also

$$A(\sigma_1, \sigma_2^*) \leqq A(\sigma_1^*, \sigma_2^*) \leqq A(\sigma_1^*, \sigma_2) \qquad \text{für alle } \sigma_1 \in \Sigma_1, \sigma_2 \in \Sigma_2.$$

Für die gemischte Erweiterung $\tilde{\Gamma} = \{\tilde{\Sigma}_1, \tilde{\Sigma}_2; E\}$ ist dann wegen (5) offenbar auch

$$E(X, \sigma_2^*) = \sum_{i=1}^{m} A(\sigma_1^{(i)}, \sigma_2^*) x_i \leqq A(\sigma_1^*, \sigma_2^*) = E(\sigma_1^*, \sigma_2^*)$$

$$\leqq \sum_{j=1}^{n} A(\sigma_1^*, \sigma_2^{(j)}) y_j = E(\sigma_1^*, Y) \text{ für alle } X \in \tilde{\Sigma}_1, Y \in \tilde{\Sigma}_2,$$

d. h. (σ_1^*, σ_2^*) ist Gleichgewichtspunkt in $\tilde{\Gamma}$.

Der Satz 15 ist einer der wichtigsten Sätze in der Theorie der Spiele. Er wurde von v. NEUMANN [12] bewiesen. Der hier gegebene Beweis benutzte im Beweis von Satz 2 in § 4 den BROUWERschen Fixpunktsatz. Es wird im nächsten Paragraphen noch ein zweiter, ganz elementarer Beweis des Hauptsatzes für Matrixspiele gegeben werden.

Beispiel 1. Für das Knobelspiel aus Beispiel 1 in § 2 mit den dort angegebenen Strategien *Sch, St, P* für beide Spieler liegt es auf Grund der Symmetrie-Eigenschaften des Spieles nahe zu vermuten, daß die gemischte Strategie $X^* = (\frac{1}{3}, \frac{1}{3}, \frac{1}{3})$ für Spieler I und ebenso $Y^* = (\frac{1}{3}, \frac{1}{3}, \frac{1}{3})$ für Spieler II optimal ist und daß der Wert des Spieles $v = 0$ ist.

Um diese Vermutung zu bestätigen, hat man zu zeigen, daß (X^*, Y^*) ein Gleichgewichtspunkt der gemischten Erweiterung des Spieles ist. Durchlaufe $X = (x_1, x_2, x_3)$ die gemischten Strategien von I und $Y = (y_1, y_2, y_3)$ die von II, und bezeichne $E(X, Y)$ wieder die Auszahlungsfunktion der gemischten Erweiterung. Dann ist $E(X^*, Y^*) = 3 \cdot \frac{1}{9} - 3 \cdot \frac{1}{9} = 0$. Ferner ist für eine beliebige Strategie $X = (x_1, x_2, x_3)$ die Auszahlung $E(X, Y^*) = \frac{1}{3} \cdot (x_2 - x_3) + \frac{1}{3} \cdot (-x_1 + x_3) + \frac{1}{3} \cdot (x_1 - x_2) = 0$, und ebenso ist $E(X^*, Y) = 0$ für jede gemischte Strategie Y. Dann ist aber nach Gleichung (1) (X^*, Y^*) Gleichgewichtspunkt, also X^* und Y^* optimale Strategien. Ferner ist nach Satz 13 der Wert des Spieles $v = E(X^*, Y^*) = 0$.

Beispiel 2. Für das in § 2, Beispiel 3 betrachtete Poker-Modell steht nicht von vornherein eine plausible Vermutung über die optimalen Strategien zur Verfügung. Das Auffinden solcher optimalen Strategien stellt hier schon eine nichttriviale Aufgabe dar. Es wird erst in den nächsten Paragraphen auf allgemeine Berechnungsverfahren für optimale Strategien eingegangen werden. Hier soll nur einfach bestätigt werden, daß die folgenden Strategien

$$X^* = \tfrac{2}{3} \cdot (PP, PP, PB) + \tfrac{1}{3} \cdot (PP, PB, PB) \quad \text{für Spieler I,}$$
$$Y^* = \tfrac{2}{3} \cdot (pp, pp, bb) + \tfrac{1}{3} \cdot (bp, pb, bb) \quad \text{für Spieler II}$$

optimal sind. Der Kürze halber ist hierbei die Vektorschreibweise für die gemischten Strategien verlassen worden. In der angegebenen Schreibweise bedeutet zum Beispiel X^* die gemischte Strategie von I, bei der die reine Strategie (PP, PP, PB) mit der Wahrscheinlichkeit $^2/_3$ und die reine Strategie (PP, PB, PB) mit der Wahrscheinlichkeit $^1/_3$ benutzt werden.

Zur Bestätigung, daß X^*, Y^* optimale gemischte Strategien sind, hat man zu zeigen, daß (X^*, Y^*) ein Gleichgewichtspunkt der gemischten Erweiterung des Spieles ist, d. h. daß

$$E(X^*, Y^*) \geqq E(X, Y^*) \text{ für alle gemischten Strategien } X \text{ von I} \tag{6}$$
$$\text{und } E(X^*, Y^*) \leqq E(X^*, Y) \text{ für alle gemischten Strategien } Y \text{ von II} \tag{7}$$

ist, wobei E wieder die Auszahlungsfunktion der gemischten Erweiterung bezeichnet. Wegen der Beziehung (5) genügt es offenbar, die Ungleichungen (6) bzw. (7) nur für alle reinen Strategien von I bzw. II zu beweisen. Das ist natürlich in endlich vielen Schritten möglich. Durch zusätzliche Überlegungen kann man jedoch auch diese Arbeit noch wesentlich vermindern. Zum Beispiel bemerkt man, daß Spieler I, wenn er die Strategie X^* benutzt, auf alle Fälle in der ersten Runde passen wird. Mithin liefern alle diejenigen reinen Strategien σ_2 des Spielers II dieselbe Auszahlung $E(X^*, \sigma_2)$, die das Passen von I in der gleichen Weise beantworten, während sie sich in der Antwort auf Bieten von I unterscheiden dürfen. Das sind alle diejenigen Strategien σ_2, bei denen die drei Symbole, die die Strategie bezeichnen, jeweils in den ersten Buchstaben übereinstimmen, wie zum Beispiel die beiden Strategien (pp, pp, bb) und (pb, pp, bp). Durch diese und ähnliche Überlegungen kann die Anzahl der zu untersuchenden Strategien erheblich vermindert werden. Auf alle Fälle ergibt sich schließlich, daß tatsächlich die Ungleichungen (6) und (7) gelten. Daher ist (X^*, Y^*) ein Gleichgewichtspunkt, und für den Wert des Spieles ergibt sich

$$\begin{aligned} v = E(X^*, Y^*) &= \tfrac{4}{9} \cdot E\,((PP, PP, PB), (pp, pp, bb)) + \tfrac{2}{9} \cdot E\,((PP, PP, PB), (bp, pb, bb)) \\ &+ \tfrac{2}{9} \cdot E\,((PP, PB, PB), (pp, pp, bb)) + \tfrac{1}{9} \cdot E\,((PP, PB, PB), (bp, pb, bb)) \\ &= \tfrac{4}{9} \cdot 0 - \tfrac{2}{9} \cdot \tfrac{1}{6} - \tfrac{2}{9} \cdot \tfrac{1}{6} + \tfrac{1}{9} \cdot \tfrac{1}{6} = -\tfrac{1}{18}. \end{aligned}$$

Gemäß der Definition des Wertes bedeutet dies, daß in einer längeren Serie von solchen Pokerspielen der zweite Spieler im Durchschnitt den Gewinn $^1/_{18}$ erzwingen kann, während der erste Spieler einen größeren Durchschnittsverlust als $^1/_{18}$ verhindern kann. Das Spiel favorisiert also den Spieler II. Es ist kein *faires* Spiel. Offensichtlich ist es vernünftig, genau die Spiele mit dem Wert null als *fair* zu bezeichnen.

Übrigens stellt zum Beispiel in der mit der Wahrscheinlichkeit $^1/_3$ in Y^* benutzten Strategie (bp, pb, bb) das Symbol bp für die Hand 1 ein *Bluffen* dar, wie es für das Pokerspiel typisch ist. Es sei noch bemerkt, daß die angegebenen optimalen Strategien X^*, Y^* nicht die einzigen optimalen Strategien in diesem

Spiel sind. Weitere optimale Strategien werden später (§ 8) im Zusammenhang mit der Darstellung von Methoden zum Auffinden optimaler Strategien angegeben werden.

Beispiel 3. Als fair im intuitiven Sinne müssen natürlich alle *symmetrischen* Spiele betrachtet werden, bei denen wie im Knobelspiel des Beispiels 1 die Rollen der beiden Spieler völlig symmetrisch sind. Genau formuliert bedeutet diese Symmetrie folgendes: Zunächst ist die zur Verfügung stehende Menge von Strategien für beide Spieler dieselbe, $\Sigma_1 = \Sigma_2$. Ferner ist die Auszahlung symmetrisch, d. h. erhält Spieler 1 beim Strategienpaar (σ, τ) $(\sigma, \tau \in \Sigma_1 = \Sigma_2)$ die Auszahlung a, so erhält Spieler 2 beim Strategienpaar (τ, σ) die Auszahlung a. Es ist also $A(\sigma, \tau) = -A(\tau, \sigma)$ für alle $\sigma, \tau \in \Sigma_1 = \Sigma_2$. Für die Auszahlungsmatrix $\mathfrak{A}$ bedeutet dies: Sie ist quadratisch und schiefsymmetrisch, $\mathfrak{A}^T = -\mathfrak{A}$.

Für ein solches symmetrisches Zweipersonen-Nullsummen-Spiel Γ ist leicht zu sehen, daß es tatsächlich fair ist in dem Sinne, daß sein Wert $v = v(\tilde{\Gamma})$ gleich null ist; denn es ist wegen $A(\sigma, \tau) = -A(\tau, \sigma)$ nach (3) auch $E(X, Y) = -E(Y, X)$ für alle $X, Y \in \tilde{\Sigma}_1 = \tilde{\Sigma}_2$ und also

$$v = v(\tilde{\Gamma}) = \max_{X \in \tilde{\Sigma}_1} \min_{Y \in \tilde{\Sigma}_2} E(X, Y) = \max_{X \in \tilde{\Sigma}_1} \min_{Y \in \tilde{\Sigma}_2} (-E(Y,X)) = -\min_{X \in \tilde{\Sigma}_1} \max_{Y \in \tilde{\Sigma}_2} E(Y,X).$$

Wegen $\tilde{\Sigma}_1 = \tilde{\Sigma}_2$ erhält man hieraus durch Vertauschung der Bezeichnungen X und Y

$$-\min_{X \in \tilde{\Sigma}_1} \max_{Y \in \tilde{\Sigma}_2} E(Y, X) = -\min_{Y \in \tilde{\Sigma}_2} \max_{X \in \tilde{\Sigma}_1} E(X, Y) = -v(\tilde{\Gamma}),$$

also in der Tat $v = v(\tilde{\Gamma}) = 0$.

Unfaire Spiele werden häufig durch eine *Symmetrisierung* zu fairen Spielen gemacht, zum Beispiel dadurch, daß zuerst durch einen Münzenwurf entschieden wird, welcher der beiden Teilnehmer die Rolle von Spieler 1 und welcher die Rolle von Spieler 2 zu spielen hat. Etwas ausführlicher formuliert, handelt es sich also um folgendes: Sei $\Gamma = \{\Sigma_1, \Sigma_2; A\}$ ein beliebiges endliches Zweipersonen-Nullsummen-Spiel. Sei $\bar{\Gamma}$ das folgende Spiel: Zuerst findet ein Zufallszug mit zwei Alternativen a und b und den Wahrscheinlichkeiten $p_a = p_b = 1/2$ statt. Im Falle der Alternative a wählt Spieler 1 eine Strategie $\sigma_1 \in \Sigma_1$ und Spieler 2 unabhängig davon eine Strategie $\sigma_2 \in \Sigma_2$, und es bezahlt 2 an 1 den Betrag $A(\sigma_1, \sigma_2)$. Im Falle der Alternative b wählt Spieler 1 eine Strategie $\sigma_2 \in \Sigma_2$ und Spieler 2 unabhängig davon eine Strategie $\sigma_1 \in \Sigma_1$, und es bezahlt 2 an 1 den Betrag $-A(\sigma_1, \sigma_2)$. Die möglichen Strategien von 1 im Spiel $\bar{\Gamma}$ sind offenbar die Paare (σ_1, σ_2) $(\sigma_1 \in \Sigma_1, \sigma_2 \in \Sigma_2)$, wobei σ_1 die Handlungsvorschrift im Falle der Alternative a und σ_2 die Vorschrift für den Fall der Alternative b darstellt. Analog sind die Strategien von 2 die gleichen Paare (σ_1, σ_2) $(\sigma_1 \in \Sigma_1, \sigma_2 \in \Sigma_2)$, wobei σ_1 die Vorschrift für b und σ_2 die für a darstellt. Die Auszahlungsfunktion $\bar{A}$ von Spieler 1 in $\bar{\Gamma}$ ist gegeben durch

$$\bar{A}((\sigma_1, \sigma_2), (\tau_1, \tau_2)) = \tfrac{1}{2} \cdot A(\sigma_1, \tau_2) - \tfrac{1}{2} \cdot A(\tau_1, \sigma_2) \quad \text{für alle } \sigma_1, \tau_1 \in \Sigma_1;\ \sigma_2, \tau_2 \in \Sigma_2.$$

Offensichtlich ist $\bar{\Gamma}$ tatsächlich symmetrisch im obigen Sinne:

$$\bar{A}((\tau_1, \tau_2), (\sigma_1, \sigma_2)) = -\bar{A}((\sigma_1, \sigma_2), (\tau_1, \tau_2)).$$

Der Wert von $\bar{\Gamma}$ ist also gleich null.

Beispiel 4. Das im Anschluß an Satz 3 in § 4 betrachtete Beispiel macht die Bedeutung der Endlichkeitsvoraussetzung in Satz 15 deutlich. Es zeigt, daß schon für Zweipersonen-Nullsummen-Spiele mit abzählbar vielen reinen Strategien das Analogon zu Satz 15 nicht mehr gilt. Solche Spiele brauchen keinen Wert (in gemischten Strategien) und keine optimalen gemischten Strategien mehr zu besitzen.

Für kontinuierliche Spiele erhält man aus Satz 2, Satz 5 und Satz 6 in § 4 die folgenden Sätze:

Satz 16 (Bohnenblust-Karlin-Shapley [CI]). *Sei $\Gamma = \{\Sigma_1, \Sigma_2; A\}$ ein kontinuierliches Zweipersonen-Nullsummenspiel. Ist die Auszahlungsfunktion $A(\sigma_1, \sigma_2)$ stetig in (σ_1, σ_2), konkav bezüglich σ_1 bei festgehaltenem σ_2 und konvex bezüglich σ_2 bei festgehaltenem σ_1, so besitzt Γ einen Wert (in reinen Strategien) und optimale (reine) Strategien für beide Spieler.*

Beweis. Da die Auszahlungsfunktion A_2 des Spielers 2 durch $A_2 = -A$ gegeben ist, so ist A_2 konkav bezüglich σ_2 bei festgehaltenem σ_1. Daher sind alle Bedingungen von Satz 2 erfüllt, w. z. b. w.

Satz 17 (Ville [17]). *Sei $\tilde{\Gamma} = \{\tilde{\Sigma}_1, \tilde{\Sigma}_2; E\}$ die maximale gemischte Erweiterung des kontinuierlichen Zweipersonen-Nullsummen-Spieles $\Gamma = \{\Sigma_1, \Sigma_2; A\}$ mit einer in (σ_1, σ_2) stetigen Auszahlungsfunktion $A(\sigma_1, \sigma_2)$. Dann besitzt $\tilde{\Gamma}$ einen Wert und für beide Spieler optimale Strategien.*

Das Gegenbeispiel hinter Satz 6 in § 4 zeigt, daß schon für ziemlich einfache unstetige Auszahlungsfunktionen das Analogon zu Satz 17 nicht mehr gilt.

Später in § 10 wird noch etwas weiter auf kontinuierliche Spiele mit unstetiger Auszahlungsfunktion eingegangen, und dort werden auch Beispiele von kontinuierlichen Spielen betrachtet.

Läßt man aber nicht alle gemischten Strategien, sondern nur eine Klasse von Strategien mit beschränkter Dichte zu, so erhält man aus Satz 6 in § 4 den

Satz 18 (Wald [21]). *Sei $\Gamma = \{\Sigma_1, \Sigma_2; A\}$ ein kontinuierliches Zweipersonen-Nullsummenspiel mit beschränkter Borel-meßbarer Auszahlungsfunktion A. Sei $\tilde{\Sigma}_i$ $(i = 1, 2)$ eine Klasse von Verteilungsfunktionen über Σ_i mit beschränkter Dichte. Sei $\tilde{\Gamma} = \{\tilde{\Sigma}_1, \tilde{\Sigma}_2; E\}$ die zugehörige gemischte Erweiterung von Γ. Dann besitzt $\tilde{\Gamma}$ einen Wert und für beide Spieler optimale Strategien.*

Beispiel. Für das im Anschluß an Satz 6 in § 4 betrachtete kontinuierliche Zweipersonen-Nullsummen-Spiel Γ mit $\Sigma_1 = \Sigma_2 = [0, 1]$ und

$$A(\sigma_1, \sigma_2) = \begin{cases} 0 & \text{falls } 0 \leqq \sigma_1 = \sigma_2 \leqq 1 \\ -1 & \text{falls } 0 \leqq \sigma_1 < \sigma_2 < 1 \text{ und falls } \sigma_1 = 1,\ 0 \leqq \sigma_2 < 1 \\ +1 & \text{falls } 0 \leqq \sigma_2 < \sigma_1 < 1 \text{ und falls } \sigma_2 = 1,\ 0 \leqq \sigma_1 < 1 \end{cases}$$

hatte die maximale gemischte Erweiterung keinen Gleichgewichtspunkt. Ist jedoch $c \geqq 1$ eine beliebige reelle Zahl, $\tilde{\Sigma}_1 = \tilde{\Sigma}_2$ die Klasse der zugehörigen Verteilungsfunktionen über $[0, 1]$ mit durch c beschränkter Dichte und $\Gamma = \{\tilde{\Sigma}_1, \tilde{\Sigma}_2; E\}$ die zugehörige gemischte Erweiterung von Γ, dann muß $\tilde{\Gamma}$ nach Satz 18 einen Gleichgewichtspunkt besitzen. Es ist instruktiv, diesen Gleichgewichtspunkt aufzusuchen und sich klarzumachen, warum es für die maximale gemischte Erweiterung keinen Gleichgewichtspunkt gibt. Sei f^* die durch

$$f^*(\sigma_1) = \begin{cases} 0 & \text{für } 0 \leqq \sigma_1 \leqq 1 - 1/c \\ c & \text{für } 1 - 1/c < \sigma_1 \leqq 1 \end{cases}$$

gegebene Dichtefunktion, F^* die zugehörige kumulative Verteilungsfunktion. Dann ist $F^* \in \tilde{\Sigma}_1 = \tilde{\Sigma}_2$, und es ist (F^*, F^*) Gleichgewichtspunkt von $\tilde{\Gamma}$. Sei nämlich $G \in \tilde{\Sigma}_2$ beliebig mit der Dichtefunktion g. Dann ist

$$\begin{aligned} E(F^*, G) &= \int_0^1\int_0^1 A(\sigma_1, \sigma_2) f^*(\sigma_1) \cdot g(\sigma_2) d\sigma_1 d\sigma_2 \\ &= \int_0^{1-1/c} g(\sigma_2) d\sigma_2 + \int_{1-1/c}^1 [2c(1 - \sigma_2) - 1] \cdot g(\sigma_2) d\sigma_2 . \end{aligned}$$

Wegen $\int_0^1 g(\sigma_2) d\sigma_2 = 1$ läßt sich dies schreiben als

$$E(F^*, G) = 1 + 2 \int_{1-1/c}^1 [c(1 - \sigma_2) - 1] \cdot g(\sigma_2) d\sigma_2 .$$

Da für $1 - 1/c \leqq \sigma_2 \leqq 1$ der Ausdruck $c(1 - \sigma_2) - 1 \leqq 0$ ist und da $0 \leqq g(\sigma_2) \leqq c$ gilt, so ist

$$E(F^*, G) \geqq 1 + 2 \int_{1-1/c}^1 [c(1 - \sigma_2) - 1] \cdot c\, d\sigma_2 = E(F^*, F^*).$$

Ebenso zeigt man, daß — wie auch aus Symmetriegründen klar ist —

$$E(G, F^*) \leqq E(F^*, F^*) \qquad \text{für alle } G \in \tilde{\Sigma}_1$$

ist. Daher ist (F^*, F^*) Gleichgewichtspunkt von $\tilde{\Gamma}$.

§ 7. Matrixspiele

Da die Matrixspiele einerseits für viele Anwendungen besonders wichtig sind und andererseits ihre Theorie besonders gut entwickelt ist, soll ihnen noch ein besonderer Paragraph gewidmet werden.

In diesem ganzen Paragraphen bezeichne $\Gamma = \{\Sigma_1, \Sigma_2; A\}$ ein endliches Zweipersonen-Nullsummen-Spiel, $\Sigma_1 = \{\sigma_1^{(1)}, \ldots, \sigma_1^{(m)}\}$, $\Sigma_2 = \{\sigma_2^{(1)}, \ldots, \sigma_2^{(n)}\}$, und $\tilde{\Gamma} = \{\tilde{\Sigma}_1, \tilde{\Sigma}_2; E\}$ die gemischte Erweiterung von Γ. Es ist also $\tilde{\Sigma}_1$ die Menge aller gemischten Strategien $X = (x_1, \ldots, x_m)$ des Spielers 1 und $\tilde{\Sigma}_2$ die Menge aller gemischten Strategien $Y = (y_1, \ldots, y_n)$ des Spielers 2, und die Auszahlung $E(X, Y)$ ist durch $E(X, Y) = \sum_{i=1}^{m} \sum_{j=1}^{n} A(\sigma_1^{(i)}, \sigma_2^{(j)})\, x_i y_j$ gegeben. Es sei $v = v(\tilde{\Gamma})$ der Wert des Spieles $\tilde{\Gamma}$. In diesem ganzen Paragraphen wird gemäß den Bemerkungen nach Satz 15a in § 6 der Wert v und die optimalen Strategien von $\tilde{\Gamma}$ kurz als Wert und optimale gemischte Strategien von Γ bezeichnet.

Zunächst wird der schon angekündigte zweite Beweis des Hauptsatzes für Matrixspiele erbracht. Er ist eng verwandt mit dem Beweis des Hauptsatzes in [NM]. Bei festem X ist $E(X, Y)$ eine lineare Funktion in den Komponenten von Y. Daher existiert sicher das $\min\limits_{Y \in \tilde{\Sigma}_2} E(X, Y)$. Ebenso existiert für jedes Y das $\max\limits_{X \in \tilde{\Sigma}_1} E(X, Y)$. Nach Satz 13 in § 6 hat man also zum Beweis des Hauptsatzes zu zeigen, daß

$$\max_{X \in \tilde{\Sigma}_1} \min_{Y \in \tilde{\Sigma}_2} E(X, Y) = \min_{Y \in \tilde{\Sigma}_2} \max_{X \in \tilde{\Sigma}_1} E(X, Y)$$

ist. Zunächst haben die Ausdrücke auf beiden Seiten dieser Gleichung einen Sinn; denn da $E(X, Y)$ eine stetige Funktion von $x_1, \ldots, x_m, y_1, \ldots, y_n$ auf der beschränkten, abgeschlossenen Punktmenge des euklidischen R^{n+m} ist, die durch $\sum\limits_{i=1}^{m} x_i = 1$, $\sum\limits_{j=1}^{n} y_j = 1$, $x_i \geqq 0$ $(i = 1, \ldots, m)$, $y_j \geqq 0$ $(j = 1, \ldots, n)$ gegeben ist, so ist bekanntlich $\min\limits_{Y \in \tilde{\Sigma}_2} E(X, Y)$ eine stetige Funktion von X, so daß also $\max\limits_{X \in \tilde{\Sigma}_1} \min\limits_{Y \in \tilde{\Sigma}_2} E(X, Y)$ existiert. Ebenso existiert auch $\min\limits_{Y \in \tilde{\Sigma}_2} \max\limits_{X \in \tilde{\Sigma}_1} E(X, Y)$.

Weiter kann man sofort die Gültigkeit der Ungleichung $\max\limits_{X \in \tilde{\Sigma}_1} \min\limits_{Y \in \tilde{\Sigma}_2} E(X, Y) \leqq \min\limits_{Y \in \tilde{\Sigma}_2} \max\limits_{X \in \tilde{\Sigma}_1} E(X, Y)$ einsehen. Sei nämlich $\max\limits_{X \in \tilde{\Sigma}_1} \min\limits_{Y \in \tilde{\Sigma}_2} E(X, Y) = \min\limits_{Y \in \tilde{\Sigma}_2} E(X_0, Y)$ und $\min\limits_{Y \in \tilde{\Sigma}_2} \max\limits_{X \in \tilde{\Sigma}_1} E(X, Y) = \max\limits_{X \in \tilde{\Sigma}_1} E(X, Y_0)$. Dann ist $\min\limits_{Y \in \tilde{\Sigma}_2} E(X_0, Y) \leqq E(X_0, Y_0) \leqq \max\limits_{X \in \tilde{\Sigma}_1} E(X, Y_0)$.

Es bleibt also nur noch die Gültigkeit der umgekehrten Ungleichung $\min\limits_{Y \in \tilde{\Sigma}_2} \max\limits_{X \in \tilde{\Sigma}_1} E(X, Y) \leqq \max\limits_{X \in \tilde{\Sigma}_1} \min\limits_{Y \in \tilde{\Sigma}_2} E(X, Y)$ zu beweisen. Sei hierzu c eine beliebige reelle Zahl mit $c < \min\limits_{Y \in \tilde{\Sigma}_2} \max\limits_{X \in \tilde{\Sigma}_1} E(X, Y)$. Dann ist also $c < \max\limits_{X \in \tilde{\Sigma}_1} E(X, Y)$ für alle $Y \in \tilde{\Sigma}_2$, d. h. zu jedem $Y \in \tilde{\Sigma}_2$ gibt es ein $X \in \tilde{\Sigma}_1$ mit $c < E(X, Y)$. Da $E(X, Y) = \sum\limits_{i=1}^{m} x_i E(\sigma_1^{(i)}, Y)$ ist, folgt aus $c < E(X, Y)$, daß für mindestens einen Index i $(1 \leqq i \leqq m)$ auch $c < E(\sigma_1^{(i)}, Y)$ ist. Also gibt es zu jedem $Y \in \tilde{\Sigma}_2$ eine reine Strategie $\sigma_1^{(i)}$ $(1 \leqq i \leqq m)$ mit $c < E(\sigma_1^{(i)}, Y)$.

Diese letzte Aussage kann in geometrischer Sprechweise ausgedrückt werden. Hierzu betrachte man im euklidischen Raum R^m für jedes $Y \in \tilde{\Sigma}_2$ den *Auszahlungspunkt* $(E(\sigma_1^{(1)}, Y), \ldots, E(\sigma_1^{(m)}, Y))$. Die Gesamtheit dieser Punkte für alle $Y \in \tilde{\Sigma}_2$ bildet die Punktmenge K im R^m, und die genannte Aussage behauptet jetzt, daß für jeden Punkt aus K mindestens eine Koordinate $> c$ ist. Bezeichnet man mit C die Gesamtheit derjenigen Punkte im R^m, für die alle Koordinaten $\leqq c$ sind, so sind also die Punktmengen K und C punktfremd.

Wie leicht zu sehen, ist die Punktmenge K beschränkt und abgeschlossen, die Punktmenge C abgeschlossen. Ferner sind beide Punktmengen K und C

konvex. Die Konvexität von C ist trivial. Die Konvexität von K folgt leicht daraus, daß $E(\sigma_1^{(i)}, Y) = \sum_{j=1}^{n} A(\sigma_1^{(i)}, \sigma_2^{(j)}) y_j$ ist ($i = 1, \ldots, m$). Unter diesen Umständen ist es nun anschaulich einleuchtend — und wird gleich exakt bewiesen —, daß es eine Hyperebene im R^m gibt, die K und C trennt, d. h. eine Hyperebene $h_1\xi_1 + \cdots + h_m\xi_m = h$, wobei $\xi_1, \ldots, \xi_m$ laufende Koordinaten im R^m bezeichnen mögen, so daß $\sum_{i=1}^{m} h_i p_i > h$ für alle Punkte $(p_1, \ldots, p_m) \in K$ und $\sum_{i=1}^{m} h_i p_i < h$ für alle Punkte $(p_1, \ldots, p_m) \in C$ ist.

Da für jedes $\alpha > 0$ der Punkt $(c - \alpha, c, \ldots, c) \in C$ ist, so muß also $c \cdot \sum_{i=1}^{m} h_i - \alpha \cdot h_1 < h$ sein für alle $\alpha > 0$. Also muß $h_1 \geqq 0$ sein. Analog zeigt man, daß $h_i \geqq 0$ ($i = 1, \ldots, m$) ist. Da in einer Hyperebenengleichung nicht alle Koeffizienten verschwinden können, ist dann $\sum_{i=1}^{m} h_i > 0$. Also ist $(h_1/\sum_{i=1}^{m} h_i, \ldots, h_m/\sum_{i=1}^{m} h_i)$ eine gemischte Strategie $X \in \tilde{\Sigma}_1$. Für diese Strategie X gilt dann für alle $Y \in \tilde{\Sigma}_2$

$$E(X, Y) = \frac{h_1}{\sum_{i=1}^{m} h_i} \cdot E(\sigma_1^{(1)}, Y) + \cdots + \frac{h_m}{\sum_{i=1}^{m} h_i} \cdot E(\sigma_1^{(m)}, Y) > \frac{h}{\sum_{i=1}^{m} h_i}$$

wegen der Trennungseigenschaft der Hyperebene, da der Punkt $(E(\sigma_1^{(1)}, Y), \ldots, E(\sigma_1^{(m)}, Y)) \in K$ ist. Ebenfalls wegen der Trennungseigenschaft ist wegen $(c, \ldots, c) \in C$ aber $h_1 c + \cdots + h_m c = c \cdot \sum_{i=1}^{m} h_i < h$, d. h. $h/(\sum_{i=1}^{m} h_i) > c$. Mithin gilt für die eben eingeführte Strategie $X \in \tilde{\Sigma}_1$

$$E(X, Y) > c \quad \text{für alle } Y \in \tilde{\Sigma}_2,$$

d. h. $\min_{Y \in \tilde{\Sigma}_2} E(X, Y) > c$. Dann ist aber erst recht $\max_{X \in \tilde{\Sigma}_1} \min_{Y \in \tilde{\Sigma}_2} E(X, Y) > c$. Nun war c eine beliebige Zahl mit $c < \min_{Y \in \tilde{\Sigma}_2} \max_{X \in \tilde{\Sigma}_1} E(X, Y)$. Daher folgt $\max_{X \in \tilde{\Sigma}_1} \min_{Y \in \tilde{\Sigma}_2} E(X, Y) \geqq \min_{Y \in \tilde{\Sigma}_2} \max_{X \in \tilde{\Sigma}_1} E(X, Y)$, w. z. b. w.

Es ist noch die Existenz der trennenden Hyperebene nachzuweisen. Das geschieht durch den folgenden

Satz A. *Sei K eine nicht-leere, beschränkte, abgeschlossene, konvexe Punktmenge des euklidischen R^m, sei C eine abgeschlossene, konvexe Punktmenge des R^m, seien K und C punktfremd. Dann gibt es eine Hyperebene $h_1\xi_1 + \cdots + h_m\xi_m = h$ ($\xi_1, \ldots, \xi_m$ laufende Koordinaten in R^m), so daß*

$$h_1 p_1 + \cdots + h_m p_m \begin{cases} > h \text{ für alle Punkte } (p_1, \ldots, p_m) \in K \\ < h \text{ für alle Punkte } (p_1, \ldots, p_m) \in C. \end{cases}$$

Beweis. Falls C leer ist, so ersetze man es durch einen einzigen, nicht zu K gehörenden Punkt. Dann gibt es jedenfalls ein Punktepaar $(k_1, \ldots, k_m) \in K$, $(c_1, \ldots, c_m) \in C$ mit minimalem Abstand. Dieser ist positiv, da K und C punktfremd sind. Also bestimmen die beiden Punkte $(k_1, \ldots, k_m)$ und $(c_1, \ldots, c_m)$ eine nicht-entartete Strecke im R^m. Man definiere die gesuchte Hyperebene als diejenige Hyperebene, die im Mittelpunkt der genannten Strecke senkrecht auf dieser Strecke steht, d. h.

$$h_i = k_i - c_i \ (i = 1, \ldots, m), \ h = \tfrac{1}{2} \sum_{i=1}^{m} (k_i - c_i)(k_i + c_i).$$

Sei nun $(k_1', \ldots, k_m') \in K$ beliebig. Dann ist wegen der Konvexität von K auch $(\lambda k_1' + (1-\lambda)k_1, \ldots, \lambda k_m' + (1-\lambda)k_m) \in K$ für alle λ mit $0 \leqq \lambda \leqq 1$. Daher ist wegen der Minimalbestimmung von $(k_1, \ldots, k_m)$ und $(c_1, \ldots, c_m)$ für alle λ mit $0 \leqq \lambda \leqq 1$

$$\sum_{i=1}^{m} [\lambda k_i' + (1-\lambda) k_i - c_i]^2 \geqq \sum_{i=1}^{m} (k_i - c_i)^2,$$

also

$$\lambda^2 \cdot \sum_{i=1}^{m} (k_i' - k_i)^2 + 2\lambda \sum_{i=1}^{m} (k_i' - k_i)(k_i - c_i) \geqq 0.$$

Division durch λ und Grenzübergang $\lambda \to 0$ liefert dann

$$\sum_{i=1}^{m} (k_i' - k_i)(k_i - c_i) \geqq 0.$$

Mithin wird $\sum_{i=1}^{m} h_i k_i' = \sum_{i=1}^{m} (k_i - c_i) k_i' \geqq \sum_{i=1}^{m} k_i (k_i - c_i)$. Es ist aber wegen $\sum_{i=1}^{m} (k_i - c_i)^2 > 0$ sicher $\sum_{i=1}^{m} k_i(k_i - c_i) > \sum_{i=1}^{m} c_i(k_i - c_i)$ und daher $\sum_{i=1}^{m} k_i(k_i - c_i) > \frac{1}{2} \cdot \sum_{i=1}^{m} (k_i + c_i)(k_i - c_i) = h$, also ist $\sum_{i=1}^{m} h_i k_i' > h$. In analoger Weise zeigt man, daß für jeden Punkt $(c_1', \ldots, c_m') \in C$ gilt $\sum_{i=1}^{m} h_i c_i' < h$, w. z. b. w.

Weiterhin wird nun die Frage behandelt, wie für ein Matrixspiel Wert und optimale Strategien ermittelt werden können. Sei wieder $\Gamma = \{\Sigma_1, \Sigma_2; A\}$ ein endliches Zweipersonen-Nullsummen-Spiel, $\Sigma_1 = \{\sigma_1^{(1)}, \ldots, \sigma_1^{(m)}\}$, $\Sigma_2 = \{\sigma_2^{(1)}, \ldots, \sigma_2^{(n)}\}$, und $\tilde{\Gamma} = \{\tilde{\Sigma}_1, \tilde{\Sigma}_2; E\}$ die gemischte Erweiterung von Γ. Die Strategien aus $\tilde{\Sigma}_1$ werden wieder mit $X = (x_1, \ldots, x_m)$ und die Strategien aus $\tilde{\Sigma}_2$ mit $Y = (y_1, \ldots, y_n)$ bezeichnet. Sei $v = v(\tilde{\Gamma})$ der Wert des Spieles. Nach Satz 13 in § 6 ist die Strategie $X^* \in \tilde{\Sigma}_1$ genau dann optimal, wenn $\min_{Y \in \tilde{\Sigma}_2} E(X^*, Y) = v$ ist. Dies ist gleichwertig damit, daß $E(X^*, Y) \geqq v$ für alle $Y \in \tilde{\Sigma}_2$ ist; denn sei $E(X^*, Y) \geqq v$ für alle $Y \in \tilde{\Sigma}_2$, so gilt insbesondere für eine optimale Strategie Y^* des Spielers 2, daß $E(X^*, Y^*) \geqq v$ ist. Wegen der Optimalität von Y^* ist aber $\max_{X \in \tilde{\Sigma}_1} E(X, Y^*) = v$, also $E(X^*, Y^*) = v$, also

$\min_{Y \in \tilde{\Sigma}_2} E(X^*, Y) = v$. Da $E(X^*, Y) = \sum_{j=1}^{n} E(X^*, \sigma_2^{(j)}) y_j$ ist, genügt es weiter, die Gültigkeit der Ungleichungen $E(X^*, Y) \geqq v$ nur für die reinen Strategien $Y = \sigma_2^{(j)} \in \Sigma_2$ $(j = 1, \ldots, n)$ zu fordern. Es ist also $X^* \in \tilde{\Sigma}_1$ genau dann optimal, wenn $E(X^*, \sigma_2^{(j)}) = \sum_{i=1}^{m} A(\sigma_1^{(i)}, \sigma_2^{(j)}) x_i^* \geqq v$ ist für $j = 1, \ldots, n$. Zusammengefaßt:

Satz 19. *Sei $\Gamma = \{\Sigma_1, \Sigma_2; A\}$ ein endliches Zweipersonen-Nullsummen-Spiel, $\Sigma_1 = \{\sigma_1^{(1)}, \ldots, \sigma_1^{(m)}\}$, $\Sigma_2 = \{\sigma_2^{(1)}, \ldots, \sigma_2^{(n)}\}$. Sei $v = v(\tilde{\Gamma})$ der Wert des Spieles (in gemischten Strategien). Dann sind die optimalen gemischten Strategien des Spielers 1 die Lösungen $(x_1^*, \ldots, x_m^*)$ des folgenden linearen Ungleichungssystems*[1]) *in den Unbekannten $x_1, \ldots, x_m$:*

$$(U) \quad \begin{cases} \sum_{i=1}^{m} A(\sigma_1^{(i)}, \sigma_2^{(j)}) x_i \geqq v \; (j = 1, \ldots, n) \\ x_i \geqq 0 \; (i = 1, \ldots, m) \\ \sum_{i=1}^{m} x_i = 1. \end{cases}$$

Die Gesamtheit der Lösungen eines reellen linearen Ungleichungssystems in den Unbekannten $x_1, \ldots, x_m$ ist offensichtlich eine konvexe Punktmenge im $(x_1, \ldots, x_m)$-Raum und wird bekanntlich, falls in allen Ungleichungen das Gleichheitszeichen zugelassen ist, als *konvexes Raumstück* bezeichnet. Ein beschränktes konvexes Raumstück ist definitionsgemäß ein *konvexes Polyeder*. Im Falle des Ungleichungssystems (U) sind die Lösungen offenbar beschränkt. Also bilden die optimalen gemischten Strategien des Spielers 1 ein konvexes Polyeder im $(x_1, \ldots, x_m)$-Raum. Ebenso bilden die optimalen gemischten Strategien des Spielers 2 ein konvexes Polyeder im $(y_1, \ldots, y_n)$-Raum, nämlich die Lösungsgesamtheit des Ungleichungssystems

$$(V) \quad \begin{cases} \sum_{j=1}^{n} A(\sigma_1^{(i)}, \sigma_2^{(j)}) y_j \leqq v \; (i = 1, \ldots, m) \\ y_j \geqq 0 \; (j = 1, \ldots, n) \\ \sum_{j=1}^{n} y_j = 1. \end{cases}$$

Natürlich geht das Ungleichungssystem (V) aus (U) dadurch hervor, daß die Rolle der beiden Spieler vertauscht wird, d. h. indem in (U) die Auszahlungsmatrix $(A(\sigma_1^{(i)}, \sigma_2^{(j)}))$ durch ihre negative Transponierte und v durch $-v$ ersetzt wird.

Für die weitere Diskussion werden einige einfache Eigenschaften der konvexen Polyeder benötigt, die der Vollständigkeit halber hier hergeleitet werden.

---

[1]) Die Gleichung $\sum_{i=1}^{m} x_i = 1$ kann natürlich durch die beiden Ungleichungen $\sum_{i=1}^{m} x_i \geqq 1$ und $-\sum_{i=1}^{m} x_i \geqq -1$ ersetzt werden.

Sei Π ein konvexes Raumstück. Man bezeichnet einen Punkt $P \in \Pi$ als *Ecke* von Π, wenn es unmöglich ist, P darzustellen als Mittelpunkt einer Strecke, deren Endpunkte von P verschieden sind und zu Π gehören. Es gilt der folgende

Satz B. *Sei das konvexe Raumstück Π im $(\xi_1, \ldots, \xi_N)$-Raum gegeben durch das reelle lineare Ungleichungssystem*

$$\sum_{\nu=1}^{N} a_{\mu\nu}\,\xi_\nu \geqq b_\mu \; (\mu = 1, \ldots, M).$$

Dann ist der Punkt $(\xi_1^{(0)}, \ldots, \xi_N^{(0)}) \in \Pi$ dann und nur dann Ecke von Π, wenn es N linear unabhängige Zeilen $(a_{\mu_\lambda 1}, \ldots, a_{\mu_\lambda N})$ $(\lambda = 1, \ldots, N)$ gibt, für welche $\sum_{\nu=1}^{N} a_{\mu_\lambda \nu}\,\xi_\nu^{(0)} = b_{\mu_\lambda}$ $(\lambda = 1, \ldots, N)$ ist.

Beweis. Sei $P = (\xi_1^{(0)}, \ldots, \xi_N^{(0)}) \in \Pi$ ein Punkt, für den die Bedingung des Satzes erfüllt ist. Sei P Mittelpunkt der Strecke mit den von P verschiedenen Endpunkten $P_1 = (\xi_1^{(1)}, \ldots, \xi_N^{(1)})$ und $P_2 = (\xi_1^{(2)}, \ldots, \xi_N^{(2)})$. Sei $P_1 \in \Pi$, also insbesondere $\sum_{\nu=1}^{N} a_{\mu_\lambda \nu}\,\xi_\nu^{(1)} \geqq b_{\mu_\lambda} (\lambda = 1, \ldots, N)$. Dann kann nicht in allen diesen N Ungleichungen das Gleichheitszeichen gelten; denn wegen der linearen Unabhängigkeit der Zeilen $(a_{\mu_\lambda 1}, \ldots, a_{\mu_\lambda N})$ $(\lambda = 1, \ldots, N)$ hat das Gleichungssystem $\sum_{\nu=1}^{N} a_{\mu_\lambda \nu}\,\xi_\nu = b_{\mu_\lambda}$ $(\lambda = 1, \ldots, N)$ nur die Lösung $(\xi_1^{(0)}, \ldots, \xi_N^{(0)})$, während P_1 von P verschieden ist. Sei also etwa $\sum_{\nu=1}^{N} a_{\mu_1 \nu}\,\xi_\nu^{(1)} > b_{\mu_1}$. Dann folgt aus $\sum_{\nu=1}^{N} a_{\mu_1 \nu}\,\xi_\nu^{(0)} = b_{\mu_1}$, daß $\sum_{\nu=1}^{N} a_{\mu_1 \nu}\,\xi_\nu^{(2)} < b_{\mu_1}$ ist. Also ist $P_2 \notin \Pi$. Also kann P nicht Mittelpunkt einer Strecke mit von P verschiedenen, zu Π gehörigen Endpunkten sein, d. h. P ist Ecke von Π.

Sei umgekehrt $P = (\xi_1^{(0)}, \ldots, \xi_N^{(0)})$ Ecke von Π. Seien $\sum_{\nu=1}^{N} a_{\mu_\lambda \nu}\,\xi_\nu^{(0)} = b_{\mu_\lambda}$ $(\lambda = 1, \ldots, N')$ diejenigen unter den Ungleichungen $\sum_{\nu=1}^{N} a_{\mu\nu}\,\xi_\nu^{(0)} \geqq b_\mu$ $(\mu = 1, \ldots, M)$, die mit dem Gleichheitszeichen erfüllt sind. Dann ist also $\sum_{\nu=1}^{N} a_{\mu\nu}\,\xi_\nu^{(0)} > b_\mu$ für alle $\mu \neq \mu_1, \ldots, \mu_{N'}$. Daher gibt es eine kugelförmige Umgebung $\mathfrak{U}$ um den Punkt P im $(\xi_1, \ldots, \xi_N)$-Raum, so daß für alle Punkte von $\mathfrak{U}$ die Ungleichungen $\sum_{\nu=1}^{N} a_{\mu\nu}\,\xi_\nu > b_\mu$ für alle $\mu \neq \mu_1, \ldots, \mu_{N'}$ erfüllt sind. Gäbe es nun unter den N' Zeilen $(a_{\mu_\lambda 1}, \ldots, a_{\mu_\lambda N})$ $(\lambda = 1, \ldots, N')$ weniger als N linear unabhängige, so gäbe es eine Gerade G durch den Punkt P, deren sämtliche Punkte dem Gleichungssystem $\sum_{\nu=1}^{N} a_{\mu_\lambda \nu}\,\xi_\nu = b_{\mu_\lambda}$ $(\lambda = 1, \ldots, N')$ genügen. Der Durchschnitt von G und $\mathfrak{U}$ wäre dann eine Strecke mit dem Mittelpunkt P, deren

Endpunkte von P verschieden sind und zu Π gehören. Das widerspricht aber der Voraussetzung, daß P Ecke von Π ist. Also muß es unter den N' Zeilen $(a_{\mu_\lambda 1}, \ldots, a_{\mu_\lambda N})$ $(\lambda = 1, \ldots, N')$ genau N linear unabhängige geben, w. z. b. w.

Anmerkung. Satz B liefert natürlich auch ein Verfahren, um die Ecken von Π in endlich vielen Schritten zu bestimmen: Man wählt der Reihe nach alle Systeme von je N linear unabhängigen Zeilen $(a_{\mu_\lambda 1}, \ldots, a_{\mu_\lambda N})$ $(\lambda = 1, \ldots, N)$ aus, löst jeweils das (eindeutig lösbare) lineare Gleichungssystem $\sum_{\nu=1}^{N} a_{\mu_\lambda \nu}\, \xi_\nu = b_{\mu_\lambda}$ $(\lambda = 1, \ldots, N)$ und prüft, ob die Lösung ein Punkt von Π ist. Falls dies zutrifft, ist sie Ecke von Π. So erhält man alle Ecken von Π. Als Folgerung erhält man noch sofort den

Satz C. *Ein konvexes Raumstück hat höchstens endlich viele Ecken.*

Weiter wird der folgende Satz bewiesen:

Satz D. *Sei Π ein konvexes Polyeder, seien $P_1, \ldots, P_\varrho$ die Ecken von Π. Dann besteht Π genau aus denjenigen Punkten P, die sich in der Form*

$$P = \lambda_1 P_1 + \cdots + \lambda_\varrho P_\varrho \quad mit \quad \lambda_\nu \geqq 0 \ (\nu = 1, \ldots, \varrho), \ \sum_{\nu=1}^{\varrho} \lambda_\nu = 1$$

darstellen lassen. Kurz: Π ist die baryzentrische Hülle der Menge seiner Ecken.

Beweis. Sei Π ein konvexes Polyeder im $(\xi_1, \ldots, \xi_N)$-Raum. Sei B die im Satz genannte baryzentrische Hülle, d. h. die Menge aller Punkte von der genannten Form. Wegen der Konvexität von Π gehören alle Punkte von B zu Π, $B \subseteq \Pi$. Weiter ist B offensichtlich eine beschränkte, abgeschlossene, konvexe Punktmenge. Gäbe es nun einen Punkt $P = (p_1, \ldots, p_N)$ von Π, der nicht zu B gehört, so gäbe es nach Satz A eine Hyperebene H mit der Gleichung $h_1 \xi_1 + \cdots + h_N \xi_N = h$, die P von B trennt, d. h. $\sum_{\nu=1}^{N} h_\nu p_\nu > h$, $\sum_{\nu=1}^{N} h_\nu \xi_\nu < h$ für alle $(\xi_1, \ldots, \xi_N) \in B$. Wegen der Beschränktheit und Abgeschlossenheit von Π existiert $\max\limits_{(\xi_1, \ldots, \xi_N) \in \Pi} \sum_{\nu=1}^{N} h_\nu \xi_\nu$, etwa $\max\limits_{(\xi_1, \ldots, \xi_N) \in \Pi} \sum_{\nu=1}^{N} h_\nu \xi_\nu = c$. Es ist dann wegen $P \in \Pi$ sicher $c > h$. Man betrachte die zu H parallele Hyperebene H' mit der Gleichung $h_1 \xi_1 + \cdots + h_N \xi_N = c$. Nach Konstruktion von c ist dann der Durchschnitt $D = \Pi \frown H'$ nicht leer. Offensichtlich ist D wieder ein konvexes Polyeder. Da es nicht leer ist, besitzt es mindestens eine Ecke $Q = (q_1, \ldots, q_N)$. Für jedes nicht-leere konvexe Polyeder ist nämlich zum Beispiel ein Punkt des Polyeders, der vom Koordinatenursprung am weitesten entfernt ist, eine Ecke. Die Ecke Q von D ist aber auch Ecke von Π; denn sei Q Mittelpunkt der Strecke mit den von Q verschiedenen Endpunkten $Q_1 = (q_1^{(1)}, \ldots, q_N^{(1)})$ und $Q_2 = (q_1^{(2)}, \ldots, q_N^{(2)})$. Wenn dann $Q_1 \in \Pi$ ist, so ist wegen der Maximalbestimmung von c sicher $\sum_{\nu=1}^{N} h_\nu q_\nu^{(1)} \leqq c$. Falls $\sum_{\nu=1}^{N} h_\nu q_\nu^{(1)} < c$ ist, ist wegen $\sum_{\nu=1}^{N} h_\nu q_\nu = c$ sicher $\sum_{\nu=1}^{N} h_\nu q_\nu^{(2)} > c$, also $Q_2 \notin \Pi$. Falls $\sum_{\nu=1}^{N} h_\nu q_\nu^{(1)} = c$ ist, ist $Q_1 \in D$. Dann ist aber auch $\sum_{\nu=1}^{N} h_\nu q_\nu^{(2)} = c$, also $Q_2 \in H'$. Da aber Q Ecke von D ist, muß dann $Q_2 \notin D$, d. h. $Q_2 \notin \Pi$ sein. Also ist Q Ecke von Π, etwa $Q = P_1$. Wegen $P_1 \in B$ ist dann $\sum_{\nu=1}^{N} h_\nu q_\nu < h$, was mit $Q \in H'$ unvereinbar ist. Der erhaltene Widerspruch beweist, daß jeder Punkt von Π auch zu B gehört. Also ist $\Pi = B$, w. z. b. w.

Es werden nun die Sätze B, C und D auf das konvexe Polyeder der optimalen Strategien von Spieler 1 bzw. Spieler 2 angewendet. Zunächst wird definiert:

Definition 16. *Die Ecken des konvexen Polyeders der optimalen gemischten Strategien des Spielers 1 bzw. 2 im endlichen Zweipersonen-Nullsummen-Spiel Γ werden als* Extremalstrategien *von 1 bzw. 2 in Γ bezeichnet.*

Satz 20. *Für jedes endliche Zweipersonen-Nullsummen-Spiel Γ gibt es endlich viele Extremalstrategien $X_1^*, \ldots, X_\varrho^*$ ($\varrho \geqq 1$) des Spielers 1. Alle optimalen gemischten Strategien X^* des Spielers 1 und nur diese sind darstellbar als Linearkombinationen*

$$X^* = \lambda_1 X_1^* + \cdots + \lambda_\varrho X_\varrho^* \text{ mit } \lambda_\nu \geqq 0 \; (\nu = 1, \ldots, \varrho), \; \sum_{\nu=1}^{\varrho} \lambda_\nu = 1.$$

Entsprechende Aussagen gelten für den Spieler 2. Das in der Anmerkung zu Satz B genannte Verfahren gestattet die Berechnung der Extremalstrategien in endlich vielen Schritten, falls der Wert v des Spieles Γ bekannt ist.

Da jedoch im allgemeinen der Wert eines Matrixspieles Γ nicht ohne weiteres bekannt ist, kann das in Satz 20 erwähnte Verfahren nicht in allen Fällen zur Berechnung der optimalen Strategien verwendet werden. Es soll jetzt dieses Verfahren so abgeändert werden, daß es auch den Wert des Spieles mitliefert. Hierzu wird in den Ungleichungen (U) die Konstante v durch eine weitere Unbekannte t ersetzt. Damit erhält man das Ungleichungssystem

$$(U') \left\{ \begin{aligned} \sum_{i=1}^{m} A(\sigma_1^{(i)}, \sigma_2^{(j)}) x_i - t &\geqq 0 \quad (j = 1, \ldots, n) \\ x_i &\geqq 0 \quad (i = 1, \ldots, m) \\ \sum_{i=1}^{m} x_i &= 1 \end{aligned} \right.$$

in den Unbekannten $x_1, \ldots, x_m, t$. Über dieses Ungleichungssystem (U') gilt nun der

Satz 21. *Sei $\Gamma = \{\Sigma_1, \Sigma_2; A\}$ ein endliches Zweipersonen-Nullsummen-Spiel, $\Sigma_1 = \{\sigma_1^{(1)}, \ldots, \sigma_1^{(m)}\}$, $\Sigma_2 = \{\sigma_2^{(1)}, \ldots, \sigma_2^{(n)}\}$. Sei τ das Maximum der t-Koordinaten aller Lösungen von (U'). Dann ist τ gleich dem Wert $v = v(\tilde{\Gamma})$ des Spieles Γ. Durchläuft $(x_1^*, \ldots, x_m^*, \tau)$ alle Lösungen von (U') mit maximaler t-Koordinate τ, so durchläuft $(x_1^*, \ldots, x_m^*)$ genau alle optimalen gemischten Strategien des Spielers 1. Darunter sind genau diejenigen Strategien $(x_1^*, \ldots, x_m^*)$ Extremalstrategien, für welche $(x_1^*, \ldots, x_m^*, \tau)$ eine Ecke des konvexen Raumstückes Π aller Lösungen von (U') im $(x_1, \ldots, x_m, t)$-Raum ist.*

Beweis. Zunächst sieht man aus den Ungleichungen (U') leicht, daß das Maximum τ existiert. Sei nun $(x_1^*, \ldots, x_m^*, \tau)$ irgendeine Lösung von (U') mit maximaler t-Koordinate τ. Dann ist jedenfalls $X^* = (x_1^*, \ldots, x_m^*)$ eine gemischte Strategie des Spielers 1 mit $E(X^*, \sigma_2^{(j)}) \geqq \tau$ $(j = 1, \ldots, n)$. Dann ist aber auch $E(X^*, Y) \geqq \tau$ für alle gemischten Strategien $Y \in \tilde{\Sigma}_2$. Also ist $\min\limits_{Y \in \tilde{\Sigma}_2} E(X^*, Y) \geqq \tau$, also $v_1 = \max\limits_{X \in \tilde{\Sigma}_1} \min\limits_{Y \in \tilde{\Sigma}_2} E(X, Y) \geqq \tau$. Sei andererseits $X^* = (x_1^*, \ldots, x_m^*)$ eine Strategie des Spielers 1 mit $\min\limits_{Y \in \tilde{\Sigma}_2} E(X^*, Y) = v_1$. Dann genügt also $(x_1^*, \ldots, x_m^*, v_1)$ dem Ungleichungssystem (U'). Wegen der Maximalbestimmung von τ ist daher $v_1 \leqq \tau$. Also ist $v_1 = \tau$[1]) und daher nach dem Hauptsatz für Matrixspiele $v = \tau$.

Durchläuft nun $(x_1^*, \ldots, x_m^*, \tau)$ alle Lösungen von (U') mit maximaler t-Koordinate $\tau = v$, so durchläuft offenbar $(x_1^*, \ldots, x_m^*)$ genau alle Lösungen von (U), d. h. nach Satz 19 alle optimalen gemischten Strategien des Spielers 1.

Sei weiter $(x_1^*, \ldots, x_m^*, \tau)$ eine Ecke von Π. Dann ist $X^* = (x_1^*, \ldots, x_m^*)$ Extremalstrategie des Spielers 1. Gäbe es nämlich im $(x_1, \ldots, x_m)$-Raum eine Strecke mit dem Mittelpunkt X^*, deren Endpunkte $\tilde{X} = (\tilde{x}_1, \ldots, \tilde{x}_m)$ und $\tilde{\tilde{X}} = (\tilde{\tilde{x}}_1, \ldots, \tilde{\tilde{x}}_m)$ von X^* verschiedene optimale Strategien von Spieler 1 sind, so wären die Punkte $(\tilde{x}_1, \ldots, \tilde{x}_m, v)$ und $(\tilde{\tilde{x}}_1, \ldots, \tilde{\tilde{x}}_m, v)$ Lösungen von (U'), die von $(x_1^*, \ldots, x_m^*, \tau)$ verschieden sind und eine Strecke mit dem Mittelpunkt $(x_1^*, \ldots, x_m^*, \tau)$ bestimmen, was nicht angeht.

Sei schließlich $X^* = (x_1^*, \ldots, x_m^*)$ eine Extremalstrategie von Spieler 1. Dann ist $(x_1^*, \ldots, x_m^*, \tau)$ eine Ecke von Π. Gäbe es nämlich im $(x_1, \ldots, x_m, t)$-Raum eine Strecke mit dem Mittelpunkt $(x_1^*, \ldots, x_m^*, \tau)$, deren Endpunkte $(\tilde{x}_1, \ldots, \tilde{x}_m, \tilde{\tau})$ und $(\tilde{\tilde{x}}_1, \ldots, \tilde{\tilde{x}}_m, \tilde{\tilde{\tau}})$ von $(x_1^*, \ldots, x_m^*, \tau)$ verschiedene Lösungen von (U') sind, so wäre nach der Maximalbestimmung von τ jedenfalls $\tilde{\tau} \leqq \tau$, $\tilde{\tilde{\tau}} \leqq \tau$, also wegen $\tau = \frac{1}{2}(\tilde{\tau} + \tilde{\tilde{\tau}})$ dann $\tilde{\tau} = \tilde{\tilde{\tau}} = \tau$. Dann aber wären $(\tilde{x}_1, \ldots, \tilde{x}_m)$ und $(\tilde{\tilde{x}}_1, \ldots, \tilde{\tilde{x}}_m)$ optimale gemischte Strategien des Spielers 1, die von X^* verschieden sind und eine Strecke mit dem Mittelpunkt X^* bestimmen. Das ist aber wegen der Eckeigenschaft von X^* unmöglich.

Damit ist Satz 21 bewiesen.

Natürlich erhält man einen analogen Satz für den Spieler 2, wenn man im Ungleichungssystem (U') die Auszahlungsmatrix $(A(\sigma_1^{(i)}, \sigma_2^{(j)}))$ durch ihre negative Transponierte ersetzt.

Mit Satz 21 hat man ein Verfahren, um in endlich vielen Schritten den Wert des Spieles Γ und die sämtlichen Extremalstrategien zu berechnen, womit man dann auch alle optimalen gemischten Strategien übersieht. Da es nämlich mindestens eine extremale Strategie für Spieler 1 gibt, gibt es nach Satz 21 mindestens eine Ecke von Π mit der t-Koordinate τ. Es ist also der Wert des Spieles $v = \tau$ gleich dem Maximum der t-Koordinaten der Ecken von Π, und die x-Koordinaten der Ecken von Π mit maximaler t-Koordinate liefern nach

[1]) Man beachte für spätere Zwecke, daß bis zu dieser Stelle des Beweises der Hauptsatz für Matrixspiele noch nicht benutzt wurde.

Satz 21 die Extremalstrategien des Spielers 1. Die sämtlichen Ecken von Π können aber mittels Satz B in endlich vielen Schritten bestimmt werden. Das Ergebnis dieser Berechnung läßt sich noch etwas expliziter fassen:

Definition 17. *Sei $\Gamma = \{\Sigma_1, \Sigma_2; A\}$ ein endliches Zweipersonen-Nullsummen-Spiel, $\Sigma_1 = \{\sigma_1^{(1)}, \ldots, \sigma_1^{(m)}\}$, $\Sigma_2 = \{\sigma_2^{(1)}, \ldots, \sigma_2^{(n)}\}$. Sei $\mathfrak{B}$ eine quadratische Teilmatrix der Auszahlungsmatrix $\mathfrak{A} = (A(\sigma_1^{(i)}, \sigma_2^{(j)}))$. Man bezeichne für jedes Element $A(\sigma_1^{(i)}, \sigma_2^{(j)})$ der Matrix $\mathfrak{B}$ mit B_{ij} das algebraische Komplement des Elementes $A(\sigma_1^{(i)}, \sigma_2^{(j)})$ in der Matrix $\mathfrak{B}$. $\mathfrak{B}$ heißt* ausgezeichnete Teilmatrix *von $\mathfrak{A}$, wenn*

1. $\sum_{i,j} B_{ij} \neq 0$,

2. die durch

$$x_i = \begin{cases} \sum_j B_{ij} / \sum_{i,j} B_{ij} & \text{falls die } i\text{-te Zeile von } \mathfrak{A} \text{ in } \mathfrak{B} \text{ eingeht} \\ 0 & \text{falls die } i\text{-te Zeile von } \mathfrak{A} \text{ nicht in } \mathfrak{B} \text{ eingeht} \end{cases} \quad (i = 1, \ldots, m), \tag{1}$$

$$t = |\mathfrak{B}| / \sum_{i,j} B_{ij} \tag{2}$$

definierten Zahlen $x_1, \ldots, x_m, t$ das Ungleichungssystem (U') befriedigen. Dabei durchlaufen überall die Summationsindizes i bzw. j die Indizes derjenigen Zeilen bzw. Spalten von $\mathfrak{A}$, die in $\mathfrak{B}$ eingehen.

Satz 22 (Shapley-Snow [CI]). *Mit denselben Bezeichnungen wie in Definition 17 gilt: Der Wert $v = v(\tilde{\Gamma})$ des Spieles Γ wird durch*

$$v = \max_{\mathfrak{B}} \left(|\mathfrak{B}| / \sum_{i,j} B_{ij} \right)$$

gegeben, wobei das Maximum über alle ausgezeichneten Teilmatrizen $\mathfrak{B}$ von $\mathfrak{A}$ zu nehmen ist.

Durchläuft $\mathfrak{B}$ alle ausgezeichneten Teilmatrizen von $\mathfrak{A}$, für welche $|\mathfrak{B}| / \sum_{i,j} B_{ij} = v$, ist, so erhält man genau alle Extremalstrategien des Spielers 1 nach der Gleichung (1).

Beweis. Um die Ecken der Lösungsgesamtheit Π des Ungleichungssystemes (U') zu finden, hat man nach Satz B diejenigen Lösungen von (U') zu suchen, für welche $m + 1$ der Ungleichungen (U') mit nichtverschwindender Koeffizientendeterminante als Gleichungen erfüllt sind. Dabei muß unter diesen $m + 1$ Gleichungen die Gleichung $\sum_{i=1}^{m} x_i = 1$ vorkommen, da andernfalls das Gleichungssystem die Lösung $x_1 = \cdots = x_m = t = 0$ liefert, die keine Lösung von (U') ist. Damit erhält man also ein Gleichungssystem

$$(G) \begin{cases} \sum_{i=1}^{m} A(\sigma_1^{(i)}, \sigma_2^{(j_\nu)}) x_i - t = 0 \; (\nu = 1, \cdots, s; 1 \leq j_1 < j_2 < \cdots < j_s \leq n) \\ x_{i_\mu} = 0 \; (\mu = 1, \ldots, m - s; 1 \leq i_1 < i_2 < \ldots < i_{m-s} \leq m) \\ \sum_{i=1}^{m} x_i = 1. \end{cases}$$

Man bezeichne mit $\mathfrak{B}$ die quadratische Teilmatrix von $\mathfrak{A}$, in welche die s Zeilen mit einem Index $i \neq i_1, \ldots, i_{m-s}$ und die s Spalten mit einem Index j_ν ($\nu = 1, \ldots, s$) eingehen. Durch Entwicklung nach den $m + 1 - s$ letzten Zeilen und der letzten Spalte sieht man leicht, daß die Koeffizientendeterminante des Gleichungssystems (G) abgesehen vom Vorzeichen gleich $\sum_{i,j} B_{ij}$ ist, wobei wieder die Bezeichnungsweise aus Definition 17 verwendet wird. Nach Voraussetzung ist also $\sum_{i,j} B_{ij} \neq 0$. Dann läßt sich das Gleichungssystem (G) mittels der Cramerschen Regel lösen. Es ergibt sich für $i = 1, \ldots, m$

$$x_i = \begin{cases} \sum_j B_{ij} \,/\, \sum_{i,j} B_{ij} & \text{für } i \neq i_1, \ldots, i_{m-s} \\ 0 & \text{für } i = i_1, \ldots, i_{m-s} \end{cases}$$

$$t = |\mathfrak{B}| \,/\, \sum_{i,j} B_{ij}.$$

Da $(x_1, \ldots, x_m, t)$ nach Voraussetzung Lösung von (U') sein soll, muß also $\mathfrak{B}$ eine ausgezeichnete Teilmatrix von $\mathfrak{A}$ sein. Man sieht also, daß die Ecken von Π genau diejenigen $(x_1, \ldots, x_m, t)$ sind, die sich aus den sämtlichen ausgezeichneten Teilmatrizen $\mathfrak{B}$ von $\mathfrak{A}$ nach den Gleichungen (1), (2) ergeben. Nach den Bemerkungen vor Definition 17 ist der Wert $v = v(\tilde{\Gamma})$ des Spieles Γ gleich dem Maximum der t-Koordinaten der Ecken von Π, und die x-Koordinaten der Ecken von Π mit maximaler t-Koordinate liefern die Extremalstrategien des Spielers 1. Damit ist Satz 22 bewiesen.

Natürlich läßt sich für den Spieler 2 ein zu Satz 22 analoger Satz formulieren. Das durch Satz 22 gegebene Verfahren zur Berechnung von Wert und optimalen Strategien eines Matrixspieles Γ ist jedoch für größere Auszahlungsmatrizen $\mathfrak{A}$ recht langwierig und praktisch wenig brauchbar. Daher ist der folgende einfache Satz von Interesse, der es gelegentlich gestattet, die Auszahlungsmatrix $\mathfrak{A}$ durch eine kleinere Matrix zu ersetzen.

Definition 18. *Eine Strategie $\sigma_1^{(i)}$ des Spielers 1 im Zweipersonen-Nullsummen-Spiel $\Gamma = \{\Sigma_1, \Sigma_2; A\}$* dominiert *die Strategie $\sigma_1^{(k)} \in \Sigma_1$, wenn*

$$A(\sigma_1^{(i)}, \sigma_2) \geqq A(\sigma_1^{(k)}, \sigma_2) \quad \textit{für alle } \sigma_2 \in \Sigma_2$$

ist. Analog: Eine Strategie $\sigma_2^{(j)} \in \Sigma_2$ dominiert *eine Strategie $\sigma_2^{(l)} \in \Sigma_2$, wenn*

$$A(\sigma_1, \sigma_2^{(j)}) \leqq A(\sigma_1, \sigma_2^{(l)}) \quad \textit{für alle } \sigma_1 \in \Sigma_1$$

ist.

Satz 23. *Sei $\Gamma = \{\Sigma_1, \Sigma_2; A\}$ ein endliches Zweipersonen-Nullsummen-Spiel, $\Sigma_1 = \{\sigma_1^{(1)}, \ldots, \sigma_1^{(m)}\}$, $\Sigma_2 = \{\sigma_2^{(1)}, \ldots, \sigma_2^{(n)}\}$. Falls die Strategie $\sigma_1^{(1)}$ von einer anderen Strategie $\sigma_1^{i_0}$ $(1 < i_0 \leqq m)$ dominiert wird, so bezeichne $\Gamma' = \{\Sigma_1', \Sigma_2; A'\}$ das endliche Zweipersonen-Nullsummen-Spiel, das aus Γ durch Streichen der Strategie $\sigma_1^{(1)}$ entsteht, also $\Sigma_1' = \{\sigma_1^{(2)}, \ldots, \sigma_1^{(m)}\}$, $A'(\sigma_1^{(i)}, \sigma_2^{(j)}) = A(\sigma_1^{(i)}, \sigma_2^{(j)})$ für $i = 2, \ldots, m$; $j = 1, \ldots, n$. Dann ist der Wert $v(\tilde{\Gamma}')$ des Spieles Γ' gleich dem Wert $v(\tilde{\Gamma})$ des Spieles Γ. Jede optimale gemischte Strategie des Spielers 2 in Γ' ist auch optimale Strategie des Spielers 2 in Γ. Ebenso ist jede Extremalstrategie* *von 2 in Γ' auch Extremalstrategie von 2 in Γ. Sei $(x_2^*, \ldots, x_m^*)$ eine optimale bzw. extremale Strategie des Spielers 1 in Γ', so ist $(0, x_2^*, \ldots, x_m^*)$ eine optimale bzw. extremale Strategie von 1 in Γ.*

Beweis. Das Ungleichungssystem (U') für das Spiel Γ geht in das entsprechende Ungleichungssystem $(U'_{\Gamma'})$ von Γ' über, wenn man noch die Gleichung $x_1 = 0$ hinzufügt. Daher folgen die Behauptungen über den Wert von Γ' und die optimalen bzw. extremalen Strategien des Spielers 1 in Γ' aus dem Satz 21, wenn man gezeigt hat, daß es unter den Lösungen von (U') mit maximaler t-Koordinate eine gibt mit $x_1 = 0$. Sei $(x_1^*, \ldots, x_m^*, \tau)$ eine Lösung von (U') mit maximaler t-Koordinate. Dann ist wegen $A(\sigma_1^{(1)}, \sigma_2^{(j)}) \leqq A(\sigma_1^{(i_0)}, \sigma_2^{(j)})$ $(j = 1, \ldots, n)$ auch $(0, x_2^*, \ldots, x_{i_0-1}^*, x_{i_0}^* + x_1^*, x_{i_0+1}^*, \ldots, x_m^*, \tau)$ Lösung von (U'). Weiter geht das im Anschluß an Satz 19 erwähnte Ungleichungssystem (V) für die optimalen Strategien des Spielers 2 in Γ in das entsprechende Ungleichungssystem $(V_{\Gamma'})$ für Γ' über, indem man die erste Ungleichung $(i = 1)$ wegläßt. Wegen $A(\sigma_1^{(1)}, \sigma_2^{(j)}) \leqq A(\sigma_1^{(i_0)}, \sigma_2^{(j)})$ $(j = 1, \ldots, n)$ ist aber jede Lösung von $(V_{\Gamma'})$ auch Lösung von (V) und jede Ecke des Lösungspolyeders von $(V_{\Gamma'})$ auch Ecke des Lösungspolyeders von (V), d. h. jede optimale bzw. extremale Strategie von Spieler 2 in Γ' auch optimale bzw. extremale Strategie von 2 in Γ, w. z. b. w.

Natürlich gilt ein zu Satz 23 analoger Satz über das Streichen dominierter Strategien auch für den Fall, daß nicht $\sigma_1^{(1)}$, sondern eine Strategie $\sigma_1^{(i)}$ $(1 \leqq i \leqq m)$ von einer anderen Strategie dominiert wird. Ferner gilt ein analoger Satz über das Streichen von dominierten Strategien $\sigma_2^{(j)}$ des Spielers 2.

Beispiel. Als Beispiel wird wieder das Poker-Modell aus § 2 betrachtet. Es werden die dort eingeführten Bezeichnungen verwendet. Offensichtlich ist es bei diesem Spiel für den Spieler I, falls er die niedrigste Hand 1 hat, in der zweiten Runde vorteilhafter zu passen als zu bieten. Dies drückt sich exakt dadurch aus, daß jede Strategie (PB, S, S') des ersten Spielers dominiert wird von der entsprechenden Strategie (PP, S, S'), wobei S, S' zwei beliebige der drei Symbole PP, PB, B bedeuten. Ebenso ist es für den Spieler I, falls er die höchste Hand 3 hat, in der zweiten Runde vorteilhafter zu bieten als zu passen, was sich dadurch ausdrückt, daß jede Strategie (S, S', PP) von der entsprechenden Strategie (S, S', PB) dominiert wird. Streicht man daher gemäß Satz 23 alle diese dominierten Strategien, so bleiben für Spieler I nur noch 12 Strategien übrig. In derselben Weise ist es für Spieler II, falls er die niedrigste Hand 1 hat, unvorteilhaft, auf ein Bieten von Spieler I mit Bieten zu antworten; denn jede Strategie $(*b, t, t')$ wird von der entsprechenden Strategie $(*p, t, t')$ dominiert, wobei $*$ einen beliebigen der Buchstaben p, b bedeutet und t, t' zwei beliebige der Symbole pp, pb, bp, bb. Ebenso ist es für Spieler II, falls er die höchste Hand hat, unvorteilhaft zu passen; denn jede Strategie $(t, t', p*)$ wird von der entsprechenden Strategie $(t, t', b*)$ und jede Strategie $(t, t', *p)$ von der entsprechenden Strategie $(t, t', *b)$ dominiert. Streicht man wieder alle dominierten Strategien, so bleiben für Spieler II noch 8 Strategien übrig. Nachdem diese Streichungen durchgeführt worden sind, treten nun neue Dominanzen auf. Nach diesen Streichungen wird nämlich jede Strategie (S, B, S') des Spielers I von der entsprechenden Strategie

(S, PB, S') dominiert und jede Strategie $(t, b*, t')$ des Spielers II durch die entsprechende Strategie $(t, p*, t')$. Werden auch diese dominierten Strategien noch gestrichen, so bleibt schließlich nur noch die folgende (8×4)-Auszahlungsmatrix übrig:

	(pp, pp, bb)	(pp, pb, bb)	(bp, pp, bb)	(bp, pb, bb)
(PP, PP, PB)	0	0	$-1/6$	$-1/6$
(PP, PP, B)	0	$1/6$	$-1/3$	$-1/6$
(PP, PB, PB)	$-1/6$	$-1/6$	$1/6$	$1/6$
(PP, PB, B)	$-1/6$	0	0	$1/6$
(B, PP, PB)	$1/6$	$-1/3$	0	$-1/2$
(B, PP, B)	$1/6$	$-1/6$	$-1/6$	$-1/2$
(B, PB, PB)	0	$-1/2$	$1/3$	$-1/6$
(B, PB, B)	0	$-1/3$	$1/6$	$-1/6$

Ein anderer einfacher Satz, der gelegentlich beim Aufsuchen optimaler Strategien nutzbringend verwendet werden kann, ist der folgende

Satz 24. *Sei $\Gamma = \{\Sigma_1, \Sigma_2; A\}$ ein endliches Zweipersonen-Nullsummen-Spiel, $\Sigma_1 = \{\sigma_1^{(1)}, \ldots, \sigma_1^{(m)}\}$, $\Sigma_2 = \{\sigma_2^{(1)}, \ldots, \sigma_2^{(n)}\}$, mit dem Wert $v = v(\overline{\Gamma})$. Seien $X^* = (x_1^*, \ldots, x_m^*)$ und $Y^* = (y_1^*, \ldots, y_n^*)$ optimale gemischte Strategien von Spieler 1 und Spieler 2. Ist dann für irgendein i $(1 \leqq i \leqq m)$ $x_i^* > 0$, so ist $E(\sigma_1^{(i)}, Y^*) = v$. Ebenso: Ist für irgendein j $(1 \leqq j \leqq n)$ $y_j^* > 0$, so ist $E(X^*, \sigma_2^{(j)}) = v$.*

Beweis. Es ist $E(\sigma_1^{(\mu)}, Y^*) \leqq v$ für alle $\mu = 1, \ldots, m$. Wäre also $E(\sigma_1^{(i)}, Y^*) < v$, so wäre auch $E(\sigma_1^{(i)}, Y^*) \cdot x_i^* < v \cdot x_i^*$, also $E(X^*, Y^*) = \sum_{\mu=1}^{m} E(\sigma_1^{(\mu)}, Y^*) x_\mu^* < v \cdot \sum_{\mu=1}^{m} x_\mu^* = v$, was unmöglich ist. Ähnlich beweist man den zweiten Teil des Satzes.

Außer dem durch Satz 22 gegebenen Verfahren zur Ermittlung von Wert und optimalen Strategien für Matrixspiele gibt es noch einige andere. Ein weiteres wird im nächsten Paragraphen besprochen. Andere Verfahren findet man in den Arbeiten von Brown [AA] (vgl. hierzu noch Robinson [15]), Brown-v. Neumann [CI], Motzkin-Raiffa-Thompson-Thrall [CII].

§ 8. Lineare Programme

In diesem Paragraphen wird eine weitere Methode zur Berechnung von Wert und optimalen Strategien eines Matrixspieles Γ dargestellt, die im Gegensatz zu der Methode des vorigen Paragraphen auch bei größeren Auszahlungsmatrizen praktisch brauchbar ist. Es werden dieselben Bezeichnungen wie im vorigen Paragraphen verwendet. Man geht wieder von Satz 21 des vorigen Paragraphen aus, nach dem zur Ermittlung von Wert und optimalen Strategien die Lösungen des Ungleichungssystems (U') mit maximaler t-Koordinate zu bestimmen sind. Diese Aufgabe läßt sich auffassen als ein sogenanntes *line-*

ares Programm (linear programming). Hierunter versteht man eine Aufgabe folgender Art: Man suche unter denjenigen Lösungen eines reellen linearen Gleichungssystems

$$(G) \qquad \sum_{\nu=1}^{N} a_{\mu\nu}\,\xi_\nu = b_\mu \qquad (\mu = 1, \ldots, M),$$

deren sämtliche Komponenten $\xi_\nu \geqq 0$ $(\nu = 1, \ldots, N)$ sind, diejenigen, die eine vorgegebene reelle Linearform $c_1\xi_1 + \cdots + c_N\xi_N$ maximieren. Diese Lösungen des linearen Gleichungssystems (G) sind die *Lösungen* des vorgelegten linearen Programmes. Den Wert der linearen Form $\sum_{\nu=1}^{N} c_\nu\,\xi_\nu$ für eine solche Lösung bezeichnet man als *Lösungswert* des linearen Programmes. Auf derartige lineare Programme führen insbesondere vielerlei praktische und theoretische ökonomische Fragestellungen, zum Beispiel die Herstellung eines Öl- oder Gasgemisches mit vorgeschriebenen Eigenschaften aus N verschiedenen Komponenten bei minimalen Kosten. In diesem Falle sind die $\xi_1, \ldots, \xi_N$ die Mengen der verwendeten Komponenten. Sie sind natürlicherweise $\geqq 0$. Die Gleichungen (G) stellen die vorgeschriebenen Anforderungen an das Gemisch dar. Die Größen $c_1, \ldots, c_N$ sind die Negativen der Preise der Komponenten. Weitere ökonomische Probleme, die auf solche linearen Programme führen, sind gewisse Transport- und Verteilungsprobleme und viele andere. Im Rahmen dieses Buches kann natürlich auf diese ökonomischen Anwendungen nicht weiter eingegangen werden. Hierüber findet man Näheres sowie zahlreiche Literaturangaben in [AA], [B], [Ga], [H].

In diesem Paragraphen sollen zunächst die linearen Programme nur soweit betrachtet werden, wie sie unmittelbar zu dem Zweck der Ermittlung von Wert und optimalen Strategien für Matrixspiele benötigt werden. Wegen einiger weiterer Ergänzungen zur Theorie der linearen Programme wird auf die Lehrbücher [CC], [Ga], [H], [K], [V], die Berichte [RA] und [SLP], sowie auf die Arbeit von Goldman-Tucker in [LI] verwiesen. Am Ende dieses Paragraphen wird noch bewiesen, daß umgekehrt auch jedes lineare Programm auf ein Matrixspiel zurückgeführt werden kann, so daß in einem gewissen Sinne eine Äquivalenz zwischen der Theorie der Matrixspiele und der der linearen Programme besteht.

Die Zurückführung der Aufgabe über das System (U') auf ein lineares Programm kann in verschiedener Weise bewerkstelligt werden, zum Beispiel so: Außer den Unbekannten $x_1, \ldots, x_m, t$ führt man noch weitere n Unbekannte $z_1, \ldots, z_n$ ein und schreibt mit ihrer Hilfe die Aufgabe über das Ungleichungssystem (U') in der Form

$$\left\{\begin{aligned} \sum_{i=1}^{m} A(\sigma_1^{(i)}, \sigma_2^{(j)})\,x_i - z_j &= t \qquad (j = 1, \ldots, n)\\ \sum_{i=1}^{m} x_i &= 1\\ x_i &\geqq 0 \qquad (i = 1, \ldots, m)\\ z_j &\geqq 0 \qquad (j = 1, \ldots, n)\\ t &= \text{Max!} \end{aligned}\right.$$

Hier kann man noch t eliminieren, etwa mittels der n-ten Gleichung. Dann erhält man das folgende lineare Programm (L_Γ) in den Unbekannten $x_1, \ldots, x_m, z_1, \ldots, z_n$:

$$(L_\Gamma)\left\{\begin{array}{ll} \sum_{i=1}^{m}\left(A(\sigma_1^{(i)},\sigma_2^{(j)}) - A(\sigma_1^{(i)},\sigma_2^{(n)})\right) x_i - z_j + z_n = 0 & (j = 1, \ldots, n-1) \\ \sum_{i=1}^{m} x_i = 1 & \\ x_i \geqq 0 \quad (i = 1, \ldots, m), \qquad z_j \geqq 0 & (j = 1, \ldots, n) \\ \sum_{i=1}^{m} A(\sigma_1^{(i)},\sigma_2^{(n)})\, x_i - z_n = \text{Max!} & \end{array}\right.$$

Aus bestimmten Gründen, die später deutlich werden, sei dabei noch ohne Beschränkung der Allgemeinheit vorausgesetzt, daß die Numerierung der Strategien des Spielers 2 von vornherein so gewählt ist, daß $A(\sigma_1^{(1)}, \sigma_2^{(j)}) \geqq A(\sigma_1^{(1)}, \sigma_2^{(n)})$ für alle $j = 1, \ldots, n-1$ ist.

Die bisherigen Überlegungen werden im folgenden Satz zusammengefaßt und abgerundet:

Satz 25. *Sei $\Gamma = \{\Sigma_1, \Sigma_2; A\}$ ein endliches Zweipersonen-Nullsummen-Spiel, $\Sigma_1 = \{\sigma_1^{(1)}, \ldots, \sigma_1^{(m)}\}$, $\Sigma_2 = \{\sigma_2^{(1)}, \ldots, \sigma_2^{(n)}\}$. Dann ist der Wert $v = v(\tilde{\Gamma})$ des Spieles gleich dem Lösungswert des linearen Programmes (L_Γ). Durchläuft $(x_1^*, \ldots, x_m^*, z_1^*, \ldots, z_n^*)$ alle Lösungen des linearen Programmes (L_Γ), so durchläuft $(x_1^*, \ldots, x_m^*)$ genau alle optimalen gemischten Strategien des Spielers 1. Darunter sind genau diejenigen Strategien $(x_1^*, \ldots, x_m^*)$ Extremalstrategien, für welche die Lösung $(x_1^*, \ldots, x_m^*, z_1^*, \ldots, z_n^*)$ von (L_Γ) eine Ecke des durch die Gleichungen und Ungleichungen von (L_Γ) im $(x_1, \ldots, x_m, z_1, \ldots, z_n)$-Raum bestimmten konvexen Raumstückes Q ist.*

Beweis. Es ist nur noch die Aussage über die Extremalstrategien zu beweisen. Diese ergibt sich daraus, daß für alle Lösungen $(x_1^*, \ldots, x_m^*, z_1^*, \ldots, z_n^*)$ des linearen Programmes (L_Γ) sich die Koordinaten $z_1^*, \ldots, z_n^*$ in linearer Weise durch v und die Koordinaten $x_1^*, \ldots, x_m^*$ ausdrücken lassen. Damit ist Satz 25 bewiesen.

Es wird nun eine allgemeine Lösungsmethode für lineare Programme, die sogenannte *Simplex-Methode*, behandelt, soweit sie für die Lösung von Matrixspielen benötigt wird. Sie stammt von Dantzig [AA] mit einer Vervollständigung durch Charnes. Sei das lineare Programm in den Unbekannten $\xi_1, \ldots, \xi_N$ gegeben durch

$$(L)\left\{\begin{array}{lll} \sum_{\nu=1}^{N} a_{\mu\nu}\,\xi_\nu = b_\mu & (\mu = 1, \ldots, M) & (1) \\ \xi_\nu \geqq 0 & (\nu = 1, \ldots, N) & (2) \\ \sum_{\nu=1}^{N} c_\nu\,\xi_\nu = \text{Max!} & & \end{array}\right.$$

Die Gleichungen (1) und Ungleichungen (2) bestimmen zusammen ein konvexes Raumstück Q im $(\xi_1, \ldots, \xi_N)$-Raum. Es muß zunächst untersucht werden, ob Q nicht-leer ist, d. h. ob die Gleichungen (1) und Ungleichungen (2) überhaupt verträglich sind. Zu diesem Zweck kann man zum Beispiel nach den Ecken von Q fragen. Wenn nämlich Q nicht-leer ist, so besitzt es mindestens eine Ecke. Dies kann man etwa so einsehen: Sei $(\xi_1^{(0)}, \ldots, \xi_N^{(0)})$ ein Punkt aus Q. Sei c eine Zahl mit $\xi_1^{(0)} + \cdots + \xi_N^{(0)} < c$. Fügt man zu den Q definierenden Ungleichungen noch die Ungleichung $\xi_1 + \cdots + \xi_N \leqq c$ hinzu, so geht Q in ein konvexes Polyeder Q' über. Q' ist nach Satz D in § 7 die baryzentrische Hülle der Menge seiner Ecken. Da auch $(\xi_1^{(0)}, \ldots, \xi_N^{(0)})$ zu Q' gehört, können nicht alle Ecken von Q' auf der Hyperebene $\xi_1 + \cdots + \xi_N = c$ liegen. Jede nicht auf dieser Hyperebene liegende Ecke von Q' ist aber auch eine Ecke von Q.

Das Aufsuchen einer Ecke von Q kann prinzipiell mittels Satz B aus § 7 geschehen. Jedoch ist dieses Verfahren ziemlich umständlich und praktisch wenig brauchbar. Für die hier verfolgten Ziele ist das jedoch unerheblich; denn im Falle des linearen Programmes (L_Γ) ist man von vornherein sicher, daß das zugehörige Q nicht-leer ist. Außerdem kann man hier sogar unmittelbar eine Ecke von Q angeben, nämlich den Punkt $x_1 = 1$, $x_2 = \cdots = x_m = 0$, $z_j = A(\sigma_1^{(1)}, \sigma_2^{(j)}) - A(\sigma_1^{(1)}, \sigma_2^{(n)})$ $(j = 1, \ldots, n-1)$, $z_n = 0$. Daß dieser Punkt tatsächlich Ecke von Q ist, folgt sowohl nach der Definition einer Ecke als auch nach dem Kriterium von Satz B in § 7 sofort. Man beachte dabei die vor Satz 25 getroffene Vereinbarung über die Numerierung der Strategien $\sigma_2^{(j)}$.

Es soll daher weiterhin vorausgesetzt werden, daß man für das lineare Programm (L) eine Ecke des zugehörigen konvexen Raumstückes Q kennt. Wegen der Frage, wie man praktischerweise vorzugehen hat, wenn keine Ecke von Q bekannt ist, sei auf die oben erwähnten Lehrbücher verwiesen. Es werden nun noch einige für das Folgende bequeme Bezeichnungen eingeführt. Zunächst wird der folgende Hilfssatz bewiesen:

Hilfssatz. *Sei Q das durch die Gleichungen und Ungleichungen* (1), (2) *gegebene konvexe Raumstück. Sei $(\xi_1^{(0)}, \ldots, \xi_N^{(0)}) \in Q$ und seien $\xi_{\nu_1}^{(0)}, \ldots, \xi_{\nu_s}^{(0)}$ diejenigen unter den Koordinaten $\xi_1^{(0)}, \ldots, \xi_N^{(0)}$, die positiv sind. Dann ist $(\xi_1^{(0)}, \ldots, \xi_N^{(0)})$ dann und nur dann Ecke von Q, wenn die Spaltenvektoren $\mathfrak{a}_{\nu_j} = \begin{pmatrix} a_{1\nu_j} \\ \vdots \\ a_{M\nu_j} \end{pmatrix}$ $(j = 1, \ldots, s)$ linear unabhängig sind.*

Beweis. Nach Satz B in § 7 ist der Punkt $(\xi_1^{(0)}, \ldots, \xi_N^{(0)}) \in Q$ dann und nur dann Ecke von Q, wenn die Koeffizientenmatrix der von diesem Punkt befriedigten Gleichungen $\sum_{\nu=1}^{N} a_{\mu\nu}\xi_\nu = b_\mu$ $(\mu = 1, \ldots, M)$, $\xi_\nu = 0$ $(1 \leqq \nu \leqq N;$ $\nu \neq \nu_1, \ldots, \nu_s)$ den Rang N hat. Das ist aber genau dann der Fall, wenn die Matrix mit den Spaltenvektoren $\mathfrak{a}_{\nu_1}, \ldots, \mathfrak{a}_{\nu_s}$ den Rang s hat, d. h. wenn die Vektoren $\mathfrak{a}_{\nu_1}, \ldots, \mathfrak{a}_{\nu_s}$ linear unabhängig sind, w. z. b. w.

Definition 19. *Sei $\mathfrak{x}^{(0)} = (\xi_1^{(0)}, \ldots, \xi_N^{(0)})$ eine Ecke des durch die Gleichungen und Ungleichungen* (1), (2) *bestimmten konvexen Raumstückes Q, und seien $\xi_{j_1}^{(0)}, \ldots, \xi_{j_s}^{(0)}$ die positiven unter den Koordinaten von $\mathfrak{x}^{(0)}$. Es sei r der Rang der Koeffizientenmatrix $\mathfrak{M} = (a_{\mu\nu})$ des Systems* (1). *Jedes System von r linear unab-*

hängigen Spaltenvektoren $\mathfrak{a}_{\nu_1}, \ldots, \mathfrak{a}_{\nu_r}$ *von* $\mathfrak{M}$, *das die Spaltenvektoren* $\mathfrak{a}_{j_1}, \ldots, \mathfrak{a}_{j_s}$ *umfaßt, wird als eine* zur Ecke $\mathfrak{x}^{(0)}$ gehörige Basis (*des von den Spalten von* $\mathfrak{M}$ *aufgespannten Raumes*) *bezeichnet. Jeder Spaltenvektor* $\mathfrak{a}_\nu$ $(\nu = 1, \ldots, N)$ *von* $\mathfrak{M}$ *läßt sich dann eindeutig als Linearkombination der Basis* $\mathfrak{a}_{\nu_1}, \ldots, \mathfrak{a}_{\nu_r}$ *schreiben*, $\mathfrak{a}_\nu = \sum_{l=1}^{r} k_{\nu l}\, \mathfrak{a}_{\nu_l}$ $(\nu = 1, \ldots, N)$. *Die Zahlen* $k_{\nu l}$ $(\nu = 1, \ldots, N;\ l = 1, \ldots, r)$ *werden als die zur Basis* $\mathfrak{a}_{\nu_1}, \ldots, \mathfrak{a}_{\nu_r}$ *gehörigen* Programmkoeffizienten *bezeichnet.*

Um zu einer gegebenen Ecke $\mathfrak{x}^{(0)}$ von Q eine Basis zu ermitteln, hat man Untersuchungen über lineare Abhängigkeit und Unabhängigkeit von Spaltenvektoren von $\mathfrak{M}$ anzustellen. Um zu einer gegebenen Basis die Programmkoeffizienten zu ermitteln, hat man lineare Gleichungssysteme zu lösen. Das sind im allgemeinen umständliche Arbeiten. Wiederum aber ist dieser Punkt für die hier verfolgten Ziele unerheblich; denn im Falle des linearen Programmes (L_Γ) erhält man sofort zu der oben angegebenen Ecke eine Basis und die zugehörigen Programmkoeffizienten. In diesem Falle des Programmes (L_Γ) hat man nämlich die Koeffizientenmatrix

$$\mathfrak{M} = \begin{pmatrix} \alpha_{11} & \cdots & \alpha_{m1} & -1 & \cdots & 0 & 1 \\ \vdots & & \vdots & \vdots & \ddots & \vdots & \vdots \\ \alpha_{1,n-1} & \cdots & \alpha_{m,n-1} & 0 & \cdots & -1 & 1 \\ 1 & \cdots & 1 & 0 & \cdots & 0 & 0 \end{pmatrix},$$

wobei zur Abkürzung $A(\sigma_1^{(i)}, \sigma_2^{(j)}) - A(\sigma_1^{(i)}, \sigma_2^{(n)}) = \alpha_{ij}$ $(i = 1, \ldots, m;\ j = 1, \ldots, n-1)$ gesetzt ist und die Reihenfolge $x_1, \ldots, x_m, z_1, \ldots, z_n$ der Unbekannten beibehalten wurde. Offensichtlich bilden die n Spaltenvektoren $\mathfrak{a}_1, \mathfrak{a}_{m+1}, \ldots, \mathfrak{a}_{m+n-1}$ von $\mathfrak{M}$ eine zu der genannten Ecke gehörige Basis. Die Darstellungen der übrigen Spaltenvektoren von $\mathfrak{M}$ durch diese Basis lauten:

$$\mathfrak{a}_i = \mathfrak{a}_1 + (\alpha_{11} - \alpha_{i1})\, \mathfrak{a}_{m+1} + \cdots + (\alpha_{1,n-1} - \alpha_{i,n-1})\, \mathfrak{a}_{m+n-1} \quad (i = 2, \ldots, m)$$
$$\mathfrak{a}_{m+n} = -\mathfrak{a}_{m+1} - \cdots - \mathfrak{a}_{m+n-1},$$

so daß die zugehörigen Programmkoeffizienten sofort abgelesen werden können.

Es soll daher weiterhin vorausgesetzt werden, daß man für das lineare Programm (L) eine Ecke $\mathfrak{x}^{(0)} = (\xi_1^{(0)}, \ldots, \xi_N^{(0)})$ des zugehörigen konvexen Raumstückes Q kennt, sowie eine zugehörige Basis, die aus den Spaltenvektoren $\mathfrak{a}_{\nu_1}, \ldots, \mathfrak{a}_{\nu_r}$ der Koeffizientenmatrix $\mathfrak{M} = (a_{\mu\nu})$ des Systems (1) bestehen möge. Ferner seien die zugehörigen Programmkoeffizienten $k_{\nu l}$ $(\nu = 1, \ldots, N;\ l = 1, \ldots, r)$ berechnet. Wegen der Frage, wie man praktischerweise vorzugehen hat, wenn noch keine Basis und Programmkoeffizienten bekannt sind, sei auf die oben erwähnten Lehrbücher verwiesen.

Da $(\xi_1^{(0)}, \ldots, \xi_N^{(0)})$ eine Lösung des Gleichungssystems (1) ist und da $\xi_\nu^{(0)} = 0$ ist für $\nu \neq \nu_1, \ldots, \nu_r$, so gilt

$$b_\mu = \sum_{\nu=1}^{N} a_{\mu\nu}\, \xi_\nu^{(0)} = \sum_{l=1}^{r} a_{\mu\nu_l}\, \xi_\nu^{(0)} \qquad (\mu = 1, \ldots, M).$$

Daher kann man das Gleichungssystem (1) in der folgenden Gestalt schreiben:

$$\sum_{\nu=1}^{N} a_{\mu\nu}\,\xi_\nu = \sum_{l=1}^{r} a_{\mu\nu_l}\,\xi_{\nu_l}^{(0)} \qquad (\mu = 1,\ldots, M)$$

oder

$$\sum_{l=1}^{r} a_{\mu\nu_l}\,\xi_{\nu_l} = \sum_{l=1}^{r} a_{\mu\nu_l}\,\xi_{\nu_l}^{(0)} - \sum_{\nu \neq \nu_1,\ldots,\nu_r} a_{\mu\nu}\,\xi_\nu = \sum_{l=1}^{r} a_{\mu\nu_l}\,\xi_{\nu_l}^{(0)} - \sum_{\nu \neq \nu_1,\ldots,\nu_r}\ \sum_{l=1}^{r} k_{\nu l}\, a_{\mu\nu_l}\,\xi_\nu$$
$$(\mu = 1,\ldots, M).$$

Wegen der linearen Unabhängigkeit der Vektoren $\mathfrak{a}_{\nu_1},\ldots,\mathfrak{a}_{\nu_r}$ ist dies gleichwertig mit

$$\xi_{\nu_l} = \xi_{\nu_l}^{(0)} - \sum_{\nu \neq \nu_1,\ldots,\nu_r} k_{\nu l}\,\xi_\nu \qquad (l = 1,\ldots, r). \tag{1'}$$

Die Bedingungen (1) des Systems (L) lassen sich also in dieser aufgelösten Gestalt (1′) schreiben. Führt man die Ausdrücke (1′) für die Variablen $\xi_{\nu_1},\ldots,\xi_{\nu_r}$ in die zu maximierende lineare Form $c_1\,\xi_1 + \cdots + c_N\,\xi_N$ ein, so geht diese Form über in

$$\sum_{\nu=1}^{N} c_\nu\,\xi_\nu = \sum_{l=1}^{r} c_{\nu_l}\,\xi_{\nu_l}^{(0)} + \sum_{\nu \neq \nu_1,\ldots,\nu_r} \Big(c_\nu - \sum_{l=1}^{r} c_{\nu_l}\,k_{\nu l}\Big)\xi_\nu$$
$$= \sum_{\nu=1}^{N} c_\nu\,\xi_\nu^{(0)} + \sum_{\nu \neq \nu_1,\ldots,\nu_r} \Big(c_\nu - \sum_{l=1}^{r} c_{\nu_l}\,k_{\nu l}\Big)\xi_\nu.$$

Hieraus erkennt man folgendes: Sind für alle $\nu = 1,\ldots, N$ die Ausdrücke $c_\nu - \sum_{l=1}^{r} c_{\nu_l}\,k_{\nu l} \leqq 0$[1]), so ist für jedes Wertsystem $\xi_1,\ldots,\xi_N$, das den Bedingungen (1) und (2) genügt, der Wert der linearen Form $\sum_{\nu=1}^{N} c_\nu\,\xi_\nu \leqq \sum_{\nu=1}^{N} c_\nu\,\xi_\nu^{(0)}$. Das heißt aber, daß die Ecke $\mathfrak{x}^{(0)}$ das Maximum von $\sum_{\nu=1}^{N} c_\nu\,\xi_\nu$ auf Q liefert und damit das lineare Programm (L) löst.

Ist für wenigstens ein $\nu\,(1 \leqq \nu \leqq N)$, etwa für ν_0, der Ausdruck $c_{\nu_0} - \sum_{l=1}^{r} c_{\nu_l}\,k_{\nu_0 l} > 0$, also[1]) $\nu_0 \neq \nu_1,\ldots,\nu_r$, so kann man den Wert der linearen Form $\sum_{\nu=1}^{N} c_\nu\,\xi_\nu$ über den Wert in der Ecke $\mathfrak{x}^{(0)}$ hinaus vergrößern, indem man die Koordinate $\xi_{\nu_0} > 0$ wählt, für die übrigen ξ_ν $(\nu \neq \nu_0, \nu_1\ldots, \nu_r)$ den Wert null beibehält und zu diesen neuen Werten von $\xi_\nu\,(\nu \neq \nu_1,\ldots,\nu_r)$ die Werte $\xi_{\nu_1},\ldots,\xi_{\nu_r}$ gemäß (1′) bestimmt. Damit aber der neue Punkt $(\xi_1,\ldots,\xi_N)$ auch zu Q gehört, ist noch darauf zu achten, daß diese $\xi_{\nu_1},\ldots,\xi_{\nu_r} \geqq 0$ bleiben. Das hängt von den Programmkoeffizienten $k_{\nu_0 l}$ $(l = 1,\ldots, r)$ ab. Sind alle diese $k_{\nu_0 l} \leqq 0$ $(l = 1,\ldots, r)$, so ist für beliebiges $\xi_{\nu_0} > 0$ der eben bestimmte Punkt $(\xi_1,\ldots,\xi_N) \in Q$. Das bedeutet aber, daß die lineare Form $\sum_{\nu=1}^{N} c_\nu\,\xi_\nu$ auf Q beliebig große Werte annehmen kann, so daß in diesem Falle das lineare Programm (L) keine Lösung besitzt. Dieser Fall kann natürlich für das lineare Programm (L_Γ)

---

[1]) Für $\nu = \nu_j$ $(1 \leqq j \leqq r)$ ist offensichtlich immer $c_\nu - \sum_{l=1}^{r} c_{\nu_l}\,k_{\nu l} = c_{\nu_j} - c_{\nu_j} = 0$.

nicht eintreten; denn hier ist offensichtlich die entsprechende lineare Form auf Q nach oben beschränkt.

Ist schließlich $c_{\nu_0} - \sum_{l=1}^{r} c_{\nu_l} k_{\nu_0 l} > 0$ und gibt es jetzt Indizes l $(1 \leqq l \leqq r)$ mit $k_{\nu_0 l} > 0$, so kann man für diese l die Koordinate ξ_{ν_0} bis zum Werte $\xi_{\nu_l}^{(0)}/k_{\nu_0 l}$ wachsen lassen, ohne daß ξ_{ν_l} negativ wird. Sei also $\vartheta \geqq 0$ der kleinste unter allen Quotienten $\xi_{\nu_l}^{(0)}/k_{\nu_0 l}$ $(1 \leqq l \leqq r;\ k_{\nu_0 l} > 0)$, dann kann ξ_{ν_0} bis ϑ wachsen, ohne daß der neue Punkt aus Q herausfällt. Setzt man also $\xi_{\nu_0} = \vartheta$, so erhält man als neuen Punkt von Q den Punkt $\mathfrak{x}^{(1)}$ mit den Koordinaten

$$\left\{\begin{array}{ll} \xi_{\nu_l}^{(1)} = \xi_{\nu_l}^{(0)} - k_{\nu_0 l} \cdot \vartheta & (l = 1, \ldots, r) \\ \xi_{\nu_0}^{(1)} = \vartheta & \\ \xi_{\nu}^{(1)} = 0 & (\nu \neq \nu_0, \nu_1, \ldots, \nu_r). \end{array}\right. \tag{3}$$

Beim Übergang von $\mathfrak{x}^{(0)}$ nach $\mathfrak{x}^{(1)}$ hat dabei der Wert der linearen Form $\sum_{\nu=1}^{N} c_\nu \xi_\nu$ um $\vartheta \cdot (c_{\nu_0} - \sum_{l=1}^{r} c_{\nu_l} k_{\nu_0 l})$ zugenommen.

Es ist nun leicht zu sehen, daß $\mathfrak{x}^{(1)}$ wieder eine Ecke von Q ist. Sei nämlich l_0 $(1 \leqq l_0 \leqq r;\ k_{\nu_0 l_0} > 0)$ ein solcher Index, daß $\xi_{\nu_{l_0}}^{(0)}/k_{\nu_0 l_0} = \vartheta$ ist. Dann sind höchstens die r Koordinaten $\xi_{\nu_0}^{(1)}, \xi_{\nu_l}^{(1)}$ $(1 \leqq l \leqq r;\ l \neq l_0)$ von $\mathfrak{x}^{(1)}$ positiv. Nach dem obigen Hilfssatz genügt es also zu zeigen, daß die r Spaltenvektoren $\mathfrak{a}_{\nu_0}, \mathfrak{a}_{\nu_l}$ $(1 \leqq l \leqq r;\ l \neq l_0)$ von $\mathfrak{M}$ linear unabhängig sind. Sei $\lambda_0 \mathfrak{a}_{\nu_0} + \sum_{\substack{l=1 \\ l \neq l_0}}^{r} \lambda_l \mathfrak{a}_{\nu_l} = 0$. Wäre hier $\lambda_0 \neq 0$, so wäre $\mathfrak{a}_{\nu_0} = \sum_{\substack{l=1 \\ l \neq l_0}}^{r} - (\lambda_l/\lambda_0) \mathfrak{a}_{\nu_l} = \sum_{l=1}^{r} k_{\nu_0 l} \mathfrak{a}_{\nu_l}$, also wegen der linearen Unabhängigkeit der $\mathfrak{a}_{\nu_1}, \ldots, \mathfrak{a}_{\nu_r}$ sicher $k_{\nu_0 l_0} = 0$, was nicht der Fall ist. Also ist $\lambda_0 = 0$ und daher wegen der linearen Unabhängigkeit der $\mathfrak{a}_{\nu_1}, \ldots, \mathfrak{a}_{\nu_r}$ auch $\lambda_l = 0$ $(1 \leqq l \leqq r;\ l \neq l_0)$. Also ist $\mathfrak{x}^{(1)}$ eine Ecke von Q und $\mathfrak{a}_{\nu_0}, \mathfrak{a}_{\nu_l}$ $(1 \leqq l \leqq r;\ l \neq l_0)$ eine zugehörige Basis. Die Programmkoeffizienten für diese neue Basis lassen sich sehr einfach aus denen der alten Basis berechnen. Zunächst folgt nämlich aus $\mathfrak{a}_{\nu_0} = \sum_{l=1}^{r} k_{\nu_0 l} \mathfrak{a}_{\nu_l}$, daß

$$\mathfrak{a}_{\nu_{l_0}} = \frac{1}{k_{\nu_0 l_0}} \cdot \mathfrak{a}_{\nu_0} - \sum_{\substack{l=1 \\ l \neq l_0}}^{r} \frac{k_{\nu_0 l}}{k_{\nu_0 l_0}} \cdot \mathfrak{a}_{\nu_l}$$

ist. Daher ist für alle Spaltenvektoren $\mathfrak{a}_\nu$ $(\nu = 1, \ldots, N)$ von $\mathfrak{M}$

$$\begin{aligned} \mathfrak{a}_\nu = \sum_{l=1}^{r} k_{\nu l} \mathfrak{a}_{\nu_l} &= \sum_{\substack{l=1 \\ l \neq l_0}}^{r} k_{\nu l} \mathfrak{a}_{\nu_l} + k_{\nu l_0} \cdot \left\{ \frac{1}{k_{\nu_0 l_0}} \cdot \mathfrak{a}_{\nu_0} - \sum_{\substack{l=1 \\ l \neq l_0}}^{r} \frac{k_{\nu_0 l}}{k_{\nu_0 l_0}} \cdot \mathfrak{a}_{\nu_l} \right\} \\ &= \frac{k_{\nu l_0}}{k_{\nu_0 l_0}} \cdot \mathfrak{a}_{\nu_0} + \sum_{\substack{l=1 \\ l \neq l_0}}^{r} \left[k_{\nu l} - k_{\nu l_0} \cdot \frac{k_{\nu_0 l}}{k_{\nu_0 l_0}} \right] \cdot \mathfrak{a}_{\nu_l} \quad (\nu = 1, \ldots, N), \end{aligned} \tag{4}$$

woraus sich die neuen Programmkoeffizienten ablesen lassen.

Daher ist man nun bezüglich der neuen Ecke $\mathfrak{x}^{(1)}$ in derselben Lage wie vorher bezüglich der Ecke $\mathfrak{x}^{(0)}$, und man kann mit der Ecke $\mathfrak{x}^{(1)}$ an Stelle von $\mathfrak{x}^{(0)}$ eine neue Runde des Verfahrens beginnen: Entweder stellt es sich dann heraus, daß $\mathfrak{x}^{(1)}$ Lösung des linearen Programmes (L) ist oder daß die lineare Form $\sum_{\nu=1}^{N} c_\nu \xi_\nu$ auf Q nicht nach oben beschränkt ist, so daß (L) unlösbar ist, oder man erhält nach den zu (3), (4) analogen Formeln eine Ecke $\mathfrak{x}^{(2)}$ von Q, eine zugehörige Basis und zugehörige Programmkoeffizienten. Mit $\mathfrak{x}^{(2)}$ verfährt man dann genauso, usw. Es erhebt sich nun die Frage, ob dieses Verfahren notwendig nach endlich vielen Schritten abbrechen muß, indem die dann erhaltene Ecke Lösung des linearen Programmes (L) ist oder die zur zugehörigen Basis gehörigen Programmkoeffizienten anzeigen, daß die lineare Form $\sum_{\nu=1}^{N} c_\nu \xi_\nu$ auf Q nicht nach oben beschränkt ist. Wüßte man, daß alle Ecken $\mathfrak{x}^{(0)}, \mathfrak{x}^{(1)}, \mathfrak{x}^{(2)}, \ldots$ voneinander verschieden wären, so müßte das Verfahren sicher abbrechen; denn Q hat nur endlich viele Ecken. Die Verschiedenheit aller Ecken $\mathfrak{x}^{(0)}, \mathfrak{x}^{(1)}, \mathfrak{x}^{(2)}, \ldots$ wäre gesichert, wenn die Größe ϑ bei allen Schritten positiv wäre; denn dann würde die lineare Form $\sum_{\nu=1}^{N} c_\nu \xi_\nu$ beim Übergang von jeder dieser Ecken zur nächsten wirklich wachsen. Ist aber bei einem Schritt $\vartheta = 0$, so fällt die neue Ecke mit der Ausgangsecke dieses Schrittes zusammen. Das wäre an sich noch nicht schlimm; denn auf alle Fälle findet ja für die zugehörigen Basen ein Übergang zu einer neuen Basis statt, die wirklich von der Ausgangsbasis des betreffenden Schrittes verschieden ist. Da auch die Anzahl aller zu den Ecken von Q gehörigen Basen endlich ist, würde es also genügen sicherzustellen, daß die Endbasis jedes Schrittes (nicht nur von der Ausgangsbasis dieses Schrittes, sondern auch) von allen vorhergehenden Basen verschieden ist. Dies kann nun tatsächlich sichergestellt werden, wenn noch die Regel zur Auswahl des Indexes l_0 enger gefaßt wird, nämlich so: Bezeichne $\mathfrak{a}_{\nu_1}, \ldots, \mathfrak{a}_{\nu_r}$ nach wie vor die zur Ecke $\mathfrak{x}^{(0)}$ bei Beginn des Verfahrens gewählte Basis. Sei dann das Verfahren bis zu einer Ecke $\mathfrak{x}' = (\xi_1', \ldots, \xi_N')$ mit der Basis $\mathfrak{a}_{\mu_1}, \ldots, \mathfrak{a}_{\mu_r}$ und den Programmkoeffizienten $k_{\nu l}'$ $(\nu = 1, \ldots, N;\ l = 1, \ldots, r)$ fortgeschritten. Sei ν_0 $(1 \leqq \nu_0 \leqq N)$ ein Index mit $c_{\nu_0} - \sum_{l=1}^{r} c_{\mu_l} k_{\nu_0 l}' > 0$, für welchen Indizes l $(1 \leqq l \leqq r)$ mit $k_{\nu_0 l}' > 0$ existieren. Dann bestimme man unter diesen Indizes l $(1 \leqq l \leqq r;\ k_{\nu_0 l}' > 0)$ alle diejenigen, für welche der Quotient $\xi_{\mu_l}'/k_{\nu_0 l}'$ minimal wird; unter den so erhaltenen Indizes bestimme man alle diejenigen, für welche der Ausdruck $k_{\nu_1 l}'/k_{\nu_0 l}'$ minimal wird, unter diesen alle mit minimalem $k_{\nu_2 l}'/k_{\nu_0 l}'$, und so weiter bis zu $k_{\nu_r l}'/k_{\nu_0 l}'$. Es bleibt dann schließlich ein einziger Index übrig, der als l_0 gewählt wird.

Daß diese verschärfte Auswahlregel den Index l_0 wirklich eindeutig bestimmt, folgt daraus, daß keine zwei Reihen der Matrix $(k_{\nu_j l}')$ $(j, l = 1, \ldots, r)$ proportional sein können; denn diese Matrix ist die Koeffizientenmatrix der linear unabhängigen Vektoren $\mathfrak{a}_{\nu_1}, \ldots, \mathfrak{a}_{\nu_r}$ in bezug auf die Basis $\mathfrak{a}_{\mu_1}, \ldots, \mathfrak{a}_{\mu_r}$.

Es wird nun gezeigt, daß unter Beachtung dieser verschärften Regel zur Auswahl von l_0 die nach dem obigen Verfahren sukzessive berechneten Basen tatsächlich alle voneinander verschieden sind, so daß das Verfahren sicher abbricht. Hierzu berechne man zu jeder Ecke $\mathfrak{x}' = (\xi'_1, \ldots, \xi'_N)$ von Q mit zugehöriger Basis $\mathfrak{a}_{\mu_1}, \ldots, \mathfrak{a}_{\mu_r}$ und Programmkoeffizienten $k'_{\nu l}$ den $(r+1)$-gliedrigen reellen Vektor

$$\left(\sum_{l=1}^{r} c_{\mu_l} \xi'_{\mu_l}, \sum_{l=1}^{r} c_{\mu_l} k'_{\nu_1 l}, \ldots, \sum_{l=1}^{r} c_{\mu_l} k'_{\nu_r l}\right). \tag{5}$$

Die Gesamtheit aller $(r+1)$-gliedrigen Vektoren denke man sich lexikographisch geordnet, d. h. ein solcher Vektor ist in dieser Ordnung größer als ein zweiter, wenn der Differenzvektor aus dem ersten und zweiten Vektor nicht der Nullvektor ist und die erste nichtverschwindende seiner Komponenten positiv ist. Es wird nun gezeigt, daß bei jedem Schritt des obigen Verfahrens der zu Ecke und Basis gehörende $(r+1)$-gliedrige Vektor (5) durch einen im Sinne dieser Ordnung größeren Vektor ersetzt wird. Daher kann man niemals im Laufe des Verfahrens zur selben Basis zurückgelangen.

Seien Ausgangsecke und -basis des zu untersuchenden Schrittes wieder mit $\mathfrak{x}' = (\xi'_1, \ldots, \xi'_N)$ und $\mathfrak{a}_{\mu_1}, \ldots, \mathfrak{a}_{\mu_r}$ und die zugehörigen Programmkoeffizienten mit $k'_{\nu l}$ $(\nu = 1, \ldots, N;\ l = 1, \ldots, r)$ bezeichnet. Dann ergeben sich die Koordinaten der nächsten Ecke aus den zu (3) analogen Gleichungen. Als zugehörige Basis erhält man die Vektoren $\mathfrak{a}_{\nu_0}, \mathfrak{a}_{\mu_l}$ $(1 \leqq l \leqq r;\ l \neq l_0)$, und die zugehörigen Programmkoeffizienten berechnen sich aus den zu (4) analogen Gleichungen. Damit berechnet man leicht den Differenzvektor des neuen $(r+1)$-gliedrigen Vektors gegenüber dem alten (5) zu

$$(\xi'_{\mu_{l_0}}, k'_{\nu_1 l_0}, \ldots, k'_{\nu_r l_0}) \cdot (1/k'_{\nu_0 l_0})\,(c_{\nu_0} - \sum_{l=1} c_{\mu_l} k'_{\nu_0 l}).$$

Da der Beifaktor $(1/k'_{\nu_0 l_0})\,(c_{\nu_0} - \sum_{l=1}^{r} c_{\mu_l} k'_{\nu_0 l})$ voraussetzungsgemäß positiv ist, so bleibt also noch zu zeigen, daß der Vektor $(\xi'_{\mu_{l_0}}, k'_{\nu_1 l_0}, \ldots, k'_{\nu_r l_0})$ lexikographisch größer als der Nullvektor ist. Hierzu wird allgemeiner bewiesen, daß jeder der Vektoren $(\xi'_{\mu_l}, k'_{\nu_1 l}, \ldots, k'_{\nu_r l})$ $(l = 1, \ldots, r)$ lexikographisch größer als der Nullvektor ist. Der Beweis erfolgt induktiv über die Schritte des Verfahrens. Handelt es sich bei der Ecke $\mathfrak{x}'$ um die Ausgangsecke $\mathfrak{x}^{(0)}$ des ganzen Verfahrens, so hat man $\xi'_\nu = \xi^{(0)}_\nu$ $(\nu = 1, \ldots, N)$ und $\mu_1 = \nu_1, \ldots, \mu_r = \nu_r$, und daher sind die Vektoren $(k'_{\nu_1 l}, \ldots, k'_{\nu_r l})$ $(l = 1, \ldots, r)$ die r Einheitsvektoren. Da die $\xi^{(0)}_\nu$ als Koordinaten einer Ecke von Q jedenfalls $\geqq 0$ sind, so sind in diesem Falle die Vektoren $(\xi'_{\mu_l}, k'_{\nu_1 l}, \ldots, k'_{\nu_r l})$ $(l = 1, \ldots, r)$ lexikographisch größer als der Nullvektor. Sei nun für irgendeine Ecke $\mathfrak{x}' = (\xi'_1, \ldots, \xi'_N)$ von Q mit der Basis $\mathfrak{a}_{\mu_1}, \ldots, \mathfrak{a}_{\mu_r}$ und den Programmkoeffizienten $k'_{\nu l}(\nu = 1, \ldots, N;$ $l = 1, \ldots, r)$ schon bewiesen, daß alle Vektoren $(\xi'_{\mu_l}, k'_{\nu_1 l}, \ldots, k'_{\nu_r l})$ $(l = 1, \ldots, r)$ lexikographisch größer als der Nullvektor sind. Dann hat man dasselbe zu zeigen für die nach dem obigen Verfahren berechnete nächste Ecke mit der Basis $\mathfrak{a}_{\nu_0}, \mathfrak{a}_\mu$ $(1 \leqq l \leqq r;\ l \neq l_0)$. Nach den Gleichungen (3) und (4) berechnet man für die neue Ecke und Basis die r zu untersuchenden $(r+1)$-gliedrigen Vektoren zu

$$(1/k'_{\nu_0 l_0})\,(\xi'_{\mu_{l_0}}, k'_{\nu_1 l_0}, \ldots, k'_{\nu_r l_0}),$$

$$(\xi'_{\mu_l}, k'_{\nu_1 l}, \ldots, k'_{\nu_r l}) - \frac{k'_{\nu_0 l}}{k'_{\nu_0 l_0}} \cdot (\xi'_{\mu_{l_0}}, k'_{\nu_1 l_0}, \ldots, k'_{\nu_r l_0}) \; (1 \leqq l \leqq r;\; l \neq l_0).$$

Nun ist zunächst einmal auf Grund der Induktionsvoraussetzung der erste dieser Vektoren lexikographisch größer als der Nullvektor. Dasselbe gilt für diejenigen übrigen Vektoren, für welche $k'_{\nu_0 l} \leqq 0$ ist. Sei schließlich l $(1 \leqq l \leqq r;$ $l \neq l_0)$ ein Index mit $k'_{\nu_0 l} > 0$. Dann ist auf Grund der Regel zur Auswahl von l_0 jedenfalls $\xi'_{\mu_l} \geqq (k'_{\nu_0 l}/k'_{\nu_0 l_0}) \cdot \xi'_{\mu_{l_0}}$. Gilt dabei in dieser letzten Ungleichung das Gleichheitszeichen, so ist weiter $k'_{\nu_1 l} \geqq (k'_{\nu_0 l}/k'_{\nu_0 l_0}) \cdot k'_{\nu_1 l_0}$. Gilt hier das Gleichheitszeichen, so ist $k'_{\nu_2 l} \geqq (k'_{\nu_0 l}/k'_{\nu_0 l_0}) \cdot k'_{\nu_2 l_0}$, und so weiter. Gilt bis zur vorletzten Koordinate das Gleichheitszeichen, so ist wegen der eindeutigen Bestimmtheit von l_0 schließlich $k'_{\nu_r l} > (k'_{\nu_0 l}/k'_{\nu_0 l_0}) k'_{\nu_r l_0}$. Also sind alle zu untersuchenden Vektoren tatsächlich lexikographisch größer als der Nullvektor. Damit ist die obige Behauptung bewiesen und sichergestellt, daß bei der verschärften Auswahlregel für l_0 das oben beschriebene Verfahren sicher nach endlich vielen Schritten abbricht.

Damit hat man eine praktisch brauchbare Methode, die sogenannte *Simplex-Methode*, zur Auffindung einer Lösung des linearen Programmes (L) bzw. zum Nachweis der Unlösbarkeit erhalten. Der folgende Satz faßt das Ergebnis zusammen:

Satz 26. *Sei $\mathfrak{x}^{(0)}$ eine Ecke des durch die Gleichungen und Ungleichungen* (1), (2) *des linearen Programmes* (L) *bestimmten konvexen Raumstückes Q. Sei $\mathfrak{a}_{\nu_1}, \ldots, \mathfrak{a}_{\nu_r}$ eine zur Ecke $\mathfrak{x}^{(0)}$ gehörige Basis mit Programmkoeffizienten $k^{(0)}_{\nu l}$ $(\nu = 1, \ldots, N;\; l = 1, \ldots, r)$. Man berechne, solange es nach der folgenden induktiven Vorschrift möglich ist, weitere Ecken $\mathfrak{x}^{(i)}$ $(i = 1, 2, \ldots)$ von Q sowie zugehörige Basen und Programmkoeffizienten: Sei die Ecke $\mathfrak{x}^{(i)} = (\xi^{(i)}_1, \ldots, \xi^{(i)}_N)$ $(i \geqq 0)$ mit der zugehörigen Basis $\mathfrak{a}_{\mu_1}, \ldots, \mathfrak{a}_{\mu_r}$ und Programmkoeffizienten $k_{\nu l}$ $(\nu = 1, \ldots, N;\; l = 1, \ldots, r)$ schon berechnet. Dann wähle man beliebig einen Index ν_0 $(1 \leqq \nu_0 \leqq N)$, für welchen $c_{\nu_0} - \sum_{l=1}^{r} c_{\mu_l} k_{\nu_0 l} > 0$ ist. Darauf bestimme man das Minimum ϑ aller Quotienten $\xi^{(i)}_{\mu_l}/k_{\nu_0 l}$ $(1 \leqq l \leqq r;\; k_{\nu_0 l} > 0)$. Dann wird die nächste Ecke $\mathfrak{x}^{(i+1)} = (\xi^{(i+1)}_1, \ldots, \xi^{(i+1)}_N)$ gegeben durch*

$$\xi^{(i+1)}_{\mu_l} = \xi^{(i)}_{\mu_l} - k_{\nu_0 l} \cdot \vartheta \, (l = 1, \ldots, r),\; \xi^{(i+1)}_{\nu_0} = \vartheta,\; \xi^{(i+1)}_{\nu} = 0 \, (\nu \neq \nu_0, \mu_1, \ldots, \mu_r). \quad (6)$$

Die zugehörige Basis bestimme man folgendermaßen: Unter den Indizes l $(1 \leqq l \leqq r;\; k_{\nu_0 l} > 0)$, die das Minimum ϑ des Quotienten $\xi^{(i)}_{\mu_l}/k_{\nu_0 l}$ liefern, suche man diejenigen, die den Ausdruck $k_{\nu_1 l}/k_{\nu_0 l}$ minimieren, unter diesen diejenigen, die $k_{\nu_2 l}/k_{\nu_0 l}$ minimieren, und so fort bis zu $k_{\nu_r l}/k_{\nu_0 l}$. Es bleibt dann stets ein einziger Index l_0 übrig. Die Vektoren $\mathfrak{a}_{\nu_0}$, $\mathfrak{a}_{\mu_l}$ $(1 \leqq l \leqq r;\; l \neq l_0)$ benutze man *als zugehörige Basis zur Ecke* $\mathfrak{x}^{(i+1)}$. *Die Programmkoeffizienten zu dieser neuen Basis ergeben sich aus den alten Programmkoeffizienten gemäß*

$$\mathfrak{a}_\nu = \frac{k_{\nu l_0}}{k_{\nu_0 l_0}} \cdot \mathfrak{a}_{\nu_0} + \sum_{\substack{l=1\\ l \neq l_0}}^{r} \left(k_{\nu l} - k_{\nu l_0} \cdot \frac{k_{\nu_0 l}}{k_{\nu_0 l_0}} \right) \cdot \mathfrak{a}_{\mu_l} \; (\nu = 1, \ldots, N). \tag{7}$$

Dieses Verfahren bricht nach endlich vielen Schritten ab entweder dadurch, daß $c_\nu - \sum_{l=1}^{r} c_{\mu_l} k_{\nu l} \leqq 0$ *für alle* $\nu = 1, \ldots, N$ *ist, in welchem Falle* $\mathfrak{x}^{(i)}$ *Lösung des linearen Programmes* (L) *ist, oder dadurch, daß für den ausgewählten Index* ν_0 *alle Programmkoeffizienten* $k_{\nu_0 l} \leqq 0$ *sind* $(l = 1, \ldots, r)$, *in welchem Falle die lineare Form* $\sum_{\nu=1}^{N} c_\nu \xi_\nu$ *auf* Q *nicht nach oben beschränkt ist, also das lineare Programm* (L) *unlösbar ist.*

Im Falle der Lösbarkeit des linearen Programmes (L) liefert also die Simplex-Methode als Lösung eine Ecke von Q und daher insbesondere im Falle des linearen Programmes (L_Γ) eine Extremalstrategie des Spielers 1 im Spiel Γ. Natürlich wird es im allgemeinen noch weitere Lösungen geben. In [CC] wird die Methode so ausgestaltet, daß man alle Ecken von Q findet, in denen die lineare Form $\sum_{\nu=1}^{N} c_\nu \xi_\nu$ maximal ist. Hierauf soll jedoch hier nicht weiter eingegangen werden, sondern nur die folgende Tatsache bemerkt werden, die sich unmittelbar aus dem oben geführten Beweis von Satz 26 ergibt: Hat man nach der Simplex-Methode die Ecke $\mathfrak{x}^{(i)}$ mit Basis $\mathfrak{a}_{\mu_1}, \ldots, \mathfrak{a}_{\mu_r}$ und Programmkoeffizienten $k_{\nu l}$ als Lösung von (L) ermittelt, so ist dies die einzige Lösung von (L), falls $c_\nu - \sum_{l=1}^{r} c_{\mu_l} k_{\nu l} < 0$ ist für alle $\nu \neq \mu_1, \ldots, \mu_r$. Ist aber für ein $\nu \neq \mu_1, \ldots, \mu_r$ der Ausdruck $c_\nu - \sum_{l=1}^{r} c_{\mu_l} k_{\nu l} = 0$ und sind alle Programmkoeffizienten $k_{\nu l} \leqq 0$ $(l = 1, \ldots, r)$, so ist die Gesamtheit der Lösungspunkte von (L) nicht beschränkt. Dieser Fall kann natürlich für das lineare Programm (L_Γ) nicht eintreten. Ist schließlich für ein $\nu \neq \mu_1, \ldots, \mu_r$ der Ausdruck $c_\nu - \sum_{l=1}^{r} c_{\mu_l} k_{\nu l} = 0$ und gibt es Indizes l $(1 \leqq l \leqq r)$ mit $k_{\nu l} > 0$, dann ist die nach dem Verfahren von Satz 26 berechnete Ecke $\mathfrak{x}^{(i+1)}$ ebenfalls Lösung des linearen Programmes (L). Im Falle des linearen Programmes (L_Γ) erhält man so im allgemeinen mehrere Extremalstrategien.

Für die praktische Durchführung der oben beschriebenen Simplex-Methode empfiehlt es sich, das Verfahren in der folgenden schematischen Form anzuwenden: Die beim i-ten Schritt $(i = 0, 1, 2, \ldots)$ ermittelten Größen, nämlich die Ecke $\mathfrak{x}^{(i)} = (\xi_1^{(i)}, \ldots, \xi_N^{(i)})$ mit Basis $\mathfrak{a}_{\mu_1}, \ldots, \mathfrak{a}_{\mu_r}$ und Programmkoeffizienten $k_{\nu l}$ $(\nu = 1, \ldots, N;\; l = 1, \ldots, r)$, schreibe man in der Form des folgenden Tableaus

				c_1	c_2	$\cdots$	c_{ν_0}	$\cdots$	c_N
				1	2	$\cdots$	ν_0	$\cdots$	N
	c_{μ_1}	μ_1	$\xi^{(i)}_{\mu_1}$	k_{11}	k_{21}	$\cdots$	$k_{\nu_0 1}$	$\cdots$	k_{N1}
	c_{μ_2}	μ_2	$\xi^{(i)}_{\mu_2}$	k_{12}	k_{22}	$\cdots$	$k_{\nu_0 2}$	$\cdots$	k_{N2}
	$\vdots$	$\vdots$	$\vdots$	$\vdots$	$\vdots$		$\vdots$		$\vdots$
$\leftarrow$	$c_{\mu_{l_0}}$	μ_{l_0}	$\xi^{(i)}_{\mu_{l_0}}$	k_{1l_0}	k_{2l_0}	$\cdots$	$\boxed{k_{\nu_0 l_0}}$	$\cdots$	k_{Nl_0}
	$\vdots$	$\vdots$	$\vdots$	$\vdots$	$\vdots$		$\vdots$		$\vdots$
	c_{μ_r}	μ_r	$\xi^{(i)}_{\mu_r}$	k_{1r}	k_{2r}	$\cdots$	$k_{\nu_0 r}$	$\cdots$	k_{Nr}
			$\sum_{l=1}^{r} c_{\mu_l}\xi^{(i)}_{\mu_l}$	ζ_1	ζ_2	$\cdots$	ζ_{ν_0} $\downarrow$	$\cdots$	ζ_N.

Die Zeilen des Tableaus außer der letzten gehören zu den einzelnen Vektoren $\mathfrak{a}_{\mu_l}$ $(l = 1, \ldots, r)$ der Basis, deren Index μ_l jeweils am Zeileneingang angegeben ist. Die Spalten des Tableaus außer der ersten gehören zu den einzelnen Spaltenvektoren $\mathfrak{a}_\nu$ $(\nu = 1, \ldots, N)$ der Koeffizientenmatrix $\mathfrak{M}$ von (1), deren Index ν am Spalteneingang angegeben ist. Die erste Spalte enthält die Koordinaten der Ecke $\mathfrak{x}^{(i)}$ außer solchen, die gleich null sind, sowie den Wert $\sum_{l=1}^{r} c_{\mu_l}\xi^{(i)}_{\mu_l}$ der zu maximierenden linearen Form in der Ecke $\mathfrak{x}^{(i)}$. Dieser Wert kann ohne weiteres aus den Koordinaten $\xi^{(i)}_{\mu_l}$ und den an den Zeileneingängen notierten Koeffizienten c_{μ_l} berechnet werden. Die übrigen Spalten enthalten in den r ersten Zeilen die jeweiligen Programmkoeffizienten. Die Größen ζ_ν $(\nu = 1, \ldots, N)$ in der letzten Zeile sind die „Prüfgrößen" $\zeta_\nu = \sum_{l=1}^{r} c_{\mu_l} k_{\nu l} - c_\nu$, die über die Weiterführung des Verfahrens entscheiden. Sie können ebenfalls ohne weiteres aus den Programmkoeffizienten in der betreffenden Spalte und den am Eingang der Zeilen und Spalten angegebenen Koeffizienten c_j $(j = 1, \ldots, N)$ gebildet werden. Sind alle Prüfgrößen $\zeta_\nu \geqq 0$ $(\nu = 1, \ldots, N)$, so ist $\mathfrak{x}^{(i)}$ Lösung und $\sum_{l=1}^{r} c_{\mu_l}\xi^{(i)}_{\mu_l}$ Lösungswert des linearen Programmes (L). Andernfalls wähle man beliebig einen Index ν_0 mit $\zeta_{\nu_0} < 0$. Sind alle Programmkoeffizienten $k_{\nu_0 l}$ $(l = 1, \ldots, r)$ in der betreffenden Spalte kleiner oder gleich null, so besitzt das lineare Programm (L) kein endliches Maximum. Gibt es dagegen Indizes l $(1 \leqq l \leqq r)$ mit $k_{\nu_0 l} > 0$, so bestimme man nach der oben angegebenen Regel den Index l_0 und damit den beim nächsten Schritt aus der Basis zu entfernenden Vektor $\mathfrak{a}_{\mu_{l_0}}$, an dessen Stelle der Vektor $\mathfrak{a}_{\nu_0}$ tritt. Die beiden Vektoren sind durch Pfeile im Tableau markiert. Die zur Bestimmung des Indexes l_0 benötigten Quotienten $\xi^{(i)}_{\mu_l}/k_{\nu_0 l}$, $k_{\nu_1 l}/k_{\nu_0 l}$, $\ldots$, $k_{\nu_r l}/k_{\nu_0 l}$ können ohne weiteres aus den Tableaugrößen berechnet werden. Nachdem der Index l_0 bestimmt ist, bilde man für die Zeilen des Tableaus die Quotienten $q_1 = k_{\nu_0 1}/k_{\nu_0 l_0}$, $q_2 = k_{\nu_0 2}/k_{\nu_0 l_0}$, $\ldots$, $q_r = k_{\nu_0 r}/k_{\nu_0 l_0}$, $q_{r+1} = \zeta_{\nu_0}/k_{\nu_0 l_0}$. Dann erhält man schließlich das zum nächsten Schritt gehörende Tableau aus dem alten Tableau in folgender Weise:

Seien $\mathfrak{z}_1, \ldots, \mathfrak{z}_{r+1}$ die $(N+1)$-gliedrigen Zeilenvektoren des alten Tableaus. Dann sind die zu den neuen Basisvektoren $\mathfrak{a}_{\nu_0}, \mathfrak{a}_{\mu_l}$ $(1 \leqq l \leqq r;\ l \neq l_0)$ gehörenden Zeilen des neuen Tableaus der Reihe nach

$$\frac{1}{k_{\nu_0 l_0}} \cdot \mathfrak{z}_{l_0},\ \mathfrak{z}_l - q_l \cdot \mathfrak{z}_{l_0}\ (1 \leqq l \leqq r;\ l \neq l_0),$$

wie sich aus den Gleichungen (6), (7) sofort ergibt. Die neue letzte Zeile bestimmt sich ohne weiteres aus den anderen neuen Zeilen und der Zeile $\mathfrak{c} = (0, c_1, \ldots, c_N)$. Auf diese Weise erhält man für die neue letzte Zeile

$$\begin{aligned}
&\frac{c_{\nu_0}}{k_{\nu_0 l_0}} \cdot \mathfrak{z}_{l_0} + \sum_{\substack{l=1 \\ l \neq l_0}}^{r} c_{\mu_l} (\mathfrak{z}_l - q_l \mathfrak{z}_{l_0}) - \mathfrak{c} \\
&= \sum_{l=1}^{r} c_{\mu_l} \mathfrak{z}_l - \mathfrak{c} - \frac{1}{k_{\nu_0 l_0}} \left(\sum_{l=1}^{r} c_{\mu_l} k_{\nu_0 l} - c_{\nu_0}\right) \mathfrak{z}_{l_0} \\
&= \mathfrak{z}_{r+1} - q_{r+1} \cdot \mathfrak{z}_{l_0}.
\end{aligned}$$

Sie berechnet sich also aus den alten Zeilen in der gleichen Weise wie die zu den Basisvektoren $\mathfrak{a}_{\mu_l}$ $(1 \leqq l \leqq r;\ l \neq l_0)$ gehörenden Zeilen. Auf diese Weise hat man zwei Möglichkeiten zur Bestimmung der neuen letzten Zeile, was eine gewisse Kontrolle der Rechnung ermöglicht.

Beispiel 1. Um zunächst ein ganz einfaches Beispiel zu geben, das nicht viel Rechnung erfordert, mögen noch einmal mittels der Simplex-Methode Wert und optimale Strategien für das Knobelspiel (Beispiel 1 in § 2) ermittelt werden. Die Auszahlungsmatrix für dieses Spiel war

	Sch	St	P
Sch	0	-1	$+1$
St	$+1$	0	-1
P	-1	$+1$	0

Zunächst sind nach der Bemerkung vor Satz 25 die Strategien des Spielers II so zu numerieren, daß das Minimum der ersten Zeile in der letzten Spalte liegt, also etwa:

	Sch	P	St
Sch	0	$+1$	-1
St	$+1$	-1	0
P	-1	0	$+1$

Dann hat man nach Satz 25 das folgende lineare Programm in den Unbekannten $x_1, x_2, x_3, z_1, z_2, z_3$ zu lösen:

$$\begin{cases}
x_1 + x_2 - 2x_3 - z_1 + z_3 = 0 \\
2x_1 - x_2 - x_3 - z_2 + z_3 = 0 \\
x_1 + x_2 + x_3 = 1 \\
x_1 \geqq 0,\ x_2 \geqq 0,\ x_3 \geqq 0,\ z_1 \geqq 0,\ z_2 \geqq 0,\ z_3 \geqq 0, \quad -x_1 + x_3 - z_3 = \text{Max!}
\end{cases}$$

Nach den oben zu (L_Γ) gemachten Bemerkungen kann man als Ausgangsecke die Ecke $x_1 = 1, x_2 = x_3 = 0, z_1 = 1, z_2 = 2, z_3 = 0$ mit der Basis $\mathfrak{a}_1, \mathfrak{a}_4, \mathfrak{a}_5$ nehmen und erhält als Ausgangstableau das folgende

			−1	0	+1	0	0	−1	q
			1	2	3	4	5	6	
	−1	1	1	1	1	1	0	0	0	$^1/_3$
←	0	4	1	0	0	[3]	1	0	−1	
	0	5	2	0	3	3	0	1	−1	1
			−1	0	−1	−2	0	0	1	$-^2/_3$
						↓				

Die weitere Rechnung ergibt dann sukzessive die Tableaus

	+1	3	$^1/_3$	0	0	1	$^1/_3$	0	$-^1/_3$	0
	−1	1	$^2/_3$	1	1	0	$-^1/_3$	0	$^1/_3$	$^1/_3$
←	0	5	1	0	[3]	0	−1	1	0	
			$-^1/_3$	0	−1	0	$^2/_3$	0	$^1/_3$	$-^1/_3$
					↓					

0	2	$^1/_3$	0	1	0	$-^1/_3$	$^1/_3$	0
+1	3	$^1/_3$	0	0	1	$^1/_3$	0	$-^1/_3$
−1	1	$^1/_3$	1	0	0	0	$-^1/_3$	$^1/_3$
		0	0	0	0	$^1/_3$	$^1/_3$	$^1/_3$

Damit erhält man die Lösung $x_2 = {}^1/_3, x_3 = {}^1/_3, x_1 = {}^1/_3, z_1 = z_2 = z_3 = 0$ und den Lösungswert 0. Also ist der Wert des Spieles $v = 0$, und eine optimale gemischte Strategie von Spieler I ist $\frac{1}{3}$St + $\frac{1}{3}$P + $\frac{1}{3}$ Sch. Übrigens ist dies die einzige optimale Strategie für Spieler I; denn das obige lineare Programm hat keine außer der genannten Lösung, da für das letzte Tableau alle Prüfgrößen ζ (außer den trivialen, die zu den Indizes der Basisvektoren gehören) positiv sind.

Beispiel 2. Wendet man die Simplex-Methode auf das Poker-Modell aus Beispiel 3 in § 2 an, wobei man die verkleinerte Auszahlungsmatrix, wie sie in § 7 angegeben wurde, benutzt, so erhält man mit mäßigem Rechenaufwand den Wert des Spieles $v = -{}^1/_{18}$, sowie die folgenden Extremalstrategien für Spieler I

$$\tfrac{2}{3}\,(PP\ \ PP, PB) + \tfrac{1}{3}\,(PP, PB, PB),$$
$$\tfrac{1}{3}\,(PP, PP, PB) + \tfrac{1}{2}\,(PP, PB, B) + \tfrac{1}{6}\,(B, PP, PB),$$
$$\tfrac{5}{9}\,(PP, PP, PB) + \tfrac{1}{3}\,(PP, PB, B) + \tfrac{1}{9}\,(B, PB, PB),$$
$$\tfrac{1}{2}\,(PP, PP, PB) + \tfrac{1}{3}\,(PP, PB, B) + \tfrac{1}{6}\,(B, PB, B)$$
$$\tfrac{2}{5}\,(PP, PP, B) + \tfrac{7}{15}\,(PP, PB, PB) + \tfrac{2}{15}\,(B, PP, PB),$$
$$\tfrac{1}{3}\,(PP, PP, B) + \tfrac{1}{2}\,(PP, PB, PB) + \tfrac{1}{6}\,(B, PP, B),$$
$$\tfrac{1}{2}\,(PP, PP, B) + \tfrac{1}{3}\,(PP, PB, PB) + \tfrac{1}{6}\,(B, PB, PB),$$

$\frac{4}{9}(PP, PP, B) \quad + \frac{1}{3}(PP, PB, PB) + \frac{2}{9}(B, PB, B),$
$\frac{1}{6}(PP, PP, B) \quad + \frac{7}{12}(PP, PB, B) \quad + \frac{1}{4}(B, PP, PB),$
$\frac{5}{12}(PP, PP, B) \quad + \frac{1}{3}(PP, PB, B) \quad + \frac{1}{4}(B, PB, PB),$
$\frac{1}{3}(PP, PP, B) \quad + \frac{1}{3}(PP, PB, B) \quad + \frac{1}{3}(B, PB, B),$
$\frac{2}{3}(PP, PB, B) \quad + \frac{1}{3}(B, PP, B).$

Bisher war in diesem Paragraphen nur von optimalen Strategien des Spielers 1 die Rede. Natürlich kann man ein zu (L_Γ) analoges lineares Programm aufstellen, das eine optimale Strategie des Spielers 2 liefert, indem man die Auszahlungsmatrix von Γ durch ihre negative Transponierte ersetzt. Es erweist sich jedoch als überflüssig, auch dieses zweite lineare Programm gesondert zu lösen. Vielmehr liefert die Simplex-Methode für das lineare Programm (L_Γ) gleichzeitig auch schon eine optimale Strategie des Spielers 2 mit. Es gilt nämlich der folgende

Satz 27. *Es ende die Simplex-Methode für das lineare Programm (L_Γ) mit der Lösung $(x_1^*, \ldots, x_m^*, z_1^*, \ldots, z_n^*)$ mit zugehöriger Basis $\mathfrak{a}_{\mu_1}, \ldots, \mathfrak{a}_{\mu_n}$ und Programmkoeffizienten $k_{\nu l}$ $(\nu = 1, \ldots, m+n;\ l = 1, \ldots, n)$. Nach der Simplex-Methode sind dabei zuletzt die Prüfgrößen $\zeta_\nu = \sum_{l=1}^{n} c_{\mu_l} k_{\nu l} - c_\nu$ $(\nu = 1, \ldots, m+n)$ berechnet worden, wobei*

$$c_\nu = \begin{cases} A(\sigma_1^{(\nu)}, \sigma_2^{(n)}) & \text{für } \nu = 1, \ldots, m, \\ 0 & \text{für } \nu = m+1, \ldots, m+n-1, \\ -1 & \text{für } \nu = m+n \end{cases}$$

ist. Dann ist $(y_1^*, \ldots, y_n^*) = (\zeta_{m+1}, \ldots, \zeta_{m+n})$ eine optimale gemischte Strategie des Spielers 2.

Beweis. Zunächst ist zu zeigen, daß $(\zeta_{m+1}, \ldots, \zeta_{m+n})$ überhaupt eine gemischte Strategie des Spielers 2 ist, d. h. $\zeta_{m+j} \geqq 0$ $(j = 1, \ldots, n)$, $\sum_{j=1}^{n} \zeta_{m+j} = 1$. Die Ungleichungen $\zeta_{m+j} \geqq 0$ $(j = 1, \ldots, n)$ folgen sofort daraus, daß voraussetzungsgemäß die Simplex-Methode bei dem betrachteten Schritt mit einer Lösung des linearen Programmes abbricht, so daß alle Prüfgrößen ζ größer oder gleich null sind.

Zum Beweis der Beziehung $\sum_{j=1}^{n} \zeta_{m+j} = 1$ beachte man, daß für die n letzten Spaltenvektoren $\mathfrak{a}_{m+1}, \ldots, \mathfrak{a}_{m+n}$ der Koeffizientenmatrix des Gleichungssystems im linearen Programm (L_Γ) offenbar $\sum_{j=1}^{n} \mathfrak{a}_{m+j} = 0$ gilt. Drückt man hierin die Vektoren $\mathfrak{a}_{m+j}$ $(j = 1, \ldots, n)$ mittels der Basis $\mathfrak{a}_{\mu_1}, \ldots, \mathfrak{a}_{\mu_n}$ aus, so folgt $\sum_{j=1}^{n} \sum_{l=1}^{n} k_{m+j,\,l} \cdot \mathfrak{a}_{\mu_l} = 0$, also wegen der linearen Unabhängigkeit der Vektoren $\mathfrak{a}_{\mu_1}, \ldots, \mathfrak{a}_{\mu_n}$

$$\sum_{j=1}^{n} k_{m+j,\,l} = 0 \quad (l = 1, \ldots, n). \tag{8}$$

Daher wird

$$\sum_{j=1}^{n} \zeta_{m+j} = \sum_{j=1}^{n} \sum_{l=1}^{n} c_{\mu_l} k_{m+j,\,l} + 1 = \sum_{l=1}^{n} c_{\mu_l} \cdot \sum_{j=1}^{n} k_{m+j,\,l} + 1 = 1 .$$

Zum Beweis des Optimalcharakters von $(\zeta_{m+1}, \ldots, \zeta_{m+n})$ wird folgende Vorbetrachtung gemacht, wobei zur Abkürzung der Schreibarbeit $z_1^* = x_{m+1}^*, \ldots, z_n^* = x_{m+n}^*$ gesetzt wird. Es ist einerseits

$$\sum_{l=1}^{n} x_{\mu_l}^* \cdot \mathfrak{a}_{\mu_l} = \begin{pmatrix} 0 \\ \cdot \\ \cdot \\ \cdot \\ 0 \\ 1 \end{pmatrix}$$

und andererseits für jedes $i = 1, \ldots, m$

$$\mathfrak{a}_i + \sum_{j=1}^{n} (A(\sigma_1^{(i)}, \sigma_2^{(j)}) - A(\sigma_1^{(i)}, \sigma_2^{(n)}))\, \mathfrak{a}_{m+j} = \begin{pmatrix} 0 \\ \cdot \\ \cdot \\ \cdot \\ 0 \\ 1 \end{pmatrix}.$$

Drückt man hier in der zweiten Beziehung wieder alles durch die Basis $\mathfrak{a}_{\mu_1}, \ldots, \mathfrak{a}_{\mu_n}$ aus und vergleicht mit der ersten Beziehung, so erhält man

$$k_{il} + \sum_{j=1}^{n} (A(\sigma_1^{(i)}, \sigma_2^{(j)}) - A(\sigma_1^{(i)}, \sigma_2^{(n)}))\, k_{m+j,\,l} = x_{\mu_l}^* \; (l = 1, \ldots, n;\; i = 1, \ldots, m)$$

und daher unter Beachtung von (8)

$$k_{il} + \sum_{j=1}^{n} A(\sigma_1^{(i)}, \sigma_2^{(j)})\, k_{m+j,\,l} = x_{\mu_l}^* \; (l = 1, \ldots, n;\; i = 1, \ldots, m). \tag{9}$$

Mittels (9) erhält man nun ohne weiteres den Optimalcharakter der Strategie $(\zeta_{m+1}, \ldots, \zeta_{m+n})$. Es ist nämlich für alle $i = 1, \ldots, m$

$$\begin{aligned} \sum_{j=1}^{n} A(\sigma_1^{(i)}, \sigma_2^{(j)})\, \zeta_{m+j} &= \sum_{j=1}^{n} A(\sigma_1^{(i)}, \sigma_2^{(j)}) \cdot \sum_{l=1}^{n} c_{\mu_l} k_{m+j,\,l} + A(\sigma_1^{(i)}, \sigma_2^{(n)}) \\ &= \sum_{l=1}^{n} c_{\mu_l} (x_{\mu_l}^* - k_{il}) + A(\sigma_1^{(i)}, \sigma_2^{(n)}) \\ &= \sum_{l=1}^{n} c_{\mu_l} x_{\mu_l}^* - \sum_{l=1}^{n} c_{\mu_l} k_{il} + c_i \\ &= v - \zeta_i \leqq v \;\; (i = 1, \ldots, m), \end{aligned}$$

wobei wieder v den Lösungswert des linearen Programmes (L_Γ), d. h. den Wert des Spieles Γ bezeichnet. Damit ist Satz 27 bewiesen.

Beispiel 1. Das oben aufgeschriebene Endtableau für die Simplex-Methode im Falle des Knobelspieles ergibt nach Satz 27 für den Spieler II die optimale Strategie $\frac{1}{3}$ *Sch* + $\frac{1}{3}$ *P* + $\frac{1}{3}$ *St*.

Beispiel 2. Für das Pokermodell aus Beispiel 3 in § 2 erhält man gemäß Satz 27 für den Spieler II die folgenden optimalen Strategien

$$\tfrac{1}{3}\,(pp, pp, bb) + \tfrac{1}{3}\,(pp, pb, bb) + \tfrac{1}{3}\,(bp, pp, bb),$$
$$\tfrac{2}{3}\,(pp, pp, bb) + \tfrac{1}{3}\,(bp, pb, bb).$$

Anmerkung. Sieht man den Beweis des Satzes 27 daraufhin an, welche Rolle der Hauptsatz für Matrixspiele darin spielt, so erkennt man folgendes. Bei Beachtung der Fußnote zu Satz 21 in § 7 sieht man ohne Benutzung des Hauptsatzes über Matrixspiele, daß das Maximum der t-Koordinaten der Lösungen des Ungleichungssystems (U') gleich $v_1 = \max_{X \in \tilde{\Sigma}_1} \min_{Y \in \tilde{\Sigma}_2} E(X, Y)$ ist. Dasselbe gilt dann auch vom Lösungswert des linearen Programmes (L_Γ). Dann aber zeigt der obige Beweis des Satzes 27 die Existenz einer Strategie Y^* des zweiten Spielers mit $E(\sigma_1^{(i)}, Y^*) \leqq v_1$ für alle $i = 1, \ldots, m$. Also ist auch $E(X, Y^*) \leqq v_1$ für alle gemischten Strategien X des ersten Spielers und daher $\max_{X \in \tilde{\Sigma}_1} E(X, Y^*) \leqq v_1$, also erst recht $\min_{Y \in \tilde{\Sigma}_2} \max_{X \in \tilde{\Sigma}_1} E(X, Y) \leqq v_1 = \max_{X \in \tilde{\Sigma}_1} \min_{Y \in \tilde{\Sigma}_2} E(X, Y)$. Da trivialerweise die umgekehrte Ungleichung gilt, so erhält man auf diese Weise einen dritten Beweis für den Hauptsatz über Matrixspiele, der also von der Simplex-Methode Gebrauch macht. Der Grundgedanke dieses Beweises geht auf Gale-Kuhn-Tucker [AA] zurück.

Der Zusammenhang zwischen dem linearen Programm (L_Γ) und dem analogen linearen Programm zur Ermittlung einer optimalen Strategie von Spieler 2 ordnet sich einem allgemeinen *Dualitätssatz* für lineare Programme unter, der von Gale-Kuhn-Tucker [AA] zum ersten Male bewiesen wurde. Dieser kann am einfachsten formuliert werden für lineare Programme von folgender Form:

$$(L_1) \begin{cases} \sum_{\nu=1}^{N} a_{\mu\nu}\,\xi_\nu \geqq b_\mu \quad (\mu = 1, \ldots, M) \\ \qquad \xi_\nu \geqq 0 \quad (\nu = 1, \ldots, N) \\ \sum_{\nu=1}^{N} c_\nu\,\xi_\nu = \text{Max!} \end{cases}$$

Daß in (L_1) Ungleichungen statt der früheren Gleichungen auftreten, bedeutet natürlich nichts wesentlich Neues; denn man kann wie seinerzeit beim Übergang vom Ungleichungssystem (U') zum linearen Programm (L_Γ) durch Einführung neuer zusätzlicher Unbekannter z_μ $(\mu = 1, \ldots, M)$ das Problem (L_1) in das folgende lineare Programm in den Unbekannten $\xi_1, \ldots, \xi_N, z_1, \ldots, z_M$ übersetzen:

$$(\Lambda_1) \begin{cases} \sum_{\nu=1}^{N} a_{\mu\nu}\,\xi_\nu - z_\mu = b_\mu \quad (\mu = 1, \ldots, M) \\ \qquad \xi_\nu \geqq 0 \quad (\nu = 1, \ldots, N) \\ \qquad z_\mu \geqq 0 \quad (\mu = 1, \ldots, M) \\ \sum_{\nu=1}^{N} c_\nu\,\xi_\nu = \text{Max!} \end{cases}$$

Auf dieses lineare Programm (Λ_1) kann man ähnliche Überlegungen anwenden wie eben beim Beweis des Satzes 27 auf das lineare Programm (L_Γ). Man erhält dann den *Dualitätssatz*

Satz 28. *Das lineare Programm* (L_1) *ist genau dann lösbar, wenn das sogenannte zugehörige* duale *Programm*

$$(L_1^T)\begin{cases}\sum_{\mu=1}^{M} a_{\mu\nu}\,\eta_\mu \geqq c_\nu & (\nu = 1,\ldots,N)\\ \qquad \eta_\mu \leqq 0 & (\mu = 1,\ldots,M)\\ \sum_{\mu=1}^{M} b_\mu\,\eta_\mu = \text{Min}!\end{cases}$$

lösbar ist, und beide Programme haben im Falle der Lösbarkeit den gleichen Lösungswert. Löst man (L_1), *indem man auf* (Λ_1) *die Simplex-Methode anwendet, und endet diese mit der Lösung* $(\xi_1^*,\ldots,\xi_N^*, z_1^*,\ldots,z_M^*)$ *mit zugehöriger Basis* $\mathfrak{a}_{\mu_1},\ldots,\mathfrak{a}_{\mu_M}$ *und Programmkoeffizienten* $k_{\nu l}$ $(\nu = 1,\ldots,N+M; l = 1,\ldots,M)$, *so erhält man aus den beim letzten Schritt gebildeten Prüfgrößen* $\zeta_\nu = \sum_{l=1}^{M} c_{\mu_l}\,k_{\nu l} - c_\nu$ $(\nu = 1,\ldots,N+M;\ c_{N+\lambda} = 0$ *für* $\lambda = 1,\ldots,M)$ *die Lösung* $(\eta_1^*,\ldots,\eta_M^*) = (-\zeta_{N+1},\ldots,-\zeta_{N+M})$ *von* (L_1^T).

Beweis. Sei zunächst (L_1) lösbar. Dann muß die Simplex-Methode für (Λ_1) mit einer Lösung enden. Sei diese $(\xi_1^*,\ldots,\xi_N^*, z_1^*,\ldots,z_M^*)$ mit zugehöriger Basis $\mathfrak{a}_{\mu_1},\ldots,\mathfrak{a}_{\mu_M}$ und Programmkoeffizienten $k_{\nu l}$ $(\nu = 1,\ldots,N+M;$ $l = 1,\ldots,M)$. Dann sind die Prüfgrößen $\zeta_\nu = \sum_{l=1}^{M} c_{\mu_l}\,k_{\nu l} - c_\nu \geqq 0$ $(\nu = 1,\ldots,N+M)$, also insbesondere $-\zeta_{N+\lambda} \leqq 0$ $(\lambda = 1,\ldots,M)$.

Um nachzuweisen, daß $(-\zeta_{N+1},\ldots,-\zeta_{N+M})$ auch den übrigen Ungleichungen von (L_1^T) genügt, beachte man, daß für die Spaltenvektoren der Koeffizientenmatrix des Gleichungssystemes von (Λ_1) offenbar gilt

$$\mathfrak{a}_\nu = -\sum_{\mu=1}^{M} a_{\mu\nu}\,\mathfrak{a}_{N+\mu} \quad (\nu = 1,\ldots,N).$$

Drückt man alle Vektoren durch die Basis $\mathfrak{a}_{\mu_1},\ldots,\mathfrak{a}_{\mu_M}$ aus, so erhält man durch Koeffizientenvergleich

$$k_{\nu l} = -\sum_{\mu=1}^{M} a_{\mu\nu}\,k_{N+\mu,\,l};\ (\nu = 1,\ldots,N; l = 1,\ldots,M). \tag{10}$$

Mittels dieser Gleichungen (10) berechnet man dann sofort für alle $\nu = 1,\ldots,N$

$$-\sum_{\mu=1}^{M} a_{\mu\nu}\,\zeta_{N+\mu} = -\sum_{\mu=1}^{M} a_{\mu\nu}\cdot\sum_{l=1}^{M} c_{\mu_l}\,k_{N+\mu,\,l} = \sum_{l=1}^{M} c_{\mu_l}\,k_{\nu l} = \zeta_\nu + c_\nu \geqq c_\nu \quad (\nu = 1,\ldots,N).$$

Also genügt $(-\zeta_{N+1},\ldots,-\zeta_{N+M})$ allen Ungleichungen von (L_1^T). Die Menge der Lösungen des Ungleichungssystems von (L_1^T) ist also nicht-leer.

Sei nun $(\eta_1, \ldots, \eta_M)$ irgendeine Lösung des Ungleichungssystems von (L_1^T). Dann ist

$$\sum_{\mu=1}^{M} b_\mu \cdot \eta_\mu \geqq \sum_{\mu=1}^{M} \left(\sum_{\nu=1}^{N} a_{\mu\nu} \xi_\nu^*\right) \cdot \eta_\mu = \sum_{\nu=1}^{N} \left(\sum_{\mu=1}^{M} a_{\mu\nu} \eta_\mu\right) \xi_\nu^* \geqq \sum_{\nu=1}^{N} c_\nu \xi_\nu^*, \tag{11}$$

d. h. der Wert der linearen Form $\sum_{\mu=1}^{M} b_\mu \eta_\mu$ ist für jede Lösung $(\eta_1, \ldots, \eta_M)$ des Ungleichungssystems von (L_1^T) größer oder gleich dem Lösungswert von (L_1).

Um zu zeigen, daß $(-\zeta_{N+1}, \ldots, -\zeta_{N+M})$ Lösung von (L_1^T) ist und daß der Lösungswert von (L_1^T) gleich dem von (L_1) ist, bleibt also nur noch zu zeigen, daß $-\sum_{\mu=1}^{M} b_\mu \cdot \zeta_{N+\mu} = \sum_{\nu=1}^{N} c_\nu \xi_\nu^*$ ist. Hierzu beachte man, daß für die Spaltenvektoren der Koeffizientenmatrix des Gleichungssystems von (Λ_1) offenbar folgende Beziehung gilt, wobei der einfacheren Schreibweise wegen $z_1^* = \xi_{N+1}^*, \ldots, z_M^* = \xi_{N+M}^*$ gesetzt ist:

$$\sum_{l=1}^{M} \xi_{\mu_l}^* \cdot \mathfrak{a}_{\mu_l} = \begin{pmatrix} b_1 \\ \vdots \\ b_M \end{pmatrix} = -\sum_{\mu=1}^{M} b_\mu \cdot \mathfrak{a}_{N+\mu}.$$

Hieraus ergibt sich die Beziehung

$$\xi_{\mu_l}^* = -\sum_{\mu=1}^{M} b_\mu k_{N+\mu,l} \quad (l = 1, \ldots, M). \tag{12}$$

Unter Benutzung dieser Gleichungen (12) berechnet man sofort, daß

$$-\sum_{\mu=1}^{M} b_\mu \zeta_{N+\mu} = -\sum_{\mu=1}^{M} b_\mu \cdot \sum_{l=1}^{M} c_{\mu_l} k_{N+\mu,l} = \sum_{l=1}^{M} c_{\mu_l} \xi_{\mu_l}^* = \sum_{\nu=1}^{N} c_\nu \xi_\nu^*$$

ist. Damit sind alle Behauptungen über Lösbarkeit, Lösung und Lösungswert von (L_1^T) bewiesen.

Sei umgekehrt (L_1^T) lösbar. Dann ist auch das lineare Programm in den Unbekannten $\bar{\eta}_1, \ldots, \bar{\eta}_M$

$$\left\{\begin{aligned} \sum_{\mu=1}^{M} (-a_{\mu\nu}) \bar{\eta}_\mu &\geqq c_\nu \quad (\nu = 1, \ldots, N) \\ \bar{\eta}_\mu &\geqq 0 \quad (\mu = 1, \ldots, M) \\ \sum_{\mu=1}^{M} b_\mu \bar{\eta}_\mu &= \text{Max!} \end{aligned}\right.$$

lösbar, das aus (L_1^T) entsteht, indem $-\eta_\mu = \bar{\eta}_\mu$ $(\mu = 1, \ldots, M)$ gesetzt wird. Nach dem eben Bewiesenen ist dann auch das duale Programm hierzu, d. h.

$$\left\{\begin{aligned} \sum_{\nu=1}^{N} (-a_{\mu\nu}) \bar{\xi}_\nu &\geqq b_\mu \quad (\mu = 1, \ldots, M) \\ \bar{\xi}_\nu &\leqq 0 \quad (\nu = 1, \ldots, N) \\ \sum_{\nu=1}^{N} c_\nu \bar{\xi}_\nu &= \text{Min!} \end{aligned}\right.$$

lösbar. Daher ist dann auch (L_1) lösbar, da es durch $\xi_\nu = -\bar{\xi}_\nu$ $(\nu = 1, \ldots, N)$ aus dem letztgenannten Programm hervorgeht. Damit ist Satz 28 vollständig bewiesen.

Die Aussage über duale Programme in Satz 28 läßt sich noch nach GOLDMAN-TUCKER [LI] etwas verallgemeinern auf lineare Programme folgender Art:

$$(L_2)\quad \begin{cases} \sum_{\nu=1}^{N} a_{\mu\nu}\,\xi_\nu \begin{cases} \geqq b_\mu & \text{für } \mu = m_1, \ldots, m_\varrho \\ = b_\mu & \text{für } \mu \neq m_1, \ldots, m_\varrho \end{cases} & (1 \leqq \mu \leqq M) \\ \xi_\nu \begin{cases} \geqq 0 & \text{für } \nu = n_1, \ldots, n_\sigma \\ \text{ohne} & \text{für } \nu \neq n_1, \ldots, n_\sigma \\ \text{Vorzeichenbeschränkung} \end{cases} & (1 \leqq \nu \leqq N) \\ \sum_{\nu=1}^{N} c_\nu\,\xi_\nu = \text{Max!} \end{cases}$$

Auch derartige Programme bringen nichts wirklich Neues; denn jede Variable, die keiner Vorzeichenbeschränkung unterliegt, kann als Differenz zweier neuer nicht-negativer Variablen geschrieben werden. Für die linearen Programme (L_2) lautet der Dualitätssatz

Satz 29. *Das lineare Programm (L_2) ist genau dann lösbar, wenn das zugehörige duale Programm*

$$(L_2^T)\quad \begin{cases} \sum_{\mu=1}^{M} a_{\mu\nu}\,\eta_\mu \begin{cases} \geqq c_\nu & \text{für } \nu = n_1 \ldots, n_\sigma \\ = c_\nu & \text{für } \nu \neq n_1 \ldots, n_\sigma \end{cases} & (1 \leqq \nu \leqq N) \\ \eta_\mu \begin{cases} \leqq 0 & \text{für } \mu = m_1, \ldots, m_\varrho \\ \text{ohne} & \text{für } \mu \neq m_1, \ldots, m_\varrho \\ \text{Vorzeichenbeschränkung} \end{cases} & (1 \leqq \mu \leqq M) \\ \sum_{\mu=1}^{M} b_\mu\,\eta_\mu = \text{Min!} \end{cases}$$

lösbar ist, und beide Programme haben im Falle der Lösbarkeit den gleichen Lösungswert.

Beweis. Nach den obigen Bemerkungen ist (L_2) gleichwertig mit dem linearen Programm in den Unbekannten $\xi_{n_1}, \xi_{n_2}, \ldots, \xi_{n_\sigma}, \xi_\nu^+, \xi_\nu^-$ $(\nu \neq n_1, \ldots, n_\sigma)$

$$\begin{cases} \sum\limits_{\nu = n_1, \ldots, n_\sigma} a_{\mu\nu}\,\xi_\nu + \sum\limits_{\nu \neq n_1, \ldots, n_\sigma} a_{\mu\nu}\,(\xi_\nu^+ - \xi_\nu^-) \geqq b_\mu \quad (\mu = 1, \ldots, M) \\ -\sum\limits_{\nu = n_1, \ldots, n_\sigma} a_{\mu\nu}\,\xi_\nu - \sum\limits_{\nu \neq n_1, \ldots, n_\sigma} a_{\mu\nu}\,(\xi_\nu^+ - \xi_\nu^-) \geqq -b_\mu \quad (\mu \neq m_1, \ldots, m_\varrho) \\ \xi_\nu \geqq 0 \quad (\nu = n_1, \ldots, n_\sigma) \\ \xi_\nu^+ \geqq 0 \quad (\nu \neq n_1, \ldots, n_\sigma) \\ \xi_\nu^- \geqq 0 \quad (\nu \neq n_1, \ldots, n_\sigma) \\ \sum\limits_{\nu = n_1, \ldots, n_\sigma} c_\nu\,\xi_\nu + \sum\limits_{\nu \neq n_1, \ldots, n_\sigma} c_\nu\,(\xi_\nu^+ - \xi_\nu^-) = \text{Max!} \end{cases}$$

Bildet man hierzu das duale Programm gemäß Satz 28, so erkennt man sofort, daß dieses mit (L_2^T) gleichwertig ist, w. z. b. w.

Beispiel. Das lineare Programm (L_Γ) zum Auffinden des Wertes des Spieles Γ und einer optimalen Strategie des Spielers 1 entstand aus der Aufgabe, die Lösungen des Ungleichungssystems (U') mit maximaler t-Koordinate zu finden. Diese Aufgabe ist selbst schon ein lineares Programm vom Typ (L_2) in den Unbekannten $x_1, \ldots, x_m, t$, nämlich

$$(U^*)\quad\left\{\begin{array}{ll} \sum_{i=1}^{m} A(\sigma_1^{(i)}, \sigma_2^{(j)})x_i - t \geqq 0 & (j = 1, \ldots, n) \\ \sum_{i=1}^{m} x_i = 1 & \\ x_i \geqq 0 & (i = 1, \ldots, m) \\ t \quad \text{ohne Vorzeichenbeschränkung} & \\ t = \text{Max}! & \end{array}\right.$$

Das zugehörige duale Programm ist dann nach Satz 29 das folgende lineare Programm in den Unbekannten $\eta_1, \ldots, \eta_{n+1}$

$$\left\{\begin{array}{ll} \sum_{j=1}^{n} A(\sigma_1^{(i)}, \sigma_2^{(j)})\,\eta_j + \eta_{n+1} \geqq 0 & (i = 1, \ldots, m) \\ -\sum_{j=1}^{n} \eta_j = 1 & \\ \eta_j \leqq 0 & (j = 1, \ldots, n) \\ \eta_{n+1} \quad \text{ohne Vorzeichenbeschränkung} & \\ \eta_{n+1} = \text{Min}! & \end{array}\right.$$

Setzt man hierin noch $\eta_j = -y_j$ $(j = 1, \ldots, n)$, $\eta_{n+1} = -\tau$, so erhält man das lineare Programm

$$(V^*)\quad\left\{\begin{array}{ll} \sum_{j=1}^{n} - A(\sigma_1^{(i)}, \sigma_2^{(j)})y_j - \tau \geqq 0 & (i = 1, \ldots, m) \\ \sum_{j=1}^{n} y_j = 1 & \\ y_j \geqq 0 & (j = 1, \ldots, n) \\ \tau \quad \text{ohne Vorzeichenbeschränkung} & \\ \tau = \text{Max}!, & \end{array}\right.$$

das aus (U^*) hervorgeht, wenn man dort die Auszahlungsmatrix durch ihre negative Transponierte ersetzt. Es ist daher (V^*) gerade das zu (U^*) analoge Programm für den Spieler 2 zur Ermittlung einer optimalen Strategie.

Damit entspricht dem Spiel Γ ein Paar zueinander dualer linearer Programme. Es wird nun noch gezeigt, daß man auch umgekehrt jedes vorgelegte lineare Programm, oder besser, jedes Paar zueinander dualer linearer Programme auf ein Matrixspiel zurückführen kann. Diese Rückführung geschieht nach dem folgenden Satz von Dantzig [AA].

Satz 30. *Das lineare Programm* (L_1)

$$\begin{cases} \sum_{\nu=1}^{N} a_{\mu\nu}\,\xi_\nu \geqq b_\mu \ (\mu = 1,\ldots,M) \\ \xi_\nu \geqq 0 \ (\nu = 1,\ldots,N) \\ \sum_{\nu=1}^{N} c_\nu\,\xi_\nu = \text{Max!} \end{cases}$$

ist genau dann lösbar, wenn das symmetrische Zweipersonen-Nullsummen-Spiel mit der Auszahlungsmatrix

$$\mathfrak{S} = \begin{bmatrix} 0 & \cdots & 0 & a_{11} & \cdots & a_{M1} & c_1 \\ \vdots & & \vdots & \vdots & & \vdots & \vdots \\ 0 & \cdots & 0 & a_{1N} & \cdots & a_{MN} & c_N \\ -a_{11} & \cdots & -a_{1N} & 0 & \cdots & 0 & b_1 \\ \vdots & & \vdots & \vdots & & \vdots & \vdots \\ -a_{M1} & \cdots & -a_{MN} & 0 & \cdots & 0 & b_M \\ -c_1 & \cdots & -c_N & -b_1 & \cdots & -b_M & 0 \end{bmatrix}$$

eine optimale gemischte Strategie (für beide Spieler) mit positiver letzter Komponente besitzt. Sei $(x_1, \ldots, x_{N+M+1})$ *eine solche, dann ist* $\xi_1 = x_1/x_{N+M+1}, \ldots, \xi_N = x_N/x_{N+M+1}$ *eine Lösung von* (L_1) *und* $\eta_1 = -x_{N+1}/x_{N+M+1}, \ldots, \eta_M = -x_{N+M}/x_{N+M+1}$ *eine Lösung des zu* (L_1) *gehörigen dualen Programmes* (L_1^T). *Man erhält auf diese Weise alle Lösungen von* (L_1) *und* (L_1^T).

Beweis. Sei $(\xi_1^{(0)}, \ldots, \xi_N^{(0)})$ eine Lösung des linearen Programmes (L_1). Dann ist nach Satz 28 auch das duale Programm (L_1^T) lösbar. Sei $(\eta_1^{(0)}, \ldots, \eta_M^{(0)})$ eine Lösung von (L_1^T). Dann ist nach Satz 28 $\sum_{\nu=1}^{N} c_\nu\,\xi_\nu^{(0)} = \sum_{\mu=1}^{M} b_\mu\,\eta_\mu^{(0)}$. Infolgedessen ist $(\xi_1^{(0)}, \ldots, \xi_N^{(0)}, \eta_1^{(0)}, \ldots, \eta_M^{(0)})$ eine Lösung des Ungleichungssystems

$$\begin{gathered} \sum_{\nu=1}^{N} a_{\mu\nu}\,\xi_\nu \geqq b_\mu \ (\mu = 1,\ldots,M),\ \xi_\nu \geqq 0 \ (\nu = 1,\ldots,N), \\ \sum_{\mu=1}^{M} a_{\mu\nu}\,\eta_\mu \geqq c_\nu \ (\nu = 1,\ldots,N),\ \eta_\mu \leqq 0 \ (\mu = 1,\ldots,M), \\ \sum_{\nu=1}^{N} c_\nu\,\xi_\nu \geqq \sum_{\mu=1}^{M} b_\mu\,\eta_\mu. \end{gathered} \tag{13}$$

Sei umgekehrt $(\xi_1^{(0)}, \ldots, \xi_N^{(0)}, \eta_1^{(0)}, \ldots, \eta_M^{(0)})$ eine Lösung von (13), so ist nach (11) $\sum_{\mu=1}^{M} b_\mu\,\eta_\mu^{(0)} \geqq \sum_{\nu=1}^{N} c_\nu\,\xi_\nu$ für jedes System $(\xi_1, \ldots, \xi_N)$, das den Ungleichungen von (L_1) genügt. Insbesondere ist daher $\sum_{\mu=1}^{M} b_\mu\,\eta_\mu^{(0)} \geqq \sum_{\nu=1}^{N} c_\nu\,\xi_\nu^{(0)}$ und daher $\sum_{\mu=1}^{M} b_\mu\,\eta_\mu^{(0)} = \sum_{\nu=1}^{N} c_\nu\,\xi_\nu^{(0)}$, also $(\xi_1^{(0)}, \ldots, \xi_N^{(0)})$ Lösung des linearen Programmes (L_1).

Da nach (11) auch $\sum_{\mu=1}^{M} b_\mu \eta_\mu \geqq \sum_{\nu=1}^{N} c_\nu \xi_\nu^{(0)}$ gilt für jedes System $(\eta_1, \ldots, \eta_M)$, das den Ungleichungen von (L_1^T) genügt, so ist $(\eta_1^{(0)}, \ldots, \eta_M^{(0)})$ Lösung des linearen Programmes (L_1^T).

Weiter ist nun das Ungleichungssystem (13) dann und nur dann lösbar, wenn das homogenisierte System

$$\begin{aligned} \sum_{\nu=1}^{N} a_{\mu\nu} x_\nu \quad - b_\mu x_{N+M+1} &\geqq 0 \quad (\mu = 1, \ldots, M) \\ -\sum_{\mu=1}^{M} a_{\mu\nu} x_{N+\mu} - c_\nu x_{N+M+1} &\geqq 0 \quad (\nu = 1, \ldots, N) \\ \sum_{\nu=1}^{N} c_\nu x_\nu + \sum_{\mu=1}^{M} b_\mu x_{N+\mu} \quad &\geqq 0 \\ x_\nu &\geqq 0 \quad (\nu = 1, \ldots, N + M + 1) \end{aligned} \tag{14}$$

eine Lösung mit $x_{N+M+1} > 0$ hat. Sei $(x_1, \ldots, x_{N+M+1})$ eine solche, dann wird durch

$$\begin{aligned} \xi_\nu &= \quad x_\nu / x_{N+M+1} \quad (\nu = 1, \ldots, N) \\ \eta_\mu &= - x_{N+\mu} / x_{N+M+1} \quad (\mu = 1, \ldots, M) \end{aligned} \tag{15}$$

eine Lösung von (13) gegeben, und man erhält auf diese Weise alle Lösungen von (13). Weiter kann man noch zu (14) die Normierungsbedingung

$$\sum_{\nu=1}^{N+M+1} x_\nu = 1 \tag{14a}$$

hinzufügen. Dabei erhält man dann wieder alle Lösungen von (13) gemäß (15) aus den Lösungen von (14), (14a) mit $x_{N+M+1} > 0$. Beachtet man, daß der Wert des Matrixspieles mit der Matrix $\mathfrak{S}$ wegen der Schiefsymmetrie von $\mathfrak{S}$ gleich null ist, so sieht man, daß die Ungleichungen und Gleichungen (14), (14a) gerade besagen, daß $(x_1, \ldots, x_{N+M+1})$ eine optimale gemischte Strategie dieses Matrixspieles ist, w. z. b. w.

§ 9. Einige Anwendungen von Matrixspielen und linearen Programmen

Es soll sich in diesem Abschnitt um Anwendungen auf solche Probleme handeln, die nicht von vornherein als Matrixspiele oder lineare Programme formuliert sind, sondern bei denen die Anwendung der Sätze über Matrixspiele oder lineare Programme nicht ohne weiteres auf der Hand liegt. Das erste Beispiel betrifft ein Modell einer expandierenden Wirtschaft, das von v. NEUMANN [13] stammt. Es gibt in dieser Wirtschaft n Güter (einschließlich Arbeit, Dienstleistungen usw.) und m *Prozesse* oder *Aktivitäten* P_i $(i = 1, \ldots, m)$. Jeder Prozeß verbraucht gewisse Mengen gewisser Güter und erzeugt dafür gewisse Mengen von anderen Gütern. Sei für den Prozeß P_i $(i = 1, \ldots, m)$ der *Einsatzvektor* gegeben als $(a_{i1}, \ldots, a_{in})$, wobei $a_{ij} \geqq 0$ $(j = 1, \ldots, n)$ die in den Prozeß eingesetzte Menge des j-ten Gutes bezeichnet, und der zugehörige *Ausbringungsvektor* als $(b_{i1}, \ldots, b_{in})$, wobei $b_{ij} \geqq 0$ $(j = 1, \ldots, n)$ die durch den Prozeß erzeugte Menge des j-ten Gutes bezeichnet. Es wird die grundlegende Linearitätsvoraussetzung gemacht, daß der Prozeß P_i $(i = 1, \ldots, m)$ mit einer beliebigen *Intensität* $x_i \geqq 0$ betrieben werden kann, wobei dann der Einsatzvektor durch $(x_i a_{i1}, \ldots, x_i a_{in})$, der Ausbringungsvektor durch $(x_i b_{i1}, \ldots, x_i b_{in})$ gegeben ist. Die m Einsatzvektoren werden zu einer $(m \times n)$-Matrix $\mathfrak{A} = (a_{ij})$, der *Einsatzmatrix*, die Ausbringungsvektoren entsprechend zur *Ausbringungsmatrix* $\mathfrak{B} = (b_{ij})$ zusammengefaßt. Es wird nun noch vorausgesetzt, daß in jeder Zeile von $\mathfrak{A}$ und in jeder Spalte von $\mathfrak{B}$ wenigstens ein positives Element vorkommt, d. h. jeder Prozeß erfordert wirklich irgendeinen Einsatz, und jedes Gut kann in wenigstens einem Prozeß erzeugt werden. v. NEUMANN macht weiter in seinem Modell die ökonomisch etwas zweifelhafte Annahme, daß in jedem Prozeß von jedem Gut eine gewisse (wenn auch beliebig kleine) Menge entweder als Einsatz oder als Ausbringung auftritt, d. h. $a_{ij} + b_{ij} > 0$ $(i = 1, \ldots, m;\ j = 1, \ldots, n)$. Diese Voraussetzung ist in den späteren Weiterentwicklungen des Modells insbesondere von KEMENY-MORGENSTERN-THOMPSON [8], THOMPSON [LI], GALE [LI] beseitigt worden. Sie soll jedoch hier der Kürze halber beibehalten werden. Die Expansion (oder Kontraktion) der Wirtschaft wird nun beschrieben durch einen Expansionsfaktor $\alpha > 0$ von der Art, daß in einer Zeiteinheit sich die Intensitäten der m Prozesse von $x_1, \ldots, x_m$ zu $\alpha x_1, \ldots, \alpha x_m$ verändern. Damit eine solche Expansion mit dem Faktor α technisch möglich ist, müssen die mit den Intensitäten $x_1, \ldots, x_m$ betriebenen m Prozesse von jedem Gut mindestens so viel ausbringen, als bei den Intensitäten $\alpha x_1, \ldots, \alpha x_m$ von diesem Gut als Einsatz benötigt wird, d. h. $\sum_{i=1}^{m} x_i b_{ij} \geqq \alpha \cdot \sum_{i=1}^{m} x_i a_{ij}$ $(j = 1, \ldots, n)$. Weiter wird aber auch noch die finanzielle Seite des Problems betrachtet. Sei p_j $(j = 1, \ldots, n)$ der Preis des Gutes j. Dann ist der monetäre Wert des Einsatzes im Prozeß P_i $(i = 1, \ldots, m)$ bei der Intensität $x_i = 1$ gegeben durch $\sum_{j=1}^{n} p_j a_{ij}$, der der Ausbringung durch $\sum_{j=1}^{n} p_j b_{ij}$. Sei β der Zinsfaktor. Falls der Wert der Ausbringung eines Prozesses mehr beträgt als β mal den Wert des Einsatzes dieses Prozesses, dann könnte jemandem, der bereit ist, in diesem Prozeß Geld zu investieren, ein höherer Zinsfaktor als β geboten werden. Damit würde β wachsen. Im Gleichgewicht ist also für jeden Prozeß der Wert der Ausbringung kleiner oder gleich β mal dem Wert des Einsatzes, d. h. $\sum_{j=1}^{n} p_j b_{ij} \leqq \beta \cdot \sum_{j=1}^{n} p_j a_{ij}$ $(i = 1, \ldots, m)$. Gilt in dieser Ungleichung für einen Prozeß P_i wirklich das Kleinerzeichen, so ist dieser Prozeß unrentabel und wird daher im Gleichgewicht nicht betrieben werden, d. h. für ihn ist $x_i = 0$. Schließlich soll noch gelten, daß jedes Gut, von dem mehr produziert als verbraucht wird (*freies Gut*), den Preis null hat, d. h. ist für ein j $(1 \leqq j \leqq n)$ $\sum_{i=1}^{m} x_i b_{ij} > \alpha \cdot \sum_{i=1}^{m} x_i a_{ij}$, so ist $p_j = 0$. Offensichtlich kann man noch den Vektor $\mathfrak{x} = (x_1, \ldots, x_m)$ der Intensitäten, da jedenfalls $\mathfrak{x} \neq 0$ sein soll, so normiert denken, daß $\sum_{i=1}^{m} x_i = 1$ ist. Es bezeichne S die Menge aller $(x_1, \ldots, x_m)$ mit

$x_i \geqq 0$ $(i = 1, \ldots, m)$ und $\sum_{i=1}^{m} x_i = 1$. Ebenso werde der Preisvektor $\mathfrak{p} = (p_1, \ldots, p_n)$ so normiert, daß $\sum_{j=1}^{n} p_j = 1$ ist. Es bezeichne P die Menge aller $(p_1, \ldots, p_n)$ mit $p_j \geqq 0$ $(j = 1, \ldots, n)$ und $\sum_{j=1}^{n} p_j = 1$. Dann wird die folgende Definition verständlich:

Definition 20. *In dem obigen durch die Einsatzmatrix* $\mathfrak{A} \geqq 0$[1]) *und die Ausbringungsmatrix* $\mathfrak{B} \geqq 0$ *beschriebenen Modell besteht ein* Expansionsgleichgewicht *aus zwei Vektoren* $\mathfrak{x}^* = (x_1^*, \ldots, x_m^*) \in S$, $\mathfrak{p}^* = (p_1^*, \ldots, p_n^*) \in P$ *und zwei reellen Zahlen* $\alpha^* > 0$, $\beta^* > 0$, *so daß gilt:*

1. $\alpha^* \cdot \sum_{i=1}^{m} a_{ij} x_i^* \leqq \sum_{i=1}^{m} b_{ij} x_i^*$ $(j = 1, \ldots, n)$;

2. für jedes j $(1 \leqq j \leqq n)$ *mit* $\alpha^* \cdot \sum_{i=1}^{m} a_{ij} x_i^* < \sum_{i=1}^{m} b_{ij} x_i^*$ *ist* $p_j^* = 0$;

3. $\sum_{j=1}^{n} b_{ij} p_j^* \leqq \beta^* \cdot \sum_{j=1}^{n} a_{ij} p_j^*$ $(i = 1, \ldots, m)$;

4. für jedes i $(1 \leqq i \leqq m)$ *mit* $\sum_{j=1}^{n} b_{ij} p_j^* < \beta^* \cdot \sum_{j=1}^{n} a_{ij} p_j^*$ *ist* $x_i^* = 0$.

Das obige Expansionsmodell hat zunächst nichts mit einem Spiel zu tun. Es läßt sich jedoch nach v. Neumann auf ein fiktives Zweipersonen-Nullsummen-Spiel zurückführen. Es gilt nämlich der

Satz 31. *In dem obigen durch die Einsatzmatrix* $\mathfrak{A} \geqq 0$ *und die Ausbringungsmatrix* $\mathfrak{B} \geqq 0$ *beschriebenen Modell sei* $a_{ij} + b_{ij} > 0$ $(i = 1, \ldots, m;$ $j = 1, \ldots, n)$, *und es enthalte jede Zeile von* $\mathfrak{A}$ *sowie jede Spalte von* $\mathfrak{B}$ *mindestens ein positives Element. Dann bilden* $\mathfrak{x}^*, \mathfrak{p}^*, \alpha^*, \beta^*$ *genau dann ein Expansionsgleichgewicht, wenn* $(\mathfrak{x}^*, \mathfrak{p}^*)$ *ein Gleichgewichtspunkt des Zweipersonen-Nullsummen-Spieles* $\Gamma = \{S, P; A\}$ *mit* $A(\mathfrak{x}, \mathfrak{p}) = \sum_{i=1}^{m} \sum_{j=1}^{n} b_{ij} x_i p_j \,/\, \sum_{i=1}^{m} \sum_{j=1}^{n} a_{ij} x_i p_j$[2]) *und* $\alpha^* = \beta^* = A(\mathfrak{x}^*, \mathfrak{p}^*)$ *ist. Es ist also immer Expansionsfaktor gleich Zinsfaktor, und alle Expansionsgleichgewichte des betrachteten Modells haben den gleichen Expansionsfaktor. Es gibt mindestens ein Expansionsgleichgewicht.*

---

[1]) Derartige Ungleichungen für Matrizen und Vektoren sind hier und im folgenden wieder komponentenweise zu verstehen.

[2]) Zwar kann der Nenner der Funktion A an gewissen Stellen $(\mathfrak{x}, \mathfrak{p})$ null werden, aber wegen $a_{ij} + b_{ij} > 0$ $(i = 1, \ldots, m; j = 1, \ldots, n)$ kann dann an diesen Stellen nicht auch der Zähler von A verschwinden. Man setze daher für diese Stellen $A(\mathfrak{x}, \mathfrak{p}) = +\infty$. Die Definition eines Gleichgewichtspunktes überträgt sich in natürlicher Weise auf den Fall solcher Auszahlungsfunktionen, die auch den Wert $+\infty$ annehmen dürfen. Übrigens kann unter den gegenwärtigen Voraussetzungen niemals in einem Gleichgewichtspunkt $(\mathfrak{x}^*, \mathfrak{p}^*)$ die Auszahlung $A(\mathfrak{x}^*, \mathfrak{p}^*) = +\infty$ sein; denn sei $x_{i_0}^* > 0$, dann gibt es nach Voraussetzung ein j_0 mit $a_{i_0 j_0} > 0$. Dann ist für $\mathfrak{p} = (p_1, \ldots, p_n)$ mit $p_{j_0} = 1$, $p_j = 0$ $(j \neq j_0)$ sicher $\sum_{i=1}^{m} \sum_{j=1}^{n} a_{ij} x_i^* p_j \geqq a_{i_0 j_0} x_{i_0}^* > 0$, also $A(\mathfrak{x}^*, \mathfrak{p}) < +\infty$, also wegen der Gleichgewichtseigenschaft von $(\mathfrak{x}^*, \mathfrak{p}^*)$ auch $A(\mathfrak{x}^*, \mathfrak{p}^*) \leqq A(\mathfrak{x}^*, \mathfrak{p}) < +\infty$.

Beweis. Sei $(\mathfrak{x}^*, \mathfrak{p}^*, \alpha^*, \beta^*)$ ein Expansionsgleichgewicht. Sei $\mathfrak{p} = (p_1, \ldots, p_n) \in P$ beliebig. Aus der Eigenschaft 1 des Expansionsgleichgewichtes erhält man durch Multiplikation mit p_j und Summation über j, daß $\alpha^* \cdot \sum_{i=1}^{m} \sum_{j=1}^{n} a_{ij} x_i^* \, p_j \leqq \sum_{i=1}^{m} \sum_{j=1}^{n} b_{ij} \, x_i^* \, p_j$ ist, woraus in jedem Falle (auch für $\sum_{i=1}^{m} \sum_{j=1}^{n} a_{ij} \, x_i^* \, p_j = 0$) folgt, daß $\alpha^* \leqq A(\mathfrak{x}^*, \mathfrak{p})$ ist. Für $\mathfrak{p} = \mathfrak{p}^*$ erhält man insbesondere wegen der Eigenschaft 2, daß $\alpha^* \cdot \sum_{i=1}^{m} \sum_{j=1}^{n} a_{ij} \, x_i^* \, p_j^* = \sum_{i=1}^{m} \sum_{j=1}^{n} b_{ij} \cdot x_i^* \, p_j^*$ ist. Hier ist nun sicher $\sum_{i=1}^{m} \sum_{j=1}^{n} a_{ij} \, x_i^* \, p_j^* > 0$, da andernfalls auch $\sum_{i=1}^{m} \sum_{j=1}^{n} b_{ij} \, x_i^* \, p_j^* = 0$ wäre, was nach der Fußnote zu Satz 31 unmöglich ist. Also ist $\alpha^* = A(\mathfrak{x}^*, \mathfrak{p}^*) \leqq A(\mathfrak{x}^*, \mathfrak{p})$ für alle $\mathfrak{p} \in P$. In analoger Weise folgt für beliebiges $\mathfrak{x} \in S$ aus Eigenschaft 3, daß $\sum_{i=1}^{m} \sum_{j=1}^{n} b_{ij} \, x_i \, p_j^* \leqq \beta^* \cdot \sum_{i=1}^{m} \sum_{j=1}^{n} a_{ij} \, x_i \, p_j^*$ ist. Hier ist sicher $\sum_{i=1}^{m} \sum_{j=1}^{n} a_{ij} \, x_i \, p_j^* > 0$, da sonst auch $\sum_{i=1}^{m} \sum_{j=1}^{n} b_{ij} \, x_i \, p_j^* = 0$ wäre, was nicht angeht. Also ist $\beta^* \geqq A(\mathfrak{x}, \mathfrak{p}^*)$ für alle $\mathfrak{x} \in S$. Analog zu eben folgt schließlich wegen Eigenschaft 4, daß $\beta^* = A(\mathfrak{x}^*, \mathfrak{p}^*)$ ist. Also ist $(\mathfrak{x}^*, \mathfrak{p}^*)$ Gleichgewichtspunkt von Γ und $\alpha^* = \beta^* = A(\mathfrak{x}^*, \mathfrak{p}^*)$.

Sei umgekehrt $(\mathfrak{x}^*, \mathfrak{p}^*)$ ein Gleichgewichtspunkt von Γ. Man setze $\alpha^* = \beta^*$ $A(\mathfrak{x}^*, \mathfrak{p}^*)$. Dann ist nach der Fußnote zu Satz 31 jedenfalls $\alpha^* = \beta^* < +\infty$. Es ist auch $\alpha^* = \beta^* > 0$; denn wäre $A(\mathfrak{x}^*, \mathfrak{p}^*) = 0$, so wäre nach der Gleichgewichtseigenschaft $A(\mathfrak{x}, \mathfrak{p}^*) = 0$ für alle $\mathfrak{x} \in S$, also insbesondere $\sum_{j=1}^{n} b_{ij} \, p_j^* = 0$ $(i = 1, \ldots, m)$, was aber unmöglich ist. Sei nämlich $p_{j_0}^* > 0$, so existiert ein i_0 mit $b_{i_0 j_0} > 0$, also $\sum_{j=1}^{n} b_{i_0 j} \, p_j^* \geqq b_{i_0 j_0} \, p_{j_0}^* > 0$. Es ist also $\alpha^* = \beta^* > 0$. Weiter folgt aus $\alpha^* = A(\mathfrak{x}^*, \mathfrak{p}^*) \leqq A(\mathfrak{x}^*, \mathfrak{p})$ für alle $\mathfrak{p} \in P$ insbesondere $\alpha^* \leqq \sum_{i=1}^{m} b_{ij} x_i^* / \sum_{i=1}^{m} a_{ij} \, x_i^*$ $(j = 1, \ldots, n)$. Hieraus folgt immer (auch für $\sum_{i=1}^{m} a_{ij} \, x_i^* = 0$), daß $\alpha^* \cdot \sum_{i=1}^{m} a_{ij} \, x_i^* \leqq \sum_{i=1}^{m} b_{ij} \, x_i^*$ $(j = 1, \ldots, n)$ ist. Würde in einer dieser Ungleichungen für einen Index j mit $p_j^* > 0$ wirklich das Kleinerzeichen gelten, so erhielte man den Widerspruch $\alpha^* \cdot \sum_{i=1}^{m} \sum_{j=1}^{n} a_{ij} \, x_i^* \, p_j^* < \sum_{i=1}^{m} \sum_{j=1}^{n} b_{ij} \, x_i^* \, p_j^*$. Damit sind die Eigenschaften 1 und 2 für ein Expansionsgleichgewicht bewiesen. Analog folgt aus $\beta^* = A(\mathfrak{x}^*, \mathfrak{p}^*) \geqq A(\mathfrak{x}, \mathfrak{p}^*)$ für alle $\mathfrak{x} \in S$, daß $\beta^* \geqq \sum_{j=1}^{n} b_{ij} \, p_j^* \,/ \sum_{j=1}^{n} a_{ij} \, p_j^*$ $(i = 1, \ldots, m)$ ist. Hier kann wegen $\beta^* < +\infty$ der Nenner nicht verschwinden, so daß man Eigenschaft 3 erhält. Analog zu Eigenschaft 2 folgt dann auch Eigenschaft 4. Also ist $(\mathfrak{x}^*, \mathfrak{p}^*, \alpha^*, \beta^*)$ ein Expansionsgleichgewicht. Da alle

Gleichgewichtspunkte von Γ bekanntlich äquivalent sind (Satz 7 in § 4), ist der Expansionsfaktor α^* für alle Expansionsgleichgewichte derselbe.

Es bleibt also noch die Existenz eines Expansionsgleichgewichtes nachzuweisen. Hierzu betrachte man das Matrixspiel Γ_α mit der Auszahlungsmatrix $\mathfrak{B} - \alpha \cdot \mathfrak{A}$, wobei α eine beliebige Zahl $\geqq 0$ ist. Da die Auszahlungsfunktion $E_\alpha(X, Y)$ der gemischten Erweiterung $\tilde{\Gamma}_\alpha$ von Γ_α stetig ist in X, Y, α und da die Menge P der gemischten Strategien Y eine beschränkte abgeschlossene Punktmenge eines euklidischen Raumes ist, so ist $\min\limits_Y E_\alpha(X, Y)$ bekanntlich stetig in X, α und analog daher $v(\tilde{\Gamma}_\alpha) = \max\limits_X \min\limits_Y E_\alpha(X, Y)$ stetig in α. Für $\alpha = 0$ ist die Auszahlungsmatrix des Spieles Γ_0 die Matrix $\mathfrak{B} \geqq 0$. Da in jeder Spalte von $\mathfrak{B}$ wenigstens ein positives Element vorkommt, so ist $\sum\limits_{i=1}^{m} b_{ij} > 0$ für $j = 1, \ldots, n$. Daher ist für die gemischte Strategie $X_0 = (\frac{1}{m}, \ldots, \frac{1}{m})$ und alle gemischten Strategien $Y = (y_1, \ldots, y_n)$ sicher $E_0(X_0, Y) = \frac{1}{m} \cdot \sum\limits_{j=1}^{n} (\sum\limits_{i=1}^{m} b_{ij}) y_j > 0$. Mithin ist auch $\min\limits_Y E_0(X_0, Y) > 0$ und daher erst recht $v(\tilde{\Gamma}_0) = \max\limits_X \min\limits_Y E_0(X, Y) > 0$. Andererseits ist nach Voraussetzung über $\mathfrak{A}$ sicher $\sum\limits_{j=1}^{n} a_{ij} > 0$ für $i = 1, \ldots, m$. Man kann daher $\alpha > \sum\limits_{j=1}^{n} b_{ij} / \sum\limits_{j=1}^{n} a_{ij}$ $(i = 1, \ldots, m)$ wählen. Für solche α wird dann für alle gemischten Strategien $X = (x_1, \ldots, x_m)$ und die gemischte Strategie $Y_0 = (\frac{1}{n}, \ldots, \frac{1}{n})$ sicher $E_\alpha(X, Y_0) = \frac{1}{n} \cdot \sum\limits_{i=1}^{m} (\sum\limits_{j=1}^{n} b_{ij} - \alpha \cdot a_{ij}) x_i < 0$. Daher ist also für die genannten α sicher $v(\tilde{\Gamma}_\alpha) = \min\limits_Y \max\limits_X E_\alpha(X, Y) < 0$. Wegen der Stetigkeit von $v(\tilde{\Gamma}_\alpha)$ in α gibt es also ein $\alpha^* > 0$ mit $v(\tilde{\Gamma}_{\alpha^*}) = 0$. Seien $X^* \in S$, $Y^* \in P$ optimale Strategien der beiden Spieler in $\tilde{\Gamma}_{\alpha^*}$. Dann bilden $X^*, Y^*, \alpha^*, \beta^* = \alpha^*$ ein Expansionsgleichgewicht. Der Optimalcharakter von $X^* = (x_1^*, \ldots, x_m^*)$ liefert nämlich $\sum\limits_{i=1}^{m} (b_{ij} - \alpha^* \cdot a_{ij}) x_i^* \geqq v(\tilde{\Gamma}_{\alpha^*}) = 0$ für $j = 1, \ldots, n$, also Eigenschaft 1 eines Expansionsgleichgewichtes. Eigenschaft 2 ist dann nichts anderes als die Aussage des Satzes 24 (§ 7). Analog liefert der Optimalcharakter von $Y^* = (y_1^*, \ldots, y_n^*)$ die Ungleichungen $\sum\limits_{j=1}^{n} (b_{ij} - \alpha^* \cdot a_{ij}) y_j^* \leqq 0$ für $i = 1, \ldots, m$, also wegen $\alpha^* = \beta^*$ die Eigenschaft 3. Eigenschaft 4 folgt wieder aus Satz 24, w. z. b. w.

Als zweites Beispiel werde ein Modell für ein *Produktionsgleichgewicht* betrachtet, das im Prinzip schon auf WALRAS zurückgeht und seine erste exakte Behandlung bei WALD [19] erfahren hat. Die hier zu besprechende Bearbeitung stammt von KUHN [LI]. Das Modell ist in ökonomischer Beziehung nahe verwandt mit dem Tauschgleichgewichtsmodell aus § 5. Auch zu dem oben beschriebenen v. NEUMANNschen Expansionsmodell bestehen gewisse Beziehungen. Da es hier jedoch in erster Linie auf den mathematischen Gehalt der Modelle ankommt, soll nicht weiter auf diese ökonomischen Beziehungen eingegangen werden, die der interessierte Leser auch selbst leicht erkennen wird. In dem betrachteten Modell wird zwischen *Produktionsfaktoren* R_i $(i = 1, \ldots, m)$ (= Einsätze in den Produktionsprozessen) und produzierten Gütern G_j $(j = 1, \ldots, n)$ unterschieden. Jedes Gut G_j $(j = 1, \ldots, n)$ kann durch genau einen Prozeß P_j erzeugt werden. Die Einsatzmengen der Produktionsfaktoren im Prozeß P_j $(j = 1, \ldots, n)$, die zur Erzeugung einer Einheit des Gutes G_j benötigt werden, seien wieder durch den Einsatzvektor $(a_{1j}, \ldots, a_{mj})$ gegeben, wobei die Größe $a_{ij} \geqq 0$ $(i = 1, \ldots, m)$ die benötigte Einsatzmenge des Produktionsfaktors R_i bezeichnet. Es wird wieder die Linearitätsvoraussetzung gemacht, daß zur Produktion von $x_j \geqq 0$ Einheiten des Gutes G_j $(j = 1, \ldots, n)$ die Einsatzmengen $x_j a_{1j}, \ldots, x_j a_{mj}$ benötigt werden. Die Produktionsfaktoren erscheinen in diesem Modell nicht als Ausbringungen anderer Produktionsprozesse, sondern stehen von vornherein jeweils in einem festem Betrag zur Verfügung, etwa $r_i \geqq 0$ Einheiten des Produktionsfaktors R_i $(i = 1, \ldots, m)$. Im Gleichgewicht darf in allen Prozessen zusammen höchstens der Betrag r_i vom Produktionsfaktor R_i $(i = 1, \ldots, m)$ verbraucht werden. Wird von einem Produktionsfaktor R_i $(1 \leqq i \leqq m)$ dabei nicht der ganze Betrag r_i verbraucht, so ist R_i ein freies Gut und daher sein Preis $q_i = 0$. Weiter ist im Gleichgewicht der Preis p_j $(j = 1, \ldots, n)$ des Gutes G_j nicht größer als die zur Herstellung einer Einheit des Gutes G_j benötigten Kosten $\sum_{i=1}^{m} a_{ij} q_i$ (*vollständige Konkurrenz*). Ein Gut G_j aber, bei dem der Preis wirklich kleiner ist als die Herstellungskosten, wird nicht produziert, d. h. $x_j = 0$. Schließlich wird die Nachfrageseite in diesem Modell beschrieben durch n Nachfragefunktionen f_j $(j = 1, \ldots, n)$, die zu jedem n-Tupel $(x_1, \ldots, x_n)$ von Gütermengen der n Güter den Preis $p_j = f_j(x_1, \ldots, x_n)$ des Gutes G_j festlegen. Damit kommt man zu der folgenden

Definition 21. *In dem obigen durch die Einsatzvektoren* $(a_{1j}, \ldots, a_{mj}) \geqq 0$ $(j = 1, \ldots, n)$, *die Faktormengen* $r_i \geqq 0$ $(i = 1, \ldots, m)$ *und die Nachfragefunktionen* f_j $(j = 1, \ldots, n)$ *beschriebenen Modell besteht ein* Produktionsgleichgewicht *aus einem Gütermengenvektor* $\mathfrak{x}^* = (x_1^*, \ldots, x_n^*) \geqq 0$ *und zwei Preisvektoren* $\mathfrak{q}^* = (q_1^*, \ldots, q_m^*) \geqq 0$, $\mathfrak{p}^* = (p_1^*, \ldots, p_n^*) \geqq 0$, *so daß*

1. $\sum_{j=1}^{n} a_{ij} x_j^* \leqq r_i \quad (i = 1, \ldots, m)$;

2. für jedes i $(1 \leqq i \leqq m)$ *mit* $\sum_{j=1}^{n} a_{ij} x_j^* < r_i$ *ist* $q_i^* = 0$;

3. $\sum_{i=1}^{m} a_{ij} q_i^* \geqq p_j^* \quad (j = 1, \ldots, n)$;

4. für jedes j $(1 \leqq j \leqq n)$ *mit* $\sum_{i=1}^{m} a_{ij} q_i^* > p_j^*$ *ist* $x_j^* = 0$;

5. $p_j^* = f_j(x_1^*, \ldots, x_n^*) \quad (j = 1, \ldots, n)$.

Bezüglich der Existenz eines Produktionsgleichgewichtes gilt der

Satz 32. *In dem obigen durch die Einsatzvektoren* $(a_{1j}, \ldots, a_{mj}) \geqq 0$ $(j = 1, \ldots, n)$, *die Faktormengen* $r_i \geqq 0$ $(i = 1, \ldots, m)$ *und die Nachfragefunktionen* f_j $(j = 1, \ldots, n)$ *beschriebenen Modell sei in jedem der n Einsatzvektoren wenigstens eine Komponente positiv, und die Nachfragefunktionen* f_j $(j = 1, \ldots, n)$ *seien stetig und nichtnegativ auf dem Bereich aller nichtnegativen n-Tupel* $(x_1, \ldots, x_n)$. *Dann existiert ein Produktionsgleichgewicht.*

Beweis. Sei S die Menge aller Gütermengenvektoren $\mathfrak{x}$, die die Bedingung 1 aus Definition 21 erfüllen, d. h. die Menge aller $\mathfrak{x} = (x_1, \ldots, x_n)$ mit $x_j \geqq 0$ $(j = 1, \ldots, n)$ und $\sum_{j=1}^{n} a_{ij} x_j \leqq r_i$ $(i = 1, \ldots, m)$. Jedem $\mathfrak{x}^{(0)} \in S$ werde zugeordnet die Teilmenge $\Psi(\mathfrak{x}^{(0)}) \subseteq S$, welche alle Punkte $\mathfrak{x} = (x_1, \ldots, x_n) \in S$ enthält, für welche $\sum_{j=1}^{n} x_j \cdot f_j(\mathfrak{x}^{(0)})$ maximal wird, d. h.

$$\Psi(\mathfrak{x}^{(0)}) = \{\mathfrak{x} = (x_1, \ldots, x_n) \in S \mid \sum_{j=1}^{n} x_j f_j(\mathfrak{x}^{(0)}) = \max_{(x_1,\ldots,x_n)\in S} \sum_{j=1}^{n} x_j f_j(\mathfrak{x}^{(0)})\}.$$

Die Zuordnung Ψ genügt nun den Voraussetzungen des Fixpunktsatzes von KAKUTANI[1]). Zunächst ist nämlich offensichtlich S eine nicht-leere, abgeschlossene und konvexe Punktmenge des euklidischen R^n. Auf Grund der Voraussetzung, daß zu jedem j $(1 \leqq j \leqq n)$ ein Index i $(1 \leqq i \leqq m)$ mit $a_{ij} > 0$ gehört, sieht man auch sofort, daß S beschränkt ist. Ferner ist für jedes $\mathfrak{x}^{(0)} \in S$ die Menge $\Psi(\mathfrak{x}^{(0)})$ offenbar nicht-leer und konvex. Schließlich ist wegen der Stetigkeit der Funktionen f_j $(j = 1, \ldots, n)$ die Funktion $\sum_{j=1}^{n} x_j \cdot f_j(\mathfrak{x}^{(0)})$ stetig in $\mathfrak{x}$, $\mathfrak{x}^{(0)}$ und daher das Maximum dieser Funktion bezüglich $\mathfrak{x}$ auf S stetig in $\mathfrak{x}^{(0)}$ auf S, woraus sich leicht ergibt, daß die Zuordnung Ψ auch die Stetigkeitsbedingung aus dem Fixpunktsatz von KAKUTANI befriedigt. Seien nämlich die Punkte $\mathfrak{x}_\nu^{(0)} \in S$ $(\nu = 1, 2, \ldots)$ und $\mathfrak{x}_\nu = (x_1^{(\nu)}, \ldots, x_n^{(\nu)}) \in \Psi(\mathfrak{x}_\nu^{(0)})$ $(\nu = 1, 2, \ldots)$, und sei $\lim_{\nu\to\infty} \mathfrak{x}_\nu = \bar{\mathfrak{x}} = (\bar{x}_1, \ldots, \bar{x}_n)$, $\lim_{\nu\to\infty} \mathfrak{x}_\nu^{(0)} = \bar{\mathfrak{x}}^{(0)}$. Dann ist $\sum_{j=1}^{n} \bar{x}_j \cdot f_j(\bar{\mathfrak{x}}^{(0)})$ $= \lim_{\nu\to\infty} \sum_{j=1}^{n} x_j^{(\nu)} \cdot f_j(\mathfrak{x}_\nu^{(0)}) = \lim_{\nu\to\infty} \max_{(x_1,\ldots,x_n)\in S} \sum_{j=1}^{n} x_j f_j(\mathfrak{x}_\nu^{(0)}) = \max_{(x_1,\ldots,x_n)\in S} \sum_{j=1}^{n} x_j \cdot f_j(\lim_{\nu\to\infty} \mathfrak{x}_\nu^{(0)})$ $= \max_{(x_1,\ldots,x_n)\in S} \sum_{j=1}^{n} x_j \cdot f_j(\bar{\mathfrak{x}}^{(0)})$, also $\bar{\mathfrak{x}} \in \Psi(\bar{\mathfrak{x}}^{(0)})$. Also ist die Menge der Paare $(\mathfrak{x}^{(0)}, \mathfrak{x})$ mit $\mathfrak{x}^{(0)} \in S$, $\mathfrak{x} \in \Psi(\mathfrak{x}^{(0)})$ abgeschlossen im Produktraum $S \times S$. Also gibt es nach dem Fixpunktsatz von KAKUTANI einen Punkt $\mathfrak{x}^* \in S$ mit $\mathfrak{x}^* \in \Psi(\mathfrak{x}^*)$. Dann ist aber $\mathfrak{x}^* = (x_1^*, \ldots, x_n^*)$ Lösung des folgenden linearen Programmes in den Unbekannten $x_1, \ldots, x_n$:

$$\begin{cases} \sum_{j=1}^{n} a_{ij} x_j \leqq r_i \quad (i = 1, \ldots, m) \\ \qquad x_j \geqq 0 \quad (j = 1, \ldots, n) \\ \sum_{j=1}^{n} x_j \cdot f_j(\mathfrak{x}^*) = \text{Max!} \end{cases}$$

[1]) Vgl. § 14, Satz D.

Daher ist nach Satz 28 in § 8 auch das zugehörige duale Programm lösbar. Man erkennt aber sofort, daß dieses duale Programm gleichwertig ist mit dem folgenden Programm in den Unbekannten $q_1, \ldots, q_m$:

$$\begin{cases} \sum_{i=1}^{m} a_{ij} q_i \geqq f_j(\mathfrak{x}^*) \; (j = 1, \ldots, n) \\ \qquad q_i \geqq 0 \qquad (i = 1, \ldots, m) \\ \sum_{i=1}^{m} r_i q_i = \text{Min!} \end{cases}$$

Dieses Programm ist also ebenfalls lösbar und hat nach Satz 28 denselben Lösungswert wie das zuvorgenannte Programm. Sei $\mathfrak{q}^* = (q_1^*, \ldots, q_m^*)$ eine Lösung des zuletzt genannten Programmes. Dann bilden die Vektoren $\mathfrak{x}^*$, $\mathfrak{q}^*$, $\mathfrak{p}^* = \big(f_1(\mathfrak{x}^*), \ldots, f_n(\mathfrak{x}^*)\big)$ ein Produktionsgleichgewicht. Die Bedingungen $\mathfrak{x}^* \geqq 0$, $\mathfrak{q}^* \geqq 0$, $\mathfrak{p}^* \geqq 0$, sowie die Bedingungen 1, 3, 5 aus Definition 21 sind offensichtlich erfüllt. Angenommen, es sei für einen Index i_0 $(1 \leqq i_0 \leqq m)$ $q_{i_0}^* > 0$ und $\sum_{j=1}^{n} a_{i_0 j} \cdot x_j^* < r_{i_0}$. Dann ist also $q_{i_0}^* \cdot \sum_{j=1}^{n} a_{i_0 j} x_j^* < q_{i_0}^* \cdot r_{i_0}$ und daher

$$\begin{aligned} \sum_{j=1}^{n} x_j^* \cdot f_j(\mathfrak{x}^*) &\leqq \sum_{j=1}^{n} x_j^* \cdot \Big(\sum_{i=1}^{m} a_{ij} q_i^*\Big) \\ &= \sum_{i=1}^{m} q_i^* \cdot \Big(\sum_{j=1}^{n} a_{ij} x_j^*\Big) < \sum_{i=1}^{m} q_i^* \cdot r_i, \end{aligned}$$

was aber unmöglich ist, da $\sum_{j=1}^{n} x_j^* \cdot f_j(x^*)$ und $\sum_{i=1}^{m} r_i q_i^*$ die Lösungswerte der beiden obengenannten dualen linearen Programme sind. Also ist auch die Bedingung 2 aus Definition 21 erfüllt, und ganz analog sieht man, daß auch Bedingung 4 erfüllt ist, w. z. b. w.

§ 10. Unendliche Zweipersonen-Nullsummen-Spiele

Neben den Matrixspielen sind auch gewisse unendliche Zweipersonen-Nullsummen-Spiele in der Theorie und in den Anwendungen besonders hervorgetreten. Es wurden bereits in § 6 einige Existenzsätze für Wert und optimale Strategien in kontinuierlichen Zweipersonen-Nullsummen-Spielen abgeleitet. Es sollen jedoch aus einem zweifachen Grunde in diesem Paragraphen noch einmal ausführlicher solche Spiele betrachtet werden. Erstens basierten die Beweise der Existenzsätze in § 6 auf dem Brouwerschen Fixpunktsatz, während hier nur ganz elementare Beweise behandelt werden. In Übereinstimmung damit soll auch in diesem Paragraphen der Begriff der allgemeinen gemischten Strategie, d. h. einer beliebigen Verteilungsfunktion soweit als möglich vermieden werden und nur diskrete Wahrscheinlichkeitsverteilungen, also auch nur diskrete gemischte Erweiterungen von Spielen betrachtet werden, so daß die Sätze dieses Paragraphen für alle Leser verständlich sind, die die Sätze über Matrixspiele verstanden haben.

Zweitens muß bemerkt werden, daß die Existenzsätze aus § 6 für viele Anwendungen nicht allgemein genug sind. Insbesondere ist die Voraussetzung der Stetigkeit der Auszahlungsfunktion in den Sätzen 16 und 17 zu eng. In vielen Anwendungen treten nämlich kontinuierliche Zweipersonen-Nullsummen-Spiele $\{\Sigma_1, \Sigma_2; A\}$ mit Auszahlungsfunktionen A auf, die an der Diagonalen des Rechtecks $\Sigma_1 \times \Sigma_2$ unstetig sind. Hierzu gehören insbesondere die sogenannten *Zeitspiele*, welche folgende Deutung zulassen: σ_1 und σ_2 sind die Zeitpunkte, in welchem der erste bzw. zweite Spieler eine bestimmte Handlung vornehmen. Für jeden Spieler ist es dabei vorteilhaft, so spät wie möglich zu handeln, vorausgesetzt nur, daß es ihm gelingt, seinem Gegner zuvorzukommen. Ein typisches derartiges Zeitspiel ist zum Beispiel das folgende aus [BG] entnommene: A (der Schiedsrichter) geht zum Bahnhof zum Zeitpunkt t, der rein zufällig (gleichverteilt) im Intervall $0 \leqq t \leqq 1$ gewählt wird, und wartet dort bis zur Zeit $t = 1$ oder bis Spieler I oder II ankommt. Jeder der beiden Spieler wählt (unabhängig vom anderen und ohne den Zeitpunkt t von A zu kennen) eine Ankunftszeit σ_1 bzw. σ_2 im Intervall $\Sigma_1 = \Sigma_2 = [0, 1]$, zu der er am Bahnhof erscheint. Er sieht sich nach A um und geht sofort wieder weg, und zwar mit A, falls A anwesend ist. Wenn I oder II den A trifft, erhält er eine Einheit vom anderen Spieler. Die Auszahlungsfunktion des Spieles bestimmt sich dann folgendermaßen. Sei zunächst $\sigma_1 < \sigma_2$. Dann erhält I im Falle $t \leqq \sigma_1$ die Auszahlung $+1$, im Falle $\sigma_1 < t \leqq \sigma_2$ die Auszahlung -1, im Falle $\sigma_2 < t$ die Auszahlung 0. Mithin beträgt wegen der Gleichverteilung von t in diesem Falle $\sigma_1 < \sigma_2$ die Auszahlung $A(\sigma_1, \sigma_2) = 1 \cdot \sigma_1 - 1 \cdot (\sigma_2 - \sigma_1) = 2\sigma_1 - \sigma_2$. Im Falle $\sigma_2 < \sigma_1$ ist analog $A(\sigma_1, \sigma_2) = \sigma_1 - 2\sigma_2$. Im Falle $\sigma_1 = \sigma_2$ ist $A(\sigma_1, \sigma_2) = 0$. Man erhält also die Auszahlungsfunktion

$$A(\sigma_1, \sigma_2) = \begin{cases} 2\sigma_1 - \sigma_2 & \text{falls } \sigma_1 < \sigma_2 \\ 0 & \text{falls } \sigma_1 = \sigma_2 \\ \sigma_1 - 2\sigma_2 & \text{falls } \sigma_2 < \sigma_1 \end{cases} \quad (0 \leqq \sigma_1, \sigma_2 \leqq 1),$$

die an der Diagonalen $\sigma_1 = \sigma_2$ des Quadrates $\Sigma_1 \times \Sigma_2$ unstetig ist.

Ein anderes Beispiel eines Zeitspieles erhält man aus dem in Beispiel 6 in § 2 betrachteten Reklameproblem. Dieses Beispiel war zwar kein Nullsummenspiel. Betrachtet man jedoch eine Situation, in der Spieler II (etwa auf Grund seiner Finanzlage) lediglich das Interesse besitzt, den Kunden nicht an I fallen zu lassen, während es ihm gleichgültig ist, ob er selbst den Kunden erhält, Spieler I dagegen habe nach wie vor das Bestreben, den Kunden zu erhalten, dann wird man vernünftigerweise als Auszahlung für I nach wie vor die Erfolgswahrscheinlichkeit nehmen, für II aber das Negative dieser Erfolgswahrscheinlichkeit, da ja sein Bestreben ist, diese Erfolgswahrscheinlichkeit so klein wie möglich zu machen. So erhält man also ein Nullsummenspiel mit der Auszahlungsfunktion

$$A(t_1, t_2) = \begin{cases} P(t_1) & \text{für } t_1 < t_2 \\ \frac{1}{2} \cdot P(t_1) & \text{für } t_1 = t_2 \\ (1 - P(t_2))\, P(t_1) & \text{für } t_2 < t_1. \end{cases} \quad (0 \leqq t_1, t_2 \leqq 1)$$

Ehe Existenzsätze für den Wert von derartigen Spielen behandelt werden, muß noch eine kleine Verallgemeinerung des Wertbegriffes vorgenommen werden, die damit zusammenhängt, daß nicht allgemein das $\max_{\sigma_1 \in \Sigma_1} \inf_{\sigma_2 \in \Sigma_2} A(\sigma_1, \sigma_2)$ und das $\min_{\sigma_2 \in \Sigma_2} \sup_{\sigma_1 \in \Sigma_1} A(\sigma_1, \sigma_2)$ zu existieren braucht. Man definiert daher etwas allgemeiner:

Definition 22. *Sei $\Gamma = \{\Sigma_1, \Sigma_2; A\}$ ein Zweipersonen-Nullsummen-Spiel mit beschränkter Auszahlungsfunktion A. Man sagt, daß Γ einen* sup-inf-Wert *besitzt, falls*

$$\sup_{\sigma_1 \in \Sigma_1} \inf_{\sigma_2 \in \Sigma_2} A(\sigma_1, \sigma_2) = \inf_{\sigma_2 \in \Sigma_2} \sup_{\sigma_1 \in \Sigma_1} A(\sigma_1, \sigma_2)$$

ist. In diesem Falle bezeichnet man die Zahl $v = \inf_{\sigma_2 \in \Sigma_2} \sup_{\sigma_1 \in \Sigma_1} A(\sigma_1, \sigma_2) = \sup_{\sigma_1 \in \Sigma_1} \inf_{\sigma_2 \in \Sigma_2} A(\sigma_1, \sigma_2)$ als den sup-inf-Wert *von Γ.*

Die Bedeutung der Existenz eines solchen sup-inf-Wertes wird klargestellt durch den folgenden

Satz 33. *Die Zahl v ist dann und nur dann der sup-inf-Wert des Zweipersonen-Nullsummen-Spieles $\Gamma = \{\Sigma_1, \Sigma_2; A\}$ mit der beschränkten Auszahlungsfunktion A, wenn zu jedem $\varepsilon > 0$ der erste Spieler eine Strategie $\sigma_1 \in \Sigma_1$ besitzt, mit welcher er mindestens $v - \varepsilon$ gewinnen kann, gleichgültig, was sein Gegner tut, d. h.*

$$A(\sigma_1, \sigma_2) \geqq v - \varepsilon \text{ für alle } \sigma_2 \in \Sigma_2,$$

und ebenso der zweite Spieler eine Strategie $\sigma_2 \in \Sigma_2$ besitzt, mit der er den ersten Spieler hindert, mehr als $v + \varepsilon$ zu gewinnen, gleichgültig, was dieser tut, d. h.

$$A(\sigma_1, \sigma_2) \leqq v + \varepsilon \text{ für alle } \sigma_1 \in \Sigma_1.$$

Beweis. Aus $\sup_{\sigma_1 \in \Sigma_1} \inf_{\sigma_2 \in \Sigma_2} A(\sigma_1, \sigma_2) = v$ folgt, daß zu jedem $\varepsilon > 0$ ein $\sigma_1 \in \Sigma_1$ mit $\inf_{\sigma_2 \in \Sigma_2} A(\sigma_1, \sigma_2) \geqq v - \varepsilon$ existiert, d. h. aber $A(\sigma_1, \sigma_2) \geqq v - \varepsilon$ für alle $\sigma_2 \in \Sigma_2$. Analog folgt aus $\inf_{\sigma_2 \in \Sigma_2} \sup_{\sigma_1 \in \Sigma_1} A(\sigma_1, \sigma_2) = v$, daß zu jedem $\varepsilon > 0$ ein $\sigma_2 \in \Sigma_2$ existiert mit $A(\sigma_1, \sigma_2) \leqq v + \varepsilon$ für alle $\sigma_1 \in \Sigma_1$. Gebe es umgekehrt zu jedem $\varepsilon > 0$ ein $\sigma_1 \in \Sigma_1$ mit $A(\sigma_1, \sigma_2) \geqq v - \varepsilon$ für alle $\sigma_2 \in \Sigma_2$. Dann ist natürlich für dieses σ_1 auch $\inf_{\sigma_2 \in \Sigma_2} A(\sigma_1, \sigma_2) \geqq v - \varepsilon$, und daher erst recht $\sup_{\sigma_1 \in \Sigma_1} \inf_{\sigma_2 \in \Sigma_2} A(\sigma_1, \sigma_2) \geqq v - \varepsilon$. Also gilt, da $\varepsilon > 0$ beliebig ist, daß $\sup_{\sigma_1 \in \Sigma_1} \inf_{\sigma_2 \in \Sigma_2} A(\sigma_1, \sigma_2) \geqq v$ ist. Gebe es weiter zu jedem $\varepsilon > 0$ ein $\sigma_2 \in \Sigma_2$ mit $A(\sigma_1, \sigma_2) \leqq v + \varepsilon$ für alle $\sigma_1 \in \Sigma_1$, so folgt analog $\inf_{\sigma_2 \in \Sigma_2} \sup_{\sigma_1 \in \Sigma_1} A(\sigma_1, \sigma_2) \leqq v$. Ferner ist für alle $\sigma_1 \in \Sigma_1$, $\sigma_2 \in \Sigma_2$ stets $\inf_{\sigma_2 \in \Sigma_2} A(\sigma_1, \sigma_2) \leqq \sup_{\sigma_1 \in \Sigma_1} A(\sigma_1, \sigma_2)$, also auch $\sup_{\sigma_1 \in \Sigma_1} \inf_{\sigma_2 \in \Sigma_2} A(\sigma_1, \sigma_2) \leqq \inf_{\sigma_2 \in \Sigma_2} \sup_{\sigma_1 \in \Sigma_1} A(\sigma_1, \sigma_2)$. Zusammengenommen folgt dann $\sup_{\sigma_1 \in \Sigma_1} \inf_{\sigma_2 \in \Sigma_2} A(\sigma_1, \sigma_2) = \inf_{\sigma_2 \in \Sigma_2} \sup_{\sigma_1 \in \Sigma_1} A(\sigma_1, \sigma_2) = v$, w. z. b. w.

Anmerkung. Für den Fall der diskreten[1]) gemischten Erweiterung $\tilde{\Gamma} = \{\tilde{\Sigma}_1, \tilde{\Sigma}_2; E\}$ des kontinuierlichen Zweipersonen-Nullsummen-Spieles

[1]) oder maximalen

$\Gamma = \{\Sigma_1, \Sigma_2; A\}$ mit beschränkter Auszahlungsfunktion A läßt sich der Satz 33 natürlich etwas verschärfen: v ist genau dann der sup-inf-Wert von $\tilde{\Gamma}$, wenn zu jedem $\varepsilon > 0$ eine Strategie $X_\varepsilon \in \tilde{\Sigma}_1$ mit

$$E(X_\varepsilon, \sigma_2) \geqq v - \varepsilon \text{ für alle } \sigma_2 \in \Sigma_2$$

und eine Strategie $Y_\varepsilon \in \tilde{\Sigma}_2$ mit

$$E(\sigma_1, Y_\varepsilon) \leqq v + \varepsilon \text{ für alle } \sigma_1 \in \Sigma_1$$

existiert.

Hieraus ergibt sich noch sofort, daß, falls v der sup-inf-Wert der diskreten gemischten Erweiterung von Γ ist, auch die maximale gemischte Erweiterung von Γ den sup-inf-Wert v hat.

Definition 23. *Sei v sup-inf-Wert des Zweipersonen-Nullsummen-Spieles $\Gamma = \{\Sigma_1, \Sigma_2; A\}$. Sei $\varepsilon > 0$. Eine Strategie $\sigma_1 \in \Sigma_1$, wie sie in Satz 33 auftritt, d. h. mit*

$$A(\sigma_1, \sigma_2) \geqq v - \varepsilon \text{ für alle } \sigma_2 \in \Sigma_2$$

heißt ε-gute-Strategie. *Ebenso heißt eine Strategie $\sigma_2 \in \Sigma_2$* ε-gut, *wenn*

$$A(\sigma_1, \sigma_2) \leqq v + \varepsilon \text{ für alle } \sigma_1 \in \Sigma_1.$$

Eine Strategie, die für jedes $\varepsilon > 0$ ε-gut ist, heißt optimal.

Dieser Begriff der Optimalität ist eine geringe Verallgemeinerung des entsprechenden Begriffes in § 6: Jede optimale Strategie im früheren Sinne ist offenbar auch optimal im jetzigen Sinne. Umgekehrt sieht man leicht, daß für ein Spiel Γ mit sup-inf-Wert v, das im jetzigen Sinne optimale Strategien σ_1^* und σ_2^* für beide Spieler besitzt, (σ_1^*, σ_2^*) ein Gleichgewichtspunkt ist, also v der Wert von Γ im früheren Sinne ist und σ_1^*, σ_2^* optimal im früheren Sinne sind.

Es wird nun der folgende Existenzsatz von Karlin [CI] bewiesen nach einer Methode, die von Vogel in [18] benutzt wurde:

Satz 34. *Sei $\Gamma = \{\Sigma_1, \Sigma_2; A\}$ ein kontinuierliches Zweipersonen-Nullsummen-Spiel, $\Sigma_1 = \Sigma_2 = [0, 1]$ und*

$$A(\sigma_1, \sigma_2) = \begin{cases} M_1(\sigma_1, \sigma_2) & \text{falls } \sigma_1 < \sigma_2 \\ \varphi(\sigma_1) & \text{falls } \sigma_1 = \sigma_2 \quad (0 \leqq \sigma_1, \sigma_2 \leqq 1) \\ M_2(\sigma_1, \sigma_2) & \text{falls } \sigma_2 < \sigma_1. \end{cases}$$

Dabei sei M_1 definiert und stetig im abgeschlossenen Dreieck Δ_1: $0 \leqq \sigma_1 \leqq \sigma_2 \leqq 1$, M_2 definiert und stetig im abgeschlossenen Dreieck Δ_2: $0 \leqq \sigma_2 \leqq \sigma_1 \leqq 1$ und

$$M_2(\sigma_1, \sigma_1) \leqq \varphi(\sigma_1) \leqq M_1(\sigma_1, \sigma_1) \quad \text{für } 0 \leqq \sigma_1 \leqq 1. \qquad (*)$$

Dann hat die diskrete gemischte Erweiterung $\tilde{\Gamma} = \{\tilde{\Sigma}_1, \tilde{\Sigma}_2; E\}$ von Γ einen sup-inf-Wert, also auch für jedes $\varepsilon > 0$ ε-gute Strategien für beide Spieler.

Nach der Anmerkung zu Satz 33 hat dann auch die maximale gemischte Erweiterung denselben sup-inf-Wert.

Beweis. Wegen der gleichmäßigen Stetigkeit von M_1 in Δ_1 und von M_2 in Δ_2 gibt es zu jedem $\varepsilon > 0$ ein $\delta = \delta(\varepsilon) > 0$, so daß

$$|M_1(\sigma_1, \sigma_2) - M_1(\sigma_1', \sigma_2')| < \varepsilon \text{ falls } |\sigma_1 - \sigma_1'| < \delta, |\sigma_2 - \sigma_2'| < \delta \text{ und } (\sigma_1, \sigma_2) \in \Delta_1, (\sigma_1', \sigma_2') \in \Delta_1, \tag{1}$$

$$|M_2(\sigma_1, \sigma_2) - M_2(\sigma_1', \sigma_2')| < \varepsilon \text{ falls } |\sigma_1 - \sigma_1'| < \delta, |\sigma_2 - \sigma_2'| < \delta \text{ und } (\sigma_1, \sigma_2) \in \Delta_2, (\sigma_1', \sigma_2') \in \Delta_2. \tag{2}$$

Sei $\varepsilon > 0$ beliebig vorgegeben. Man wähle eine Teilung $0 = \tau_1 < \tau_2 < \cdots < \tau_r = 1$ des Intervalles $[0, 1]$, so daß $\tau_{\nu+1} - \tau_\nu < \delta(\varepsilon)$ $(\nu = 1, \ldots, r-1)$ ist. Sei Γ_ε das endliche Zweipersonen-Nullsummen-Spiel mit der Strategienmenge $\{\tau_1, \tau_2, \ldots, \tau_r\}$ für beide Spieler und der Auszahlung $A(\tau_\mu, \tau_\nu)$ $(\mu, \nu = 1, \ldots, r)$. Nach dem Hauptsatz für Matrixspiele hat Γ_ε einen Wert v_ε in gemischten Strategien und optimale gemischte Strategien $X_\varepsilon = (x_1, \ldots, x_r)$ bzw. $Y_\varepsilon = (y_1, \ldots, y_r)$ für den Spieler 1 bzw. 2. Es ist also

$$\sum_{\mu=1}^{r} x_\mu \cdot A(\tau_\mu, \tau_\nu) \geqq v_\varepsilon \text{ für } \nu = 1, \ldots, r,$$

$$\sum_{\nu=1}^{r} y_\nu \cdot A(\tau_\mu, \tau_\nu) \leqq v_\varepsilon \text{ für } \mu = 1, \ldots, r.$$

Natürlich ist X_ε auch eine gemischte Strategie im Spiel Γ, d. h. $X_\varepsilon \in \tilde{\Sigma}_1$ und ebenso $Y_\varepsilon \in \tilde{\Sigma}_2$. Es wird nun die Auszahlung $E(X_\varepsilon, \sigma_2)$ für ein beliebiges $\sigma_2 \in \Sigma_2$ betrachtet. Sei zunächst $\sigma_2 = \tau_\nu$ $(1 \leqq \nu \leqq r)$. Dann ist

$$E(X_\varepsilon, \sigma_2) = E(X_\varepsilon, \tau_\nu) = \sum_{\mu=1}^{r} x_\mu \cdot A(\tau_\mu, \tau_\nu) \geqq v_\varepsilon,$$

wie eben bemerkt. Sei weiter $\tau_\nu < \sigma_2 < \tau_{\nu+1}$ $(1 \leqq \nu \leqq r-1)$. Dann ist

$$E(X_\varepsilon, \sigma_2) = \sum_{\mu=1}^{r} x_\mu \cdot A(\tau_\mu, \sigma_2) = \sum_{\mu=1}^{\nu} x_\mu M_1(\tau_\mu, \sigma_2) + \sum_{\mu=\nu+1}^{r} x_\mu M_2(\tau_\mu, \sigma_2).$$

Wegen

$$E(X_\varepsilon, \tau_\nu) = \sum_{\mu=1}^{r} x_\mu \cdot A(\tau_\mu, \tau_\nu) = \sum_{\mu=1}^{\nu-1} x_\mu M_1(\tau_\mu, \tau_\nu) + x_\nu \cdot \varphi(\tau_\nu) + \sum_{\mu=\nu+1}^{r} x_\mu M_2(\tau_\mu, \tau_\nu)$$

ist dann

$$E(X_\varepsilon, \sigma_2) - E(X_\varepsilon, \tau_\nu) = \sum_{\mu=1}^{\nu} x_\mu \cdot \big(M_1(\tau_\mu, \sigma_2) - M_1(\tau_\mu, \tau_\nu)\big)$$
$$+ \sum_{\mu=\nu+1}^{r} x_\mu \cdot \big(M_2(\tau_\mu, \sigma_2) - M_2(\tau_\mu, \tau_\nu)\big) + x_\nu \cdot \big(M_1(\tau_\nu, \tau_\nu) - \varphi(\tau_\nu)\big),$$

also wegen (1), (2) und (*)

$$E(X_\varepsilon, \sigma_2) \geqq E(X_\varepsilon, \tau_\nu) - \varepsilon.$$

Also ist

$$E(X_\varepsilon, \sigma_2) \geqq v_\varepsilon - \varepsilon \quad \text{für alle } \sigma_2 \in \Sigma_2$$

und daher

$$E(X_\varepsilon, Y) \geqq v_\varepsilon - \varepsilon \quad \text{für alle } Y \in \tilde{\Sigma}_2.$$

Daher ist $\inf\limits_{Y \in \tilde{\Sigma}_2} E(X_\varepsilon, Y) \geqq v_\varepsilon - \varepsilon$, also $\sup\limits_{X \in \tilde{\Sigma}_1} \inf\limits_{Y \in \tilde{\Sigma}_2} E(X, Y) \geqq v_\varepsilon - \varepsilon$.

Ganz analog ist für $\sigma_1 = \tau_\mu$ $(1 \leqq \mu \leqq r)$

$$E(\sigma_1, Y_\varepsilon) = E(\tau_\mu, Y_\varepsilon) = \sum_{\nu=1}^{r} y_\nu \cdot A(\tau_\mu, \tau_\nu) \leqq v_\varepsilon,$$

sowie für $\tau_\mu < \sigma_1 < \tau_{\mu+1}$ $(1 \leqq \mu \leqq r-1)$

$$E(\sigma_1, Y_\varepsilon) - E(\tau_\mu, Y_\varepsilon) = \sum_{\nu=1}^{\mu} y_\nu(M_2(\sigma_1, \tau_\nu) - M_2(\tau_\mu, \tau_\nu))$$
$$+ \sum_{\nu=\mu+1}^{r} y_\nu(M_1(\sigma_1, \tau_\nu) - M_1(\tau_\mu, \tau_\nu)) + y_\mu(M_2(\tau_\mu, \tau_\mu) - \varphi(\tau_\mu))$$
$$\leqq \varepsilon.$$

Also ist $E(\sigma_1, Y_\varepsilon) \leqq v_\varepsilon + \varepsilon$ für alle $\sigma_1 \in \Sigma_1$ und daher auch $E(X, Y_\varepsilon) \leqq v_\varepsilon + \varepsilon$ für alle $X \in \tilde{\Sigma}_1$. Daher ist $\sup_{X \in \tilde{\Sigma}_1} E(X, Y_\varepsilon) \leqq v_\varepsilon + \varepsilon$, also $\inf_{Y \in \tilde{\Sigma}_2} \sup_{X \in \tilde{\Sigma}_1} E(X, Y) \leqq v_\varepsilon + \varepsilon$.

Da weiter immer die Ungleichung

$$\sup_{X \in \tilde{\Sigma}_1} \inf_{Y \in \tilde{\Sigma}_2} E(X, Y) \leqq \inf_{Y \in \tilde{\Sigma}_2} \sup_{X \in \tilde{\Sigma}_1} E(X, Y)$$

gilt (vgl. etwa den Beweis von Satz 33 oben), so hat man für jedes $\varepsilon > 0$

$$v_\varepsilon - \varepsilon \leqq \sup_{X \in \tilde{\Sigma}_1} \inf_{Y \in \tilde{\Sigma}_2} E(X, Y) \leqq \inf_{Y \in \tilde{\Sigma}_2} \sup_{X \in \tilde{\Sigma}_1} E(X, Y) \leqq v_\varepsilon + \varepsilon. \tag{3}$$

Die Menge der Werte v_ε für alle $\varepsilon > 0$ ist beschränkt; es kann ja v_ε nicht größer (nicht kleiner) werden als die obere (untere) Grenze der Funktionswerte der Funktion A auf dem Quadrat $\Sigma_1 \times \Sigma_2$. Durchlaufe nun ε eine Nullfolge, so kann man also eine Teilfolge auswählen, für welche v_ε konvergiert, etwa gegen v. Dann folgt aus (3) aber

$$\sup_{X \in \tilde{\Sigma}_1} \inf_{Y \in \tilde{\Sigma}_2} E(X, Y) = \inf_{Y \in \tilde{\Sigma}_2} \sup_{X \in \tilde{\Sigma}_1} E(X, Y) = v,$$

d. h. $\tilde{\Gamma}$ hat den sup-inf-Wert v. Die Existenz ε-guter Strategien folgt dann aus Satz 33. Damit ist Satz 34 bewiesen.

Anmerkung. Natürlich gilt ein zu Satz 34 analoger Satz auch für den Fall, daß die Bedingung (*) ersetzt wird durch

$$M_1(\sigma_1, \sigma_1) \leqq \varphi(\sigma_1) \leqq M_2(\sigma_1, \sigma_1) \quad \text{für } 0 \leqq \sigma_1 \leqq 1.$$

Man ersetze dann nämlich σ_i durch $1 - \sigma_i$ $(i = 1, 2)$ und kommt dadurch auf den Fall des Satzes 34 zurück.

Aus Satz 34 erhält man auch noch einen neuen Beweis für den Satz 17 aus § 6. Genauer erhält man den

Satz 17a. *Für jedes kontinuierliche Zweipersonen-Nullsummen-Spiel $\Gamma = \{\Sigma_1, \Sigma_2; A\}$ mit stetiger Auszahlungsfunktion A hat die diskrete gemischte Erweiterung einen sup-inf-Wert v und daher für jedes $\varepsilon > 0$ ε-gute Strategien für beide Spieler.*

Die maximale gemischte Erweiterung von Γ hat den Wert v und optimale Strategien für beide Spieler.

Beweis. Die Behauptung über die diskrete gemischte Erweiterung von Γ folgt unmittelbar aus Satz 34.

Sei nun $\tilde{\Gamma} = \{\tilde{\Sigma}_1, \tilde{\Sigma}_2; E\}$ die maximale gemischte Erweiterung von Γ. Dann hat nach der Anmerkung zu Satz 33 jedenfalls $\tilde{\Gamma}$ den sup-inf-Wert v und daher auch für jedes $\varepsilon > 0$ ε-gute Strategien für jeden Spieler. Durchlaufe ε_n $(n = 1, 2, \ldots)$ eine Nullfolge und sei $X_n \in \tilde{\Sigma}_1$ eine ε_n-gute Strategie des ersten Spielers, also $E(X_n, Y) \geqq v - \varepsilon_n$ für alle $Y \in \tilde{\Sigma}_2$. Nach Satz A in § 4 kann man durch Übergang zu einer Teilfolge annehmen, daß eine kumulative Verteilungsfunktion $X^* \in \tilde{\Sigma}_1$ existiert, so daß die Folge der Verteilungsfunktionen $X_1, X_2, \ldots$ an jeder Stelle gegen X^* konvergiert, an der X^* von links stetig ist. Wegen der Stetigkeit der Auszahlungsfunktion A in σ_1, σ_2 ist nun für jedes $Y \in \tilde{\Sigma}_2$ das Integral $\int\limits_{\Sigma_2} A(\sigma_1, \sigma_2)\, dY(\sigma_2)$ eine stetige Funktion von σ_1, und daher konvergiert nach Satz B aus § 4 $E(X_n, Y) = \int\limits_{\Sigma_1} [\int\limits_{\Sigma_2} A(\sigma_1, \sigma_2)\, dY(\sigma_2)]\, dX_n(\sigma_1)$ gegen $E(X^*, Y)$ für alle $Y \in \tilde{\Sigma}_2$. Daher ist $E(X^*, Y) \geqq v$ für alle $Y \in \tilde{\Sigma}_2$. In analoger Weise zeigt man die Existenz einer Strategie $Y^* \in \tilde{\Sigma}_2$ mit $E(X, Y^*) \leqq v$ für alle $X \in \tilde{\Sigma}_1$. Dann ist aber

$$E(X, Y^*) \leqq E(X^*, Y^*) = v \leqq E(X^*, Y) \text{ für alle } X \in \tilde{\Sigma}_1,\ Y \in \tilde{\Sigma}_2,$$

d. h. v ist der Wert von $\tilde{\Gamma}$ und X^*, Y^* sind optimale Strategien, w. z. b. w.

Für die diskrete gemischte Erweiterung von Γ gibt es dagegen unter den Bedingungen von Satz 17a im allgemeinen keine optimalen Strategien, wie das folgende Beispiel von [BG] zeigt: Im Spiel $\Gamma = \{\Sigma_1, \Sigma_2; A\}$ sei $\Sigma_1 = \Sigma_2$ das Einheitsintervall $[0, 1]$ und die Auszahlungsfunktion $A(\sigma_1, \sigma_2) = f(\sigma_1 - \sigma_2)$, wobei $f(t)$ für $0 \leqq t \leqq 1$ eine beliebige stetig-differenzierbare Funktion mit $f(0) = f(1)$, $f'(0) \neq f'(1)$ ist und $f(t) = f(t+1)$ für $-1 \leqq t \leqq 0$ gilt. Dann ist jedenfalls A stetig auf dem Einheitsquadrat, also hat die diskrete gemischte Erweiterung $\bar{\Gamma} = \{\bar{\Sigma}_1, \bar{\Sigma}_2; E\}$ einen sup-inf-Wert v. Nun rechnet man für jedes $\sigma_2 \in \Sigma_2$ sofort nach, daß

$$\int\limits_0^1 A(\sigma_1, \sigma_2)\,d\sigma_1 = \int\limits_0^{\sigma_2} f(\sigma_1 - \sigma_2 + 1)\,d\sigma_1 + \int\limits_{\sigma_2}^1 f(\sigma_1 - \sigma_2)\,d\sigma_1$$
$$= \int\limits_{1-\sigma_2}^1 f(t)\,dt + \int\limits_0^{1-\sigma_2} f(t)\,dt = \int\limits_0^1 f(t)\,dt$$

ist. Daraus folgt, daß auch für jede Strategie $Y \in \bar{\Sigma}_2$

$$\int\limits_0^1 E(\sigma_1, Y)\,d\sigma_1 = \int\limits_0^1 f(t)\,dt \tag{4}$$

gilt. Sei insbesondere $Y \in \bar{\Sigma}_2$ eine ε-gute Strategie, also $E(\sigma_1, Y) \leqq v + \varepsilon$ für alle $\sigma_1 \in \Sigma_1$. Dann folgt aus (4), daß $v + \varepsilon \geqq \int\limits_0^1 f(t)\,dt$ ist. Da $\varepsilon > 0$ beliebig ist, ist also

$$v \geqq \int\limits_0^1 f(t)\,dt.$$

Ebenso beweist man, daß für jede Strategie $X \in \bar{\Sigma}_1$

$$\int\limits_0^1 E(X, \sigma_2)\,d\sigma_2 = \int\limits_0^1 f(t)\,dt$$

gilt. Daraus erhält man unter Benutzung einer ε-guten Strategie $X \in \tilde{\Sigma}_1$ analog zu eben, daß $v \leqq \int_0^1 f(t)dt$ ist. Also ist

$$v = \int_0^1 f(t)\,dt. \tag{5}$$

Nach (4) und (5) ist also $\int_0^1 \big(E(\sigma_1, Y) - v\big)d\sigma_1 = 0$ für alle $Y \in \tilde{\Sigma}_2$. Wäre nun $Y \in \tilde{\Sigma}_2$ eine optimale Strategie, so wäre $E(\sigma_1, Y) - v \leqq 0$ für alle $\sigma_1 \in \Sigma_1$ und daher wegen der Stetigkeit von $E(\sigma_1, Y)$ in σ_1 sicher

$$E(\sigma_1, Y) = v \text{ für alle } \sigma_1 \in \Sigma_1. \tag{6}$$

Ordne nun die optimale Strategie Y den abzählbar vielen $\sigma_2^{(1)}, \sigma_2^{(2)}, \ldots \in \Sigma_2$ die Wahrscheinlichkeiten $y_1, y_2, \ldots$ mit $\sum_{\nu=1}^{\infty} y_\nu = 1$ zu. Dann ist $E(\sigma_1, Y) = \sum_{\nu=1}^{\infty} y_\nu \cdot f(\sigma_1 - \sigma_2^{(\nu)})$. Sei nun für ein bestimmtes ν die Stelle $\sigma_2^{(\nu)} \neq 0, 1$. Dann schreibe man mit diesem ν

$$E(\sigma_1, Y) - \sum_{\substack{\mu=1\\ \mu\neq\nu}}^{\infty} y_\mu \cdot f(\sigma_1 - \sigma_2^{(\mu)}) = y_\nu \cdot f(\sigma_1 - \sigma_2^{(\nu)}).$$

Wegen (6) ist $E(\sigma_1, Y)$ an der Stelle $\sigma_1 = \sigma_2^{(\nu)}$ jedenfalls differenzierbar. Das gleiche gilt auf Grund der Voraussetzungen über die Funktion f auch für $f(\sigma_1 - \sigma_2^{(\mu)})$ mit $\mu \neq \nu$, also auch für die Summe auf der linken Seite der letzten Gleichung, da diese Summe gliedweise differenziert werden kann. Auf der rechten Seite der Gleichung ist aber $f(\sigma_1 - \sigma_2^{(\nu)})$ an der Stelle $\sigma_1 = \sigma_2^{(\nu)}$ nicht differenzierbar, da $f(t)$ an der Stelle $t = 0$ nicht differenzierbar ist. Daher muß $y_\nu = 0$ sein für alle $\sigma_2^{(\nu)} \neq 0, 1$. Sei etwa $\sigma_2^{(1)} = 0$, $\sigma_2^{(2)} = 1$. Dann ist also

$$\begin{aligned} v = E(\sigma_1, Y) &= y_1 f(\sigma_1) + (1 - y_1)\, f(\sigma_1 - 1)\\ &= y_1 f(\sigma_1) + (1 - y_1)\, f(\sigma_1) = f(\sigma_1) \text{ für alle } \sigma_1 \in \Sigma_1. \end{aligned}$$

Das ist aber auf Grund der Voraussetzungen über f unmöglich. Der erhaltene Widerspruch zeigt, daß es keine optimale Strategie $Y \in \tilde{\Sigma}_2$ gibt. Analog zeigt man, daß es keine optimale Strategie $X \in \tilde{\Sigma}_1$ geben kann.

In der maximalen gemischten Erweiterung dieses Spieles Γ sind übrigens die Strategien X^* bzw. Y^*, die eine Gleichverteilung über Σ_1 bzw. Σ_2 liefern, optimal; denn für diese ist

$$E(X^*, \sigma_2) = \int_0^1 A(\sigma_1, \sigma_2)\,dX^*(\sigma_1) = \int_0^1 A(\sigma_1, \sigma_2)\,d\sigma_1 = \int_0^1 f(t)\,dt = v \text{ für alle } \sigma_2 \in \Sigma_2$$

und analog

$$E(\sigma_1, Y^*) = v \text{ für alle } \sigma_1 \in \Sigma_1.$$

Mit demselben Beweisgedanken wie im Beweis von Satz 34 lassen sich auch noch andere Existenzsätze beweisen, zum Beispiel der

Satz 35. *Sei $\Gamma = \{\Sigma_1, \Sigma_2; A\}$ ein kontinuierliches Zweipersonen-Nullsummen-Spiel, $\Sigma_1 = \Sigma_2 = [0, 1]$ und*

$$A(\sigma_1, \sigma_2) = \begin{cases} M_1(\sigma_1, \sigma_2) & \text{für } \sigma_1 \leqq \sigma_2 \\ M_2(\sigma_1, \sigma_2) & \text{für } \sigma_2 < \sigma_1, \end{cases} \quad (0 \leqq \sigma_1, \sigma_2 \leqq 1)$$

wobei M_1 stetig ist im Dreieck Δ_1: $0 \leqq \sigma_1 \leqq \sigma_2 \leqq 1$ und M_2 definiert und stetig im Dreieck Δ_2: $0 \leqq \sigma_2 \leqq \sigma_1 \leqq 1$. Dann hat die diskrete gemischte Erweiterung $\tilde{\Gamma} = \{\tilde{\Sigma}_1, \tilde{\Sigma}_2; E\}$ von Γ einen sup-inf-Wert, also auch für jedes $\varepsilon > 0$ ε-gute Strategien für beide Spieler.

Nach der Anmerkung zu Satz 33 hat dann die maximale gemischte Erweiterung von Γ denselben sup-inf-Wert.

Beweis. Mit den gleichen Bezeichnungen wie im Beweis von Satz 34 erhält man hier für jedes σ_2 mit $\tau_\nu < \sigma_2 < \tau_{\nu+1}$ $(1 \leqq \nu \leqq r-1)$

$$\begin{aligned} E(X_\varepsilon, \sigma_2) - E(X_\varepsilon, \tau_\nu) &= \sum_{\mu=1}^{\nu} x_\mu \bigl(M_1(\tau_\mu, \sigma_2) - M_1(\tau_\mu, \tau_\nu)\bigr) + \sum_{\mu=\nu+1}^{r} x_\mu \bigl(M_2(\tau_\mu, \sigma_2) - M_2(\tau_\mu, \tau_\nu)\bigr) \\ &\geqq -\varepsilon, \end{aligned}$$

also ebenso wie im Beweis von Satz 34 $\sup\limits_{X \in \tilde{\Sigma}_1} \inf\limits_{Y \in \tilde{\Sigma}_2} E(X, Y) \geqq v_\varepsilon - \varepsilon$. Weiter ist ebenfalls wieder für $\sigma_1 = \tau_\mu$ $(1 \leqq \mu \leqq r)$

$$E(\tau_\mu, Y_\varepsilon) \leqq v_\varepsilon.$$

Für $\tau_\mu < \sigma_1 < \tau_{\mu+1}$ $(1 \leqq \mu \leqq r-1)$ erhält man jetzt

$$\begin{aligned} E(\sigma_1, Y_\varepsilon) - E(\tau_{\mu+1}, Y_\varepsilon) &= \sum_{\nu=1}^{\mu} y_\nu \bigl(M_2(\sigma_1, \tau_\nu) - M_2(\tau_{\mu+1}, \tau_\nu)\bigr) + \sum_{\nu=\mu+1}^{r} y_\nu \bigl(M_1(\sigma_1, \tau_\nu) \\ &\quad - M_1(\tau_{\mu+1}, \tau_\nu)\bigr) \\ &\leqq \varepsilon \end{aligned}$$

und daher wie früher $\inf\limits_{Y \in \tilde{\Sigma}_2} \sup\limits_{X \in \tilde{\Sigma}_1} E(X, Y) \leqq v_\varepsilon + \varepsilon$, so daß die Behauptungen des Satzes 35 wie im Falle des Satzes 34 folgen, w. z. b. w.

Anmerkung. Natürlich gilt wieder der zu Satz 35 analoge Satz bei einer Auszahlungsfunktion

$$A(\sigma_1, \sigma_2) = \begin{cases} M_1(\sigma_1, \sigma_2) & \text{falls } \sigma_1 < \sigma_2 \\ M_2(\sigma_1, \sigma_2) & \text{falls } \sigma_2 \leqq \sigma_1 \end{cases}$$

unter sonst gleichen Bedingungen wie im Satz 35.

Ein weiterer Existenzsatz, den man nach einer ähnlichen Beweismethode wie bei Satz 34 erhält, ist der folgende Satz von WALD [W]:

Satz 36. *Für jedes Zweipersonen-Nullsummen-Spiel $\Gamma = \{\Sigma_1, \Sigma_2; A\}$ mit beschränkter Auszahlungsfunktion A, in dem wenigstens eine Strategienmenge Σ_1 oder Σ_2 endlich ist, besitzt die diskrete gemischte Erweiterung $\tilde{\Gamma} = \{\tilde{\Sigma}_1, \tilde{\Sigma}_2; E\}$ einen sup-inf-Wert und für den Spieler mit endlicher Strategienmenge eine optimale Strategie.*

Beweis. Sei etwa Σ_1 endlich, $\Sigma_1 = \{\sigma_1^{(1)}, \ldots, \sigma_1^{(m)}\}$. Sei $\varepsilon > 0$ beliebig vorgegeben. Man betrachte die Menge $\mathfrak{P}$ aller Punkte $(A(\sigma_1^{(1)}, \sigma_2), \ldots, A(\sigma_1^{(m)}, \sigma_2)) \in R^m$, wenn σ_2 alle Strategien $\sigma_2 \in \Sigma_2$ durchläuft. Wegen der Beschränktheit von A ist die Punktmenge $\mathfrak{P} \leqq R^m$ beschränkt. Es gibt also endlich viele Punkte von $\mathfrak{P}$, deren ε-Umgebungen zusammen die ganze Punktmenge $\mathfrak{P}$ überdecken. Man wähle etwa im R^m ein Würfelgitter von der Masche $\varepsilon/\sqrt{m}$ und wähle aus jedem Würfel, der Punkte von $\mathfrak{P}$ enthält, einen solchen Punkt aus. Dann überdecken die ε-Umgebungen dieser endlich vielen Punkte die ganze Punktmenge $\mathfrak{P}$. Es gibt also endlich viele $\sigma_2^{(1)}, \ldots, \sigma_2^{(n)} \in \Sigma_2$, so daß zu jedem $\sigma_2 \in \Sigma_2$ ein $\sigma_2^{(j)}$ $(1 \leqq j \leqq n)$ existiert mit

$$| A(\sigma_1^{(i)}, \sigma_2) - A(\sigma_1^{(i)}, \sigma_2^{(j)}) | < \varepsilon \qquad (i = 1, \ldots, m). \tag{7}$$

Sei Γ_ε das endliche Zweipersonen-Nullsummen-Spiel mit der Strategienmenge $\{\sigma_1^{(1)}, \ldots, \sigma_1^{(m)}\}$ für den ersten und der Strategienmenge $\{\sigma_2^{(1)}, \ldots, \sigma_2^{(n)}\}$ für den zweiten Spieler und der Auszahlung $A(\sigma_1^{(i)}, \sigma_2^{(j)})$ $(i = 1, \ldots, m;\ j = 1, \ldots, n)$. Nach dem Hauptsatz für Matrixspiele hat Γ_ε einen Wert v_ε und optimale gemischte Strategien X_ε für Spieler 1 und Y_ε für Spieler 2.

Natürlich ist X_ε auch eine gemischte Strategie im Spiel Γ, d. h. $X_\varepsilon \in \tilde{\Sigma}_1$ und ebenso $Y_\varepsilon \in \tilde{\Sigma}_2$. Es wird nun die Auszahlung $E(X_\varepsilon, \sigma_2)$ für ein beliebiges $\sigma_2 \in \Sigma_2$ betrachtet. Sei $\sigma_2^{(j)}$ $(1 \leqq j \leqq n)$ eine zu σ_2 gehörende Strategie, so daß (7) gilt. Dann ist wegen (7) auch

$$| E(X_\varepsilon, \sigma_2) - E(X_\varepsilon, \sigma_2^{(j)}) | < \varepsilon,$$

also

$$E(X_\varepsilon, \sigma_2) \geqq E(X_\varepsilon, \sigma_2^{(j)}) - \varepsilon \geqq v_\varepsilon - \varepsilon \qquad \text{für alle } \sigma_2 \in \Sigma_2.$$

Daher ist wieder $\sup\limits_{X \in \tilde{\Sigma}_1} \inf\limits_{Y \in \tilde{\Sigma}_2} E(X, Y) \geqq v_\varepsilon - \varepsilon$.

Ferner ist für jedes $\sigma_1 \in \Sigma_1$, d. h. für $\sigma_1^{(1)}, \ldots, \sigma_1^{(m)}$, $E(\sigma_1, Y_\varepsilon) \leqq v_\varepsilon$, da Y_ε in Γ_ε optimal ist. Also ist wieder $\inf\limits_{Y \in \tilde{\Sigma}_2} \sup\limits_{X \in \tilde{\Sigma}_1} E(X, Y) \leqq v_\varepsilon$, so daß wie früher $\sup\limits_{X \in \tilde{\Sigma}_1} \inf\limits_{Y \in \tilde{\Sigma}_2} E(X, Y) = \inf\limits_{Y \in \tilde{\Sigma}_2} \sup\limits_{X \in \tilde{\Sigma}_1} E(X, Y)$ folgt. Also hat das Spiel $\tilde{\Gamma}$ einen sup-inf-Wert v und daher für jedes $\varepsilon > 0$ ε-gute Strategien für beide Spieler.

Durchlaufe $\varepsilon_\nu > 0$ $(\nu = 1, 2, \ldots)$ eine Nullfolge. Sei $X_\nu = (x_1^{(\nu)}, \ldots, x_m^{(\nu)}) \in \tilde{\Sigma}_1$ $(\nu = 1, 2, \ldots)$ eine ε_ν-gute Strategie von Spieler 1, also $E(X_\nu, Y) \geqq v - \varepsilon_\nu$ für alle $Y \in \tilde{\Sigma}_2$. Man kann (durch Übergang zu einer Teilfolge) annehmen, daß die Folgen $x_i^{(1)}, x_i^{(2)}, \ldots$ $(i = 1, \ldots, m)$ konvergieren, etwa gegen x_i^* $(i = 1, \ldots, m)$. Dann ist $X^* = (x_1^*, \ldots, x_m^*)$ ebenfalls eine Strategie $\in \tilde{\Sigma}_1$, und für jedes $Y \in \tilde{\Sigma}_2$ konvergiert offenbar $E(X_\nu, Y) = \sum\limits_{i=1}^{m} x_i^{(\nu)} \cdot E(\sigma_1^{(i)}, Y)$ gegen $E(X^*, Y)$. Es ist mithin $E(X^*, Y) \geqq v$ für alle $Y \in \tilde{\Sigma}_2$, d. h. X^* ist eine optimale Strategie des Spielers 1 im Spiel $\tilde{\Gamma}$, w. z. b. w.

Es soll nun noch der Fall, daß die Strategienmenge eines Spielers, etwa des Spielers 1, abzählbar ist, genauer untersucht werden. Man kann dann also voraussetzen, daß $\Sigma_1 = \{1, 2, \ldots\}$ die Menge der natürlichen Zahlen ist. Es werde für jedes $k = 1, 2, \ldots$ mit $\tilde{\Sigma}_1^{(k)}$ die Gesamtheit derjenigen (diskreten) gemischten Strategien über Σ_1 bezeichnet, die allen $m > k$ aus Σ_1 die Wahrscheinlichkeit null zuordnen. Dann gilt der folgende Satz von WALD [20]:

Satz 37. *Sei im Zweipersonen-Nullsummen-Spiel $\Gamma = \{\Sigma_1, \Sigma_2; A\}$ mit der beschränkten Auszahlungsfunktion A die Strategienmenge Σ_1 abzählbar, $\Sigma_1 = \{1, 2, \ldots\}$. Dann hat die diskrete gemischte Erweiterung $\tilde{\Gamma} = \{\tilde{\Sigma}_1, \tilde{\Sigma}_2; E\}$ dann und nur dann einen sup-inf-Wert, wenn*

$$\lim_{k\to\infty} \inf_{Y\in\tilde{\Sigma}_2} \sup_{X\in\tilde{\Sigma}_1^{(k)}} E(X, Y) = \inf_{Y\in\tilde{\Sigma}_2} \sup_{X\in\tilde{\Sigma}_1} E(X, Y) \qquad (*)$$

ist.

Beweis. Nach Satz 36 ist jedenfalls für jedes $k = 1, 2, \ldots$

$$\sup_{X\in\tilde{\Sigma}_1^{(k)}} \inf_{Y\in\tilde{\Sigma}_2} E(X, Y) = \inf_{Y\in\tilde{\Sigma}_2} \sup_{X\in\tilde{\Sigma}_1^{(k)}} E(X, Y). \qquad (8)$$

Es wird nun bewiesen, daß immer

$$\lim_{k\to\infty} \sup_{X\in\tilde{\Sigma}_1^{(k)}} \inf_{Y\in\tilde{\Sigma}_2} E(X, Y) = \sup_{X\in\tilde{\Sigma}_1} \inf_{Y\in\tilde{\Sigma}_2} E(X, Y) \qquad (9)$$

gilt. Daher ist dann wegen (8)

$$\lim_{k\to\infty} \inf_{Y\in\tilde{\Sigma}_2} \sup_{X\in\tilde{\Sigma}_1^{(k)}} E(X, Y) = \sup_{X\in\tilde{\Sigma}_1} \inf_{Y\in\tilde{\Sigma}_2} E(X, Y),$$

und daher ist (*) nichts anderes als die Gleichung, die definitionsgemäß die Existenz eines sup-inf-Wertes für $\tilde{\Gamma}$ aussagt.

Es bleibt also nur die Beziehung (9) zu beweisen. Zunächst wird gezeigt, daß sich jede Strategie $X \in \tilde{\Sigma}_1$ durch eine Strategie $X' \in \tilde{\Sigma}_1^{(k)}$ approximieren läßt, und zwar in folgendem Sinne: Zu jedem $X \in \tilde{\Sigma}_1$ und jedem $\varepsilon > 0$ gibt es ein k und ein $X' \in \tilde{\Sigma}_1^{(k)}$ mit

$$| E(X, Y) - E(X', Y) | < \varepsilon \quad \text{für alle } Y \in \tilde{\Sigma}_2.$$

Erteile nämlich X den Elementen $1, 2, \ldots \in \Sigma_1$ die Wahrscheinlichkeiten $x_1, x_2, \ldots$, wobei $\sum_{i=1}^{\infty} x_i = 1$ ist. Sei C eine Schranke für $| A |$ auf $\Sigma_1 \times \Sigma_2$. Dann wähle man k so groß, daß

$$\sum_{i=k+1}^{\infty} x_i < \varepsilon/(2C) \quad \text{und} \quad | (1/\sum_{i=1}^{k} x_i) - 1 | < \varepsilon/(2C) \qquad (10)$$

gilt. Nun bestimme man $X' \in \tilde{\Sigma}_1^{(k)}$ so, daß X' den Elementen $1, 2, \ldots, k \in \Sigma_1$ die Wahrscheinlichkeiten $x_1/\sum_{i=1}^{k} x_i, x_2/\sum_{i=1}^{k} x_i, \ldots, x_k/\sum_{i=1}^{k} x_i$ erteilt. Dann ist für jedes $Y \in \tilde{\Sigma}_2$

$$E(X, Y) - E(X', Y) = \sum_{i=1}^{\infty} E(i, Y) x_i - \sum_{i=1}^{k} E(i, Y) \left(x_i / \sum_{\nu=1}^{k} x_\nu\right)$$

$$= \sum_{i=k+1}^{\infty} E(i, Y) x_i + \left(1 - 1/\sum_{\nu=1}^{k} x_\nu\right) \cdot \sum_{i=1}^{k} E(i, Y) x_i .$$

Da nun $| E(i, Y) | \leqq C$ für $i = 1, 2, \ldots$ und alle $Y \in \tilde{\Sigma}_2$ ist, so erhält man mittels (10), daß

$$| E(X, Y) - E(X', Y) | \leqq C \cdot \sum_{i=k+1}^{\infty} x_i + C \cdot \left| 1 - 1/\sum_{\nu=1}^{k} x_\nu \right| < \varepsilon$$

ist. Damit ist die Approximationsbehauptung bewiesen. Um nun die Beziehung (9) zu beweisen, wähle man bei vorgegebenem $\varepsilon > 0$ die Strategie $X \in \tilde{\Sigma}_1$ so, daß $\inf_{Y \in \tilde{\Sigma}_2} E(X, Y) > \sup_{X \in \tilde{\Sigma}_1} \inf_{Y \in \tilde{\Sigma}_2} E(X, Y) - \varepsilon/2$ ist. Hierauf approximiere man X durch ein solches $X' \in \tilde{\Sigma}_1^{(k)}$, daß $| E(X, Y) - E(X', Y) | < \varepsilon/2$ ist für alle $Y \in \tilde{\Sigma}_2$. Dann ist $\inf_{Y \in \tilde{\Sigma}_2} E(X', Y) \geqq \inf_{Y \in \tilde{\Sigma}_2} E(X, Y) - \varepsilon/2 > \sup_{X \in \tilde{\Sigma}_1} \inf_{Y \in \tilde{\Sigma}_2} E(X, Y) - \varepsilon$ und daher erst recht

$$\sup_{X \in \tilde{\Sigma}_1^{(k)}} \inf_{Y \in \tilde{\Sigma}_2} E(X, Y) > \sup_{X \in \tilde{\Sigma}_1} \inf_{Y \in \tilde{\Sigma}_2} E(X, Y) - \varepsilon . \tag{11}$$

Da aber offensichtlich für alle $j = 1, 2, \ldots$ gilt

$$\sup_{X \in \tilde{\Sigma}_1^{(j)}} \inf_{Y \in \tilde{\Sigma}_2} E(X, Y) \leqq \sup_{X \in \tilde{\Sigma}_1^{(j+1)}} \inf_{Y \in \tilde{\Sigma}_2} E(X, Y) \leqq \sup_{X \in \tilde{\Sigma}_1} \inf_{Y \in \tilde{\Sigma}_2} E(X, Y),$$

so folgt aus (11) mit dem dort bestimmten k

$$\left| \sup_{X \in \tilde{\Sigma}_1^{(j)}} \inf_{Y \in \tilde{\Sigma}_2} E(X, Y) - \sup_{X \in \tilde{\Sigma}_1} \inf_{Y \in \tilde{\Sigma}_2} E(X, Y) \right| < \varepsilon \text{ für alle } j \geqq k,$$

w. z. b. w.

Beispiel. Für das im Anschluß an Satz 3 in § 4 betrachtete Zweipersonen-Nullsummen-Spiel $\Gamma = \{\Sigma_1, \Sigma_2; A\}$ mit $\Sigma_1 = \Sigma_2 = \{1, 2, \ldots\}$ und

$$A(n, m) = \begin{cases} 1 & \text{für } n \geqq m \\ -1 & \text{für } n < m \end{cases}$$

besitzt, wie damals gezeigt wurde, die diskrete gemischte Erweiterung $\tilde{\Gamma} = \{\tilde{\Sigma}_1, \tilde{\Sigma}_2; E\}$ keinen Wert. Das wird nach Satz 37 verständlich; denn sei $Y \in \tilde{\Sigma}_2$ eine beliebige Strategie, die den Elementen $1, 2, \ldots \in \Sigma_2$ die Wahrscheinlichkeiten $y_1, y_2, \ldots$ zuordnet. Dann ist für alle $k = 1, 2, \ldots$

$$\sup_{X \in \tilde{\Sigma}_1^{(k)}} E(X, Y) = \sum_{i=1}^{k} y_i - \sum_{i=k+1}^{\infty} y_i$$

und daher $\inf_{Y \in \tilde{\Sigma}_2} \sup_{X \in \tilde{\Sigma}_1^{(k)}} E(X, Y) = -1$ und also $\lim_{k \to \infty} \inf_{Y \in \tilde{\Sigma}_2} \sup_{X \in \tilde{\Sigma}_1^{(k)}} E(X, Y) = -1$, während es nach den früheren Überlegungen zu jeder Strategie $Y \in \tilde{\Sigma}_2$ bei gegebenem $\varepsilon > 0$ eine Strategie $X \in \tilde{\Sigma}_1$ gibt mit $E(X, Y) > 1 - \varepsilon$. Es ist also $\inf\limits_{Y \in \tilde{\Sigma}_2} \sup\limits_{X \in \tilde{\Sigma}_1} E(X, Y) = +1 \neq \lim\limits_{k \to \infty} \inf\limits_{Y \in \tilde{\Sigma}_2} \sup\limits_{X \in \tilde{\Sigma}_1^{(k)}} E(X, Y)$.

Nachdem die Frage nach der Existenz des Wertes für einige Klassen von kontinuierlichen Zweipersonen-Nullsummen-Spielen Γ durch die obigen Sätze erledigt ist, soll nun die Frage behandelt werden, wie man bei einem solchen Spiel Γ den Wert und ε-gute bzw. optimale Strategien ermitteln kann. Natürlich ist dieses Problem wesentlich schwieriger als im Falle der Matrixspiele, und es sind bis jetzt auch keine vollständig allgemeinen Methoden zur Erledigung dieses Problems für kontinuierliche Spiele bekannt. Es genüge daher, an einigen Beispielen eine Methode zu erläutern, die gelegentlich zur Lösung des Problems führt. Zuvor werden noch einige Vorbemerkungen gemacht. Es wird zunächst die folgende Verallgemeinerung von Satz 24 in § 7 bewiesen:

Satz 38. *Sei $\Gamma = \{\Sigma_1, \Sigma_2; A\}$ ein Zweipersonen-Nullsummen-Spiel mit beschränkter Auszahlungsfunktion A. Habe die diskrete gemischte Erweiterung $\tilde{\Gamma} = \{\tilde{\Sigma}_1, \tilde{\Sigma}_2; E\}$ von Γ den Wert v, und seien $X^* \in \tilde{\Sigma}_1$ bzw. $Y^* \in \tilde{\Sigma}_2$ optimale Strategien der Spieler 1 bzw. 2. Erteilt X^* der Strategie $\sigma_1 \in \Sigma_1$ eine positive Wahrscheinlichkeit, so ist $E(\sigma_1, Y^*) = v$. Ebenso: Erteilt Y^* der Strategie $\sigma_2 \in \Sigma_2$ eine positive Wahrscheinlichkeit, so ist $E(X^*, \sigma_2) = v$.*

Beweis wörtlich wie für Satz 24 in § 7.

Weiter ist es für das Folgende zweckmäßig, sich nicht ausschließlich auf diskrete gemischte Strategien zu beschränken, sondern auch Verteilungen mit einer (Riemann-integrierbaren) Dichte als gemischte Strategien zuzulassen. Für Leser, die sowieso allgemeine Wahrscheinlichkeitsverteilungen als gemischte Strategien zulassen, bedeutet das nichts Neues. Diejenigen Leser hingegen, die sich bis jetzt auf diskrete Wahrscheinlichkeitsverteilungen beschränkt haben, können dies auch weiterhin tun und die Dichten lediglich als ein formales Hilfsmittel ansehen, dessen Zweckmäßigkeit durch den folgenden Satz 39 deutlich gemacht wird.

Satz 39. *Sei $\Gamma = \{\Sigma_1, \Sigma_2; A\}$ ein kontinuierliches Zweipersonen-Nullsummen-Spiel, $\Sigma_1 = \Sigma_2 = [0, 1]$. Sei die Auszahlungsfunktion A von der Form*

$$A(\sigma_1, \sigma_2) = \begin{cases} M_1(\sigma_1, \sigma_2) & \text{für } \sigma_1 < \sigma_2 \\ \varphi(\sigma_1) & \text{für } \sigma_1 = \sigma_2 \\ M_2(\sigma_1, \sigma_2) & \text{für } \sigma_2 < \sigma_1, \end{cases}$$

wobei M_1 definiert und stetig ist im Dreieck Δ_1: $0 \leqq \sigma_1 \leqq \sigma_2 \leqq 1$, M_2 definiert und stetig in Δ_2: $0 \leqq \sigma_2 \leqq \sigma_1 \leqq 1$ und $\varphi(\sigma_1)$ beschränkt für $0 \leqq \sigma_1 \leqq 1$. Sei v eine Zahl und f und g zwei über dem Einheitsintervall $[0, 1]$ Riemann-integrierbare Funktionen mit $f \geqq 0$, $g \geqq 0$, $\int\limits_0^1 f(\sigma_1)d\sigma_1 = \int\limits_0^1 g(\sigma_2)d\sigma_2 = 1$ und

$$\int\limits_0^1 A(\sigma_1, \sigma_2)\, f(\sigma_1)d\sigma_1 \geqq v \qquad \text{für alle } \sigma_2 \in \Sigma_2, \tag{12}$$

$$\int\limits_0^1 A(\sigma_1, \sigma_2)\, g(\sigma_2)d\sigma_2 \leqq v \qquad \text{für alle } \sigma_1 \in \Sigma_1. \tag{13}$$

Dann ist v der sup-inf-Wert der diskreten gemischten Erweiterung $\tilde{\Gamma} = \{\tilde{\Sigma}_1, \tilde{\Sigma}_2; E\}$ *von* Γ, *und man kann aus f bzw. g in folgender Weise ε-gute Strategien der Spieler 1 bzw. 2 erhalten: Es existiert zu jedem* $\varepsilon > 0$ *eine Zahl* $\delta(\varepsilon) > 0$, *so daß bei jeder Einteilung* $0 = t_0 < t_1 < \cdots < t_m = 1$ *des Intervalles* $[0, 1]$ *mit* $t_{\mu+1} - t_\mu < \delta(\varepsilon)$ $(\mu = 0, \ldots, m-1)$ *die gemischte Strategie* $X_\varepsilon \in \tilde{\Sigma}_1$ $(Y_\varepsilon \in \tilde{\Sigma}_2)$, *die für* $\mu = 0, \ldots, m-1$ *die reinen Strategien* $\sigma_1 = t_\mu$ $(\sigma_2 = t_\mu)$ *mit den Wahrscheinlichkeiten* $\int_{t_\mu}^{t_{\mu+1}} f(\sigma_1)\,d\sigma_1$ $(\int_{t_\mu}^{t_{\mu+1}} g(\sigma_2)\,d\sigma_2)$ *auswählt, eine ε-gute Strategie des Spielers 1 (2) ist.*

Für die maximale gemischte Erweiterung von Γ *ist ebenfalls v der sup-inf-Wert und die durch* $X^*(\sigma_1) = \int_0^{\sigma_1} f(t)\,dt$ $(Y^*(\sigma_2) = \int_0^{\sigma_2} g(t)\,dt)$ *gegebene kumulative Verteilungsfunktion* $X^*(Y^*)$ *optimale Strategie von 1 (2).*

Beweis. Die Behauptungen über die maximale gemischte Erweiterung von Γ sind trivial. Sie folgen ohne weiteres aus Satz 33 und der Definition einer optimalen Strategie.

Zum Beweis der Behauptungen über die diskrete gemischte Erweiterung $\tilde{\Gamma}$ sei $\varepsilon > 0$ beliebig. Wegen der gleichmäßigen Stetigkeit von M_1 in Δ_1 und von M_2 in Δ_2 gibt es dann ein $\delta > 0$, so daß

$$|M_1(\sigma_1, \sigma_2) - M_1(\sigma_1', \sigma_2')| < \varepsilon/2 \text{ falls } |\sigma_1 - \sigma_1'| < \delta,\ |\sigma_2 - \sigma_2'| < \delta,\quad (\sigma_1, \sigma_2) \in \Delta_1,\ (\sigma_1', \sigma_2') \in \Delta_1, \tag{14}$$

$$|M_2(\sigma_1, \sigma_2) - M_2(\sigma_1', \sigma_2')| < \varepsilon/2 \text{ falls } |\sigma_1 - \sigma_1'| < \delta,\ |\sigma_2 - \sigma_2'| < \delta,\quad (\sigma_1, \sigma_2) \in \Delta_2,\ (\sigma_1', \sigma_2') \in \Delta_2. \tag{15}$$

Weiter ist nach den Voraussetzungen von Satz 39 die Funktion A auf dem Quadrat $\Sigma_1 \times \Sigma_2$ beschränkt, etwa $|A(\sigma_1, \sigma_2)| < C$ für alle $\sigma_1 \in \Sigma_1$, $\sigma_2 \in \Sigma_2$. Sei ferner c eine obere Schranke für $|f|$ und $|g|$. Man wähle die Größe δ noch so klein, daß $\delta < \varepsilon/(4Cc)$ ist. Sei nun $0 = t_0 < t_1 < \ldots < t_m = 1$ eine Teilung des Intervalles $[0, 1]$, so daß $t_{\mu+1} - t_\mu < \delta$ $(\mu = 0, \ldots, m-1)$ ist. Es sei $X_\varepsilon \in \tilde{\Sigma}_1$ die gemischte Strategie, die die reine Strategie $\sigma_1 = t_\mu$ $(\mu = 0, \ldots, m-1)$ mit der Wahrscheinlichkeit $\int_{t_\mu}^{t_{\mu+1}} f(\sigma_1)\,d\sigma_1$ auswählt. Dann ist für jedes $\sigma_2 \in \Sigma_2$

$$E(X_\varepsilon, \sigma_2) = \sum_{\mu=0}^{m-1} A(t_\mu, \sigma_2) \cdot \int_{t_\mu}^{t_{\mu+1}} f(\sigma_1)\,d\sigma_1.$$

Daher wird

$$E(X_\varepsilon, \sigma_2) - \int_0^1 A(\sigma_1, \sigma_2) f(\sigma_1)\,d\sigma_1 = \sum_{\mu=0}^{m-1} \int_{t_\mu}^{t_{\mu+1}} [A(t_\mu, \sigma_2) - A(\sigma_1, \sigma_2)] f(\sigma_1)\,d\sigma_1.$$

Sei nun $t_\varrho \leqq \sigma_2 < t_{\varrho+1}$ $(0 \leqq \varrho \leqq m-1)$. Dann ist

$$E(X_\varepsilon, \sigma_2) - \int_0^1 A(\sigma_1, \sigma_2) f(\sigma_1)\,d\sigma_1 = \sum_{\mu=0}^{\varrho-1} \int_{t_\mu}^{t_{\mu+1}} [M_1(t_\mu, \sigma_2) - M_1(\sigma_1, \sigma_2)] f(\sigma_1)\,d\sigma_1$$

$$+ \int_{t_\varrho}^{t_{\varrho+1}} [A(t_\varrho, \sigma_2) - A(\sigma_1, \sigma_2)] f(\sigma_1)\,d\sigma_1 + \sum_{\mu=\varrho+1}^{m-1} \int_{t_\mu}^{t_{\mu+1}} [M_2(t_\mu, \sigma_2) - M_2(\sigma_1, \sigma_2)] f(\sigma_1)\,d\sigma_1,$$

also nach (14), (15) und wegen $\delta < \varepsilon/(4Cc)$

$$| E(X_\varepsilon, \sigma_2) - \int_0^1 A(\sigma_1, \sigma_2) f(\sigma_1) d\sigma_1 | \leqq \varepsilon/2 + \varepsilon/2 = \varepsilon.$$

Diese Abschätzung gilt zunächst für $0 \leqq \sigma_2 < 1$, aber offensichtlich kann man auch für $\sigma_2 = 1$ dieselbe Abschätzung erhalten. Daher wird $E(X_\varepsilon, \sigma_2) \geqq v - \varepsilon$ für alle $\sigma_2 \in \Sigma_2$, also auch $E(X_\varepsilon, Y) \geqq v - \varepsilon$ für alle $Y \in \widetilde{\Sigma}_2$. Völlig analog beweist man, daß für die gemischte Strategie $Y_\varepsilon \in \widetilde{\Sigma}_2$, die die reine Strategie $\sigma_2 = t_\mu$ $(\mu = 0, \ldots, m-1)$ mit der Wahrscheinlichkeit $\int_{t_\mu}^{t_{\mu+1}} g(\sigma_2) d\sigma_2$ auswählt, die Ungleichung $E(X, Y_\varepsilon) \leqq v + \varepsilon$ für alle $X \in \widetilde{\Sigma}_1$ gilt. Dann ist aber nach Satz 33 v der sup-inf-Wert von $\widetilde{\Gamma}$ und X_ε bzw. Y_ε ε-gute Strategie des Spielers 1 bzw. 2, w. z. b. w.

In Analogie zu Satz 38 gilt ferner der

Satz 40. *Es mögen dieselben Voraussetzungen wie in Satz 39 gelten. Wenn dann* $f(\sigma_1) > 0$ *ist in einem Intervall* $[a, b]$ $(0 \leqq a < b \leqq 1)$, *so ist* $\int_0^1 A(\sigma_1, \sigma_2) g(\sigma_2) d\sigma_2 = v$ *für alle* $\sigma_1 \in [a, b]$. *Ebenso: wenn* $g(\sigma_2) > 0$ *ist für alle* $\sigma_2 \in [a, b]$, *so ist* $\int_0^1 A(\sigma_1, \sigma_2) f(\sigma_1) d\sigma_1 = v$ *für alle* $\sigma_2 \in [a, b]$.

Beweis. Zunächst ist unter den angegebenen Voraussetzungen

$$\int_0^1 \left(\int_0^1 A(\sigma_1, \sigma_2) f(\sigma_1) d\sigma_1\right) g(\sigma_2) d\sigma_2 = \int_0^1 \left(\int_0^1 A(\sigma_1, \sigma_2) g(\sigma_2) d\sigma_2\right) f(\sigma_1) d\sigma_1. \tag{16}$$

Wegen (12) und (13) ist der gemeinsame Wert dieser beiden Integrale gleich v. Sei nun $f(\sigma_1) > 0$ für $a \leqq \sigma_1 \leqq b$. Angenommen, für ein $\sigma_1 \in [a, b]$ gelte $\int_0^1 A(\sigma_1, \sigma_2) g(\sigma_2) d\sigma_2 < v$. Da $\int_0^1 A(\sigma_1, \sigma_2) g(\sigma_2) d\sigma_2$ unter den vorliegenden Voraussetzungen eine stetige Funktion von σ_1 ist, gibt es dann ein Teilintervall $[a', b']$ $(a \leqq a' < b' \leqq b)$, so daß $\int_0^1 A(\sigma_1, \sigma_2) g(\sigma_2) d\sigma_2 < v$ für alle $\sigma_1 \in [a', b']$. Daher ist also $\left(\int_0^1 A(\sigma_1, \sigma_2) g(\sigma_2) d\sigma_2\right) f(\sigma_1) < v \cdot f(\sigma_1)$ für alle $\sigma_1 \in [a', b']$. Dann ist aber bekanntlich[1])

[1]) Es gilt nämlich der folgende

Satz. *Ist die Funktion* φ *im Intervall* $a \leqq x \leqq b$ $(a < b)$ *Riemann-integrierbar und* $\varphi(x) > 0$ *für alle* $a \leqq x \leqq b$. *Dann ist* $\int_a^b \varphi(x) dx > 0$.

Beweis. Gibt es in jedem Teilintervall von $[a, b]$ eine Stelle x mit $\varphi(x) \geqq 1$, so sind alle Obersummen von φ über $[a, b]$ größer oder gleich $b - a$, also auch $\int_a^b \varphi(x) dx \geqq b - a > 0$. Im entgegengesetzten Falle gibt es ein Teilintervall $[a_1, b_1] \leqq [a, b]$, in dem überall $\varphi(x) < 1$.

$$\int_{a'}^{b'} \left(\int_0^1 A(\sigma_1, \sigma_2)\, g(\sigma_2) d\sigma_2\right) f(\sigma_1) d\sigma_1 < v \cdot \int_{a'}^{b'} f(\sigma_1) d\sigma_1$$

und daher wegen (13) $\int_0^1 \left(\int_0^1 A(\sigma_1, \sigma_2)\, g(\sigma_2)\, d\sigma_2\right) f(\sigma_1) d\sigma_1 < v$ entgegen der eben gemachten Bemerkung zu (16). In analoger Weise wird der zweite Teil des Satzes 40 bewiesen.

Mit diesen Sätzen 39 und 40 hängt nun die oben erwähnte Methode, mit der sich gelegentlich Wert und ε-gute Strategien eines kontinuierlichen Spieles ermitteln lassen, zusammen. Sie soll jetzt an einigen Beispielen erläutert werden.

Beispiel 1. Es wird das zu Beginn dieses Paragraphen angeführte Zeitspiel mit der Auszahlungsfunktion

$$A(\sigma_1, \sigma_2) = \begin{cases} 2\sigma_1 - \sigma_2 & \text{für } \sigma_1 < \sigma_2 \\ 0 & \text{für } \sigma_1 = \sigma_2 \\ \sigma_1 - 2\sigma_2 & \text{für } \sigma_2 < \sigma_1 \end{cases} \quad (0 \leqq \sigma_1, \sigma_2 \leqq 1)$$

betrachtet. Die diskrete gemischte Erweiterung dieses Spieles hat nach Satz 34 einen sup-inf-Wert. Wegen der Symmetrie der Auszahlungsfunktion in bezug auf die beiden Spieler ist dieser Wert natürlich gleich null. Um jedoch die zu erläuternde Methode auch für allgemeinere Beispiele verständlich zu machen, soll diese Kenntnis über den Wert des Spieles nicht benutzt werden, sondern der Wert durch die genannte Methode mit ermittelt werden.

Man untersucht, ob es optimale Dichten f und g im Sinne des Satzes 39 gibt. Dabei wird die Dichte f versuchsweise so angesetzt, daß sie bis zu einer (zunächst noch beliebig gelassenen) Stelle $\sigma_1 = a$ gleich null ist und für $a \leqq \sigma_1 \leqq 1$ positiv ist. Nach Satz 40 muß dann jedenfalls für die Dichte g gelten

$$\int_0^1 A(\sigma_1, \sigma_2)\, g(\sigma_2) d\sigma_2 = \text{const} \quad \text{für } a \leqq \sigma_1 \leqq 1.$$

Sei (versuchsweise) die Funktion $g(\sigma_2)$ ebenfalls gleich null für $0 \leqq \sigma_2 \leqq a$ und differenzierbar für $a < \sigma_2 \leqq 1$. Dann geht die letzte Gleichung über in

$$\int_a^{\sigma_1} (\sigma_1 - 2\sigma_2)\, g(\sigma_2) d\sigma_2 + \int_{\sigma_1}^1 (2\sigma_1 - \sigma_2)\, g(\sigma_2) d\sigma_2 = \text{const} \quad \text{für } a \leqq \sigma_1 \leqq 1.$$

Hieraus erhält man durch Differentiation nach σ_1

$$-\sigma_1 g(\sigma_1) + \int_a^{\sigma_1} g(\sigma_2) d\sigma_2 - \sigma_1 g(\sigma_1) + 2\int_{\sigma_1}^1 g(\sigma_2) d\sigma_2 = 0 \quad \text{für } a < \sigma_1 \leqq 1,$$

Gibt es in jedem Teilintervall von $[a_1, b_1]$ eine Stelle x mit $\varphi(x) \geqq 1/2$, so ist wieder $\int_{a_1}^{b_1} \varphi(x) dx > 0$ und also erst recht $\int_a^b \varphi(x) dx > 0$. Im entgegengesetzten Falle gibt es ein Teilintervall $[a_2, b_2] \leqq [a_1, b_1]$, in dem überall $\varphi(x) < 1/2$. So fortfahrend erhält man entweder die Behauptung des Satzes oder die Existenz einer Folge von ineinandergeschachtelten Intervallen $[a_1, b_1] \geqq [a_2, b_2] \geqq \ldots$, so daß in $[a_n, b_n]$ überall $\varphi(x) < 1/n$ ist. Sei ξ ein Punkt aus $[a, b]$, der all diesen Intervallen $[a_n, b_n]$ $(n = 1, 2, \ldots)$ angehört. Dann ist aber $\varphi(\xi) = 0$ entgegen Voraussetzung. Also kann die zweite Alternative nicht eintreten, w. z. b. w.

d. h.

$$-2\sigma_1 g(\sigma_1) + 1 + \int_{\sigma_1}^{1} g(\sigma_2)d\sigma_2 = 0 \qquad \text{für } a < \sigma_1 \leqq 1,$$

und hieraus durch nochmalige Differentiation nach σ_1

$$-3\,g(\sigma_1) - 2\,\sigma_1 \cdot g'(\sigma_1) = 0 \qquad \text{für } a < \sigma_1 \leqq 1.$$

Als Lösung dieser Differentialgleichung erhält man

$$g(\sigma_1) = k \cdot \sigma_1^{-3/2} \qquad \text{für } a < \sigma_1 \leqq 1.$$

Damit erhält man also

$$g(\sigma_2) = \begin{cases} 0 & \text{für } 0 \leqq \sigma_2 \leqq a \\ k \cdot \sigma_2^{-3/2} & \text{für } a < \sigma_2 \leqq 1. \end{cases}$$

Mit diesem Ausdruck für $g(\sigma_2)$ erhält man für $a \leqq \sigma_1 \leqq 1$

$$\int_0^1 A(\sigma_1, \sigma_2)\, g(\sigma_2)d\sigma_2 = k \cdot \{\int_a^{\sigma_1} (\sigma_1 - 2\sigma_2)\sigma_2^{-3/2} d\sigma_2 + \int_{\sigma_1}^1 (2\sigma_1 - \sigma_2)\sigma_2^{-3/2}\, d\sigma_2\}$$
$$= k \cdot \left\{\sigma_1\left(\frac{2}{\sqrt{a}} - 4\right) + 4\sqrt{a} - 2\right\}.$$

Soll dies wirklich konstant sein, so muß also $\frac{2}{\sqrt{a}} - 4 = 0$, d. h. $a = {}^1/_4$ gesetzt werden. Damit ferner g wirklich eine Dichte ist, muß noch $\int_0^1 g(\sigma_2)d\sigma_2$ $= \int_{1/4}^1 g(\sigma_2)d\sigma_2 = 1$ sein. Dies kann durch geeignete Wahl von k erreicht werden, nämlich $k = {}^1/_2$. Damit erhält man die Dichte

$$g(\sigma_2) = \begin{cases} 0 & \text{für } 0 \leqq \sigma_2 \leqq {}^1/_4 \\ \frac{1}{2} \cdot \sigma_2^{-3/2} & \text{für } {}^1/_4 < \sigma_2 \leqq 1. \end{cases}$$

Mit dieser Dichte wird nun

$$\int_0^1 A(\sigma_1, \sigma_2) g(\sigma_2) d\sigma_2 = \begin{cases} 0 & \text{für } {}^1/_4 \leqq \sigma_1 \leqq 1 \\ \frac{1}{2} \cdot \int_{1/4}^1 (2\sigma_1 - \sigma_2)\sigma_2^{-3/2}\, d\sigma_2 = 2\sigma_1 - {}^1/_2 \leqq 0 & \text{für } 0 \leqq \sigma_1 \leqq {}^1/_4. \end{cases}$$

Auf Grund der Symmetrie des Spieles gilt dann für die Dichte

$$f(\sigma_1) = \begin{cases} 0 & \text{für } 0 \leqq \sigma_1 \leqq {}^1/_4 \\ \frac{1}{2} \cdot \sigma_1^{-3/2} & \text{für } {}^1/_4 < \sigma_1 \leqq 1, \end{cases}$$

daß

$$\int_0^1 A(\sigma_1, \sigma_2) f(\sigma_1) d\sigma_1 = \begin{cases} 0 & \text{für } {}^1/_4 \leqq \sigma_2 \leqq 1 \\ -2\sigma_2 + {}^1/_2 \geqq 0 & \text{für } 0 \leqq \sigma_2 \leqq {}^1/_4 \end{cases}$$

ist. Nach Satz 39 ist daher der Wert der diskreten gemischten Erweiterung des Spieles $v = 0$, und man erhält ε-gute Strategien von Spieler 1 und 2 aus den Dichten f und g nach dem in Satz 39 beschriebenen Verfahren.

Die Verteilungsfunktionen mit den Dichten f und g sind optimale Strategien der beiden Spieler in der maximalen gemischten Erweiterung des Spieles.

Beispiel 2. Als zweites Beispiel werde das Reklameproblem aus Beispiel 6 in § 2 in der zu Beginn dieses Paragraphen angegebenen abgeänderten Situation als Nullsummenspiel betrachtet. Aus Gründen der Einfachheit der Rechnung sei dabei noch die Auszahlungsfunktion auf der Diagonalen $t_1 = t_2$ abgeändert, und zwar so, daß Spieler I auch im Falle $t_1 = t_2$ den Kunden mit der entsprechenden Wahrscheinlichkeit erhält. Dann hat man also die Auszahlungsfunktion

$$A(t_1, t_2) = \begin{cases} P(t_1) & \text{für } t_1 \leqq t_2 \\ (1 - P(t_2))\,P(t_1) & \text{für } t_2 < t_1 \end{cases} \qquad (0 \leqq t_1, t_2 \leqq 1).$$

Die diskrete gemischte Erweiterung dieses Spieles hat nach Satz 35 einen sup-inf-Wert v.

Dieser ist gleichzeitig auch sup-inf-Wert der maximalen gemischten Erweiterung. Er läßt sich in ähnlicher Weise wie im vorigen Beispiel ermitteln, wobei jedoch ein größerer Rechenaufwand nötig wird. Allerdings kommt man bei diesem Spiel nicht mehr in jedem Falle mit Strategien mit Dichten zum Ziel; man muß vielmehr gemischte Strategien ansetzen, die durch kumulative Verteilungsfunktionen F von folgendem Typ gegeben sind: F sei für $0 \leqq t \leqq 1$ stückweise glatt und habe höchstens zwei Sprünge, und zwar einen an einer (noch näher zu bestimmenden) Stelle $t = t_0$ und den anderen an der Stelle $t = 1$; ferner sei $F(t) = 0$ für $t < t_0$.

Es genüge hier, das Ergebnis der Rechnung anzugeben. Dieses ist verschieden, je nachdem, welcher der beiden folgenden Fälle vorliegt:

Fall 1. $P(0) \leqq \sqrt{2} - 1, \quad P(1)^2 \geqq P(0)^2/(1 - 2P(0))$

Fall 2. $P(0) \geqq \sqrt{2} - 1$

oder $P(0) < \sqrt{2} - 1, \quad P(1)^2 \leqq P(0)^2/(1 - 2P(0))$.

Im Falle 1 gibt es genau ein $t_0 \in [0, 1]$ mit

$$P(t_0) = -P(1)^2 + \sqrt{P(1)^4 + P(1)^2},$$

und der Wert der diskreten[1]) gemischten Erweiterung des Spieles ist

$$v = P(t_0) = -P(1)^2 + \sqrt{P(1)^4 + P(1)^2}.$$

Optimale Strategien in der maximalen gemischten Erweiterung des Spieles sind in diesem Falle gegeben durch die kumulativen Verteilungsfunktionen

$$X^*(t) = \begin{cases} 0 & \text{für } t \leqq t_0 \\ \dfrac{P(t_0)^2 \cdot P(1)^2}{P(t_0)^2 + P(1)^2}\left(\dfrac{1}{P(t_0)^2} - \dfrac{1}{P(t)^2}\right) & \text{für } t_0 \leqq t < 1 \\ 1 & \text{für } t = 1 \end{cases} \quad \text{für Spieler I}$$

$$Y^*(t) = \begin{cases} 0 & \text{für } t \leqq t_0 \\ \dfrac{P(t_0)}{2} \cdot \left(\dfrac{1}{P(t_0)^2} - \dfrac{1}{P(t)^2}\right) & \text{für } t_0 \leqq t \leqq 1 \end{cases} \quad \text{für Spieler II.}$$

[1]) bzw. maximalen

Im Falle 2 dagegen ist der Wert der diskreten[1]) gemischten Erweiterung des Spieles

$$v = P(0),$$

und optimale Strategien in der maximalen gemischten Erweiterung des Spieles sind

$$X^*(t) = 1 \text{ für } 0 \leqq t \leqq 1 \qquad \text{für Spieler I}$$

$$Y^*(t) = \begin{cases} \frac{P(0)}{2}\left(\frac{1}{P(0)^2} - \frac{1}{P(t)^2}\right) & \text{für } t < 1 \\ 1 & \text{für } t = 1 \end{cases} \qquad \text{für Spieler II.}$$

Weitere Untersuchungen über kontinuierliche Zweipersonen-Nullsummen-Spiele findet man unter anderem in [CII], KARLIN [7], VOGEL [18] sowie in [CIII], [Dr] und [K].

---

[1]) bzw. maximalen

IV. Kooperative Theorie allgemeiner Spiele

§ 11. Die charakteristische Funktion eines Spieles

Im Gegensatz zu der in § 4 betrachteten nicht-kooperativen Theorie werden in der v. NEUMANNschen kooperativen Theorie den Spielern alle möglichen Arten von Koalitionsbildungen, Kompensations- und Seitenzahlungen und dergleichen gestattet. Diese Koalitionen und so weiter bilden sogar gerade den Hauptgegenstand der kooperativen Theorie. Die Begriffe und Sätze dieses Paragraphen stammen aus [NM]. Als erstes benötigt man ein Maß für den „Wert" einer Koalition. Der Einfachheit halber werden dabei in diesem ganzen Kapitel nur endliche Spiele betrachtet, außer wenn explizite das Gegenteil gesagt wird.

Sei $\Gamma = \{\Sigma_1, \ldots, \Sigma_n; A_1, \ldots, A_n\}$ ein (endliches) n-Personen-Spiel, $\mathfrak{N} = \{1, 2, \ldots, n\}$ die Menge der Spieler. Sei $\mathfrak{S}$ eine beliebige Teilmenge von $\mathfrak{N}$. Die Spieler aus der Teilmenge $\mathfrak{S}$ mögen sich zu einer Koalition zusammenschließen, so daß diese Koalition $\mathfrak{S}$ praktisch als ein einziger Spieler in Erscheinung tritt. Die Koalition $\mathfrak{S}$ muß dann damit rechnen, daß auch die übrigen Spieler aus $\mathfrak{N} - \mathfrak{S}$ sich zu einer Gegenkoalition zusammenschließen, so daß sich im Endeffekt nur noch die beiden „Koalitions-Spieler" $\mathfrak{S}$ und $\mathfrak{N} - \mathfrak{S}$ gegenüberstehen. Auf diese Weise entsteht also für jede Koalition $\mathfrak{S}$ aus dem Spiel Γ ein Zweipersonenspiel $\Gamma_{\mathfrak{S}}$. Umfasse $\mathfrak{S}$ die Spieler $n_1, \ldots, n_s \in \mathfrak{N}$. Dann sind offensichtlich die Strategien des Koalitionsspielers $\mathfrak{S}$ im Spiel $\Gamma_{\mathfrak{S}}$ die s-Tupel $(\sigma_{n_1}, \ldots, \sigma_{n_s})$ von Strategien $\sigma_{n_i} \in \Sigma_{n_i}$ $(i = 1, \ldots, s)$. Die Gesamtheit aller dieser s-Tupel bezeichnet man bekanntlich als die Produktmenge $\Sigma_{n_1} \times \cdots \times \Sigma_{n_s} = \mathop{\times}\limits_{\nu \in \mathfrak{S}} \Sigma_\nu$. Ebenso ist die Strategienmenge für den Koalitionsspieler $\mathfrak{N} - \mathfrak{S}$ die Produktmenge $\mathop{\times}\limits_{\nu \in \mathfrak{N}-\mathfrak{S}} \Sigma_\nu$. Ferner ist die Auszahlung für den Koalitionsspieler $\mathfrak{S}$ gleich der Summe der Auszahlungen der einzelnen Spieler aus $\mathfrak{S}$ und analog für den Koalitionsspieler $\mathfrak{N} - \mathfrak{S}$. Also ist das Koalitionsspiel $\Gamma_{\mathfrak{S}}$ das Zweipersonenspiel

$$\Gamma_{\mathfrak{S}} = \{\mathop{\times}\limits_{\nu \in \mathfrak{S}} \Sigma_\nu, \mathop{\times}\limits_{\nu \in \mathfrak{N}-\mathfrak{S}} \Sigma_\nu; \sum_{\nu \in \mathfrak{S}} A_\nu, \sum_{\nu \in \mathfrak{N}-\mathfrak{S}} A_\nu\}.$$

Hierbei sind in natürlicher Weise die Funktionen A_ν $(\nu = 1, \ldots, n)$ der Variablen $(\sigma_1, \ldots, \sigma_n)$ $(\sigma_i \in \Sigma_i;\ i = 1, \ldots, n)$ als Funktionen des Paares (σ, τ) $(\sigma \in \mathop{\times}\limits_{\nu \in \mathfrak{S}} \Sigma_\nu, \tau \in \mathop{\times}\limits_{\nu \in \mathfrak{N}-\mathfrak{S}} \Sigma_\nu)$ aufzufassen. Für den Fall $\mathfrak{S} = \mathfrak{N}$ reduziert sich natürlich $\Gamma_{\mathfrak{S}}$ auf ein Einpersonenspiel. Formal kann die obige Beschreibung als Zweipersonenspiel beibehalten werden; denn in diesem Falle ist $\sum\limits_{\nu \in \mathfrak{N}-\mathfrak{S}} A_\nu = 0$, und $\mathop{\times}\limits_{\nu \in \mathfrak{N}-\mathfrak{S}} \Sigma_\nu$ besteht nur aus einem Element, dem „0-Tupel", was der Tatsache entspricht, daß der „leere Koalitionsspieler" $\mathfrak{N} - \mathfrak{S}$ nur eine Strategie, nämlich die, nichts zu tun, besitzt. Eine entsprechende Bemerkung gilt für den Fall $\mathfrak{S} = \emptyset$.

Sei zunächst Γ ein Nullsummenspiel. Dann ist offenbar auch $\Gamma_{\mathfrak{S}}$ ein Nullsummenspiel und hat demgemäß, wie im vorigen Kapitel gezeigt wurde, einen wohlbestimmten Wert $v(\tilde{\Gamma}_{\mathfrak{S}})$. Diese Größe $v(\tilde{\Gamma}_{\mathfrak{S}})$ kann vernünftigerweise als *Wert* $v(\mathfrak{S})$ *der Koalition* $\mathfrak{S}$ bezeichnet werden. Nach den Betrachtungen im vorigen Kapitel ist der Wert $v(\mathfrak{S})$ der Koalition $\mathfrak{S}$ charakterisiert als der Auszahlungsbetrag, den sich Spieler $\mathfrak{S}$ durch Wahl einer geeigneten Strategie gerade noch sichern kann, während sein Gegner $\mathfrak{N} - \mathfrak{S}$ ihn daran hindern kann, mehr als diesen Betrag zu erhalten.

Ist Γ kein Nullsummenspiel, so ist bisher noch kein Wert für das Spiel $\Gamma_{\mathfrak{S}}$ definiert worden. Aber natürlich gibt es auch in diesem Falle einen Auszahlungsbetrag von derselben Art wie vorhin im Nullsummenfall, einen Auszahlungsbetrag, den sich der Spieler $\mathfrak{S}$ gerade noch sichern kann, während sein Gegner $\mathfrak{N} - \mathfrak{S}$ ihn daran hindern kann, mehr als diesen Betrag zu erhalten. Allerdings muß dabei der Gegner $\mathfrak{N} - \mathfrak{S}$ seinen eigenen Gewinn außer acht lassen und seine Anstrengungen allein darauf konzentrieren, dem Spieler $\mathfrak{S}$ so viel wie möglich zu schaden. Da jetzt kein Nullsummenspiel vorliegt, ist das Streben nach eigenem Gewinn ja nicht mehr identisch mit dem Streben, dem Gegner zu schaden. Der genannte Auszahlungsbetrag ist natürlich gleich dem Wert des Zweipersonen-Nullsummenspieles

$$\Gamma'_{\mathfrak{S}} = \{\mathop{\times}_{\nu\in\mathfrak{S}} \Sigma_\nu, \mathop{\times}_{\nu\in\mathfrak{N}-\mathfrak{S}} \Sigma_\nu; \sum_{\nu\in\mathfrak{S}} A_\nu, -\sum_{\nu\in\mathfrak{S}} A_\nu\} = \{\mathop{\times}_{\nu\in\mathfrak{S}} \Sigma_\nu, \mathop{\times}_{\nu\in\mathfrak{N}-\mathfrak{S}} \Sigma_\nu; \sum_{\nu\in\mathfrak{S}} A_\nu\}. \tag{1}$$

Nimmt man diesen Wert $v(\tilde{\Gamma}'_{\mathfrak{S}})$ als Wert der Koalition $\mathfrak{S}$ an, so ist also für jede Teilmenge $\mathfrak{S}$ ein Wert $v(\mathfrak{S})$ festgesetzt.

Definition 24. *Sei* $\Gamma = \{\Sigma_1, \ldots, \Sigma_n; A_1, \ldots, A_n\}$ *ein endliches n-Personenspiel. Dann ist die* charakteristische Funktion *von* Γ *die auf der Gesamtheit aller Teilmengen* $\mathfrak{S} \subseteq \mathfrak{N} = \{1, 2, \ldots, n\}$ *definierte reellwertige Funktion* v, *die durch*

$$v(\mathfrak{S}) = v(\tilde{\Gamma}'_{\mathfrak{S}})$$

definiert ist, wobei das Zweipersonen-Nullsummen-Spiel $\Gamma'_{\mathfrak{S}}$ *durch* (1) *gegeben ist.*

Beispiel 1. Jeder von drei Spielern 1, 2, 3 wählt ohne Kenntnis der Entscheidungen der anderen einen von zwei Buchstaben A, B. Falls alle drei Spieler den gleichen Buchstaben gewählt haben, erfolgen keine Auszahlungen. Andernfalls erhalten die beiden Spieler, die den gleichen Buchstaben gewählt haben, je eine Geldeinheit von dem übrigbleibenden „odd man". Dieses Spiel Γ ist also ein Nullsummenspiel. Die Strategienmengen sind $\Sigma_1 = \Sigma_2 = \Sigma_3 = \{A, B\}$, die Auszahlungsfunktionen A_1, A_2, A_3 sind gegeben durch

$$\begin{aligned} &A_1(A, A, A) = A_1(B, B, B) = 0 \\ &A_1(A, A, B) = A_1(B, B, A) = A_1(A, B, A) = A_1(B, A, B) = 1 \\ &A_1(A, B, B) = A_1(B, A, A) = -2 \end{aligned}$$

und analog für A_2 und A_3.

Sei nun $\mathfrak{S} = \{2, 3\}$ und daher $\mathfrak{N} - \mathfrak{S} = \{1\}$. Dann ist das Koalitionsspiel $\Gamma_{\mathfrak{S}} = \Gamma'_{\mathfrak{S}}$ durch die folgende Auszahlungsmatrix gegeben

	A	B
AA	0	2
AB	—1	—1
BA	—1	—1
BB	2	0 .

Hier werden offensichtlich die Strategien AB und BA von AA (und auch von BB) dominiert. Nach Streichen der dominierten Strategien bleibt die Auszahlungsmatrix

	A	B
AA	0	2
BB	2	0 .

Man bestätigt hier sofort, daß die gemischten Strategien $\frac{1}{2} AA + \frac{1}{2} BB$ für $\mathfrak{S}$ und $\frac{1}{2} A + \frac{1}{2} B$ für $\mathfrak{N} - \mathfrak{S}$ optimal sind. Sie liefern nämlich jeweils gegenüber allen (reinen) Strategien des Gegners die Auszahlung 1 für Spieler $\mathfrak{S}$. Daher ist der Wert $v(\Gamma'_{\mathfrak{S}})$ des Spieles gleich 1, also $v(\{2, 3\}) = 1$. Da Γ ein Nullsummenspiel ist, kann dasselbe Spiel $\Gamma_{\mathfrak{S}} = \Gamma'_{\mathfrak{S}}$ auch zur Ermittlung des Wertes $v(\mathfrak{N} - \mathfrak{S}) = v(\{1\})$ dienen und liefert $v(\{1\}) = -1$. Aus Symmetriegründen gilt dann natürlich

$$v(\{1\}) = v(\{2\}) = v(\{3\}) = -1; \; v(\{1, 2\}) = v(\{2, 3\}) = v(\{3, 1\}) = 1 .$$

Beispiel 2. Sei Γ das Duopolspiel aus Beispiel 5 in § 2. Die Nachfragefunktion falle im Intervall $0 \leqq x \leqq \xi$ monoton von $f(0) > 0$ bis zu $f(\xi) = 0$, und es sei $f(x) = 0$ für $x \geqq \xi$. Ferner seien die Kapazitätsgrenzen $L_i \geqq \xi$ $(i = 1, 2)$ und die Kostenfunktionen K_1, K_2 monoton wachsend. Γ ist kein Nullsummenspiel. Es ist auch kein endliches Spiel, so daß es nicht unter den in Definition 24 betrachteten Fall gehört. Jedoch sieht man im vorliegenden Falle ohne weiteres, daß die kontinuierlichen Zweipersonen-Nullsummen-Spiele $\Gamma'_{\mathfrak{S}}$ Werte in reinen Strategien besitzen, so daß sich die obige Definition auf den vorliegenden Fall verallgemeinern läßt.

Sei $\mathfrak{S} = \{1\}$ und $\mathfrak{N} - \mathfrak{S} = \{2\}$. Dann ist $\Gamma'_{\mathfrak{S}}$ das kontinuierliche Zweipersonen-Nullsummen-Spiel mit $\Sigma_i = [0, L_i]$ $(i = 1, 2)$ und der Auszahlungsfunktion

$$A(x_1, x_2) = A_1(x_1, x_2) = x_1 \cdot f(x_1 + x_2) - K_1(x_1) .$$

Hier ist nun

$$A(x_1, \xi) \leqq A(0, \xi) = -K_1(0) = A(0, x_2) \text{ für alle } x_1 \in \Sigma_1, x_2 \in \Sigma_2 .$$

Also ist $x_1 = 0$ eine optimale Strategie für Spieler 1 und $x_2 = \xi$ eine optimale Strategie für Spieler 2 im Spiel $\Gamma'_{\mathfrak{S}}$, und für den Wert von $\Gamma'_{\mathfrak{S}}$ ergibt sich

$$v(\{1\}) = v(\Gamma'_{\mathfrak{S}}) = -K_1(0) .$$

Analog ist natürlich

$$v(\{2\}) = -K_2(0).$$

Schließlich werde noch die Koalition $\mathfrak{S} = \{1, 2\}$ betrachtet, die also eine Kooperation der beiden Duopolisten darstellt. Für diese Koalition $\mathfrak{S}$ ist natürlich

$$v(\mathfrak{S}) = v(\{1, 2\}) = \max_{\substack{x_1 \in \Sigma_1 \\ x_2 \in \Sigma_2}} [(x_1 + x_2)\, f(x_1 + x_2) - K_1(x_1) - K_2(x_2)].$$

Es sollen nun einige allgemeine Eigenschaften der charakteristischen Funktion v eines n-Personen-Spieles Γ untersucht werden. Es gilt der

Satz 41. *Sei v die charakteristische Funktion des endlichen n-Personenspiels Γ mit der Spielermenge $\mathfrak{N} = \{1, \ldots, n\}$. Dann ist*

1. $v(\emptyset) = 0$,

2. für irgend s paarweise elementfremde Teilmengen $\mathfrak{S}_1, \ldots, \mathfrak{S}_s \leqq \mathfrak{N}$

$$v(\mathfrak{S}_1) + \cdots + v(\mathfrak{S}_s) \leqq v(\mathfrak{S}_1 \cup \cdots \cup \mathfrak{S}_s).$$

Ist Γ ein Konstantsummenspiel mit der Auszahlungssumme c, so ist $v(\mathfrak{N}) = c$, und es gilt für jede Teilmenge $\mathfrak{S} \leqq \mathfrak{N}$

3. $v(\mathfrak{S}) + v(\mathfrak{N} - \mathfrak{S}) = v(\mathfrak{N})$.

Beweis. Behauptung 1 ist trivial, da für $\mathfrak{S} = \emptyset$ die Auszahlungsfunktion des Spieles $\Gamma'_{\mathfrak{S}}$ identisch null ist.

Für die Behauptung 2 genügt es offenbar, die Behauptung für den Fall $s = 2$ zu beweisen, da dann sofort induktiv die Behauptung für allgemeines s folgt. Seien also $\mathfrak{S}, \mathfrak{T} \leqq \mathfrak{N}$ zwei Teilmengen von $\mathfrak{N}$ mit $\mathfrak{S} \cap \mathfrak{T} = \emptyset$. Wegen der Elementfremdheit von $\mathfrak{S}$ und $\mathfrak{T}$ ist ein Strategie-n-Tupel $(\sigma_1, \ldots, \sigma_n)$ $(\sigma_i \in \Sigma_i;$ $i = 1, \ldots, n)$ des Spieles Γ nichts anderes als ein Tripel, bestehend aus einer Strategie von $\mathfrak{S}$, einer von $\mathfrak{T}$ und einer von $\mathfrak{N} - (\mathfrak{S} \cup \mathfrak{T})$. Durchlaufe nun σ die Strategien von $\mathfrak{S}$, τ die von $\mathfrak{T}$ und ω die von $\mathfrak{N} - (\mathfrak{S} \cup \mathfrak{T})$. Dann kann man die Auszahlungsfunktion A_ν $(\nu = 1, \ldots, n)$ von Γ als Funktion von σ, τ, ω betrachten, und es werde in diesem Zusammenhang einfach $A_\nu(\sigma, \tau, \omega)$ geschrieben. Es sei nun X^* eine optimale gemischte Strategie von $\mathfrak{S}$ im Spiel $\Gamma'_{\mathfrak{S}}$. Bezeichne $x^*(\sigma)$ die Wahrscheinlichkeit, mit der die gemischte Strategie X^* die reine Strategie σ von $\mathfrak{S}$ auswählt. Dann ist also

$$\sum_{\sigma} \sum_{\nu \in \mathfrak{S}} A_\nu(\sigma, \tau, \omega) \cdot x^*(\sigma) \geqq v(\mathfrak{S}) \text{ für alle } \tau, \omega.$$

Analog sei Y^* eine optimale gemischte Strategie des Spielers $\mathfrak{T}$ im Spiel $\Gamma'_{\mathfrak{T}}$. Dann ist mit den analogen Bezeichnungen wie eben

$$\sum_{\tau} \sum_{\nu \in \mathfrak{T}} A_\nu(\sigma, \tau, \omega) \cdot y^*(\tau) \geqq v(\mathfrak{T}) \text{ für alle } \sigma, \omega.$$

Nun erhält man offenbar eine gemischte Strategie Z^* des Spielers $\mathfrak{S} \cup \mathfrak{T}$ im Spiel $\Gamma'_{\mathfrak{S} \cup \mathfrak{T}}$, indem man jedes Strategienpaar (σ, τ) mit der Wahrscheinlichkeit $x^*(\sigma) \cdot y^*(\tau)$ auswählt. Dann wird die Auszahlung des Spielers $\mathfrak{S} \cup \mathfrak{T}$ im

Spiel $\Gamma'_{\mathfrak{S}\cup\mathfrak{T}}$ bei Benutzung dieser Strategie Z^* gegenüber einer beliebigen Strategie ω von $\mathfrak{N}-(\mathfrak{S}\cup\mathfrak{T})$

$$\sum_{\sigma,\tau}\sum_{\nu\in\mathfrak{S}\cup\mathfrak{T}} A_\nu(\sigma,\tau,\omega)\cdot x^*(\sigma)\,y^*(\tau) = \sum_\tau\Big[\sum_\sigma\sum_{\nu\in\mathfrak{S}} A_\nu(\sigma,\tau,\omega)\,x^*(\sigma)\Big]\cdot y^*(\tau) + \sum_\sigma\Big[\sum_\tau\sum_{\nu\in\mathfrak{T}} A_\nu(\sigma,\tau,\omega)\,y^*(\tau)\Big]\cdot x^*(\sigma) \geqq v(\mathfrak{S})+v(\mathfrak{T}).$$

Also ist $v(\mathfrak{S}\cup\mathfrak{T})\geqq v(\mathfrak{S})+v(\mathfrak{T})$.

Ist weiter Γ ein Konstantsummenspiel mit der Auszahlungssumme c, so ist für jede Teilmenge $\mathfrak{S}\leqq\mathfrak{N}$ auch das Spiel $\Gamma_{\mathfrak{S}}$ ein Zweipersonen-Konstantsummen-Spiel mit der Auszahlungssumme c. Sei $\mathfrak{A}$ die Auszahlungsmatrix des Spielers $\mathfrak{S}$ in diesem Spiel $\Gamma_{\mathfrak{S}}$. Dann ist $\Gamma'_{\mathfrak{S}}$ das Zweipersonen-Nullsummen-Spiel mit der Auszahlungsmatrix $\mathfrak{A}$ und $\Gamma'_{\mathfrak{N}-\mathfrak{S}}$ das Zweipersonen-Nullsummen-Spiel mit der Auszahlungsmatrix $\mathfrak{C}-\mathfrak{A}^T$, wobei $\mathfrak{C}$ eine Matrix bezeichnet, deren sämtliche Elemente gleich c sind. Sei v der Wert des Spieles $\Gamma'_{\mathfrak{S}}$. Dann ist $-v$ der Wert des Matrixspieles mit der Auszahlungsmatrix $-\mathfrak{A}^T$, also $c-v$ der Wert des Spieles $\Gamma'_{\mathfrak{N}-\mathfrak{S}}$. Mithin ist $v(\mathfrak{S})+v(\mathfrak{N}-\mathfrak{S})=v+c-v=c$. Für $\mathfrak{S}=\emptyset$ ergibt sich hieraus $v(\mathfrak{N})=c$, w. z. b. w.

Es ist nun sehr wichtig, daß durch die in Satz 41 genannten Eigenschaften die charakteristischen Funktionen der n-Personen-Spiele charakterisiert sind im folgenden Sinne:

Satz 42. *Sei $\mathfrak{N}=\{1,\ldots,n\}$ und v eine für alle Teilmengen $\mathfrak{S}\leqq\mathfrak{N}$ definierte reellwertige Funktion mit den Eigenschaften:*

1. $v(\emptyset)=0$,

2. für alle $\mathfrak{S},\mathfrak{T}\leqq\mathfrak{N}$ mit $\mathfrak{S}\cap\mathfrak{T}=\emptyset$ ist

$$v(\mathfrak{S})+v(\mathfrak{T})\leqq v(\mathfrak{S}\cup\mathfrak{T}).$$

Dann gibt es ein n-Personen-Spiel Γ mit der charakteristischen Funktion v. Hat die Funktion v außerdem noch die Eigenschaft

3. $v(\mathfrak{S})+v(\mathfrak{N}-\mathfrak{S})=v(\mathfrak{N})$ *für alle* $\mathfrak{S}\leqq\mathfrak{N}$,

so gibt es ein n-Personen-Konstantsummen-Spiel Γ mit der Auszahlungssumme $v(\mathfrak{N})$, dessen charakteristische Funktion gleich v ist.

Beweis. Sei v eine Funktion mit den Eigenschaften 1 und 2. Dann betrachte man das folgende endliche n-Personen-Spiel $\Gamma=\{\Sigma_1,\ldots,\Sigma_n;\ A_1,\ldots,A_n\}$: Für $\nu=1,\ldots,n$ ist Σ_ν die Gesamtheit aller Teilmengen $\mathfrak{S}\leqq\mathfrak{N}$ mit $\nu\in\mathfrak{S}$. Jeder Spieler hat also als Strategie eine Spielermenge auszuwählen, zu der er selbst gehört. Die Auszahlungsfunktionen A_ν $(\nu=1,\ldots,n)$ seien für jedes Strategie-n-Tupel $(\mathfrak{S}_1,\ldots,\mathfrak{S}_n)$ $(\mathfrak{S}_\nu\in\Sigma_\nu;\ \nu=1,\ldots,n)$ definiert durch

$$A_\nu(\mathfrak{S}_1,\ldots,\mathfrak{S}_n)=\begin{cases}\dfrac{1}{|\mathfrak{S}_\nu|}\cdot v(\mathfrak{S}_\nu) & \text{falls } \mathfrak{S}_\mu=\mathfrak{S}_\nu \text{ für alle } \mu\in\mathfrak{S}_\nu\\ v(\{\nu\}) & \text{sonst.}\end{cases}\qquad(\nu=1,\ldots,n)$$

Dabei ist hier und im folgenden immer für jede endliche Menge $\mathfrak{R}$ die Anzahl der Elemente von $\mathfrak{R}$ mit $|\mathfrak{R}|$ bezeichnet. Zur Abkürzung werde ferner ein Spieler ν als von erster Art in bezug auf das Strategie-n-Tupel $(\mathfrak{S}_1,\ldots,\mathfrak{S}_n)$

bezeichnet, wenn für alle $\mu \in \mathfrak{S}_\nu$ gilt $\mathfrak{S}_\mu = \mathfrak{S}_\nu$. Andernfalls heiße der Spieler von zweiter Art in bezug auf $(\mathfrak{S}_1, \ldots, \mathfrak{S}_n)$.

Es sei $\bar{v}$ die charakteristische Funktion von Γ. Sei $\mathfrak{S} \leqq \mathfrak{N}$ eine beliebige Teilmenge von $\mathfrak{N}$. Es ist dann zu beweisen, daß $\bar{v}(\mathfrak{S}) = v(\mathfrak{S})$ ist. Für $\mathfrak{S} = \emptyset$ ist $\bar{v}(\mathfrak{S}) = 0 = v(\mathfrak{S})$. Sei also $\mathfrak{S} \neq \emptyset$. Man lasse jeden Spieler $\nu \in \mathfrak{S}$ die Strategie $\mathfrak{S}$ wählen, d. h. $\mathfrak{S}_\nu = \mathfrak{S}$ für alle $\nu \in \mathfrak{S}$. Dann bilden diese Strategien $\mathfrak{S}_\nu (\nu \in \mathfrak{S})$ zusammen eine Strategie σ^* des Koalitionsspielers $\mathfrak{S}$ im Spiel $\Gamma'_{\mathfrak{S}}$. Sei τ eine beliebige Strategie des Koalitionsspielers $\mathfrak{N} - \mathfrak{S}$. Faßt man dann wieder in natürlicher Weise A_ν $(\nu = 1, \ldots, n)$ als Funktion der Strategien von $\mathfrak{S}$ und $\mathfrak{N} - \mathfrak{S}$ auf, so erhält der Koalitionsspieler $\mathfrak{S}$ bei der Strategie σ^* und beliebiger Strategie τ von $\mathfrak{N} - \mathfrak{S}$ im Spiel $\Gamma'_{\mathfrak{S}}$ die Auszahlung

$$\sum_{\nu \in \mathfrak{S}} A_\nu(\sigma^*, \tau) = \sum_{\nu \in \mathfrak{S}} \frac{1}{|\mathfrak{S}|} \cdot v(\mathfrak{S}) = v(\mathfrak{S}), \tag{2}$$

da ja nach Konstruktion alle Spieler aus $\mathfrak{S}$ von erster Art in bezug auf das Strategie-n-Tupel (σ^*, τ) sind. Aus (2) folgt aber sofort, daß der Wert $\bar{v}(\mathfrak{S})$ des Spieles $\Gamma'_{\mathfrak{S}}$ größer oder gleich $v(\mathfrak{S})$ ist, also $\bar{v}(\mathfrak{S}) \geqq v(\mathfrak{S})$.

Nun betrachte man die Gegenkoalition $\mathfrak{N} - \mathfrak{S}$. Man lasse jeden Spieler $\nu \in \mathfrak{N} - \mathfrak{S}$ die Strategie $\mathfrak{N} - \mathfrak{S}$ wählen, d. h. $\mathfrak{S}_\nu = \mathfrak{N} - \mathfrak{S}$ für alle $\nu \in \mathfrak{N} - \mathfrak{S}$. Dann bilden diese Strategien $\mathfrak{S}_\nu (\nu \in \mathfrak{N} - \mathfrak{S})$ zusammen eine Strategie τ^* der Koalition $\mathfrak{N} - \mathfrak{S}$. Sei σ eine beliebige Strategie der Koalition $\mathfrak{S}$. Sei $\nu \in \mathfrak{S}$ ein Spieler von erster Art in bezug auf das Strategie-n-Tupel (σ, τ^*) und $\mu \in \mathfrak{S}_\nu$ beliebig. Dann muß $\mu \in \mathfrak{S}$ sein; denn für $\mu \in \mathfrak{N} - \mathfrak{S}$ wäre nach Konstruktion von τ^* jedenfalls $\mathfrak{S}_\mu = \mathfrak{N} - \mathfrak{S}$, also auch $\mathfrak{S}_\nu = \mathfrak{S}_\mu = \mathfrak{N} - \mathfrak{S}$, was wegen $\nu \in \mathfrak{S}_\nu$ unmöglich ist. Also ist für jeden Spieler $\nu \in \mathfrak{S}$, der von erster Art in bezug auf (σ, τ^*) ist, $\mathfrak{S}_\nu \leqq \mathfrak{S}$. Weiter sind für zwei Spieler ν_1 und ν_2, die beide von erster Art in bezug auf (σ, τ^*) sind, offenbar $\mathfrak{S}_{\nu_1}$ und $\mathfrak{S}_{\nu_2}$ entweder identisch oder disjunkt. Daher kann man $\mathfrak{S}$ darstellen als

$$\mathfrak{S} = \mathfrak{S}_{\nu_1} \cup \mathfrak{S}_\nu \cup \cdots \cup \mathfrak{S}_{\nu_\varrho} \cup \{\mu_1\} \cup \cdots \cup \{\mu_{\varrho'}\},$$

wobei die Spieler $\nu_1, \ldots, \nu_\varrho$ von erster, die Spieler $\mu_1, \ldots, \mu_{\varrho'}$ von zweiter Art in bezug auf (σ, τ^*) sind und die angegebenen Summanden von $\mathfrak{S}$ alle paarweise disjunkt sind. Für die Auszahlung des Koalitionsspielers $\mathfrak{S}$ bei den Strategien σ, τ^* im Spiel $\Gamma'_{\mathfrak{S}}$ erhält man dann

$$\sum_{\nu \in \mathfrak{S}} A_\nu(\sigma, \tau^*) = v(\mathfrak{S}_{\nu_1}) + \cdots + v(\mathfrak{S}_{\nu_\varrho}) + v(\{\mu_1\}) + \cdots + v(\{\mu_{\varrho'}\}) \leqq v(\mathfrak{S}), \tag{3}$$

wobei die letzte Ungleichung wegen der Disjunktheit der Summanden von $\mathfrak{S}$ aus der Eigenschaft 2 der Funktion v folgt. Aus (3) erhält man aber sofort, daß der Wert $\bar{v}(\mathfrak{S})$ des Spieles $\Gamma'_{\mathfrak{S}}$ kleiner oder gleich $v(\mathfrak{S})$ ist, also $\bar{v}(\mathfrak{S}) \leqq v(\mathfrak{S})$. Mit dem früheren Ergebnis zusammen hat man also $\bar{v}(\mathfrak{S}) = v(\mathfrak{S})$ für alle $\mathfrak{S} \leqq \mathfrak{N}$.

Besitze nun die Funktion v auch noch die Eigenschaft 3. Dann braucht das eben konstruierte Spiel Γ kein Konstantsummen-Spiel zu sein. Man kann es aber durch eine einfache Änderung der Auszahlungsfunktionen zu einem Konstantsummenspiel mit der Auszahlungssumme $v(\mathfrak{N})$ machen. Man definiere nämlich die neuen Auszahlungsfunktionen B_ν $(\nu = 1, \ldots, n)$ durch

$$B_\nu(\mathfrak{S}_1, \ldots, \mathfrak{S}_n) = A_\nu(\mathfrak{S}_1, \ldots, \mathfrak{S}_n) + \frac{1}{n} \cdot \left(v(\mathfrak{N}) - \sum_{i=1}^{n} A_i(\mathfrak{S}_1, \ldots, \mathfrak{S}_n)\right) (\nu = 1, \ldots, n),$$

wobei A_ν die oben angegebenen alten Auszahlungsfunktionen sind. Natürlich ist das neue Spiel jetzt ein Konstantsummen-Spiel mit der Auszahlungssumme $v(\mathfrak{N})$. Es bleibt zu zeigen, daß seine charakteristische Funktion $\bar{\bar{v}}$ ebenfalls gleich v ist. An Stelle der Gleichung (2) erhält man jetzt

$$\sum_{\nu \in \mathfrak{S}} B_\nu(\sigma^*, \tau) = v(\mathfrak{S}) + \frac{|\mathfrak{S}|}{n} \cdot \left(v(\mathfrak{N}) - \sum_{i=1}^{n} A_i(\sigma^*, \tau)\right), \tag{4}$$

wobei die Bezeichnungen von oben beibehalten wurden.

Nun kann man offenbar auch $\mathfrak{N}$ in der Weise darstellen, wie es oben für $\mathfrak{S}$ geschah, nämlich

$$\mathfrak{N} = \mathfrak{S}_{n_1} \cup \cdots \cup \mathfrak{S}_{n_r} \cup \{m_1\} \cup \cdots \cup \{m_s\},$$

wobei wieder die Spieler $n_1, \ldots, n_r$ von erster und die Spieler $m_1, \ldots, m_s$ von zweiter Art in bezug auf das Strategie-n-Tupel (σ^*, τ) sind und die angegebenen Summanden von $\mathfrak{N}$ paarweise disjunkt sind. Dann ergibt sich analog zu (3)

$$\sum_{i=1}^{n} A_i(\sigma^*, \tau) = v(\mathfrak{S}_{n_1}) + \cdots + v(\mathfrak{S}_{n_r}) + v(\{m_1\}) + \cdots + v(\{m_s\}) \leqq v(\mathfrak{N}).$$

Mittels dieser letzten Ungleichung erhält man aus (4)

$$\sum_{\nu \in \mathfrak{S}} B_\nu(\sigma^*, \tau) \geqq v(\mathfrak{S}).$$

Hieraus ergibt sich dann sofort

$$\bar{\bar{v}}(\mathfrak{S}) \geqq v(\mathfrak{S}) \quad \text{für alle } \mathfrak{S} \leqq \mathfrak{N}.$$

Wendet man diese Ungleichung auf $\mathfrak{N} - \mathfrak{S}$ an und beachtet, daß für $\bar{\bar{v}}$ als charakteristischer Funktion eines Konstantsummenspieles mit der Auszahlungssumme $v(\mathfrak{N})$ gilt $\bar{\bar{v}}(\mathfrak{N} - \mathfrak{S}) = v(\mathfrak{N}) - \bar{\bar{v}}(\mathfrak{S})$, während für v nach Voraussetzung $v(\mathfrak{N} - \mathfrak{S}) = v(\mathfrak{N}) - v(\mathfrak{S})$ gilt, so folgt

$$\bar{\bar{v}}(\mathfrak{S}) \leqq v(\mathfrak{S}) \quad \text{für alle } \mathfrak{S} \leqq \mathfrak{N},$$

also

$$\bar{\bar{v}}(\mathfrak{S}) = v(\mathfrak{S}) \quad \text{für alle } \mathfrak{S} \leqq \mathfrak{N},$$

w. z. b. w.

Auf Grund des Satzes 42 kann man nun weiterhin von charakteristischen Funktionen sprechen als von Funktionen, die die genannten zwei bzw. drei Eigenschaften haben, ohne dabei auf bestimmte Spiele Bezug zu nehmen.

Beispiel 1. Shapley untersuchte das folgende Marktmodell, das als n-Personenspiel durch seine charakteristische Funktion gegeben ist. Das Modell ist eine Verallgemeinerung des in Beispiel 7 in § 2 betrachteten Marktmodells, in dem jetzt die Anzahl der Anbieter und Käufer beliebig sein kann. Die Menge $\mathfrak{N} = \{1, 2, \ldots, n\}$ der Spieler sei also in einer festen Weise in zwei disjunkte nicht-leere Teilmengen $\mathfrak{A}$ (= Menge der Anbieter) und $\mathfrak{K}$ (= Menge der Käufer) zerlegt, $\mathfrak{N} = \mathfrak{A} \cup \mathfrak{K}$, $\mathfrak{A} \cap \mathfrak{K} = \emptyset$, $\mathfrak{A} \neq \emptyset$, $\mathfrak{K} \neq \emptyset$. Im übrigen seien die Bedingungen ähnlich wie in dem genannten Marktmodell in § 2. Nur seien die Geldbeträge, mit denen die Anbieter den Besitz des Gutes bewerten, alle einander gleich, etwa gleich u. Entsprechend seien die Beträge für alle Käufer gleich, etwa gleich v. Es sei $\delta = v - u > 0$. Jeder getätigte Verkauf eines Exemplares des Gutes bedeutet also für die Koalition aus Käufer und Anbieter einen Gesamtgewinn vom Betrage δ, wobei natürlich die Aufteilung dieses Gewinnes auf Käufer und Anbieter noch offen bleibt und durch den vereinbarten Kaufpreis bestimmt wird. Ohne daß nun dieses Spiel im einzelnen beschrieben zu werden braucht, kann die charakteristische Funktion sofort angegeben werden. Enthält die Teilmenge $\mathfrak{S} \leqq \mathfrak{N}$ ν Anbieter und μ Verkäufer, so kann sich die Koalition $\mathfrak{S}$ als Ganzes den Gewinn $\delta \cdot \min(\mu, \nu)$ sichern, indem innerhalb der Koalition $\mathfrak{S}$ die größtmögliche Anzahl von Verkäufen getätigt wird. Diese Anzahl ist natürlich $\min(\mu, \nu)$. Daher erhält man also für jede Teilmenge $\mathfrak{S}$ den Wert $v(\mathfrak{S})$ der charakteristischen Funktion als

$$v(\mathfrak{S}) = \delta \cdot \min(|\mathfrak{S} \cap \mathfrak{K}|, |\mathfrak{S} \cap \mathfrak{A}|).$$

Man bestätigt leicht, daß diese Funktion v tatsächlich die beiden in Satz 42 genannten Eigenschaften besitzt. Daher kann man bei der weiteren Behandlung dieses Spieles einfach von dieser charakteristischen Funktion v ausgehen, ohne daß die Regeln des Spieles im einzelnen näher beschrieben zu werden brauchen.

Beispiel 2. Besonders einfache charakteristische Funktionen erhält man in folgender Weise. Man wählt die Beträge $v(\{\nu\})$ $(\nu = 1, \ldots, n)$ ganz beliebig und setzt

$$v(\mathfrak{S}) = \sum_{\nu \in \mathfrak{S}} v(\{\nu\}) \qquad \text{für alle } \mathfrak{S} \leqq \mathfrak{N} = \{1, \ldots, n\}.$$

Offenbar besitzt diese Funktion v die drei Eigenschaften aus Satz 42, und zwar die zweite sogar in der verschärften Form

$$v(\mathfrak{S}) + v(\mathfrak{T}) = v(\mathfrak{S} \cup \mathfrak{T}) \qquad \text{für alle } \mathfrak{S}, \mathfrak{T} \leqq \mathfrak{N} \text{ mit } \mathfrak{S} \cap \mathfrak{T} = \emptyset.$$

Umgekehrt ist diese Additivitätsforderung natürlich charakteristisch für die in diesem Beispiel betrachteten charakteristischen Funktionen. Sie besagt inhaltlich, daß die Bildung irgendwelcher Koalitionen keinerlei positiven Erfolg hat: Jeder Spieler ν $(\nu = 1, \ldots, n)$ kann für sich alleine den Betrag $v(\{\nu\})$ sichern, und keine Koalition kann sich zusammen mehr sichern, als die Summe der Beträge ausmacht, die sich ihre Mitglieder einzeln sichern können. Daher ist es vom intuitiven Standpunkt aus klar, daß das rationale Verhalten der Spieler in einem solchen Spiel nur darin bestehen kann, sich mit ihrem Betrag $v(\{\nu\})$ zufriedenzugeben. Die Bildung von Koalitionen braucht überhaupt nicht in Betracht gezogen zu werden. Dies macht die folgende Bezeichnung verständlich:

Definition 25. *Ein n-Personen-Spiel Γ mit der charakteristischen Funktion v und der Spielermenge $\mathfrak{N} = \{1, \ldots, n\}$ heißt* unwesentlich, *wenn v additiv ist, d. h.*

$$v(\mathfrak{S}) + v(\mathfrak{T}) = v(\mathfrak{S} \cup \mathfrak{T}) \quad \textit{für alle } \mathfrak{S}, \mathfrak{T} \leqq \mathfrak{N} \textit{ mit } \mathfrak{S} \cap \mathfrak{T} = \emptyset.$$

Ist v nicht additiv, so heißt Γ wesentlich.

Für die Wesentlichkeit oder Unwesentlichkeit eines Spieles gilt das folgende einfache Kriterium:

Satz 43. *Das n-Personen-Spiel Γ mit der charakteristischen Funktion v und der Spielermenge $\mathfrak{N} = \{1, \ldots, n\}$ ist genau dann unwesentlich, wenn*

$$\sum_{\nu=1}^{n} v(\{\nu\}) = v(\mathfrak{N})$$

ist.

Beweis. Daß die angegebene Bedingung notwendig ist, ist klar. Genüge umgekehrt v der angegebenen Bedingung. Sei $\mathfrak{S} \leqq \mathfrak{N}$ beliebig. Dann ist zunächst nach der Eigenschaft 2 aus Satz 41 $\sum\limits_{\nu \in \mathfrak{S}} v(\{\nu\}) \leqq v(\mathfrak{S})$ und aus demselben Grunde $\sum\limits_{\nu \in \mathfrak{N}-\mathfrak{S}} v(\{\nu\}) \leqq v(\mathfrak{N} - \mathfrak{S})$ und $v(\mathfrak{S}) + v(\mathfrak{N} - \mathfrak{S}) \leqq v(\mathfrak{N})$. Wäre nun $\sum\limits_{\nu \in \mathfrak{S}} v(\{\nu\}) < v(\mathfrak{S})$, so folgte

$$v(\mathfrak{N}) \geqq v(\mathfrak{S}) + v(\mathfrak{N} - \mathfrak{S}) > \sum_{\nu \in \mathfrak{S}} v(\{\nu\}) + \sum_{\nu \in \mathfrak{N}-\mathfrak{S}} v(\{\nu\}) = \sum_{\nu=1}^{n} v(\{\nu\})$$

entgegen Voraussetzung. Daher muß für alle $\mathfrak{S} \leqq \mathfrak{N}$ gelten

$$v(\mathfrak{S}) = \sum_{\nu \in \mathfrak{S}} v(\{\nu\}),$$

w. z. b. w.

Beispiel. Jedes Zweipersonen-Konstantsummen-Spiel mit charakteristischer Funktion v ist nach Satz 43 unwesentlich, da nach Eigenschaft 3 aus Satz 41 gilt $v(\{1\}) + v(\{2\}) = v(\{1, 2\})$.

Es soll nun noch ein Äquivalenzbegriff für Spiele bzw. für charakteristische Funktionen eingeführt werden, der im folgenden nützlich sein wird. Sei $\Gamma = \{\Sigma_1, \ldots, \Sigma_n; A_1, \ldots, A_n\}$ ein n-Personen-Spiel. Offenbar ändert sich an den strategischen Aspekten des Spieles Γ nichts, wenn alle Auszahlungsfunktionen A_ν $(\nu = 1, \ldots, n)$ mit derselben positiven Konstanten $k > 0$ multipliziert werden. Ebensowenig ändern sich diese Aspekte, wenn etwa A_1 durch $A_1 + c$ ersetzt wird, wobei c eine beliebige Konstante ist. Die Hinzufügung dieser Konstanten kann ja einfach so gedeutet werden, daß Spieler 1 allemal vor Beginn jeder Partie zunächst den Betrag c erhält und daraufhin erst das ursprüngliche Spiel gespielt wird. Ebenso können auch beliebige Konstanten zu den Auszahlungsfunktionen der anderen Spieler hinzuaddiert werden. Ersetzt man die Auszahlungsfunktion A_ν $(\nu = 1, \ldots, n)$ im Spiel Γ durch $k \cdot A_\nu + c_\nu$ $(k > 0)$, so verändert sich offensichtlich für jedes $\mathfrak{S} \leqq \mathfrak{N}$ die Auszahlungsfunktion $\sum\limits_{\nu \in \mathfrak{S}} A_\nu$ des Spieles $\Gamma'_{\mathfrak{S}}$ zu $k \cdot \sum\limits_{\nu \in \mathfrak{S}} A_\nu + \sum\limits_{\nu \in \mathfrak{S}} c_\nu$ und damit der Wert $v(\mathfrak{S})$ von $\Gamma'_{\mathfrak{S}}$ zu $k \cdot v(\mathfrak{S}) + \sum\limits_{\nu \in \mathfrak{S}} c_\nu$. Daher wird die folgende Definition verständlich:

Definition 26. *Zwei n-Personen-Spiele Γ und Γ' mit den charakteristischen Funktionen v und v' heißen* strategisch äquivalent, *wenn es Zahlen $k > 0$ und $c_1, \ldots, c_n$ gibt, so daß für alle $\mathfrak{S} \leqq \mathfrak{N} = \{1, \ldots, n\}$ gilt*

$$v'(\mathfrak{S}) = k \cdot v(\mathfrak{S}) + \sum_{\nu \in \mathfrak{S}} c_\nu .$$

Man bezeichnet in diesem Falle auch v und v' als strategisch äquivalent.

Anmerkung. Wie leicht zu sehen, ist die Beziehung der strategischen Äquivalenz reflexiv, symmetrisch und transitiv. Ferner ist bei beliebigem $k > 0$ und beliebigen $c_1, \ldots, c_n$ das aus einer charakteristischen Funktion v gemäß der obigen Formel bestimmte v' wieder eine charakteristische Funktion. v' ist genau dann unwesentlich, wenn v unwesentlich ist. v' ist genau dann charakteristische Funktion eines Konstantsummenspieles, wenn dies für v gilt.

Beispiel 1. Sei $\Gamma = \{\Sigma_1, \ldots, \Sigma_n; A_1, \ldots, A_n\}$ ein Konstantsummen-Spiel, $\sum_{\nu=1}^{n} A_\nu = c$. Dann ist Γ strategisch äquivalent zum Nullsummen-Spiel $\Gamma' = \{\Sigma_1, \ldots, \Sigma_n; A_1, \ldots, A_{n-1}, A_n - c\}$. Man setze nämlich in der Definition 26 $k = 1$, $c_1 = \cdots = c_{n-1} = 0$, $c_n = -c$.

Beispiel 2. Die unwesentlichen n-Personen-Spiele bilden eine Klasse strategisch äquivalenter Spiele. Sei v die charakteristische Funktion eines beliebigen unwesentlichen n-Personen-Spiels, also $v(\mathfrak{S}) = \sum_{\nu \in \mathfrak{S}} v(\{\nu\})$ für alle $\mathfrak{S} \leqq \mathfrak{N} = \{1, \ldots, n\}$. Man bestätigt sofort, daß v strategisch äquivalent ist zu der charakteristischen Funktion v' mit $v'(\mathfrak{S}) = 0$ für alle $\mathfrak{S} \leqq \mathfrak{N}$, indem man in Definition 26 $k = 1$ und $c_\nu = -v(\{\nu\})$ $(\nu = 1, \ldots, n)$ setzt. Also sind alle unwesentlichen n-Personen-Spiele zueinander äquivalent. Umgekehrt ist nach der obigen Anmerkung jedes zu einem unwesentlichen Spiel strategisch äquivalente Spiel selbst unwesentlich.

Beispiel 3. Zu jedem wesentlichen n-Personen-Spiel Γ gibt es ein strategisch äquivalentes, für dessen charakteristische Funktion v' gilt

$$v'(\{\nu\}) = 0 \ (\nu = 1, \ldots, n), \ v'(\mathfrak{N}) = 1 .$$

Sei nämlich Γ ein wesentliches n-Personen-Spiel mit der charakteristischen Funktion v. Dann ist also $v(\mathfrak{N}) - \sum_{\nu=1}^{n} v(\{\nu\}) = \delta > 0$. Man setze dann in der Definition 26 $k = 1/\delta$, $c_\nu = -(1/\delta) \cdot v(\{\nu\})$ $(\nu = 1, \ldots, n)$, wodurch man die gesuchte charakteristische Funktion v' erhält.

Hieraus und aus der obigen Anmerkung folgt, daß die wesentlichen Zweipersonen-Spiele eine Klasse strategisch äquivalenter Spiele bilden, wobei als Repräsentant dieser Klasse das Spiel

$$v(\emptyset) = 0, \ v(\{1\}) = v(\{2\}) = 0, \ v(\{1, 2\}) = 1$$

genommen werden kann.

Ebenso bilden die wesentlichen Dreipersonen-Konstantsummen-Spiele eine Klasse strategisch äquivalenter Spiele, wobei als Repräsentant der Klasse das Spiel

$$v(\emptyset) = 0,\ v(\{1\}) = v(\{2\}) = v(\{3\}) = 0,\ v(\{1, 2\}) = v(\{2, 3\}) = v(\{3, 1\}) = 1,$$
$$v(\{1, 2, 3\}) = 1$$

genommen werden kann.

§ 12. Der v. Neumannsche Lösungsbegriff

Sei Γ ein endliches n-Personen-Spiel mit der charakteristischen Funktion v. Bezeichne weiterhin immer $\mathfrak{N}$ die Menge $\{1, \ldots, n\}$ der Spieler von Γ. Dann ist also $v(\mathfrak{N})$ derjenige Betrag, den sich die Spieler insgesamt sichern können, wenn sie alle kooperieren. Es ist klar, daß diese Gesamtkooperation das Günstigste ist, was die Spieler zusammen erreichen können. Formal drückt sich das dadurch aus, daß für jede Zerlegung von $\mathfrak{N}$ in paarweise disjunkte Teilmengen $\mathfrak{S}_1, \ldots, \mathfrak{S}_\varrho$ nach der Eigenschaft 2 in Satz 41

$$v(\mathfrak{S}_1) + \cdots + v(\mathfrak{S}_\varrho) \leqq v(\mathfrak{N})$$

ist. Der Maximalgewinn, den sich die Spieler in ihrer Gesamtheit sichern können, ist also $v(\mathfrak{N})$. Es fragt sich nun, wie dieser Gesamtgewinn unter die n Spieler zu verteilen ist. Diese Verteilung wird durch die der Koalitionsbildung vorausgehenden Verhandlungen und zugehörigen Prozeduren bestimmt. Zu diesen gehören insbesondere die verschiedenen Vereinbarungen über Seiten- und Kompensationszahlungen. Von der endgültigen Gewinnverteilung läßt sich jedenfalls sagen, daß kein Spieler sich mit einem kleineren Betrag zufriedenzugeben braucht als dem Betrag, den er sich schon alleine sichern kann, d. h. für den Spieler ν ($\nu = 1, \ldots, n$) der Betrag $v(\{\nu\})$. Daher führen v. Neumann-Morgenstern in [NM] die folgende Definition für die möglichen Gewinnverteilungen ein:

Definition 27. *Eine* Verteilung (Zuordnung, Imputation) *für das n-Personen-Spiel mit der charakteristischen Funktion v ist ein n-gliedriger Vektor* $(\alpha_1, \ldots, \alpha_n)$ *mit*

$$\alpha_\nu \geqq v(\{\nu\})\ (\nu = 1, \ldots, n);\ \sum_{\nu=1}^{n} \alpha_\nu = v(\mathfrak{N}).$$

Anmerkung. Zu jeder charakteristischen Funktion v gibt es wenigstens eine Verteilung, da nach der Eigenschaft 2 aus Satz 41 jedenfalls $\sum_{\nu=1}^{n} v(\{\nu\}) \leqq v(\mathfrak{N})$ ist.

Bei der obigen Definition einer Verteilung ist zunächst nur darauf geachtet, daß jeder einzelne Spieler mindestens soviel erhält, wie er sich selbst alleine sichern kann. Es fragt sich, ob auch jede Teilmenge $\mathfrak{S} \subseteqq \mathfrak{N}$ zusammen soviel erhält, wie sie sich durch Kooperation sichern kann, d. h. ob

$$\sum_{\nu \in \mathfrak{S}} \alpha_\nu \geqq v(\mathfrak{S})$$

ist. Wenn das nicht der Fall ist, könnten sich die Spieler aus $\mathfrak{S}$ zu einer Koalition zusammenschließen, die sich dann die Auszahlung $v(\mathfrak{S})$ sichert, und der

Mehrertrag könnte unter die Teilnehmer der Koalition verteilt werden, so daß eine neue Verteilung entsteht, die für $\mathfrak{S}$ „günstiger" ist als $(\alpha_1, \ldots, \alpha_n)$. Um den Inhalt dieser Überlegung präziser zu fassen, werde zunächst definiert:

Definition 28. *Die Verteilung* $(\beta_1, \ldots, \beta_n)$ *für die charakteristische Funktion* v dominiert bezüglich $\mathfrak{S} \leqq \mathfrak{N}$ *die Verteilung* $(\alpha_1, \ldots, \alpha_n)$ *derselben charakteristischen Funktion, wenn*

1. $\mathfrak{S} \neq \emptyset$,

2. $\beta_\nu > \alpha_\nu$ *für alle* $\nu \in \mathfrak{S}$,

3. $v(\mathfrak{S}) \geqq \sum_{\nu \in \mathfrak{S}} \beta_\nu$

ist.

Anschaulich gesprochen heißt dies: Es existiert eine nicht-leere Menge $\mathfrak{S}$ von Spielern, die alle bei der Verteilung $(\beta_1, \ldots, \beta_n)$ besser abschneiden als bei der Verteilung $(\alpha_1, \ldots, \alpha_n)$, und diese Spielermenge $\mathfrak{S}$ ist auch tatsächlich als Koalition in der Lage, die Ansprüche, die sie in der Verteilung $(\beta_1, \ldots, \beta_n)$ erhebt, durchzusetzen. In diesem Sinne ist die Verteilung $(\beta_1, \ldots, \beta_n)$ für die Spielermenge $\mathfrak{S}$ besser als die Verteilung $(\alpha_1, \ldots, \alpha_n)$.

Nun gilt der folgende

Satz 44. *Sei* $(\alpha_1, \ldots, \alpha_n)$ *eine Verteilung für die charakteristische Funktion* v *und* $\mathfrak{S}$ *eine beliebige Teilmenge von* $\mathfrak{N}$. *Es ist dann und nur dann* $\sum_{\nu \in \mathfrak{S}} \alpha_\nu < v(\mathfrak{S})$, *wenn eine Verteilung* $(\beta_1, \ldots, \beta_n)$ *existiert, die* $(\alpha_1, \ldots, \alpha_n)$ *bezüglich* $\mathfrak{S}$ *dominiert*

Beweis. Falls $(\beta_1, \ldots, \beta_n)$ die Verteilung $(\alpha_1, \ldots, \alpha_n)$ bezüglich $\mathfrak{S}$ dominiert, so ist nach der Definition der Dominanz $\mathfrak{S} \neq \emptyset$ und ebenfalls nach Definition der Dominanz

$$v(\mathfrak{S}) \geqq \sum_{\nu \in \mathfrak{S}} \beta_\nu > \sum_{\nu \in \mathfrak{S}} \alpha_\nu .$$

Sei umgekehrt $\sum_{\nu \in \mathfrak{S}} \alpha_\nu < v(\mathfrak{S})$. Dann ist die Größe $\delta_1 = v(\mathfrak{S}) - \sum_{\nu \in \mathfrak{S}} \alpha_\nu > 0$. Ferner folgt aus $v(\mathfrak{S}) + v(\mathfrak{N} - \mathfrak{S}) \leqq v(\mathfrak{N})$, daß $v(\mathfrak{N}) - v(\mathfrak{S}) \geqq v(\mathfrak{N} - \mathfrak{S}) \geqq \sum_{\nu \in \mathfrak{N} - \mathfrak{S}} v(\{\nu\})$, also $\delta_2 = v(\mathfrak{N}) - v(\mathfrak{S}) - \sum_{\nu \in \mathfrak{N} - \mathfrak{S}} v(\{\nu\}) \geqq 0$ ist. Weiter ist natürlich $\mathfrak{S} \neq \emptyset, \mathfrak{N}$. Dann definiere man

$$\beta_\nu = \begin{cases} \alpha_\nu & + \delta_1/|\mathfrak{S}| \quad \text{für } \nu \in \mathfrak{S} \\ v(\{\nu\}) & + \delta_2/|\mathfrak{N} - \mathfrak{S}| \text{ für } \nu \in \mathfrak{N} - \mathfrak{S}, \end{cases}$$

wobei wieder für jede endliche Menge $\mathfrak{R}$ mit $|\mathfrak{R}|$ die Anzahl der Elemente von $\mathfrak{R}$ bezeichnet wird. Man sieht sofort, daß $(\beta_1, \ldots, \beta_n)$ eine Verteilung ist und daß sie $(\alpha_1, \ldots, \alpha_n)$ bezüglich $\mathfrak{S}$ dominiert, w. z. b. w.

Es wird nun noch definiert:

Definition 29. *Die Verteilung* $(\beta_1, \ldots, \beta_n)$ *für die charakteristische Funktion* v dominiert *die Verteilung* $(\alpha_1, \ldots, \alpha_n)$ *derselben charakteristischen Funktion* v, *wenn es eine Teilmenge* $\mathfrak{S} \leqq \mathfrak{N}$ *gibt, so daß* $(\beta_1, \ldots, \beta_n)$ *die Verteilung* $(\alpha_1, \ldots, \alpha_n)$ *bezüglich* $\mathfrak{S}$ *dominiert.*

Man beachte, daß diese Relation der Dominanz zwischen den Verteilungen eines Spieles Γ im allgemeinen weder antisymmetrisch noch transitiv ist.

Mittels der Begriffe der Verteilung und der Dominanz definiert nun v. NEUMANN [NM] den Begriff einer Lösung eines Spieles Γ:

Definition 30. *Sei v die charakteristische Funktion eines n-Personen-Spiels Γ. Eine* Lösung *von Γ ist eine Menge $\mathfrak{L}$ von Verteilungen von Γ mit den beiden Eigenschaften:*

1. *zu jeder Verteilung $(\alpha_1, \ldots, \alpha_n) \notin \mathfrak{L}$ existiert eine Verteilung $(\beta_1, \ldots, \beta_n) \in \mathfrak{L}$, die $(\alpha_1, \ldots, \alpha_n)$ dominiert;*
2. *keine Verteilung aus $\mathfrak{L}$ dominiert eine andere Verteilung aus $\mathfrak{L}$.*

Eine solche Lösung besteht also im allgemeinen nicht aus einer, sondern aus mehreren Verteilungen. v. NEUMANN und MORGENSTERN geben in [NM] unter anderem folgende anschauliche Interpretation für diesen Lösungsbegriff, nämlich als eines *akzeptierten Benehmensstandards* oder einer *Gesellschaftsordnung*. Ein solcher Benehmensstandard besteht aus einer Menge $\mathfrak{L}$ von Verhaltensweisen (hier: Verteilungen) und schließt alle Verhaltensweisen außerhalb $\mathfrak{L}$ als „unethisch", „unerlaubt" und dergleichen aus, so daß diese Verhaltensweisen außerhalb $\mathfrak{L}$ nicht angenommen werden dürfen, selbst wenn sie Verhaltensweisen aus $\mathfrak{L}$ dominieren. Eine solche Menge $\mathfrak{L}$ kann aber nicht ganz willkürlich abgegrenzt werden, sondern sie muß gewissen Stabilitätsbedingungen genügen. Diese Stabilitätsbedingungen werden hier durch die Forderungen 1 und 2 in Definition 30 wiedergegeben. Die Forderung 2 besagt, daß der Benehmensstandard frei von inneren Widersprüchen ist. Forderung 1 drückt aus, daß der Benehmensstandard in der Lage ist, jedes nicht-konformistische Verhalten, d. h. jede Verteilung außerhalb $\mathfrak{L}$, zu diskreditieren. Dies ist nötig, um den Glauben der Teilnehmer an den Benehmensstandard aufrechtzuerhalten. Auf diese Weise besitzt ein solcher Benehmensstandard, wenn er erst einmal generell angenommen ist, eine gewisse Art von Stabilität.

Es soll jedoch nicht verschwiegen werden, daß trotz dieser interessanten soziologischen Aspekte der v. NEUMANNsche Lösungsbegriff nicht von allen Autoren als befriedigend betrachtet wird. In der Tat ist die intuitive Begründung dieses Lösungsbegriffes viel weniger überzeugend als etwa die des Lösungsbegriffes (Wert und optimale Strategien) im Falle der Zweipersonen-Nullsummen-Spiele, wie sie in § 6 betrachtet wurde. Es sind demgemäß auch eine Reihe von Modifikationen für den Lösungsbegriff für allgemeine Spiele in der Literatur vorgeschlagen worden. Jedoch hat sich bisher keine dieser Definitionen generell durchgesetzt, so daß im Rahmen dieses Buches nicht weiter auf sie eingegangen wird. Es sei lediglich verwiesen auf den von SHAPLEY eingeführten Wertbegriff für allgemeine Spiele, der im nächsten Paragraphen behandelt wird, sowie auf [LR] Chapter 9 bis 11 und auf [CIV] und [AG].

Ehe einzelne Beispiele zum v. NEUMANNschen Lösungsbegriff behandelt werden, wird der folgende einfache allgemeine Satz bewiesen:

Satz 45. *Seien v und v' die charakteristischen Funktionen zweier strategisch äquivalenter n-Personen-Spiele Γ und Γ'. Dann existiert eine eineindeutige Abbildung $(\alpha_1, \ldots, \alpha_n) \to (\alpha'_1, \ldots, \alpha'_n)$ der Menge aller Verteilungen $(\alpha_1, \ldots, \alpha_n)$ von Γ*

auf die Menge aller Verteilungen $(\alpha'_1, \ldots, \alpha'_n)$ *von* Γ'. *Dabei dominiert die Verteilung* $(\beta_1, \ldots, \beta_n)$ *von* Γ *die Verteilung* $(\alpha_1, \ldots, \alpha_n)$ *bezüglich* $\mathfrak{S}$ *dann und nur dann, wenn die entsprechende Verteilung* $(\beta'_1, \ldots, \beta'_n)$ *von* Γ' *die Verteilung* $(\alpha'_1, \ldots, \alpha'_n)$ *bezüglich* $\mathfrak{S}$ *dominiert. Ferner ist eine Menge von Verteilungen von* Γ *dann und nur dann eine Lösung von* Γ, *wenn die Menge der entsprechenden Verteilungen von* Γ' *Lösung von* Γ' *ist.*

Beweis. Sei $v'(\mathfrak{S}) = k \cdot v(\mathfrak{S}) + \sum_{\nu \in \mathfrak{S}} c_\nu$ $(k > 0)$ für alle $\mathfrak{S} \leqq \mathfrak{N}$. Dann bestätigt man ohne Mühe, daß die Abbildung $(\alpha_1, \ldots, \alpha_n) \to (\alpha'_1, \ldots, \alpha'_n)$, die durch $\alpha'_\nu = k \cdot \alpha_\nu + c_\nu$ $(\nu = 1, \ldots, n)$ gegeben ist, die in Satz 45 genannten Eigenschaften hat, w. z. b. w.

Auf Grund dieses Satzes genügt es für das Aufsuchen der Lösungen von n-Personen-Spielen, aus jeder Klasse strategisch-äquivalenter Spiele nur eines zu untersuchen. Es sei gleich bemerkt, daß die Frage, ob jedes n-Personen-Spiel eine Lösung besitzt, noch nicht entschieden ist. Die Existenz einer Lösung ist bisher nur für eine Reihe spezieller Spiele oder Klassen von Spielen bewiesen worden. In den folgenden Beispielen werden einige dieser Fälle behandelt. Die Eindeutigkeitsfrage ist dagegen zu verneinen: Wie einige der folgenden Beispiele zeigen werden, hat ein Spiel im allgemeinen mehrere Lösungen. Es gibt für ein Spiel im allgemeinen mehrere stabile „Gesellschaftsordnungen“.

Die erste Klasse von Spielen, die hier behandelt werden sollen, nämlich die unwesentlichen Spiele, zeigen besonders einfache Verhältnisse. Es gilt für sie der

Satz 46. *Sei* v *die charakteristische Funktion eines unwesentlichen* n-*Personen-Spieles* Γ. *Dann hat* Γ *genau eine Lösung, nämlich die einelementige Menge, die nur die Verteilung* $(\alpha_1, \ldots, \alpha_n) = (v(\{1\}), \ldots, v(\{n\}))$ *enthält.*

Beweis. Da Γ unwesentlich ist, ist $\sum_{\nu=1}^{n} v(\{\nu\}) = v(\mathfrak{N})$. Daher gibt es überhaupt nur eine Verteilung für Γ, nämlich $(v(\{1\}), \ldots, v(\{n\}))$, und diese bildet trivialerweise eine Lösung, w. z. b. w.

Diese Lösung ist in Übereinstimmung mit den intuitiven Bemerkungen, die im vorigen Paragraphen über rationales Verhalten in unwesentlichen Spielen gemacht wurden. Insbesondere gilt dieses also auch für alle endlichen Zweipersonen-Konstantsummen-Spiele. Ist $\Gamma = \{\Sigma_1, \Sigma_2;\ A_1, c - A_1\}$ ein solches, so besteht die einzige Lösung im jetzigen Sinne aus der Verteilung $(v(\{1\}), v(\{2\})) = (v, c - v)$, wo v der Wert des Nullsummenspieles $\Gamma' = \{\Sigma_1, \Sigma_2;\ A_1\}$ ist.

Vor der Behandlung des zweiten Beispieles sei noch der folgende einfache allgemeine Satz bewiesen:

Satz 47. *Sei* v *die charakteristische Funktion des* n-*Personen-Spiels* Γ. *Dominiere die Verteilung* $(\beta_1, \ldots, \beta_n)$ *die Verteilung* $(\alpha_1, \ldots, \alpha_n)$ *bezüglich* $\mathfrak{S} \leqq \mathfrak{N}$. *Dann ist* $\mathfrak{S}$ *weder einelementig noch* $\mathfrak{S} = \mathfrak{N}$.

Beweis. Wäre nämlich $\mathfrak{S} = \{\nu\}$ $(1 \leqq \nu \leqq n)$, so wäre nach den Dominanz- und Verteilungseigenschaften $v(\{\nu\}) \geqq \beta_\nu > \alpha_\nu \geqq v(\{\nu\})$. Wäre $\mathfrak{S} = \mathfrak{N}$, so wäre nach den Dominanz- und Verteilungseigenschaften $v(\mathfrak{N}) = \sum_{\nu=1}^{n} \beta_\nu > \sum_{\nu=1}^{n} \alpha_\nu = v(\mathfrak{N})$. Damit ist Satz 47 bewiesen.

Als Folgerung aus diesem Satz erhält man sofort

Satz 48. *Für ein Zweipersonen-Spiel mit der charakteristischen Funktion v gibt es genau eine Lösung, nämlich die Menge aller Verteilungen, d. h. die Menge aller Zahlpaare* (α_1, α_2) *mit* $\alpha_1 \geqq v(\{1\})$, $\alpha_2 \geqq v(\{2\})$, $\alpha_1 + \alpha_2 = v(\{1, 2\})$.

Beweis. Da in diesem Falle nach Satz 47 keine Verteilung eine andere dominiert, müssen alle Verteilungen zur Lösung gehören, und die Menge aller Verteilungen ist dann auch tatsächlich eine Lösung, w. z. b. w.

Beispielsweise gilt das also auch für das Duopolmodell, das im vorigen Paragraphen in Beispiel 2 zu Definition 24 behandelt wurde. Für dieses Duopolmodell liefert also die v. NEUMANNsche Theorie die folgende Lösung: Es wird jedenfalls von den beiden Duopolisten der gemeinsame Gesamtgewinn maximiert, $\alpha_1 + \alpha_2 = v(\{1, 2\}) = \max\limits_{x_1, x_2} [(x_1 + x_2) \cdot f(x_1 + x_2) - K_1(x_1) - K_2(x_2)]$. Die Verteilung dieses maximalen Gesamtgewinnes auf die beiden Spieler wird dagegen durch die Theorie kaum eingeschränkt. Es werden sogar Fälle zugelassen, wo der eine Spieler, etwa I, dem anderen nicht nur den gesamten gemeinsamen Maximalgewinn überläßt, sondern ihm darüber hinaus noch eine Kompensation zahlt. Die Größe dieser Kompensation ist allerdings beschränkt, $\alpha_1 \geqq v(\{1\}) = -K_1(0)$. Sie kann nicht größer als die fixen Kosten $K_1(0)$ sein.

Diese zunächst etwas paradox erscheinende Lösung wird dadurch verständlich, daß in dem betrachteten Modell den Duopolisten nicht die Möglichkeit offen steht, ihren Betrieb einfach ohne Kosten stillzulegen, sondern die fixen Kosten $K_1(0)$ bzw. $K_2(0)$ müssen auf alle Fälle getragen werden, auch wenn gar nichts produziert wird. Immerhin dürfte mit dieser Lösung des Duopolproblemes kaum das letzte Wort in der kooperativen Duopoltheorie gesprochen sein.

Als nächste Klasse von Spielen werden die wesentlichen Dreipersonen-Konstantsummen-Spiele betrachtet. Bei ihrer Behandlung kann man sich nach Satz 45 und Beispiel 3 zu Definition 26 im vorigen Paragraphen auf die Betrachtung der charakteristischen Funktion v mit

$$v(\emptyset) = 0,\ v(\{1\}) = v(\{2\}) = v(\{3\}) = 0,\ v(\{1, 2\}) = v(\{2, 3\}) = v(\{3, 1\}) = 1, \quad v(\{1, 2, 3\}) = 1 \tag{1}$$

beschränken. Für dieses Spiel gilt der folgende Satz aus [NM]:

Satz 49. *Sei v die charakteristische Funktion* (1). *Dann gibt es genau die folgenden Lösungen:*

$$\mathfrak{L}_0 = \{(0, {}^1/_2, {}^1/_2), ({}^1/_2, 0, {}^1/_2), ({}^1/_2, {}^1/_2, 0)\},$$

sowie für alle $i = 1, 2, 3$ *und alle Konstanten* c *mit* $0 \leqq c < {}^1/_2$ *die Lösung*

$$\mathfrak{L}_i^{(c)} = \textit{Menge aller Verteilungen } (\alpha_1, \alpha_2, \alpha_3) \textit{ mit } \alpha_i = c.$$

Beweis. Zunächst beachte man, daß im jetzigen Falle die Verteilung $(\beta_1, \beta_2, \beta_3)$ die Verteilung $(\alpha_1, \alpha_2, \alpha_3)$ genau dann dominiert, wenn zwei der drei Komponenten von $(\beta_1, \beta_2, \beta_3)$ größer sind als die entsprechenden Komponenten von $(\alpha_1, \alpha_2, \alpha_3)$. Nach Satz 47 kann nämlich eine Dominanz nur bezüglich einer zweielementigen Spielermenge stattfinden, etwa bezüglich der Spielermenge $\{1, 2\}$. Dann bleibt als Dominanzbedingung nur $\beta_1 > \alpha_1$, $\beta_2 > \alpha_2$, da die dritte Dominanzbedingung für alle Verteilungen $(\beta_1, \beta_2, \beta_3)$ von selbst erfüllt ist, weil stets $\beta_1 + \beta_2 \leqq 1 = v(\{1, 2\})$ ist. Das Analoge gilt für die Spielermengen $\{2, 3\}$ und $\{3, 1\}$, womit die obige Behauptung über die Dominanz bewiesen ist, daß $(\beta_1, \beta_2, \beta_3)$ genau dann $(\alpha_1, \alpha_2, \alpha_3)$ dominiert, wenn zwei Komponenten von $(\beta_1, \beta_2, \beta_3)$ größer sind als die entsprechenden Komponenten von $(\alpha_1, \alpha_2, \alpha_3)$. Wegen $\sum_{\nu=1}^{3} \beta_\nu = \sum_{\nu=1}^{3} \alpha_\nu = 1$ ist dann natürlich die restliche Komponente von $(\beta_1, \beta_2, \beta_3)$ kleiner als die entsprechende Komponente von $(\alpha_1, \alpha_2, \alpha_3)$. Es folgt noch sofort, daß die Verteilung $(\beta_1, \beta_2, \beta_3)$ die Verteilung $(\alpha_1, \alpha_2, \alpha_3)$ genau dann nicht dominiert und auch nicht von ihr dominiert wird, wenn eine Komponente von $(\beta_1, \beta_2, \beta_3)$ gleich der entsprechenden Komponente von $(\alpha_1, \alpha_2, \alpha_3)$ ist.

Es werden im folgenden nun zwei Arten von Lösungen für das betrachtete Spiel unterschieden: Erstens solche, bei denen für kein i $(i = 1, 2, 3)$ die i-ten Komponenten aller Verteilungen aus der betreffenden Lösung einander gleich sind, zweitens solche Lösungen, bei denen es ein i $(1 \leqq i \leqq 3)$ gibt, so daß die i-ten Komponenten aller Verteilungen aus der betreffenden Lösung einander gleich sind.

Sei zunächst $\mathfrak{L}$ eine Lösung erster Art. Es wird dann bewiesen, daß $\mathfrak{L} = \mathfrak{L}_0$ ist. Als Lösung erster Art muß $\mathfrak{L}$ zunächst mindestens zwei Verteilungen enthalten. Dabei darf keine von ihnen die andere dominieren. Sie müssen also in mindestens einer und, da sie voneinander verschieden sind, in genau einer Komponente übereinstimmen. Wegen der Symmetrie der charakteristischen Funktion v und der Lösung $\mathfrak{L}_0$ in bezug auf die drei Spieler kann man annehmen, daß diese übereinstimmende Komponente die erste ist. Dann hat man also in $\mathfrak{L}$ zunächst zwei Verteilungen $(\alpha_1, \alpha_2, \alpha_3)$ und $(\alpha_1, \beta_2, \beta_3)$. Sei dabei die Bezeichnung so gewählt, daß $\alpha_2 < \beta_2$ und daher $\alpha_3 > \beta_3$ ist. Da $\mathfrak{L}$ von erster Art ist, muß es dann in $\mathfrak{L}$ noch mindestens eine dritte Verteilung geben, deren erste Komponente von α_1 verschieden ist. Da diese dritte Verteilung wiederum die Verteilungen $(\alpha_1, \alpha_2, \alpha_3)$ und $(\alpha_1, \beta_2, \beta_3)$ nicht dominieren darf und auch nicht von ihnen dominiert werden darf, muß sie mit jeder der beiden Verteilungen $(\alpha_1, \alpha_2, \alpha_3)$ und $(\alpha_1, \beta_2, \beta_3)$ in genau einer Komponente übereinstimmen. Sie kann also nur von der Form $(\gamma_1, \alpha_2, \beta_3)$ oder $(\gamma_1, \beta_2, \alpha_3)$ sein. Weitere Verteilungen kann nun die Lösung $\mathfrak{L}$ nicht enthalten; denn jede solche weitere Verteilung aus $\mathfrak{L}$ müßte mit den drei erstgenannten Verteilungen je eine Komponente gemeinsam haben. Dann sieht man aber leicht, daß sie mit einer der drei erstgenannten Verteilungen zusammenfallen müßte. Also kann $\mathfrak{L}$ nur aus drei Verteilungen $(\alpha_1, \alpha_2, \alpha_3)$, $(\alpha_1, \beta_2, \beta_3)$ und $(\gamma_1, \alpha_2, \beta_3)$ bzw. $(\gamma_1, \beta_2, \alpha_3)$ bestehen. Wäre nun $(\gamma_1, \alpha_2, \beta_3)$ die dritte Verteilung, so hätte man außer $\alpha_2 < \beta_2$, $\alpha_3 > \beta_3$ noch die Ungleichung $\alpha_1 < \gamma_1$, da die Komponentensumme in jeder Verteilung gleich eins ist. Dann betrachte man den Schwerpunkt $\left(\frac{2\alpha_1 + \gamma_1}{3}, \frac{2\alpha_2 + \beta_2}{3}, \frac{\alpha_3 + 2\beta_3}{3}\right)$ der drei Verteilungen. Er ist natürlich wieder eine Verteilung und gehört nicht zu $\mathfrak{L}$. Er müßte also von einer der drei

Verteilungen aus $\mathfrak{L}$ dominiert werden, was aber unmöglich ist, da $\frac{2\alpha_1 + \gamma_1}{3} > \alpha_1$, $\frac{2\alpha_2 + \beta_2}{3} > \alpha_2$, $\frac{\alpha_3 + 2\beta_3}{3} > \beta_3$ ist. Mithin scheidet der Fall aus, daß die dritte Verteilung von $\mathfrak{L}$ die Verteilung $(\gamma_1, \alpha_2, \beta_3)$ ist. Also kann $\mathfrak{L}$ nur aus den drei Verteilungen $(\alpha_1, \alpha_2, \alpha_3)$, $(\alpha_1, \beta_2, \beta_3)$, $(\gamma_1, \beta_2, \alpha_3)$ bestehen. Dabei ist dann $\alpha_2 < \beta_2, \alpha_3 > \beta_3$ und daher $\alpha_1 > \gamma_1$. Wäre nun $\alpha_2 > 0$, so wäre für hinreichend kleines $\varepsilon > 0$ das Tripel $(\alpha_1 + \varepsilon/2, \alpha_2 - \varepsilon, \alpha_3 + \varepsilon/2)$ eine Verteilung, die nicht zu $\mathfrak{L}$ gehört und von keiner der drei Verteilungen aus $\mathfrak{L}$ dominiert wird, was der Definition einer Lösung widerspricht. Also ist $\alpha_2 = 0$. In analoger Weise sieht man ein, daß auch $\beta_3 = \gamma_1 = 0$ ist. Da die Komponentensumme der Verteilung gleich eins ist, folgt daher $\alpha_3 = 1 - \alpha_1, \beta_2 = 1 - \alpha_1, \alpha_3 = 1 - \beta_2 = \alpha_1$, woraus $\alpha_1 = {}^1/_2$, $\beta_2 = {}^1/_2$, $\alpha_3 = {}^1/_2$ folgt, d. h. $\mathfrak{L} = \mathfrak{L}_0$. Weiterhin sieht man leicht, daß $\mathfrak{L}_0$ tatsächlich eine Lösung ist. Sei nämlich $(\delta_1, \delta_2, \delta_3)$ eine beliebige Verteilung, so sind darin entweder mindestens zwei Komponenten $< {}^1/_2$, so daß $(\delta_1, \delta_2, \delta_3)$ von einer Verteilung aus $\mathfrak{L}_0$ dominiert wird, oder es sind zwei Komponenten von $(\delta_1, \delta_2, \delta_3)$ größer oder gleich ${}^1/_2$, was wegen $\delta_1 \geqq 0, \delta_2 \geqq 0, \delta_3 \geqq 0$, $\delta_1 + \delta_2 + \delta_3 = 1$ auf $(\delta_1, \delta_2, \delta_3) \in \mathfrak{L}_0$ führt. Da weiterhin zwischen den Verteilungen aus $\mathfrak{L}_0$ keine Dominanzen stattfinden, ist $\mathfrak{L}_0$ Lösung.

Sei zweitens $\mathfrak{L}$ eine Lösung zweiter Art und etwa die ersten Komponenten aller Verteilungen aus $\mathfrak{L}$ einander gleich, etwa gleich c. Dann kann keine Verteilung mit erster Komponente c von einer Verteilung aus $\mathfrak{L}$ dominiert werden. Sie muß daher zu $\mathfrak{L}$ gehören. Mithin muß $\mathfrak{L}$ alle Verteilungen enthalten, deren erste Komponente gleich c ist. Natürlich ist $0 \leqq c \leqq 1$. Im Falle $c = 1$ würde $\mathfrak{L}$ nur aus der Verteilung $(1, 0, 0)$ bestehen, die aber zum Beispiel die Verteilung $(0, 1, 0)$ nicht dominierte. Also ist $c < 1$. Wäre nun $c \geqq {}^1/_2$, so wäre $(2c - 1, 1 - c, 1 - c)$ eine Verteilung. Sie könnte von keiner Verteilung $(c, \alpha_2, \alpha_3) \in \mathfrak{L}$ dominiert werden; denn aus $\alpha_2 > 1 - c$ folgte $\alpha_3 = 1 - c - \alpha_2 < 0$, und analog ist $\alpha_3 > 1 - c$ unmöglich. Es müßte also $(2c - 1, 1 - c, 1 - c) \in \mathfrak{L}$ sein, woraus dann aber $2c - 1 = c$, d. h. $c = 1$ folgen würde, was nicht angeht. Also ist $0 \leqq c < {}^1/_2$ und $\mathfrak{L} = \mathfrak{L}_1^{(c)}$. Ebenso muß eine Lösung zweiter Art, bei der die zweiten bzw. dritten Komponenten aller Verteilungen einander gleich sind, gleich $\mathfrak{L}_2^{(c)}$ bzw. $\mathfrak{L}_3^{(c)}$ sein. Es bleibt also nur noch zu zeigen, daß $\mathfrak{L}_i^{(c)}$ $(i = 1, 2, 3; 0 \leqq c < {}^1/_2)$ wirklich eine Lösung ist. Es genügt, $\mathfrak{L}_1^{(c)}$ zu betrachten und zu beweisen, daß jede Verteilung außerhalb von $\mathfrak{L}_1^{(c)}$ durch eine Verteilung von $\mathfrak{L}_1^{(c)}$ dominiert wird. Sei $(\delta_1, \delta_2, \delta_3)$ eine beliebige Verteilung mit $\delta_1 > c$. Dann ist $\delta_3 = 1 - \delta_1 - \delta_2 < 1 - c - \delta_2$. Daher ist für hinreichend kleines $\varepsilon > 0$ das Tripel $(c, \delta_2 + \varepsilon, 1 - c - \delta_2 - \varepsilon)$ eine Verteilung aus $\mathfrak{L}_1^{(c)}$, die $(\delta_1, \delta_2, \delta_3)$ dominiert. Sei $(\delta_1, \delta_2, \delta_3)$ eine beliebige Verteilung mit $\delta_1 < c$. Es können δ_2 und δ_3 nicht beide $\geqq 1 - c$ sein, da sonst $\delta_1 = 1 - \delta_2 - \delta_3 \leqq 2c - 1 < 0$ wäre. Sei also etwa $\delta_2 < 1 - c$. Dann wird $(\delta_1, \delta_2, \delta_3)$ von der Verteilung $(c, 1 - c, 0) \in \mathfrak{L}_1^{(c)}$ dominiert. Entsprechend wird im Falle $\delta_3 < 1 - c$ die Verteilung $(\delta_1, \delta_2, \delta_3)$ von der Verteilung $(c, 0, 1 - c) \in \mathfrak{L}_1^{(c)}$ dominiert, w. z. b. w.

Die Lösung $\mathfrak{L}_0$ stellt natürlich einen in bezug auf die drei Spieler symmetrischen oder objektiven Benehmensstandard dar, in dem alle drei Spieler gleichmäßig berücksichtigt werden. Dagegen ist zum Beispiel $\mathfrak{L}_1^{(c)}$ ein Benehmensstandard, in dem der Spieler 1 ein für allemal den festen Betrag c erhält. Seine Stellung in der Gesellschaft ist ein für allemal fest vorgeschrieben. Er nimmt an keinen Verhandlungen teil. Die beiden anderen Spieler handeln die Aufteilung des Betrages $1 - c$ nur untereinander aus. In diesem Sinne ist $\mathfrak{L}_1^{(c)}$ ein diskriminierender Benehmensstandard, und zwar wird Spieler 1 diskriminiert. Das Analoge gilt für Spieler 2 bzw. 3 in den Lösungen $\mathfrak{L}_2^{(c)}$ bzw. $\mathfrak{L}_3^{(c)}$. Übrigens kann man sich die Verhältnisse bei den Verteilungen und Lösungen dieses Spieles geometrisch dadurch veranschaulichen, daß man die Komponenten der Verteilungen als baryzentrische Koordinaten in einem Dreieck auffaßt.

v. Neumann-Morgenstern bestimmen in [NM] auch die sämtlichen Lösungen für die allgemeinen Dreipersonen-Spiele sowie für gewisse Klassen von Vierpersonen-Nullsummen-Spielen. Weitere Untersuchungen über die Gesamtheit aller Lösungen für andere Klassen von Vierpersonen-Nullsummen-Spielen findet man bei Mills [9]. Ferner wird in [NM] die Existenz wenigstens einer Lösung für alle Vierpersonen-Nullsummen-Spiele sowie für weitere spezielle Klassen von Spielen gezeigt.

Es soll nun als weiteres Beispiel noch das Shapleysche Marktmodell betrachtet werden, das in Beispiel 1 zu Satz 42 in § 11 beschrieben wurde. Es werden die dortigen Bezeichnungen wieder benutzt. Es ist also $\mathfrak{N} = \mathfrak{K} \cup \mathfrak{A}$, $\mathfrak{K} \cap \mathfrak{A} = \emptyset$, $\mathfrak{K} \neq \emptyset$, $\mathfrak{A} \neq \emptyset$, also $|\mathfrak{K}| > 0$, $|\mathfrak{A}| > 0$, $|\mathfrak{K}| + |\mathfrak{A}| = n$. Weiter gilt

$$v(\mathfrak{S}) = \min(|\mathfrak{S} \cap \mathfrak{K}|, |\mathfrak{S} \cap \mathfrak{A}|), \tag{2}$$

wenn der Einfachheit halber $\delta = 1$ gesetzt wird. Für dieses Spiel beweist Shapley unter anderem den folgenden Satz

Satz 50. *Sei v die charakteristische Funktion (2). Seien f_i $(i = 1, \ldots, n)$ reellwertige Funktionen über dem Intervall $[0, 1]$ mit den Eigenschaften*

$$f_i(p) \geqq 0 \quad \text{für alle } 0 \leqq p \leqq 1,\ i = 1, \ldots, n,$$

$$f_i \text{ monoton } \begin{cases} \text{nicht-abnehmend für } i \in \mathfrak{K} \\ \text{nicht-zunehmend für } i \in \mathfrak{A}, \end{cases}$$

$$\sum_{i \in \mathfrak{K}} f_i(p) = p \cdot v(\mathfrak{N}), \quad \sum_{i \in \mathfrak{A}} f_i(p) = (1 - p) v(\mathfrak{N}) \text{ für } 0 \leqq p \leqq 1,$$

$$f_i(p) + f_j(p) \leqq 1 \text{ für alle } 0 \leqq p \leqq 1 \text{ und alle } i \in \mathfrak{K}, j \in \mathfrak{A}.$$

Dann ist die Menge aller n-Tupel $(f_1(p), \ldots, f_n(p))$ mit $0 \leqq p \leqq 1$ eine Lösung des Spieles. Es gibt mindestens ein System von Funktionen $f_i (i = 1, \ldots, n)$ mit den geforderten Eigenschaften, nämlich

$$f_i(p) = \frac{p \cdot v(\mathfrak{N})}{|\mathfrak{K}|} \text{ für } i \in \mathfrak{K}; \quad f_i(p) = \frac{(1-p) \cdot v(\mathfrak{N})}{|\mathfrak{A}|} \text{ für } i \in \mathfrak{A}\ (0 \leqq p \leqq 1). \tag{3}$$

Die zu (3) gehörige Lösung $\mathfrak{L}_0$ ist die einzige Lösung $\mathfrak{L}$ des Spieles, die symmetrisch ist in dem Sinne, daß für jede Verteilung $(\alpha_1, \ldots, \alpha_n) \in \mathfrak{L}$ und jede Permutation $\pi: \mathfrak{N} \to \mathfrak{N}$ mit $\pi(\mathfrak{K}) = \mathfrak{K}, \pi(\mathfrak{A}) = \mathfrak{A}$ auch die Verteilung $(\alpha_{\pi(1)}, \ldots, \alpha_{\pi(n)}) \in \mathfrak{L}$ ist. Im Falle $|\mathfrak{K}| = |\mathfrak{A}|$ ist $\mathfrak{L}_0$ überhaupt die einzige Lösung des Spieles.

Beweis. Sei f_i $(i = 1, \ldots, n)$ ein System von Funktionen mit den im Satz verlangten Eigenschaften. Dann sind die Funktionen f_i $(i = 1, \ldots, n)$ jedenfalls stetig, da zum Beispiel eine Sprungstelle einer Funktion f_{i_0} mit $i_0 \in \mathfrak{K}$ wegen des monotonen Wachsens aller Funktionen f_i $(i \in \mathfrak{K})$ auch eine Sprungstelle der Funktion $\sum_{i \in \mathfrak{K}} f_i$ wäre, was wegen $\sum_{i \in \mathfrak{K}} f_i(p) = p \cdot v(\mathfrak{N})$ nicht möglich ist. Ferner ist wegen $f_i(p) \geqq 0 = v(\{i\})$ $(i = 1, \ldots, n)$ und $\sum_{i=1}^{n} f_i(p) = v(\mathfrak{N})$ für alle $0 \leqq p \leqq 1$ das n-Tupel $(f_1(p), \ldots, f_n(p))$ eine Verteilung des Spieles. Sei $\mathfrak{L}$ die Menge aller n-Tupel $(f_1(p), \ldots, f_n(p))$ mit $0 \leqq p \leqq 1$. Sei $(\alpha_1, \ldots, \alpha_n)$ eine beliebige Verteilung des Spieles, die nicht zu $\mathfrak{L}$ gehört. Wegen $f_i(0) = 0 = v(\{i\}) \leqq \alpha_i$ für alle $i \in \mathfrak{K}$ und wegen der Stetigkeit von f_i $(i \in \mathfrak{K})$ gibt es dann eine größte Zahl p_1 unter allen Zahlen $p \in [0, 1]$ mit der Eigenschaft $f_i(p) \leqq \alpha_i$ für alle $i \in \mathfrak{K}$. Analog gibt es eine kleinste Zahl p_2 unter allen Zahlen $p \in [0, 1]$ mit der Eigenschaft $f_i(p) \leqq \alpha_i$ für alle $i \in \mathfrak{A}$. Aus $f_i(p_1) \leqq \alpha_i$ $(i \in \mathfrak{K})$, $f_i(p_2) \leqq \alpha_i$ $(i \in \mathfrak{A})$ folgt durch Addition $p_1 \cdot v(\mathfrak{N}) + (1 - p_2) \cdot v(\mathfrak{N}) \leqq \sum_{i=1}^{n} \alpha_i = v(\mathfrak{N})$, also wegen $v(\mathfrak{N}) = \min(|\mathfrak{K}|, |\mathfrak{A}|) > 0$ jedenfalls $p_1 - p_2 \leqq 0$. Wäre $p_1 = p_2$, so wäre $f_i(p_1) \leqq \alpha_i$ für $i = 1, \ldots, n$, was wegen $\sum_{i=1}^{n} f_i(p_1) = \sum_{i=1}^{n} \alpha_i = v(\mathfrak{N})$ zu $f_i(p_1) = \alpha_i$ $(i = 1, \ldots, n)$, d. h. $(\alpha_1, \ldots, \alpha_n) \in \mathfrak{L}$ führen würde, was voraussetzungsgemäß nicht der Fall ist. Also ist $p_1 < p_2$. Sei $p_1 < p^* < p_2$. Dann gibt es nach Definition von p_1 einen Spieler $i_0 \in \mathfrak{K}$ mit $f_{i_0}(p^*) > \alpha_{i_0}$ und ebenso nach Definition von p_2 einen Spieler $j_0 \in \mathfrak{A}$ mit $f_{j_0}(p^*) > \alpha_{j_0}$. Dann dominiert die Verteilung $(f_1(p^*), \ldots, f_n(p^*)) \in \mathfrak{L}$ die Verteilung $(\alpha_1, \ldots, \alpha_n)$ bezüglich $\{i_0, j_0\}$; denn wegen $f_{i_0}(p^*) + f_{j_0}(p^*) \leqq 1 = v(\{i_0, j_0\})$ ist auch die dritte Dominanzforderung erfüllt. Es wird also jede Verteilung außerhalb $\mathfrak{L}$ durch eine Verteilung aus $\mathfrak{L}$ dominiert.

Seien weiter $(f_1(p), \ldots, f_n(p))$ und $(f_1(p'), \ldots, f_n(p'))$ zwei beliebige Verteilungen aus $\mathfrak{L}$. Sei etwa $p > p'$. Dann ist wegen der Monotonie der f_i $(i \in \mathfrak{A})$ jedenfalls $f_i(p) \leqq f_i(p')$ für alle $i \in \mathfrak{A}$. Daher könnte $(f_1(p), \ldots, f_n(p))$ die Verteilung $(f_1(p'), \ldots, f_n(p'))$ höchstens bezüglich einer Teilmenge $\mathfrak{S} \leqq \mathfrak{K}$ dominieren. Aber das ist auch unmöglich, da für eine solche Teilmenge $\mathfrak{S} \leqq \mathfrak{K}$ immer $v(\mathfrak{S}) = 0$ ist, so daß die dritte Dominanzbedingung nicht erfüllt sein kann. Also kann die Verteilung $(f_1(p), \ldots, f_n(p))$ die Verteilung $(f_1(p'), \ldots, f_n(p'))$ nicht dominieren. Analog zeigt man, daß auch $(f_1(p'), \ldots, f_n(p'))$ die Verteilung $(f_1(p), \ldots, f_n(p))$ nicht dominieren kann. Also ist $\mathfrak{L}$ Lösung des Spieles.

Daß die in (3) angegebenen Funktionen f_i $(i = 1, \ldots, n)$ die im Satz verlangten Eigenschaften besitzen, prüft man ohne weiteres nach. Für die letzte Eigenschaft beachte man dabei, daß $v(\mathfrak{N}) = \min(|\mathfrak{K}|, |\mathfrak{A}|)$ ist. Weiter ist offensichtlich die Lösung $\mathfrak{L}_0$ symmetrisch in dem angegebenen Sinne. Sei $\mathfrak{L}$ eine beliebige in dem genannten Sinne symmetrische Lösung des Spieles. Angenommen, in der Verteilung $(\alpha_1, \ldots, \alpha_n) \in \mathfrak{L}$ seien nicht alle α_i für $i \in \mathfrak{K}$ einander gleich. Sei dann $\varrho = (1/|\mathfrak{K}|) \sum_{i \in \mathfrak{K}} \alpha_i$, $\sigma = (1/|\mathfrak{A}|) \sum_{i \in \mathfrak{A}} \alpha_i$. Dann gibt es einen Spieler $i_0 \in \mathfrak{K}$ mit $\alpha_{i_0} < \varrho$, sowie einen Spieler $j_0 \in \mathfrak{A}$ mit $\alpha_{j_0} \leqq \sigma$. Für hinreichend kleines $\varepsilon > 0$ ist dann $\alpha_{i_0} < \varrho - \varepsilon/|\mathfrak{K}| = \varrho'$, $\alpha_{j_0} < \sigma + \varepsilon/|\mathfrak{A}| = \sigma'$. Dann ist $(\beta_1, \ldots, \beta_n)$ mit $\beta_i = \varrho'$ für alle $i \in \mathfrak{K}$, $\beta_i = \sigma'$ für alle $i \in \mathfrak{A}$ eine Verteilung, die die Verteilung $(\alpha_1, \ldots, \alpha_n)$ bezüglich $\{i_0, j_0\}$ dominiert; denn wegen $v(\mathfrak{N}) = \min(|\mathfrak{K}|, |\mathfrak{A}|)$ ist auch die dritte Dominanzbedingung $\beta_{i_0} + \beta_{j_0} =$

$\varrho' + \sigma' \leqq (|\mathfrak{K}|/v(\mathfrak{N})) \cdot \varrho' + (|\mathfrak{A}|/v(\mathfrak{N})) \cdot \sigma' = 1 = v(\{i_0, j_0\})$ erfüllt. Daher kann $(\beta_1, \ldots, \beta_n)$ nicht zu $\mathfrak{L}$ gehören und muß mithin von einer Verteilung $(\gamma_1, \ldots, \gamma_n) \in \mathfrak{L}$ dominiert werden. Sei dies eine Dominanz bezüglich der Spielermenge $\mathfrak{S} \leqq \mathfrak{N}$. Dann kann nicht für alle Spieler $i \in \mathfrak{S} \cap \mathfrak{K}$, $j \in \mathfrak{S} \cap \mathfrak{A}$ gelten $\gamma_i + \gamma_j > 1$, da sonst $\sum_{\nu \in \mathfrak{S}} \gamma_\nu > v(\mathfrak{S})$ wäre, so daß die dritte Dominanzforderung nicht erfüllt wäre. Es gibt also Spieler $i_1 \in \mathfrak{S} \cap \mathfrak{K}$, $j_1 \in \mathfrak{S} \cap \mathfrak{A}$ mit $\gamma_{i_1} + \gamma_{j_1} \leqq 1 = v(\{i_0, j_0\})$. Nun werde die Permutation $\pi: \mathfrak{N} \to \mathfrak{N}$ definiert durch Vertauschung der Spieler i_1 und i_0 aus $\mathfrak{K}$, sowie der Spieler j_1 und j_0 aus $\mathfrak{A}$. Dann ist wegen der Symmetrie von $\mathfrak{L}$ die Verteilung $(\gamma_{\pi(1)}, \ldots, \gamma_{\pi(n)}) \in \mathfrak{L}$, und sie dominiert offenbar $(\beta_1, \ldots, \beta_n)$ bezüglich $\{i_0, j_0\}$. Da nun $(\beta_1, \ldots, \beta_n)$ die Verteilung $(\alpha_1, \ldots, \alpha_n)$ ebenfalls bezüglich $\{i_0, j_0\}$ dominiert, so dominiert $(\gamma_{\pi(1)}, \ldots, \gamma_{\pi(n)}) \in \mathfrak{L}$ erst recht die Verteilung $(\alpha_1, \ldots, \alpha_n) \in \mathfrak{L}$, was unmöglich ist. Der erhaltene Widerspruch zeigt, daß alle Komponenten α_i $(i \in \mathfrak{K})$ einander gleich sind. In analoger Weise zeigt man, daß auch alle Komponenten α_i $(i \in \mathfrak{A})$ einander gleich sind. Wegen $\sum_{i=1}^{n} \alpha_i = v(\mathfrak{N})$ gibt es dann ein $p \in [0, 1]$ mit $|\mathfrak{K}| \cdot \alpha_i = p \cdot v(\mathfrak{N})$ $(i \in \mathfrak{K})$, $|\mathfrak{A}| \cdot \alpha_i = (1 - p) \cdot v(\mathfrak{N})$ $(i \in \mathfrak{A})$, d. h. $(\alpha_1, \ldots, \alpha_n) \in \mathfrak{L}_0$, also $\mathfrak{L} \leqq \mathfrak{L}_0$. Da aber offensichtlich keine echte Teilmenge einer Lösung selbst Lösung sein kann, so ist $\mathfrak{L} = \mathfrak{L}_0$.

Sei schließlich $|\mathfrak{K}| = |\mathfrak{A}|$. Dann ist also $v(\mathfrak{N}) = |\mathfrak{K}| = |\mathfrak{A}|$. Sei $(\alpha_1, \ldots, \alpha_n)$ eine beliebige Verteilung aus $\mathfrak{L}_0$. Dann ist also $\alpha_i = p$ für $i \in \mathfrak{K}$, $\alpha_i = 1 - p$ für $i \in \mathfrak{A}$ mit einem gewissen $p \in [0, 1]$. Sei $\mathfrak{S}$ eine beliebige Teilmenge von $\mathfrak{N}$. Dann ist $\sum_{i \in \mathfrak{S}} \alpha_i = p \cdot |\mathfrak{S} \cap \mathfrak{K}| + (1 - p) \cdot |\mathfrak{S} \cap \mathfrak{A}| \geqq p \cdot v(\mathfrak{S}) + (1 - p) \cdot v(\mathfrak{S}) = v(\mathfrak{S})$. Daher kann $(\alpha_1, \ldots, \alpha_n)$ offenbar von keiner Verteilung des Spieles dominiert werden. Also muß $(\alpha_1, \ldots, \alpha_n)$ zu jeder Lösung des Spieles gehören, d. h. $\mathfrak{L}_0$ ist Teilmenge jeder Lösung des Spieles. Da aber keine echte Teilmenge einer Lösung selbst Lösung sein kann, gibt es in diesem Falle nur die Lösung $\mathfrak{L}_0$, w. z. b. w.

Faßt man die Verteilungen des obigen Marktmodelles als Punkte in einem euklidischen R^n auf, so sind also die in Satz 50 beschriebenen Lösungen gewisse Kurven im R^n. Der Kurvenparameter p kann dabei in gewissem Sinne als Preisniveau gedeutet werden, das die relative Lage der Käufermenge $\mathfrak{K}$ und der Anbietermenge $\mathfrak{A}$ zueinander beschreibt. Im Falle $p = 0$ zahlen die Käufer Höchstpreise, während die Anbieter den gesamten Gewinn erhalten. Im Falle $p = 1$ dagegen werden Mindestpreise gezahlt, und der Gesamtgewinn geht an die Käufer. Die übrigen Werte von p stellen Situationen zwischen den beiden beschriebenen Extremlagen dar. Eine Lösung spezifiziert für jedes Preisniveau p die Aufteilung des Gesamtgewinnes auf die einzelnen Käufer und Anbieter.

Als letztes Beispiel werde eine Klasse von *Majoritätsspielen* betrachtet, die Bott [CII] unter der Bezeichnung *(n, k)-Spiele* eingeführt hat. Bei einfacher Majoritätsentscheidung gewinnt eine Koalition genau dann, wenn sie mehr als die Hälfte der Spieler umfaßt. Hier handelt es sich allgemeiner um Entscheidungen durch qualifizierte Majorität, d. h. eine Koalition gewinnt genau dann, wenn sie mindestens k der n Spieler umfaßt, wobei k eine feste Zahl mit $n/2 < k < n$ ist. Und zwar soll in diesem Falle die Koalition eine Einheit von jedem nicht zur Koalition gehörenden Spieler erhalten, während in einer Koalition aus weniger als k Spielern jedes Mitglied der Koalition eine Einheit zu zahlen hat. Das Spiel ist also im allgemeinen kein Nullsummenspiel. Es kann nämlich der Fall auftreten, daß sowohl eine Koalition als auch ihre Gegenkoalition verliert. Offenbar wird dieses Spiel durch die im nachfolgenden Satz 51 angegebene charakteristische Funktion v beschrieben. Man bestätigt leicht, daß diese Funktion wegen $k > n/2$ tatsächlich die beiden in Satz 42 genannten Eigenschaften hat. Offensichtlich sind die Koalitionen aus $n - k + 1$ Spielern die kleinsten Koalitionen, die ihre Gegenkoalitionen am Gewinnen hindern können. Sie werden deshalb als *blockierende Koalitionen* bezeichnet. Man wird nun intuitiv eine Lösung des Spieles erwarten, deren Verteilungen so beschaffen sind, daß sich eine genügende Anzahl solcher blockierender Koalitionen zusammenfinden, um die restlichen Spieler zu majorisieren, und bei der dann jeweils die einzelnen Mitglieder einer solchen blockierenden Koalition den gleichen Betrag erhalten. Der folgende Satz von Bott bestätigt diese Vermutung.

Satz 51. *Seien n und k natürliche Zahlen mit $n/2 < k < n$. Sei v die charakteristische Funktion mit*

$$v(\mathfrak{S}) = \begin{cases} -|\mathfrak{S}| & \text{falls } |\mathfrak{S}| < k \\ n - |\mathfrak{S}| & \text{falls } |\mathfrak{S}| \geqq k \end{cases} \quad \text{für alle } \mathfrak{S} \subseteqq \mathfrak{N}.$$

Sei $p = n - k + 1$ und $n = p \cdot s + r$ mit ganzem s und $0 \leqq r < p$. Bezeichne $\mathfrak{L}_0$ die Menge aller derjenigen Verteilungen $(\alpha_1, \ldots, \alpha_n)$ von v, zu denen es eine Zerlegung von $\mathfrak{N}$ in $s + 1$ disjunkte Teilmenge $\mathfrak{K}_1, \ldots, \mathfrak{K}_s, \mathfrak{R}$ mit $|\mathfrak{K}_1| = \cdots = |\mathfrak{K}_s| = p$, $|\mathfrak{R}| = r$ gibt, so daß $\alpha_i = \alpha_j$ für alle $i, j \in \mathfrak{K}_\nu$ $(\nu = 1, \ldots, s)$ und $\alpha_i = -1$ für $i \in \mathfrak{R}$. Dann ist $\mathfrak{L}_0$ eine Lösung des Spieles v, und zwar die einzige Lösung $\mathfrak{L}$, die symmetrisch ist in dem Sinne, daß für alle $(\alpha_1, \ldots, \alpha_n) \in \mathfrak{L}$ und alle Permutationen $\pi : \mathfrak{N} \to \mathfrak{N}$ auch $(\alpha_{\pi(1)}, \ldots, \alpha_{\pi(n)}) \in \mathfrak{L}$ ist.

Beweis. Die Verteilungen von v sind die n-Tupel $(\alpha_1, \ldots, \alpha_n)$ mit $\alpha_i \geqq -1$ $(i = 1, \ldots, n)$, $\sum_{i=1}^{n} \alpha_i = 0$. Jede Verteilung $(\alpha_1, \ldots, \alpha_n)$ bestimmt eindeutig eine zugehörige „geordnete" Verteilung $(\hat{\alpha}_1, \ldots, \hat{\alpha}_n)$ in welcher die $\hat{\alpha}_1, \ldots, \hat{\alpha}_n$ eine Umordnung der $\alpha_1, \ldots, \alpha_n$ mit $\hat{\alpha}_1 \leqq \hat{\alpha}_2 \leqq \cdots \leqq \hat{\alpha}_n$ bilden. Weiter sieht man leicht, daß eine Verteilung $(\alpha_1, \ldots, \alpha_n)$ eine Verteilung $(\beta_1, \ldots, \beta_n)$ genau dann dominiert, wenn mindestens k Komponenten der Verteilung $(\alpha_1, \ldots, \alpha_n)$ größer sind als die entsprechenden Komponenten der Verteilung $(\beta_1, \ldots, \beta_n)$. Wenn nämlich $(\alpha_1, \ldots, \alpha_n)$ die Verteilung $(\beta_1, \ldots, \beta_n)$ dominiert, so kann das nur bezüglich einer Spielermenge $\mathfrak{S}$ mit $|\mathfrak{S}| \geqq k$ geschehen; denn andernfalls wäre $\sum_{i \in \mathfrak{S}} \alpha_i > \sum_{i \in \mathfrak{S}} \beta_i \geqq -|\mathfrak{S}| = v(\mathfrak{S})$. Umgekehrt ist für jede Teilmenge $\mathfrak{S} \subseteqq \mathfrak{N}$ mit $|\mathfrak{S}| \geqq k$ die dritte Dominanzbedingung von selbst erfüllt; denn dann gilt für jede Verteilung $(\alpha_1, \ldots, \alpha_n)$, daß $\sum_{i \in \mathfrak{S}} \alpha_i = -\sum_{i \in \mathfrak{N} - \mathfrak{S}} \alpha_i \leqq |\mathfrak{N} - \mathfrak{S}| = v(\mathfrak{S})$ ist. Überdies benutzt man weiterhin zweckmäßig die folgenden Tatsachen: Dominiert $(\alpha_1, \ldots, \alpha_n)$ die Verteilung $(\beta_1, \ldots, \beta_n)$, so ist $\hat{\beta}_i < \hat{\alpha}_{n-k+i}$

für $i = 1, \ldots, k$. Ist umgekehrt die letzte Bedingung erfüllt, so gibt es eine Permutation $\pi: \mathfrak{N} \to \mathfrak{N}$, so daß $(\alpha_{\pi(1)}, \ldots, \alpha_{\pi(n)})$ die Verteilung $(\beta_1, \ldots, \beta_n)$ dominiert. Dominiere nämlich die Verteilung $(\alpha_1, \ldots, \alpha_n)$ die Verteilung $(\beta_1, \ldots, \beta_n)$. Dann sind k Komponenten von $(\alpha_1, \ldots, \alpha_n)$ größer als die entsprechenden Komponenten von $(\beta_1, \ldots, \beta_n)$, etwa $\alpha_{i_\nu} > \beta_{i_\nu}$ $(\nu = 1, \ldots, k)$, wobei die Numerierung so gewählt sei, daß $\alpha_{i_1} \leqq \alpha_{i_2} \leqq \cdots \leqq \alpha_{i_k}$ ist. Falls dann für ein Indexpaar $\nu < \mu$ etwa $\beta_{i_\nu} > \beta_{i_\mu}$ sein sollte, so ist auch $\alpha_{i_\mu} \geqq \alpha_{i_\nu} > \beta_{i_\nu}$ und $\alpha_{i_\nu} > \beta_{i_\nu} > \beta_{i_\mu}$. Es gibt also eine Umordnung $j_1, \ldots, j_k$ der Indizes $i_1, \ldots, i_k$, so daß $\alpha_{i_\nu} > \beta_{j_\nu}$ $(\nu = 1, \ldots, k)$ und $\beta_{j_1} \leqq \beta_{j_2} \leqq \cdots \leqq \beta_{j_k}$ ist. Wegen dieser letzten Bedingung ist dann offenbar $\beta_{j_1} \geqq \hat{\beta}_1, \beta_{j_2} \geqq \hat{\beta}_2, \ldots, \beta_{j_k} \geqq \hat{\beta}_k$ und analog $\alpha_{i_k} \leqq \hat{\alpha}_n, \alpha_{i_{k-1}} \leqq \hat{\alpha}_{n-1}, \ldots, \alpha_{i_1} \leqq \hat{\alpha}_{n-k+1}$. Damit erhält man dann $\hat{\beta}_\nu < \hat{\alpha}_{n-k+\nu}$ $(\nu = 1, \ldots, k)$. Seien umgekehrt diese letzten k Ungleichungen erfüllt. Dann kann man offenbar die Komponenten in $(\alpha_1, \ldots, \alpha_n)$ so permutieren, daß in der permutierten Verteilung k Komponenten größer sind als die entsprechenden Komponenten von $(\beta_1, \ldots, \beta_n)$, d. h. aber, daß die permutierte Verteilung die Verteilung $(\beta_1, \ldots, \beta_n)$ dominiert.

Nun wird zunächst bewiesen, daß $\mathfrak{L}_0$ Lösung ist. Sei $(\alpha_1, \ldots, \alpha_n)$ eine beliebige Verteilung, die nicht zu $\mathfrak{L}_0$ gehört. Es soll gezeigt werden, daß sie durch eine Verteilung aus $\mathfrak{L}_0$ dominiert wird. Hierzu bemerkt man zunächst, daß man Zahlen $c_1, \ldots, c_s$ so finden kann, daß

$$\hat{\alpha}_{r+(\nu-1)p+1} < c_\nu \ (\nu = 1, \ldots, s), \quad p \cdot \sum_{\nu=1}^{s} c_\nu = r \tag{4}$$

ist. Da nämlich $(\hat{\alpha}_1, \ldots, \hat{\alpha}_n)$ eine geordnete Verteilung ist, gilt

$$p \cdot \sum_{\nu=1}^{s} \hat{\alpha}_{r+(\nu-1)p+1} \leqq \sum_{\nu=1}^{s} \sum_{\gamma=1}^{p} \hat{\alpha}_{r+(\nu-1)p+\gamma} = \sum_{\nu=r+1}^{n} \hat{\alpha}_\nu = -\sum_{\nu=1}^{r} \hat{\alpha}_\nu \leqq r;$$

und hier kann nicht das Gleichheitszeichen gelten, da sonst $\hat{\alpha}_1 = \hat{\alpha}_2 = \cdots = \hat{\alpha}_r = -1$, $\hat{\alpha}_{r+(\nu-1)p+\gamma} = \hat{\alpha}_{r+(\nu-1)p+1}$ $(\gamma = 1, \ldots, p;\ \nu = 1, \ldots, s)$ und daher $(\hat{\alpha}_1, \ldots, \hat{\alpha}_n) \in \mathfrak{L}_0$, also auch $(\alpha_1, \ldots, \alpha_n) \in \mathfrak{L}_0$ wäre entgegen Voraussetzung. Also ist $p \cdot \sum_{\nu=1}^{s} \hat{\alpha}_{r+(\nu-1)p+1} < r$, und daher können die Größen $c_1, \ldots, c_s$ gemäß (4) gefunden werden. Dann definiere man die Größen β_i $(i = 1, \ldots, n)$ durch $\beta_1 = \cdots = \beta_r = -1$, $\beta_{r+(\nu-1)p+\gamma} = c_\nu$ $(\nu = 1, \ldots, s;\ \gamma = 1, \ldots, p)$. Offenbar ist $(\beta_1, \ldots, \beta_n)$ eine Verteilung aus $\mathfrak{L}_0$, und es gilt

$$\begin{gathered} \hat{\alpha}_1 \leqq \hat{\alpha}_2 \leqq \cdots \leqq \hat{\alpha}_{r+1} < c_1 = \beta_p = \beta_{p+1} = \cdots = \beta_{r+p} \\ \hat{\alpha}_{r+(\nu-2)p+2} \leqq \cdots \leqq \hat{\alpha}_{r+(\nu-1)p+1} < c_\nu = \beta_{r+(\nu-1)p+1} = \cdots = \beta_{r+\nu \cdot p} \\ (\nu = 2, \ldots, s), \end{gathered}$$

also $\hat{\alpha}_i < \beta_{i+p-1}$ für $i = 1, \ldots, k$. Daher kann man wieder die Komponenten von $(\beta_1, \ldots, \beta_n)$ so permutieren, daß k Komponenten der permutierten Verteilung größer sind als die entsprechenden Komponenten von $(\alpha_1, \ldots, \alpha_n)$. Man erhält also so eine Verteilung aus $\mathfrak{L}_0$, die $(\alpha_1, \ldots, \alpha_n)$ dominiert.

Seien weiter $(\alpha_1, \ldots, \alpha_n)$ und $(\beta_1, \ldots, \beta_n)$ zwei beliebige Verteilungen aus $\mathfrak{L}_0$. Dann ist $\hat{\alpha}_1 = \cdots = \hat{\alpha}_r = -1$, $\hat{\alpha}_{r+(\nu-1)\cdot p+\gamma} = \hat{\alpha}_{r+(\nu-1)\cdot p+1}$ $(\gamma = 1, \ldots, p;\ \nu = 1,$

$\ldots, s)$ und ebenso $\beta_1 = \cdots = \hat{\beta}_r = -1$, $\hat{\beta}_{r+(\nu-1)\cdot p+\gamma} = \hat{\beta}_{r+(\nu-1)\cdot p+1}$ $(\gamma = 1, \ldots, p;$ $\nu = 1, \ldots, s)$. Angenommen, $(\alpha_1, \ldots, \alpha_n)$ dominierte $(\beta_1, \ldots, \beta_n)$. Dann wäre, wie oben gezeigt wurde, $\hat{\beta}_i < \hat{\alpha}_{n-k+i}$ $(i = 1, \ldots, k)$. Insbesondere gilt diese letzte Ungleichung also für $i = r + (\nu - 1)p + 1$ $(\nu = 1, \ldots, s)$ und liefert daher $\hat{\beta}_{r+(\nu-1)\cdot p+1} < \hat{\alpha}_{r+\nu p} = \hat{\alpha}_{r+(\nu-1)p+1}$ $(\nu = 1, \ldots, s)$. Daher wird $\sum\limits_{i=1}^{n} \hat{\beta}_i = -r + p \cdot \sum\limits_{\nu=1}^{s} \hat{\beta}_{r+(\nu-1)p+1} < -r + p \cdot \sum\limits_{\nu=1}^{s} \hat{\alpha}_{r+(\nu-1)p+1} = \sum\limits_{i=1}^{n} \hat{\alpha}_i$, was wegen $\sum\limits_{i=1}^{n} \hat{\alpha}_i = \sum\limits_{i=1}^{n} \hat{\beta}_i = 0$ unmöglich ist. Also finden innerhalb $\mathfrak{L}_0$ keine Dominanzen statt. $\mathfrak{L}_0$ ist also Lösung.

Sei nun $\mathfrak{L}$ eine beliebige symmetrische Lösung. Dann wird zunächst bewiesen, daß für jede Verteilung $(\alpha_1, \ldots, \alpha_n) \in \mathfrak{L}$ die Gleichungen $\hat{\alpha}_{r+(\nu-1)p+\gamma} = \hat{\alpha}_{r+(\nu-1)p+1}$ $(\gamma = 1, \ldots, p;$ $\nu = 1, \ldots, s)$ gelten. Angenommen, es wäre $\hat{\alpha}_{i_0} < \hat{\alpha}_{i_0+1}$ für ein gewisses i_0 mit $r + (s-1)p + 1 \leqq i_0 < r + (s-1)p + p = n$. Dann definiere man die Größen $\beta_1, \ldots, \beta_n$ durch $\beta_i = \hat{\alpha}_i + \varepsilon$ für $i \neq i_0 + 1$, $\beta_{i_0+1} = \hat{\alpha}_{i_0+1} - (n-1)\varepsilon$. Für hinreichend kleines $\varepsilon > 0$ ist dann $(\beta_1 \ldots, \beta_n)$ eine Verteilung mit $\hat{\beta}_1 = \beta_1, \ldots, \hat{\beta}_n = \beta_n$, in welcher $n - 1 \geqq k$ Komponenten größer sind als die entsprechenden Komponenten von $(\hat{\alpha}_1, \ldots, \hat{\alpha}_n)$, die also $(\hat{\alpha}_1, \ldots, \hat{\alpha}_n)$ dominiert. Wegen der Symmetrie von $\mathfrak{L}$ ist mit $(\alpha_1, \ldots, \alpha_n)$ auch $(\hat{\alpha}_1, \ldots, \hat{\alpha}_n) \in \mathfrak{L}$, und daher kann $(\beta_1, \ldots, \beta_n)$ nicht zu $\mathfrak{L}$ gehören. Daher muß es eine Verteilung $(\gamma_1, \ldots, \gamma_n) \in \mathfrak{L}$ geben, die $(\beta_1, \ldots, \beta_n)$ dominiert. Nach dem oben Bewiesenen ist dann $\beta_i = \hat{\beta}_i < \hat{\gamma}_{n-k+i}$ für $i = 1, \ldots, k$. Da nach Voraussetzung $i_0 \geqq r + (s-1)p + 1 = k$ ist, so ist also auch $\hat{\alpha}_i < \hat{\gamma}_{n-k+i}$ für $i = 1, \ldots k$. Daher kann man die Komponenten von $(\gamma_1, \ldots, \gamma_n)$ so permutieren, daß k Komponenten der permutierten Verteilung größer sind als die entsprechenden Komponenten von $(\alpha_1, \ldots, \alpha_n)$. Die permutierte Verteilung dominiert also $(\alpha_1, \ldots, \alpha_n) \in \mathfrak{L}$ und gehört wegen der Symmetrie von $\mathfrak{L}$ zu $\mathfrak{L}$, was unmöglich ist. Also muß $\hat{\alpha}_{r+(s-1)p+\gamma} = \hat{\alpha}_{r+(s-1)\cdot p+1}$ für $\gamma = 1, \ldots, p$ sein. Sei nun für $\nu = s, s-1, \ldots, s-\varrho$ $(0 \leqq \varrho < s-1)$ die Behauptung $\hat{\alpha}_{r+(\nu-1)p+\gamma} = \hat{\alpha}_{r+(\nu-1)p+1}$ $(\gamma = 1, \ldots, p)$ für jede Verteilung $(\alpha_1, \ldots, \alpha_n) \in \mathfrak{L}$ schon bewiesen. Angenommen, es wäre $\hat{\alpha}_{i_0} < \hat{\alpha}_{i_0+1}$ für ein gewisses i_0 mit $r + (s-\varrho-2)p + 1 \leqq i_0 < r + (s-\varrho-2)p + p$. Dann definiere man die Verteilung $(\beta_1, \ldots, \beta_n)$ wie eben, so daß sie wieder $(\hat{\alpha}_1, \ldots, \hat{\alpha}_n)$ dominiert und daher nicht zu $\mathfrak{L}$ gehört. Wieder also gibt es eine Verteilung $(\gamma_1, \ldots, \gamma_n) \in \mathfrak{L}$, die $(\beta_1, \ldots, \beta_n)$ dominiert. Also ist $\beta_i < \hat{\gamma}_{n-k+i}$ für $i = 1, \ldots, k$. Daher ist zunächst $\hat{\alpha}_i < \hat{\gamma}_{n-k+i}$ für alle $i = 1, \ldots, k$, die von $i_0 + 1$ verschieden sind. Aber für den Index $i_0 + 1$ gilt $\hat{\alpha}_{i_0+1} \leqq \hat{\alpha}_{i_0+2} < \beta_{i_0+2}$. Jetzt ist aber $i_0 + 2 \leqq r + (s-\varrho-1)p + 1 \leqq r + (s-1)p + 1 = k$, also $\beta_{i_0+2} < \check{\gamma}_{n-k+i_0+2}$. Nun ist aber $(\hat{\gamma}_1, \ldots, \hat{\gamma}_n) \in \mathfrak{L}$, also nach Induktionsvoraussetzung $\hat{\gamma}_{r+(\nu-1)\cdot p+\gamma} = \hat{\gamma}_{r+(\nu-1)p+1}$ $(\gamma = 1, \ldots, p;$ $\nu = s, s-1, \ldots, s-\varrho)$. Wegen $r + (s-\varrho-1)p + 1 \leqq n - k + i_0 + 1 < r + (s-\varrho-1)p + p$ ist also $\hat{\gamma}_{n-k+i_0+1} = \hat{\gamma}_{n-k+i_0+2}$, also schließlich $\hat{\alpha}_{i_0+1} < \hat{\gamma}_{n-k+i_0+1}$. Mithin ist $\hat{\alpha}_i < \hat{\gamma}_{n-k+i}$ für alle $i = 1, \ldots, k$. Daher würde wie eben eine gewisse Umordnung der Verteilung $(\gamma_1, \ldots, \gamma_n)$ die Verteilung $(\alpha_1, \ldots, \alpha_n) \in \mathfrak{L}$ dominieren und selbst zu $\mathfrak{L}$ gehören, was unmöglich ist. Damit ist für jede Verteilung $(\alpha_1, \ldots, \alpha_n) \in \mathfrak{L}$ die Behauptung $\hat{\alpha}_{r+(\nu-1)\cdot p+\gamma} = \hat{\alpha}_{r+(\nu-1)\cdot p+1}$ $(\gamma = 1, \ldots, p;\ \nu = 1, \ldots, s)$ bewiesen.

Sei weiterhin $\mathfrak{L}$ eine beliebige symmetrische Lösung. Angenommen, es gebe eine Verteilung $(\alpha_1, \ldots, \alpha_n) \in \mathfrak{L}_0$, die nicht zu $\mathfrak{L}$ gehört. Dann muß sie von einer Verteilung $(\beta_1, \ldots, \beta_n) \in \mathfrak{L}$ dominiert werden. Nun ist $\hat{\alpha}_1 = \cdots = \hat{\alpha}_r = -1$, $\hat{\alpha}_{r+(\nu-1)\cdot p+\gamma} = \hat{\alpha}_{r+(\nu-1)\cdot p+1}$ $(\gamma = 1, \ldots, p;\ \nu = 1, \ldots, s)$ wegen $(\alpha_1, \ldots, \alpha_n) \in \mathfrak{L}_0$. Weiter ist $\hat{\beta}_{r+(\nu-1)\cdot p+\gamma} = \hat{\beta}_{r+(\nu-1)\cdot p+1}$ $(\gamma = 1, \ldots, p;\ \nu = 1, \ldots, s)$ wegen $(\beta_1, \ldots, \beta_n) \in \mathfrak{L}$ nach dem eben Bewiesenen. Da $(\beta_1, \ldots, \beta_n)$ die Verteilung $(\alpha_1, \ldots, \alpha_n)$ dominiert, gilt $\hat{\alpha}_i < \hat{\beta}_{n-k+i}$ $(i = 1, \ldots, k)$. Insbesondere gilt diese Ungleichung also für $i = r + (\nu - 1)p + 1$ $(\nu = 1, \ldots, s)$ und liefert also $\hat{\alpha}_{r+(\nu-1)\cdot p+1} < \hat{\beta}_{r+\nu\cdot p} = \hat{\beta}_{r+(\nu-1)\cdot p+1}$ $(\nu = 1, \ldots, s)$. Daher wird $0 = \sum_{i=1}^{n} \hat{\alpha}_i = -r + p \cdot \sum_{\nu=1}^{s} \hat{\alpha}_{r+(\nu-1)\cdot p+1} < -r + p \cdot \sum_{\nu=1}^{s} \hat{\beta}_{r+(\nu-1)\cdot p+1} = \sum_{i=1}^{n} \hat{\beta}_i - \sum_{i=1}^{r} \hat{\beta}_i - r = -\sum_{i=1}^{r} \hat{\beta}_i - r \leqq r - r = 0$. Der erhaltene Widerspruch zeigt, daß $\mathfrak{L}_0 \leqq \mathfrak{L}$ ist. Da aber keine echte Teilmenge einer Lösung selbst eine Lösung sein kann, muß $\mathfrak{L}_0 = \mathfrak{L}$ sein, w. z. b. w.

Weitere Untersuchungen über Lösungen für spezielle Klassen von Spielen findet man in [NM], [CII], [CIV] und [AG].

§ 13. Der Shapleysche Wert eines Spieles

Für allgemeine n-Personen-Spiele besteht eine Lösung im Sinne v. Neumanns im allgemeinen aus mehreren Verteilungen. Durch diesen Lösungsbegriff wird also nicht eine bestimmte Verteilung des Spieles ausgezeichnet, deren Komponenten sich dann als Wert des Spieles für die einzelnen Spieler ansprechen ließen. Es fragt sich nun, ob man nicht durch andere intuitiv einleuchtende Forderungen eine bestimmte Verteilung des Spieles aussondern kann, deren Komponenten als vernünftige a-priori-Bewertung des Spieles für die einzelnen Spieler angesehen werden können. Ein besonders einfaches System von solchen Forderungen hat Shapley in [CII] angegeben.

Hierbei werden die Spiele grundsätzlich nur durch ihre charakteristische Funktion gegeben. Sei also $\mathfrak{G}_n$ die Gesamtheit der auf $\mathfrak{N} = \{1, \ldots, n\}$ erklärten charakteristischen Funktionen, also die Spielgesamtheit. Dann definiert Shapley

Definition 31. *Eine* Wertfunktion Φ *ist eine auf* $\mathfrak{G}_n$ *erklärte Funktion, die jedem* $v \in \mathfrak{G}_n$ *eine Verteilung* $\Phi(v) = (\Phi_1(v), \ldots, \Phi_n(v))$ *des Spieles* v *zuordnet, so daß die folgenden Forderungen erfüllt sind:*

1. *Für jede Permutation* $\pi: \mathfrak{N} \to \mathfrak{N}$ *und jedes* $v \in \mathfrak{G}_n$ *mit* $v(\pi(\mathfrak{S})) = v(\mathfrak{S})$ *für alle* $\mathfrak{S} \leqq \mathfrak{N}$ *gilt*
$$\Phi_{\pi(i)}(v) = \Phi_i(v) \quad \text{für } i = 1, \ldots, n.$$
2. *Gilt für ein* $i \in \mathfrak{N}$ *die Beziehung* $v(\mathfrak{S}) = v(\mathfrak{S} - \{i\}) + v(\{i\})$ *für alle* $\mathfrak{S} \leqq \mathfrak{N}$ *mit* $i \in \mathfrak{S}$, *so ist*
$$\Phi_i(v) = v(\{i\}).$$

3. Für irgendzwei $v, w \in \mathfrak{G}_n$ gilt

$$\Phi\,(v + w) = \Phi\,(v) + \Phi\,(w),$$

d. h. $$\Phi_i(v + w) = \Phi_i(v) + \Phi_i(w) \quad \textit{für } i = 1, \ldots, n.$$

Anschaulich gesprochen besagen diese Forderungen folgendes: Forderung 1 verlangt, daß für zwei Spieler i und j, die vermöge der Spielregeln des Spieles v nicht unterschieden sind (d. h. für die es eine Symmetrie $\pi: \mathfrak{N} \to \mathfrak{N}$ des Spieles v mit $\pi(i) = j$ gibt), die Beträge $\Phi_i(v)$ und $\Phi_j(v)$ gleich sind.

Für jeden Spieler i ist für alle $\mathfrak{S} \leqq \mathfrak{N}$ mit $i \in \mathfrak{S}$ sicher $v(\mathfrak{S}) \geqq v(\mathfrak{S} - \{i\}) + v(\{i\})$. Gilt also für einen Spieler i in diesen Ungleichungen immer das Gleichheitszeichen, so ist der Spieler i sozusagen in jeder Koalition unwesentlich. Er trägt zu keiner Koalition mehr als seinen Minimalwert $v(\{i\})$ bei. Man bezeichnet ihn dann mit einer aus dem Whistspiel entlehnten Bezeichnung als *Strohmann*. Nach Forderung 2 erhält jeder Strohmann i im Spiel v nur den Minimalwert $v(\{i\})$.

Schließlich kann in Forderung 3 die Summe der zwei charakteristischen Funktionen v und w aufgefaßt werden als charakteristische Funktion des Spieles, das entsteht, indem man die völlig unabhängig voneinander gespielten Spiele v und w als ein einziges Spiel auffaßt. Es ist natürlich, zu verlangen, daß dann die Beträge für alle Spieler sich ebenso addieren. Man beachte hierbei noch, daß die Summe $v + w$ zweier charakteristischen Funktionen aus $\mathfrak{G}_n$ wieder zu $\mathfrak{G}_n$ gehört und daß die Vektorsumme einer Verteilung von v und einer Verteilung von w eine Verteilung von $v + w$ ist.

Shapley hat nun in [CII] den folgenden Satz bewiesen:

Satz 52. *Auf $\mathfrak{G}_n$ gibt es eine und nur eine Wertfunktion Φ, und zwar*

$$\Phi_i(v) = \sum_{\mathfrak{S} \leqq \mathfrak{N}} \frac{(|\mathfrak{S}| - 1)!\,(n - |\mathfrak{S}|)!}{n!} \left(v(\mathfrak{S}) - v(\mathfrak{S} - \{i\})\right) \quad (i = 1, \ldots, n) \qquad (1)$$

Die Größe $\Phi_i(v)$ $(i = 1, \ldots, n)$ wird als der Shapleysche Wert *des Spieles v für den Spieler i bezeichnet.*

Beweis. Zunächst wird für jede nicht-leere Teilmenge $\mathfrak{R} \leqq \mathfrak{N}$ ein zugehöriges Spiel $v_{\mathfrak{R}}$ definiert durch

$$v_{\mathfrak{R}}(\mathfrak{S}) = \begin{cases} 1 & \text{falls } \mathfrak{R} \leqq \mathfrak{S} \\ 0 & \text{falls } \mathfrak{R} \not\leqq \mathfrak{S}. \end{cases}$$

Man bestätigt leicht, daß $v_{\mathfrak{R}}$ tatsächlich die Forderungen 1 und 2 aus Satz 42 erfüllt, so daß $v_{\mathfrak{R}} \in \mathfrak{G}_n$ ist.

Jedes Spiel $v \in \mathfrak{G}_n$ läßt sich nun als lineare Kombination von Spielen $v_{\mathfrak{R}}$ schreiben, nämlich

$$v = \sum_{\emptyset \neq \mathfrak{R} \leqq \mathfrak{N}} \lambda_{\mathfrak{R}} \cdot v_{\mathfrak{R}},$$

mit $\lambda_{\mathfrak{R}} = \lambda_{\mathfrak{R}}\,(v) = \sum_{\mathfrak{T} \leqq \mathfrak{R}} (-1)^{|\mathfrak{R}| - |\mathfrak{T}|}\, v(\mathfrak{T})$.

Sei nämlich $\mathfrak{S} \leqq \mathfrak{N}$ beliebig. Dann ist wegen der Bestimmung von $v_{\mathfrak{R}}(\mathfrak{S})$ und wegen $\lambda_\emptyset = 0$

$$\sum_{\emptyset \neq \mathfrak{R} \leqq \mathfrak{N}} \lambda_{\mathfrak{R}} \cdot v_{\mathfrak{R}}(\mathfrak{S}) = \sum_{\mathfrak{R} \leqq \mathfrak{S}} \lambda_{\mathfrak{R}} = \sum_{\mathfrak{R} \leqq \mathfrak{S}} \sum_{\mathfrak{T} \leqq \mathfrak{R}} (-1)^{|\mathfrak{R}| - |\mathfrak{T}|} v(\mathfrak{T}) =$$

$$= \sum_{\mathfrak{T} \leqq \mathfrak{S}} \Big(\sum_{\mathfrak{T} \leqq \mathfrak{R} \leqq \mathfrak{S}} (-1)^{|\mathfrak{R}| - |\mathfrak{T}|}\Big) v(\mathfrak{T}) = \sum_{\mathfrak{T} \leqq \mathfrak{S}} \Big[\sum_{r=|\mathfrak{T}|}^{|\mathfrak{S}|} (-1)^{r - |\mathfrak{T}|} \binom{|\mathfrak{S}| - |\mathfrak{T}|}{r - |\mathfrak{T}|}\Big] \cdot v(\mathfrak{T})$$

$$= \sum_{\substack{\mathfrak{T} \leqq \mathfrak{S} \\ \mathfrak{T} \neq \mathfrak{S}}} (1-1)^{|\mathfrak{S}| - |\mathfrak{T}|} \cdot v(\mathfrak{T}) + v(\mathfrak{S}) = v(\mathfrak{S}),$$

womit die Behauptung über die Darstellung von v bewiesen ist.

Sei nun Φ eine beliebige auf $\mathfrak{G}_n$ definierte Wertfunktion und $v \in \mathfrak{G}_n$ beliebig. Man stelle v in der obigen Weise dar,

$$v = \sum_{\mathfrak{R} \leqq \mathfrak{N}} \lambda_{\mathfrak{R}} \cdot v_{\mathfrak{R}}.$$

Da $v_{\mathfrak{R}}$ ein Spiel aus $\mathfrak{G}_n$ ist, so gilt offensichtlich das Gleiche für $\lambda_{\mathfrak{R}} v_{\mathfrak{R}}$, falls $\lambda_{\mathfrak{R}} \geqq 0$ ist. Daher ist auch $v^+ = \sum_{\lambda_{\mathfrak{R}} > 0} \lambda_{\mathfrak{R}} \cdot v_{\mathfrak{R}}$ und $v^- = \sum_{\lambda_{\mathfrak{R}} < 0} (-\lambda_{\mathfrak{R}}) \cdot v_{\mathfrak{R}}$ ein Spiel aus $\mathfrak{G}_n$, und es gilt $v = v^+ - v^-$ oder $v + v^- = v^+$, woraus nach Forderung 3 folgt, daß $\Phi(v^+) = \Phi(v) + \Phi(v^-)$ oder $\Phi(v) = \Phi(v^+) - \Phi(v^-)$ ist. Durch abermalige Anwendung von Forderung 3 auf die Summendarstellungen $v^+ = \sum_{\lambda_{\mathfrak{R}} > 0} \lambda_{\mathfrak{R}} \cdot v_{\mathfrak{R}}$ und $v^- = \sum_{\lambda_{\mathfrak{R}} < 0} (-\lambda_{\mathfrak{R}}) \cdot v_{\mathfrak{R}}$ folgt schließlich

$$\Phi(v) = \sum_{\lambda_{\mathfrak{R}} > 0} \Phi(\lambda_{\mathfrak{R}} \cdot v_{\mathfrak{R}}) - \sum_{\lambda_{\mathfrak{R}} < 0} \Phi(-\lambda_{\mathfrak{R}} \cdot v_{\mathfrak{R}}).$$

Sei nun $c \geqq 0$. Es wird dann $\Phi(cv_{\mathfrak{R}})$ untersucht. Sei $i \notin \mathfrak{R}$ beliebig, aber fest gewählt. Dann ist nach Definition von $v_{\mathfrak{R}}$ jedenfalls $c \cdot v_{\mathfrak{R}}(\{i\}) = 0$, und für eine beliebige Teilmenge $\mathfrak{S} \leqq \mathfrak{N}$ mit $i \in \mathfrak{S}$ ist dann und nur dann $\mathfrak{R} \leqq \mathfrak{S}$, wenn $\mathfrak{R} \leqq \mathfrak{S} - \{i\}$. Also ist sicher $c \cdot v_{\mathfrak{R}}(\mathfrak{S}) = c \cdot v_{\mathfrak{R}}(\mathfrak{S} - \{i\}) = c \cdot v_{\mathfrak{R}}(\mathfrak{S} - \{i\}) + cv_{\mathfrak{R}}(\{i\})$ für alle $\mathfrak{S}$ mit $i \in \mathfrak{S}$, d. h. i ist ein Strohmann im Spiel $c \cdot v_{\mathfrak{R}}$, und daher ist $\Phi_i(cv_{\mathfrak{R}}) = cv_{\mathfrak{R}}(\{i\}) = 0$ für alle $i \notin \mathfrak{R}$ nach Forderung 2. Seien weiter i und j beliebig aus $\mathfrak{R}$. Dann existiert eine Permutation $\pi : \mathfrak{N} \to \mathfrak{N}$ mit $\pi(\mathfrak{R}) = \mathfrak{R}$ und $\pi(i) = j$. Offenbar ist für eine beliebige Teilmenge $\mathfrak{S} \leqq \mathfrak{N}$ dann und nur dann $\mathfrak{R} \leqq \pi(\mathfrak{S})$, wenn $\mathfrak{R} \leqq \mathfrak{S}$ ist. Daher ist aber für alle $\mathfrak{S} \leqq \mathfrak{N}$ sicher $cv_{\mathfrak{R}}(\pi(\mathfrak{S})) = cv_{\mathfrak{R}}(\mathfrak{S})$. Daher ist nach Forderung 1 $\Phi_i(cv_{\mathfrak{R}}) = \Phi_j(cv_{\mathfrak{R}})$. Es hat also $\Phi_i(cv_{\mathfrak{R}})$ für alle Spieler i aus $\mathfrak{R}$ denselben Wert γ. Da nun $(\Phi_1(cv_{\mathfrak{R}}), \ldots, \Phi_n(cv_{\mathfrak{R}}))$ eine Verteilung von $cv_{\mathfrak{R}}$ ist, muß gelten

$$\sum_{i=1}^{n} \Phi_i(cv_{\mathfrak{R}}) = cv_{\mathfrak{R}}(\mathfrak{N}) = c,$$

d. h. $|\mathfrak{R}| \cdot \gamma = c$, also $\gamma = c/|\mathfrak{R}|$.

Damit ist die Verteilung $\Phi(cv_{\mathfrak{R}})$ völlig bestimmt, und man erhält nun für das oben betrachtete Spiel v für alle $i = 1, \ldots, n$

$$\Phi_i(v) = \sum_{\substack{\lambda_{\mathfrak{R}}>0 \\ i\in\mathfrak{R}}} \frac{\lambda_{\mathfrak{R}}}{|\mathfrak{R}|} - \sum_{\substack{\lambda_{\mathfrak{R}}<0 \\ i\in\mathfrak{R}}} \frac{-\lambda_{\mathfrak{R}}}{|\mathfrak{R}|} = \sum_{i\in\mathfrak{R}} \frac{\lambda_{\mathfrak{R}}}{|\mathfrak{R}|} \tag{2}$$

$$= \sum_{i\in\mathfrak{R}} \frac{1}{|\mathfrak{R}|} \cdot \sum_{\mathfrak{T}\subseteqq\mathfrak{R}} (-1)^{|\mathfrak{R}|-|\mathfrak{T}|} v(\mathfrak{T})$$

$$= \sum_{i\in\mathfrak{T}\subseteqq\mathfrak{N}} \left[\sum_{\mathfrak{T}\subseteqq\mathfrak{R}\subseteqq\mathfrak{N}} \frac{1}{|\mathfrak{R}|} \cdot (-1)^{|\mathfrak{R}|-|\mathfrak{T}|}\right] \cdot v(\mathfrak{T})$$

$$+ \sum_{i\notin\mathfrak{T}\subseteqq\mathfrak{N}} \left[\sum_{\mathfrak{T}\cup\{i\}\subseteqq\mathfrak{R}\subseteqq\mathfrak{N}} \frac{1}{|\mathfrak{R}|} \cdot (-1)^{|\mathfrak{R}|-|\mathfrak{T}|}\right] \cdot v(\mathfrak{T})$$

$$= \sum_{i\in\mathfrak{T}\subseteqq\mathfrak{N}} \left[\sum_{r=|\mathfrak{T}|}^{n} \frac{1}{r} (-1)^{r-|\mathfrak{T}|} \binom{n-|\mathfrak{T}|}{r-|\mathfrak{T}|}\right] \cdot v(\mathfrak{T})$$

$$+ \sum_{i\notin\mathfrak{T}\subseteqq\mathfrak{N}} \left[\sum_{r=|\mathfrak{T}|+1}^{n} \frac{1}{r} (-1)^{r-|\mathfrak{T}|} \binom{n-|\mathfrak{T}|-1}{r-|\mathfrak{T}|-1}\right] \cdot v(\mathfrak{T}).$$

Für die hier auftretenden Summen von Binominalkoeffizienten gibt es eine einfache Summenformel, nämlich für $n \geqq t \geqq 1$

$$\sum_{r=t}^{n} \frac{1}{r} (-1)^{r-t} \binom{n-t}{r-t} = \frac{(n-t)!\,(t-1)!}{n!}\text{ [1]}$$

Damit wird

$$\Phi_i(v) = \sum_{i\in\mathfrak{T}\subseteqq\mathfrak{N}} \frac{(n-|\mathfrak{T}|)!\,(|\mathfrak{T}|-1)!}{n!} \cdot v(\mathfrak{T}) - \sum_{i\notin\mathfrak{T}\subseteqq\mathfrak{N}} \frac{(n-|\mathfrak{T}|-1)!\,|\mathfrak{T}|!}{n!} \cdot v(\mathfrak{T})$$

$$= \sum_{i\in\mathfrak{T}\subseteqq\mathfrak{N}} \left[\frac{(n-|\mathfrak{T}|)!\,(|\mathfrak{T}|-1)!}{n!} v(\mathfrak{T}) - \frac{(n-|\mathfrak{T}|)!\,(|\mathfrak{T}|-1)!}{n!} v(\mathfrak{T}-\{i\})\right]$$

$$= \sum_{\mathfrak{T}\subseteqq\mathfrak{N}} \frac{(n-|\mathfrak{T}|)!\,(|\mathfrak{T}|-1)!}{n!} [v(\mathfrak{T}) - v(\mathfrak{T}-\{i\})] \quad (i = 1, \ldots, n).$$

Damit ist die Einzigkeit von Φ bewiesen und die Darstellung (1) erreicht. Es bleibt zu zeigen, daß die durch (1) definierte Funktion Φ tatsächlich eine Wertfunktion ist. Hierzu ist zunächst nachzuweisen, daß $(\Phi_1(v), \ldots, \Phi_n(v))$ eine Verteilung von v ist. Es ist aber für $i = 1, \ldots, n$

---

[1]) Da diese Formel nicht so allgemein bekannt ist, sei sie hier bewiesen:

$$\sum_{r=t}^{n} \frac{1}{r} (-1)^{r-t} \binom{n-t}{r-t} = \sum_{r=t}^{n} \int_0^1 (-1)^{r-t} \binom{n-t}{r-t} \cdot x^{r-1}\,dx =$$

$$= \int_0^1 \sum_{r=t}^{n} (-1)^{r-t} \binom{n-t}{r-t} \cdot x^{r-t} \cdot x^{t-1}\,dx$$

$$= \int_0^1 \left(\sum_{\nu=0}^{n-t} (-1)^{\nu} \binom{n-t}{\nu} x^{\nu}\right) \cdot x^{t-1}\,dx = \int_0^1 (1-x)^{n-t} \cdot x^{t-1}\,dx$$

$$= B(n-t+1, t) = \frac{(n-t)!\,(t-1)!}{n!}.$$

$$\Phi_i(v) = \sum_{i \in \mathfrak{S} \subseteq \mathfrak{N}} \frac{(|\mathfrak{S}|-1)!\,(n-|\mathfrak{S}|)!}{n!}[v(\mathfrak{S}) - v(\mathfrak{S} - \{i\})]$$

$$\geqq \sum_{i \in \mathfrak{S} \subseteq \mathfrak{N}} \frac{(|\mathfrak{S}|-1)!\,(n-|\mathfrak{S}|)!}{n!} \cdot v(\{i\}) = v(\{i\}) \cdot \sum_{s=1}^{n} \frac{(s-1)!\,(n-s)!}{n!} \binom{n-1}{s-1}$$

$$= v(\{i\}) \cdot \sum_{s=1}^{n} \frac{1}{n} = v(\{i\}). \tag{3}$$

Ferner ist nach (2)

$$\sum_{i=1}^{n} \Phi_i(v) = \sum_{i=1}^{n} \sum_{i \in \mathfrak{R} \subseteq \mathfrak{N}} \frac{\lambda_{\mathfrak{R}}}{|\mathfrak{R}|} = \sum_{\emptyset \neq \mathfrak{R} \subseteq \mathfrak{N}} \sum_{i \in \mathfrak{R}} \frac{\lambda_{\mathfrak{R}}}{|\mathfrak{R}|} = \sum_{\emptyset \neq \mathfrak{R} \subseteq \mathfrak{N}} \lambda_{\mathfrak{R}} =$$

$$= \sum_{\emptyset \neq \mathfrak{R} \subseteq \mathfrak{N}} \lambda_{\mathfrak{R}} \cdot v_{\mathfrak{R}}(\mathfrak{N}) = v(\mathfrak{N}).$$

Damit ist gezeigt, daß $\Phi(v)$ tatsächlich eine Verteilung von v ist. Sei weiter $\pi: \mathfrak{N} \to \mathfrak{N}$ irgendeine Permutation der Spielermenge mit $v(\pi(\mathfrak{S})) = v(\mathfrak{S})$ für alle $\mathfrak{S} \subseteq \mathfrak{N}$. Dann ist für alle $i = 1, \ldots, n$

$$\Phi_{\pi(i)}(v) = \sum_{\mathfrak{S} \subseteq \mathfrak{N}} \frac{(|\mathfrak{S}|-1)!\,(n-|\mathfrak{S}|)!}{n!} \cdot [v(\mathfrak{S}) - v(\mathfrak{S} - \{\pi(i)\})] =$$

$$= \sum_{\mathfrak{S} \subseteq \mathfrak{N}} \frac{(|\mathfrak{S}|-1)!\,(n-|\mathfrak{S}|)!}{n!} [v(\pi(\mathfrak{S})) - v(\pi(\mathfrak{S} - \{i\}))]$$

$$= \sum_{\mathfrak{S} \subseteq \mathfrak{N}} \frac{(|\mathfrak{S}|-1)!\,(n-|\mathfrak{S}|)!}{n!} [v(\mathfrak{S}) - v(\mathfrak{S} - \{i\})] = \Phi_i(v).$$

Damit ist bewiesen, daß Forderung 1 erfüllt ist. Sei weiter i ein Strohmann im Spiel v. Dann gilt in der Ungleichung (3) das Gleichheitszeichen, und es folgt

$$\Phi_i(v) = v(\{i\}),$$

womit die Forderung 2 erfüllt ist. Daß auch Forderung 3 erfüllt ist, ist sofort aus der Darstellung (1) von Φ zu erkennen. Damit ist der Satz 52 bewiesen.

Der Shapleywert läßt sich nach SHAPLEY [CII] noch in einer anderen, intuitiv sehr einsichtigen Weise durch eine gewisse Verhandlungsprozedur beschreiben: Wenn eine bestimmte Reihenfolge $i_1, \ldots, i_n$ der n Spieler vorgegeben ist und die Spieler in dieser Reihenfolge sich zu immer größeren Koalitionen zusammenschließen, indem sukzessive die einzelnen Spieler zur Koalition hinzutreten, so nimmt der Wert der Koalition beim Zutritt des Spielers i_ν ($\nu = 1, \ldots, n$) zur Koalition um $v(\{i_1, \ldots, i_\nu\}) - v(\{i_1, \ldots, i_{\nu-1}\})$ zu. Daher werde definiert:

Definition 32. *Sei $v \in \mathfrak{G}_n$ eine charakteristische Funktion, sei $\pi: \mathfrak{N} \to \mathfrak{N}$ eine Permutation der Spielermenge. Dann ist der* Zuwachswert des Spielers i ($1 \leqq i \leqq n$) in bezug auf die Permutation π für das Spiel v *gegeben durch*

$$\Delta_i^{\pi}(v) = v\Big(\bigcup_{\nu \leqq \pi^{-1}(i)} \{\pi(\nu)\}\Big) - v\Big(\bigcup_{\nu < \pi^{-1}(i)} \{\pi(\nu)\}\Big) \qquad (i = 1, \ldots, n).$$

Mittels dieses Zuwachswertes läßt sich der Shapleywert folgendermaßen charakterisieren:

Satz 53. *Der Shapleywert $\Phi_i(v)$ $(i = 1, \ldots, n)$ ist der Erwartungswert des Zuwachswertes $\Delta_i^\pi(v)$, wenn alle Permutationen π gleichwahrscheinlich sind,*

$$\Phi_i(v) = \sum_\pi \frac{1}{n!} \Delta_i^\pi(v) \qquad (i = 1, \ldots, n).$$

Beweis. Sei $\mathfrak{S} \leq \mathfrak{N}$ eine beliebige Teilmenge mit $i \in \mathfrak{S}$. Dann ist die Anzahl der Permutationen π mit $\bigcup_{\nu \leq \pi^{-1}(i)} \{\pi(\nu)\} = \mathfrak{S}$ gleich $(|\mathfrak{S}| - 1)!\,(n - |\mathfrak{S}|)!$; denn um eine solche Permutation π zu erhalten, können offenbar die $|\mathfrak{S}| - 1$ Spieler aus $\mathfrak{S} - \{i\}$ in beliebiger Reihenfolge vor i und die restlichen $n - |\mathfrak{S}|$ Spieler aus $\mathfrak{N} - \mathfrak{S}$ in beliebiger Reihenfolge hinter i postiert werden. Da für diese Permutationen π der Zuwachswert $\Delta_i^\pi(v) = v(\mathfrak{S}) - v(\mathfrak{S} - \{i\})$ ist, so ist

$$\begin{aligned}\sum_\pi \frac{1}{n!} \Delta_i^\pi(v) &= \sum_{i \in \mathfrak{S} \leqq \mathfrak{N}} \frac{(|\mathfrak{S}| - 1)!\,(n - |\mathfrak{S}|)!}{n!} \cdot [v(\mathfrak{S}) - v(\mathfrak{S} - \{i\})] \\ &= \sum_{\mathfrak{S} \leqq \mathfrak{N}} \frac{(|\mathfrak{S}| - 1)!\,(n - |\mathfrak{S}|)!}{n!} \cdot [v(\mathfrak{S}) - v(\mathfrak{S} - \{i\})] = \Phi_i(v),\end{aligned}$$

w. z. b. w.

Für das Verhalten des Shapleywertes beim Übergang zu strategisch äquivalenten Spielen gilt der einfache

Satz 54. *Seien $v, v' \in \mathfrak{G}_n$ zwei strategisch äquivalente Spiele,*

$$v'(\mathfrak{S}) = k \cdot v(\mathfrak{S}) + \sum_{\nu \in \mathfrak{S}} c_\nu \quad \textit{für alle } \mathfrak{S} \leqq \mathfrak{N} \qquad (k > 0).$$

Dann gilt für den Shapleywert

$$\Phi_i(v') = k \cdot \Phi_i(v) + c_i \qquad (i = 1, \ldots, n).$$

Beweis. Es ist für alle $i = 1, \ldots, n$

$$\begin{aligned}\Phi_i(v') &= \sum_{i \in \mathfrak{S} \leqq \mathfrak{N}} \frac{(|\mathfrak{S}| - 1)!\,(n - |\mathfrak{S}|)!}{n!} [k \cdot v(\mathfrak{S}) - k \cdot v(\mathfrak{S} - \{i\}) + c_i] \\ &= k \cdot \Phi_i(v) + c_i \cdot \sum_{i \in \mathfrak{S} \leqq \mathfrak{N}} \frac{(|\mathfrak{S}| - 1)!\,(n - |\mathfrak{S}|)!}{n!} \\ &= k \cdot \Phi_i(v) + c_i \cdot \sum_{s=1}^{n} \frac{(s-1)!\,(n-s)!}{n!} \binom{n-1}{s-1} \\ &= k \cdot \Phi_i(v) + c_i \cdot \sum_{s=1}^{n} \frac{1}{n} = k \cdot \Phi_i(v) + c_i,\end{aligned}$$

w. z. b. w.

Es seien noch einige einfache Beispiele diskutiert. Für ein unwesentliches Spiel v gibt es überhaupt nur eine Verteilung $(v(\{1\}), \ldots, v(\{n\}))$, und daher ist $\Phi_i(v) = v(\{i\})$ $(i = 1, \ldots, n)$. Für ein Zweipersonen-Spiel mit der charakteristischen Funktion v berechnet man nach (1) sofort die Shapleywerte $\Phi_1(v) = \frac{v(\{1,2\}) + v(\{1\}) - v(\{2\})}{2}$, $\Phi_2(v) = \frac{v(\{1,2\}) + v(\{2\}) - v(\{1\})}{2}$. Der Punkt $(\Phi_1(v), \Phi_2(v))$ ist hier der Mittelpunkt der durch die Menge aller Verteilungen (α_1, α_2) gegebenen Strecke $\alpha_1 + \alpha_2 = v(\{1,2\}), \alpha_1 \geqq v(\{1\}), \alpha_2 \geqq v(\{2\})$ in der (α_1, α_2)-Ebene. Zum Beispiel liefert also der Shapleywert für das Duopolmodell (Beispiel 2 zu Definition 24 in § 11) eine solche Aufteilung des gemeinsamen Maximalgewinnes auf die beiden Duopolisten, daß beide den gleichen Betrag über das hinaus erhalten, was sie sich jeweils alleine sichern können. Für das normalisierte wesentliche Dreipersonen-Konstantsummen-Spiel (1) aus § 12 können die drei Spieler vermöge der Spielregeln nicht unterschieden werden, so daß nach Forderung 1 aus Definition 31 und wegen $\sum_{i=1}^{3} \Phi_i(v) = v(\{1,2,3\}) = 1$ der Shapleywert $\Phi_i(v) = {}^1/_3$ $(i = 1, 2, 3)$ sein muß. Deutet man hier die Komponenten der Verteilungen $(\alpha_1, \alpha_2, \alpha_3)$ als baryzentrische Koordinaten in einem Dreieck, so ist $(\Phi_1(v), \Phi_2(v), \Phi_3(v))$ der Schwerpunkt des Dreiecks.

Zum Abschluß sei noch als ein etwas interessanteres Beispiel eine Klasse von *gewichteten Majoritätsspielen* ([NM], Shapley [CII]) betrachtet. Ein solches Spiel beschreibt zum Beispiel den Mechanismus, nach dem die Aktienbesitzer ihre Gesellschaft kontrollieren. Die Spieler besitzen gewisse Gewichte (ihre Aktienanteile) und eine Koalition gewinnt (bringt einen bestimmten Antrag durch), wenn sie mehr als einen vorgeschriebenen Bruchteil (üblicherweise die Hälfte) des Gesamtaktienwertes besitzt. Der allgemeine Typ dieser Spiele wird durch die folgende Definition gegeben.

Definition 33. *Das* gewichtete Majoritätsspiel $[M; w_1, \ldots, w_n]$ *$(M, w_1, \ldots, w_n$ reell, nicht-negativ, $M > \frac{1}{2}\sum_{i=1}^{n} w_i)$ ist das n-Personen-Spiel, dessen charakteristische Funktion v durch*

$$v(\mathfrak{S}) = \begin{cases} 1 \ \textit{falls} \ \sum_{i \in \mathfrak{S}} w_i \geqq M \\ 0 \ \textit{falls} \ \sum_{i \in \mathfrak{S}} w_i < M \end{cases} \qquad (\mathfrak{S} \subseteqq \mathfrak{N})$$

gegeben ist.

Anmerkung. Man bestätigt sofort, daß wegen $M > \frac{1}{2}\sum_{i=1}^{n} w_i$ die Funktion v tatsächlich die beiden in Satz 42 genannten Eigenschaften besitzt.

Die Gewichte $w_1, \ldots, w_n$ der einzelnen Spieler im Spiel $[M; w_1, \ldots, w_n]$ geben nur ein sehr rohes Bild von der relativen Stärke der Positionen der einzelnen Spieler in diesem Spiel. Sie sind zum Beispiel gar nicht einmal eindeutig bestimmt. So sind zum Beispiel [10; 10, 9] und [10; 15, 0] dasselbe Spiel, nämlich

$$v(\emptyset) = 0, \ v(\{1\}) = 1, \ v(\{2\}) = 0, \ v(\{1,2\}) = 1.$$

Dagegen bietet sich der Shapleywert als eine vernünftige Bewertung der Stärken der Spieler in einem solchen Spiel an. Im vorliegenden Falle der gewichteten Majoritätsspiele (und allgemeiner für die sogenannten *einfachen Spiele*) läßt der Shapleywert nach SHAPLEY eine besonders einfache Interpretation zu:

Definition 34. *Ein Spiel mit der charakteristischen Funktion v heißt* einfach, *wenn v nur die Werte null und eins annehmen kann.*

Definition 35. *Sei v die charakteristische Funktion eines einfachen n-Personen-Spiels. Eine Koalition* $\mathfrak{S} \leqq \mathfrak{N}$ *heißt* Gewinnkoalition, *wenn* $v(\mathfrak{S}) = 1$. *Eine Koalition* $\mathfrak{S} \leqq \mathfrak{N}$ *heißt* Verlustkoalition, *wenn* $v(\mathfrak{S}) = 0$. *Eine Koalition* $\mathfrak{S} \leqq \mathfrak{N}$ *heißt* blockierend, *wenn* $v(\mathfrak{N} - \mathfrak{S}) = 0$.

Offensichtlich ist jede Obermenge einer Gewinnkoalition ebenfalls Gewinnkoalition, jede Untermenge einer Verlustkoalition wieder Verlustkoalition, jede Obermenge einer blockierenden Koalition wieder blockierend.

Definition 36. *Sei v die charakteristische Funktion eines einfachen n-Personen-Spieles. Sei* $\pi: \mathfrak{N} \to \mathfrak{N}$ *eine Permutation der Spielermenge. Sei* $i \in \mathfrak{N}$ *ein Spieler. Der Spieler i heißt* Vormann *für die Permutation* π *im Spiel v, wenn die Koalitionen* $\mathfrak{S}_\nu = \{\pi(1), \pi(2), \ldots, \pi(\nu)\}$ *für* $1 \leqq \nu < \pi^{-1}(i)$ *alle Verlustkoalitionen sind, während* $\mathfrak{S}_{\pi^{-1}(i)} = \{\pi(1), \pi(2), \ldots, i\}$ *eine Gewinnkoalition ist. Der Spieler i heißt* Blockierer *für die Permutation* π *im Spiel v, wenn alle Koalitionen* $\mathfrak{S}_\nu$ $(1 \leqq \nu < \pi^{-1}(i))$ *nicht blockierend sind, während* $\mathfrak{S}_{\pi^{-1}(i)}$ *eine blockierende Koalition ist.*

Satz 55. *Sei v die charakteristische Funktion eines einfachen n-Personenspieles. Es werde für* $i = 1, \ldots, n$ *mit* $\varphi_i(v)$ *die Anzahl der Permutationen* $\pi: \mathfrak{N} \to \mathfrak{N}$ *bezeichnet, für welche der Spieler i Vormann ist, und mit* $\beta_i(v)$ *die Anzahl der Permutationen* $\pi: \mathfrak{N} \to \mathfrak{N}$, *für welche der Spieler i Blockierer ist. Dann gilt für den Shapleywert*

$$\Phi_i(v) = \frac{1}{n!}\,\varphi_i(v) = \frac{1}{n!}\,\beta_i(v) \qquad (i = 1, \ldots, n).$$

Beweis. Aus der Definition 36 ergibt sich sofort, daß der Zuwachswert $\Delta_i^\pi(v) = 1$ ist, falls i für die Permutation π Vormann ist, und $\Delta_i^\pi(v) = 0$ andernfalls. Daher ist nach Satz 53 $\Phi_i(v) = \frac{1}{n!} \cdot \varphi_i(v)$ $(i = 1, \ldots, n)$. Sei für jede Permutation $\pi: \mathfrak{N} \to \mathfrak{N}$ die Permutation $\pi^*: \mathfrak{N} \to \mathfrak{N}$ durch $\pi^*(i) = \pi(n - i + 1)$ $(i = 1, \ldots, n)$ gegeben. Dann ergibt sich ebenfalls sofort aus der Definition 36, daß der Spieler i dann und nur dann Blockierer für die Permutation π ist, wenn er Vormann für die Permutation π^* ist. Da die Zuordnung $\pi \to \pi^*$ eine eineindeutige Abbildung der Menge aller Permutationen von $\mathfrak{N}$ auf sich liefert, so ist daher $\beta_i(v) = \varphi_i(v)$ $(i = 1, \ldots, n)$, w. z. b. w.

Als Beispiel werde das 11-Personen-Spiel [27; 5, 5, 5, 5, 5, 1, 1, 1, 1, 1, 1] betrachtet. Hier sind die Gewinnkoalitionen offenbar genau diejenigen Koalitionen, welche die Spieler $i = 1, 2, \ldots, 5$ enthalten und darüber hinaus noch mindestens zwei der Spieler $i = 6, \ldots, 11$. Das sind aber gerade die Verhältnisse im Sicherheitsrat der Vereinten Nationen, in denen jeder der Großen Fünf das Vetorecht hat und zur Annahme eines Beschlusses außer den Großen Fünf noch mindestens zwei der Kleinen Sechs zustimmen müssen. Die Rechnung ergibt hier für die Shapleywerte Φ_i $(i = 1, \ldots, 11)$

$\Phi_i = 456/2310 = 19{,}74\%$ $(i = 1, \ldots, 5)$; $\Phi_i = 5/2310 = 0{,}22\%$ $(i = 6, \ldots, 11)$.

Jeder der Großen Fünf hat also 19,74% der Macht im Sicherheitsrat, jeder der Kleinen Sechs nur 0,22%. Dieses Beispiel stammt ebenfalls von SHAPLEY.

Es folgen noch zwei Sätze von SHAPLEY über gewichtete Majoritätsspiele. Der erste vergleicht die Ordnung der Spieler nach Gewichten mit der nach Shapleywerten. Der zweite gibt das asymptotische Verhalten für $n \to \infty$ des Shapleywertes, wenn die „Aktienmehrheit" gleichmäßig auf $n-1$ Spieler verteilt ist.

Satz 56. *Sei v die charakteristische Funktion des gewichteten Majoritätsspieles $[M; w_1, \ldots, w_n]$. Ist dann für zwei Spieler i und j das Gewicht $w_i = w_j$, so ist $\Phi_i(v) = \Phi_j(v)$. Ist $w_i > w_j$, so ist $\Phi_i(v) \geqq \Phi_j(v)$, aber im allgemeinen nicht $\Phi_i(v) > \Phi_j(v)$.*

Beweis. Ist $w_i = w_j$, so genügt die Permutation $\pi: \mathfrak{N} \to \mathfrak{N}$, die die beiden Spieler i und j vertauscht, offenbar den Bedingungen in Forderung 1 aus Definition 31, so daß also $\Phi_i(v) = \Phi_j(v)$ ist. Sei nun $w_i > w_j$. Sei π eine beliebige Permutation $\pi: \mathfrak{N} \to \mathfrak{N}$, für welche der Spieler j Vormann ist. Sei π^* die Permutation, die durch $\pi^*(\pi^{-1}(i)) = j, \pi^*(\pi^{-1}(j)) = i, \pi^*(\nu) = \pi(\nu)$ für $\nu \neq \pi^{-1}(i)$, $\pi^{-1}(j)$ definiert ist. Es wird nun gezeigt, daß der Spieler i Vormann für die Permutation π^* ist. Ist zunächst $\pi^{-1}(j) < \pi^{-1}(i)$, so gilt für die Koalitionen $\mathfrak{S}_\nu = \{\pi(1), \ldots, \pi(\nu)\}$ und $\mathfrak{S}_\nu^* = \{\pi^*(1), \ldots, \pi^*(\nu)\}$ für $1 \leqq \nu < \pi^{-1}(j) = \pi^{*-1}(i)$ sicher $\mathfrak{S}_\nu^* = \mathfrak{S}_\nu$, also ist $\mathfrak{S}_\nu^* \big(1 \leqq \nu < \pi^{-1}(j)\big)$ Verlustkoalition. Für den Index $\pi^{-1}(j) = \pi^{*-1}(i)$ gilt $\mathfrak{S}^*_{\pi^{*-1}(i)} = (\mathfrak{S}_{\pi^{-1}(j)} - \{j\}) \cup \{i\}$. Daher ist wegen $w_i > w_j$ mit $\mathfrak{S}_{\pi^{-1}(j)}$ auch $\mathfrak{S}^*_{\pi^{*-1}(i)}$ Gewinnkoalition und daher i Vormann für π^*. Ist zweitens $\pi^{-1}(i) < \pi^{-1}(j)$, so gilt für den Index $\nu_0 = \pi^{-1}(j) - 1 = \pi^{*-1}(i) - 1$ jedenfalls $\mathfrak{S}_{\nu_0}^* = (\mathfrak{S}_{\nu_0} - \{i\}) \cup \{j\}$, so daß wegen $w_i > w_j$ mit $\mathfrak{S}_{\nu_0}$ auch $\mathfrak{S}_{\nu_0}^*$ Verlustkoalition ist. Dasselbe gilt dann auch für alle $\mathfrak{S}_\nu^*$ mit $\nu = 1, \ldots, \nu_0$. Für den Index $\pi^{-1}(j) = \pi^{*-1}(i)$ dagegen ist $\mathfrak{S}_{\pi^{-1}(j)} = \mathfrak{S}^*_{\pi^{*-1}(i)}$, so daß also $\mathfrak{S}^*_{\pi^{*-1}(i)}$ Gewinnkoalition ist. Also ist der Spieler i in jedem Falle Vormann für die Permutation π^*. Da die Zuordnung $\pi \to \pi^*$ eineindeutig ist, ist also $\varphi_i(v) \geqq \varphi_j(v)$, also auch $\Phi_i(v) \geqq \Phi_j(v)$. Schließlich ist das Spiel $[3; 2, 1]$ mit $v(\{1\}) = v(\{2\}) = 0$, $v(\{1, 2\}) = 1$ ein Beispiel mit $w_1 > w_2$ und $\Phi_1(v) = \Phi_2(v)$. Damit ist Satz 56 bewiesen.

Satz 57. *Der Shapleywert Φ_i $(i = 1, \ldots, n)$ der Spieler im n-Personenspiel $\left[M; w, \frac{d}{n-1}, \ldots, \frac{d}{n-1}\right]$ $(M > 0,\ 0 \leqq w \leqq M,\ M \leqq d < 2M - w)$ ist gegeben durch*

$$\Phi_1 = \frac{w}{d} + O\left(\frac{1}{n}\right),\quad \Phi_2 = \Phi_3 \cdots = \Phi_n = \frac{d-w}{d \cdot n} + O\left(\frac{1}{n^2}\right).$$

Beweis. Damit der Spieler 1 für die Permutation π Vormann ist, ist offensichtlich notwendig und hinreichend, daß für die Anzahl k der ihm in der Reihenfolge $\pi(1), \pi(2), \ldots, \pi(n)$ vorausgehenden Spieler gilt $k \cdot d/(n-1) < M \leqq k \cdot d/(n-1) + w$, d. h.

$$M \cdot \frac{n-1}{d} - w \cdot \frac{n-1}{d} \leqq k < M \cdot \frac{n-1}{d}.$$

Die möglichen Werte für k sind also die nicht-negativen ganzen Zahlen $\leqq n - 1$ im Intervall $\left[M \cdot \frac{n-1}{d} - w \cdot \frac{n-1}{d}, M \cdot \frac{n-1}{d}\right)$. Nun ist aber das linke Ende dieses Intervalles $\geqq 0$, das rechte $\leqq n - 1$. Daher weicht die Anzahl der möglichen Werte für k höchstens um 1 von der Länge $w \cdot (n - 1)/d$ des Intervalles ab. Jeder einzelne dieser Werte von k liefert dann $(n - 1)!$ Permutationen π, für welche Spieler 1 Vormann ist. Daher ist die Anzahl φ_1 der Permutationen, für welche Spieler 1 Vormann ist, $\varphi_1 = (n - 1)!\,[w(n - 1)/d + \delta]$ mit $|\delta| \leqq 1$ und daher der Shapleywert des ersten Spielers $\Phi_1 = (w/d)(n - 1)/n + \delta/n = (w/d) + O(1/n)$. Für die Shapleywerte $\Phi_2, \ldots, \Phi_n$ der übrigen Spieler ist dann $\sum_{i=2}^{n} \Phi_i = 1 - \Phi_1 = (d - w)/d + O(1/n)$ und wegen der Symmetrie des Spieles in bezug auf diese Spieler $2, \ldots, n$ daher

$$\Phi_2 = \cdots = \Phi_n = \frac{d - w}{d\,(n - 1)} + O(1/n^2) = \frac{d - w}{d \cdot n} + O(1/n^2),$$

w. z. b. w.

Zum Abschluß dieses Kapitels über die kooperative Theorie allgemeiner Spiele sei noch erwähnt, daß NASH [11] und RAIFFA [CII] eine besondere kooperative Theorie für Zweipersonenspiele geschaffen haben, in der die Verhandlungen zwischen den Spielern als formale Züge in das Spiel eingebaut sind. Man vergleiche hierzu auch [LR] Chapter 6, sowie [CIV] und [AG].

Anhang

§ 14. Das SPERNERsche Lemma und einige Folgerungen

In diesem Anhang werden der Vollständigkeit halber einige topologische Sätze bewiesen, die an verschiedenen Stellen des Buches benötigt wurden. Die Beweise sind die gleichen, die auch in mehreren topologischen Lehrbüchern zu finden sind. Zunächst sei an einige Begriffe erinnert, die im folgenden dauernd benutzt werden. Seien $\mathfrak{x}_0, \mathfrak{x}_1, \ldots, \mathfrak{x}_r$ $r+1$ Punkte des R^n, die eine r-dimensionale Ebene aufspannen. Dann ist das von diesen Punkten $\mathfrak{x}_0, \ldots, \mathfrak{x}_r$ aufgespannte r-dimensionale *Simplex* S die Gesamtheit der Punkte $\mathfrak{x} \in R^n$ von der Form $\mathfrak{x} = \sum_{j=0}^{r} \lambda_j \mathfrak{x}_j$ mit $\lambda_j \geqq 0$ $(j = 0, \ldots, r), \sum_{j=0}^{r} \lambda_j = 1$. Die Koeffizienten λ_j $(j = 0, \ldots, r)$ in dieser Darstellung sind durch den Punkt $\mathfrak{x}$ eindeutig bestimmt und heißen die *baryzentrischen Koordinaten* von $\mathfrak{x}$ in bezug auf die *Ecken* $\mathfrak{x}_0, \ldots, \mathfrak{x}_r$ von S. Sei $\{\mathfrak{x}_{j_1}, \ldots, \mathfrak{x}_{j_k}\}$ irgendeine Teilmenge der Eckenmenge $\{\mathfrak{x}_0, \ldots, \mathfrak{x}_r\}$ von S, dann heißt das von $\mathfrak{x}_{j_1}, \ldots, \mathfrak{x}_{j_k}$ aufgespannte Simplex ein *Seitensimplex* von S. Unter den Seitensimplexen von S kommt auch S selbst als *uneigentliche Seite* vor. Sei $\mathfrak{x} \in S$ ein beliebiger Punkt aus S, $\lambda_0, \ldots, \lambda_r$ seine baryzentrischen Koordinaten in bezug auf die Ecken $\mathfrak{x}_0, \ldots, \mathfrak{x}_r$. Seien $\lambda_{j_1}, \ldots, \lambda_{j_k}$ die positiven unter den Koordinaten $\lambda_0, \ldots, \lambda_r$. Dann heißt das von $\mathfrak{x}_{j_1}, \ldots, \mathfrak{x}_{j_k}$ aufgespannte Seitensimplex von S der *Träger* von $\mathfrak{x}$ in S. Eine *simpliziale Unterteilung* von S ist eine Zerlegung von S in eine endliche Menge von Simplexen, so daß je zwei Simplexe der Zerlegung entweder disjunkt sind oder ein gemeinsames Seitensimplex als Durchschnitt haben.

Es gilt der folgende fundamentale Satz:

Satz A (SPERNERsches Lemma). *Sei Λ eine simpliziale Unterteilung des r-dimensionalen Simplexes S mit den Ecken $\mathfrak{x}_0, \ldots, \mathfrak{x}_r$. Sei φ eine Zuordnung, die jeder Ecke $\mathfrak{x}$ der Unterteilung Λ eine Ecke $\varphi(\mathfrak{x})$ des Trägers von $\mathfrak{x}$ in S zuordnet. Dann existiert ein r-dimensionales Simplex von Λ, dessen Ecken $\mathfrak{x}_0', \ldots, \mathfrak{x}_r'$ durch φ auf die Gesamtheit aller Ecken von S abgebildet werden, $\{\varphi(\mathfrak{x}_0'), \ldots, \varphi(\mathfrak{x}_r')\} = \{\mathfrak{x}_0, \ldots, \mathfrak{x}_r\}$.*

Beweis. Es wird allgemeiner gezeigt, daß unter der Voraussetzung von Satz A die Anzahl a der r-dimensionalen Simplexe von Λ, die die im Satz genannte Eigenschaft haben, ungerade ist. Dies wird durch vollständige Induktion nach r bewiesen. Für $r = 0$ ist die Behauptung trivial. Sei sie für $r - 1$ schon bewiesen, und sei S r-dimensional. Seien $T_1, \ldots, T_\varrho$ die r-dimensionalen Simplexe von Λ. Ein $(r-1)$-dimensionales Seitensimplex V von T_ν $(1 \leqq \nu \leqq \varrho)$ soll als ausgezeichnete Seite von T_ν bezeichnet werden, wenn die Ecken von V durch φ auf die Ecken $\mathfrak{x}_1, \ldots, \mathfrak{x}_r$ von S abgebildet werden. Sei a_ν $(\nu = 1, \ldots, \varrho)$ die Anzahl der ausgezeichneten Seiten von T_ν. Falls das Simplex T_ν die im Satz genannte Eigenschaft hat, besitzt es offenbar genau eine ausgezeichnete

Seite. In jedem anderen Falle beitzt T_ν, wie leicht zu sehen, keine oder genau zwei ausgezeichnete Seiten. Daher ist $\sum_{\nu=1}^{\varrho} a_\nu \equiv a \pmod 2$. Es bleibt also zu zeigen, daß $\sum_{\nu=1}^{\varrho} a_\nu$ ungerade ist.

Sei V irgendeine ausgezeichnete Seite irgendeines der Simplexe $T_1, \ldots, T_\varrho$. Falls dann V nicht auf einem $(r-1)$-dimensionalen Seitensimplex von S liegt, ist V ausgezeichnete Seite der beiden an V angrenzenden r-dimensionalen Simplexe von Λ. Es wird dann also V in der Summe $\sum_{\nu=1}^{\varrho} a_\nu$ zweimal gezählt. Liegt aber V auf einem $(r-1)$-dimensionalen Seitensimplex von S, so ist es ausgezeichnete Seite des einzigen angrenzenden r-dimensionalen Simplexes von Λ. Weiter muß in diesem Falle für jede Ecke $\mathfrak{x}$ von V jedenfalls $\varphi(\mathfrak{x})$ eine Ecke des genannten $(r-1)$-dimensionalen Seitensimplexes von S sein, und daher kann dieses im vorliegenden Falle nur das von den Ecken $\mathfrak{x}_1, \ldots, \mathfrak{x}_r$ aufgespannte Seitensimplex sein. Mithin ist $\sum_{\nu=1}^{\varrho} a_\nu$ mod 2 kongruent zu der Anzahl der auf dem von $\mathfrak{x}_1, \ldots, \mathfrak{x}_r$ aufgespannten $(r-1)$-dimensionalen Seitensimplex von S liegenden $(r-1)$-dimensionalen Simplexe V von Λ, deren Ecken durch φ auf die Gesamtheit der Ecken $\mathfrak{x}_1, \ldots, \mathfrak{x}_r$ abgebildet werden. Nach Induktionsvoraussetzung ist aber die Anzahl dieser $(r-1)$-dimensionalen Simplexe V ungerade. Also ist auch a ungerade, w. z. b. w.

Aus dem Spernerschen Lemma folgt der

Satz B (Knaster-Kuratowski-Mazurkiewicz). *Genügen die $r+1$ abgeschlossenen Teilmengen $C_0, \ldots, C_r$ des r-dimensionalen Simplexes S mit den Ecken $\mathfrak{x}_0, \ldots, \mathfrak{x}_r$ der folgenden Bedingung: Für jede Teilmenge $\{j_1, \ldots, j_s\}$ $(1 \leqq s \leqq r+1)$ der Indexmenge $\{0, \ldots, r\}$ ist das von den Ecken $\mathfrak{x}_{j_1}, \ldots, \mathfrak{x}_{j_s}$ aufgespannte Seitensimplex von S in $C_{j_1} \cup \cdots \cup C_{j_s}$ enthalten. Dann ist der Durchschnitt $\bigcap_{j=0}^{r} C_j$ nicht leer.*

Beweis. Sei Λ_ν $(\nu = 1, 2, \ldots)$ eine Folge von simplizialen Unterteilungen von S, so daß der maximale Durchmesser δ_ν der Simplexe von Λ_ν mit $\nu \to \infty$ gegen null strebt. Für jede Unterteilung Λ_ν $(\nu = 1, 2, \ldots)$ definiere man eine Eckenzuordnung φ_ν in folgender Weise: Ist $\mathfrak{x}$ eine Ecke von Λ_ν, so seien $\mathfrak{x}_{j_1}, \ldots, \mathfrak{x}_{j_s}$ die Ecken des Trägers von $\mathfrak{x}$ in S. Dann ist nach Voraussetzung des Satzes $\mathfrak{x} \in C_{j_1} \cup \cdots \cup C_{j_s}$. Man setze dann $\varphi_\nu(\mathfrak{x})$ gleich einer solchen Ecke $\mathfrak{x}_j$ des Trägers von $\mathfrak{x}$ in S, daß $\mathfrak{x} \in C_j$ ist. Nach dem Spernerschen Lemma gibt es dann ein r-dimensionales Simplex von Λ_ν, für dessen Ecken $\mathfrak{x}_0^{(\nu)}, \ldots, \mathfrak{x}_r^{(\nu)}$ gilt $\mathfrak{x}_j^{(\nu)} \in C_j$ $(j = 0, \ldots, r)$. Durch Übergang zu einer Teilfolge kann man annehmen, daß die Folgen $\mathfrak{x}_j^{(1)}, \mathfrak{x}_j^{(2)}, \ldots$ $(j = 0, \ldots, r)$ konvergieren. Wegen $\delta_\nu \to 0$ konvergieren diese $r+1$ Folgen dann gegen denselben Punkt, etwa $\lim_{\nu\to\infty} \mathfrak{x}_j^{(\nu)} = \mathfrak{x}^*$ $(j = 0, \ldots, r)$. Wegen der Abgeschlossenheit von C_j $(j = 0, \ldots, r)$ ist dann $\mathfrak{x}^* \in C_j$ $(j = 0, \ldots, r)$, also $\bigcap_{j=0}^{r} C_j \neq \emptyset$, w. z. b. w.

Aus Satz B ergibt sich leicht der

Satz C (Brouwerscher Fixpunktsatz). *Sei S eine nicht-leere, beschränkte, abgeschlossene, konvexe Punktmenge des R^n und $\varphi: S \to S$ eine stetige Abbildung von S in sich. Dann besitzt φ einen Fixpunkt, d. h. es existiert ein Punkt $\mathfrak{x}^* \in S$ mit $\mathfrak{x}^* = \varphi(\mathfrak{x}^*)$.*

Beweis. Zunächst ist bekanntlich S topologisch äquivalent zu einem Simplex, d. h. es gibt eine eineindeutige und in beiden Richtungen stetige Abbildung von S auf ein Simplex. Sei nämlich r die größte Zahl, so daß es $r+1$ Punkte $\mathfrak{x}_0, \ldots, \mathfrak{x}_r$ in S gibt, die eine r-dimensionale Ebene aufspannen. Dann liegt S in der von $\mathfrak{x}_0, \ldots, \mathfrak{x}_r$ aufgespannten r-dimensionalen Ebene E und enthält das von $\mathfrak{x}_0, \ldots, \mathfrak{x}_r$ aufgespannte Simplex T. Man wähle einen inneren Punkt $\mathfrak{x}$ von T und betrachte die von $\mathfrak{x}$ ausgehenden Halbstrahlen in E. Es ist leicht zu sehen, daß jeder solche Halbstrahl genau einen Randpunkt $\mathfrak{r}$ von T bezüglich E und auf Grund der Voraussetzungen über S auch genau einen Randpunkt $\mathfrak{r}'$ von S bezüglich E enthält. Bezieht man die von $\mathfrak{x}$ und $\mathfrak{r}$ begrenzte Strecke ähnlich auf die von $\mathfrak{x}$ und $\mathfrak{r}'$ begrenzte Strecke, so erhält man eine eineindeutige und in beiden Richtungen stetige Abbildung von T auf S. Vermöge einer solchen Abbildung übersetzt sich die stetige Abbildung $\varphi: S \to S$ in eine stetige Abbildung von T in sich und umgekehrt ein Fixpunkt der letzteren Abbildung in einen Fixpunkt von φ.

Es genügt also, den Fall zu betrachten, daß S ein Simplex ist. Seien $\mathfrak{x}_0, \ldots, \mathfrak{x}_r$ die Ecken von S und $\lambda_0(\mathfrak{x}), \ldots, \lambda_r(\mathfrak{x})$ die baryzentrischen Koordinaten eines beliebigen Punktes $\mathfrak{x} \in S$. Man bezeichne für $j = 0, \ldots, r$ mit C_j die Menge aller $\mathfrak{x} \in S$ mit $\lambda_j(\varphi(\mathfrak{x})) \leqq \lambda_j(\mathfrak{x})$. Wegen der Stetigkeit von φ ist offenbar C_j $(j = 0, \ldots, r)$ abgeschlossen. Diese abgeschlossenen Mengen C_j $(j = 0, \ldots, r)$ genügen den Voraussetzungen des Satzes B. Sei nämlich $\mathfrak{x}$ ein beliebiger Punkt des von den Ecken $\mathfrak{x}_{j_1}, \ldots, \mathfrak{x}_{j_s}$ aufgespannten Seitensimplexes von S. Dann ist $\lambda_j(\mathfrak{x}) = 0$ für alle $j \neq j_1, \ldots, j_s$. Mithin ist $\sum_{\nu=1}^{s} \lambda_{j_\nu}(\mathfrak{x}) = 1 \geqq \sum_{\nu=1}^{s} \lambda_{j_\nu}(\varphi(\mathfrak{x}))$. Mithin existiert wenigstens ein Index j_ν $(1 \leqq \nu \leqq s)$ mit $\lambda_{j_\nu}(\mathfrak{x}) \geqq \lambda_{j_\nu}(\varphi(\mathfrak{x}))$, also $\mathfrak{x} \in C_{j_\nu}$. Nach dem Satz B ist also der Durchschnitt $\bigcap_{j=0}^{r} C_j$ nicht-leer, d. h. es existiert ein Punkt $\mathfrak{x}^* \in S$ mit $\lambda_j(\varphi(\mathfrak{x}^*)) \leqq \lambda_j(\mathfrak{x}^*)$ für $j = 0, \ldots, r$. Wegen $\sum_{j=0}^{r} \lambda_j(\mathfrak{x}^*) = \sum_{j=0}^{r} \lambda_j(\varphi(\mathfrak{x}^*)) = 1$ muß daher $\lambda_j(\varphi(\mathfrak{x}^*)) = \lambda_j(\mathfrak{x}^*)$ für $j = 0, \ldots, r$, d. h. $\varphi(\mathfrak{x}^*) = \mathfrak{x}^*$ sein, w. z. b. w.

Der Brouwersche Fixpunktsatz gestattet die folgende Verallgemeinerung.

Satz D (Fixpunktsatz von Kakutani). *Sei Ψ eine Zuordnung, die jedem Punkt $\mathfrak{x}$ der nicht-leeren, beschränkten, abgeschlossenen, konvexen Menge $S \subseteq R^n$ eine nicht-leere konvexe Teilmenge $\Psi(\mathfrak{x}) \subseteq S$ zuordnet. Sei Ψ stetig in dem Sinne, daß die Menge aller Paare $(\mathfrak{x}, \mathfrak{y})$ mit $\mathfrak{x} \in S$, $\mathfrak{y} \in \Psi(\mathfrak{x})$ abgeschlossen ist im Produktraum $S \times S$. Dann existiert ein Punkt $\mathfrak{x}^* \in S$ mit $\mathfrak{x}^* \in \Psi(\mathfrak{x}^*)$.*

Beweis. Wie im Beweise des vorigen Satzes gezeigt wurde, existiert eine eineindeutige stetige Abbildung $t: S \to T$ von S auf ein Simplex T mit stetiger

Umkehrung $\tau: T \to S$. Sei T r-dimensional. Sei Λ_ν ($\nu = 1, 2, \ldots$) eine Folge von simplizialen Unterteilungen von T derart, daß der maximale Durchmesser δ_ν der Simplexe von Λ_ν mit $\nu \to \infty$ gegen null strebt. Für $\nu = 1, 2, \ldots$ definiere man nun eine stetige Abbildung $\Psi^{(\nu)}: T \to S$ folgendermaßen: Für jede Ecke $\mathfrak{x}$ der Unterteilung Λ_ν wähle man $\Psi^{(\nu)}(\mathfrak{x}) \in \Psi(\tau(\mathfrak{x})) \subseteqq S$ beliebig und setze $\Psi^{(\nu)}$ in linearer Weise auf die Simplexe von Λ_ν fort, d. h. ist $\mathfrak{x} = \sum_{j=0}^{r} \lambda_j \mathfrak{x}_j$ ($\lambda_j \geqq 0$ ($j = 0, \ldots, r$), $\sum_{j=0}^{r} \lambda_j = 1$) ein Punkt des Simplexes von Λ_ν mit den Ecken $\mathfrak{x}_0, \ldots, \mathfrak{x}_r$, so ist $\Psi^{(\nu)}(\mathfrak{x}) = \sum_{j=0}^{r} \lambda_j \cdot \Psi^{(\nu)}(\mathfrak{x}_j)$. Diese Vorschrift ist offenbar eindeutig und liefert eine stetige Abbildung $\Psi^{(\nu)}$ von T in S. Dann wird für alle $\nu = 1, 2, \ldots$ durch $\mathfrak{x} \in T \to t(\Psi^{(\nu)}(\mathfrak{x})) \in T$ eine stetige Abbildung von T in sich definiert. Diese muß nach dem Brouwerschen Fixpunktsatz einen Fixpunkt $\mathfrak{x}^{(\nu)}$ besitzen, d. h. $\mathfrak{x}^{(\nu)} = t(\Psi^{(\nu)}(\mathfrak{x}^{(\nu)}))$ ($\nu = 1, 2, \ldots$). Sei $\mathfrak{x}^{(\nu)} = \sum_{j=0}^{r} \lambda_j^{(\nu)} \mathfrak{x}_j^{(\nu)}$ ($\lambda_j^{(\nu)} \geqq 0$ ($j = 0, \ldots, r$), $\sum_{j=0}^{r} \lambda_j^{(\nu)} = 1$), wobei die $\mathfrak{x}_j^{(\nu)}$ ($j = 0, \ldots, r$) die Ecken eines Simplexes von Λ_ν sind ($\nu = 1, 2, \ldots$). Durch Übergang zu einer Teilfolge kann man voraussetzen, daß alle Folgen $\mathfrak{x}_j^{(1)}, \mathfrak{x}_j^{(2)}, \ldots, \lambda_j^{(1)}, \lambda_j^{(2)}, \ldots, \Psi^{(1)}(\mathfrak{x}_j^{(1)})$, $\Psi^{(2)}(\mathfrak{x}_j^{(2)}), \ldots$ ($j = 0, \ldots, r$) konvergieren. Wegen $\delta_\nu \to 0$ müssen dann die Folgen $\mathfrak{x}_j^{(1)}, \mathfrak{x}_j^{(2)}, \ldots$ ($j = 0, \ldots, r$), sowie die Folge $\mathfrak{x}^{(1)}, \mathfrak{x}^{(2)}, \ldots$ alle den gleichen Grenzwert $\mathfrak{x}^* \in T$ haben. Sei weiter $\lim_{\nu\to\infty} \lambda_j^{(\nu)} = \lambda_j^*$, $\lim_{\nu\to\infty} \Psi^{(\nu)}(\mathfrak{x}_j^{(\nu)}) = \mathfrak{y}_j^*$ ($j = 0, \ldots, r$). Nun ist nach Definition von $\Psi^{(\nu)}$ jedenfalls $\tau(\mathfrak{x}^{(\nu)}) = \Psi^{(\nu)}(\mathfrak{x}^{(\nu)}) = \sum_{j=0}^{r} \lambda_j^{(\nu)} \cdot \Psi^{(\nu)}(\mathfrak{x}_j^{(\nu)})$ und $\Psi^{(\nu)}(\mathfrak{x}_j^{(\nu)}) \in \Psi(\tau(\mathfrak{x}_j^{(\nu)}))$. Wegen der Stetigkeit von τ ist $\lim_{\nu\to\infty} \tau(\mathfrak{x}_j^{(\nu)}) = \tau(\mathfrak{x}^*)$ und $\lim_{\nu\to\infty} \tau(\mathfrak{x}^{(\nu)}) = \tau(\mathfrak{x}^*)$. Es folgt also $\tau(\mathfrak{x}^*) = \sum_{j=0}^{r} \lambda_j^* \cdot \mathfrak{y}_j^*$, und aus der Stetigkeit von Ψ folgt $\mathfrak{y}_j^* \in \Psi(\tau(\mathfrak{x}^*))$. Dann aber ist wegen der Konvexität von $\Psi(\tau(\mathfrak{x}^*))$ auch $\tau(\mathfrak{x}^*) \in \Psi(\tau(\mathfrak{x}^*))$, also $\tau(\mathfrak{x}^*) \in S$ ein Punkt mit der im Satz verlangten Eigenschaft, w. z. b. w.

Literaturverzeichnis

A. Lehrbücher

[B] BECKMANN, H.: Lineare Planungsrechnung, Linear Programming. Ludwigshafen 1959.

[Be] BERGE, C.: Théorie générale des jeux à n personnes. Mémorial des Sciences Math. **138**, Paris 1957.

[BG] BLACKWELL, D., and M. A. GERSHICK: Theory of Games and Statistical Decision. New York 1954.

[CC] CHARNES, A., and W. W. COOPER: Management Models and Industrial Applications of Linear Programming, 2 Bände, New York, London 1961.

[D] DEBREU, G.: Theory of Value: an Axiomatic Analysis of Economic Equilibrium. New York, London 1959.

[Dr] DRESHER, M.: Strategische Spiele. Zürich 1961.

[G] GALE, D.: The Theory of Linear Economic Models. New York, London, Toronto 1960.

[Ga] GASS, S. I.: Linear Programming: Methods and Applications. New York, Toronto, London 1958.

[Gl) GLICKSMAN, A. M.: An Introduction to Linear Programming and the theory of Games. New York, London 1963.

[H] HADLEY, G.: Linear Programming. Reading, London 1962.

[Is] ISAACS, R.: Differential Games. New York, London 1965.

[K] KARLIN, S.: Mathematical Methods and Theory in Games, Programming and Economics, 2 Bände. Reading, London 1959.

[Kr] KROMPHARDT, W., HENN, R., und K. FÖRSTNER: Lineare Entscheidungsmodelle. Berlin, Göttingen, Heidelberg 1962.

[LR] LUCE, R. D., and H. RAIFFA: Games and Decisions. New York 1957.

[McK) McKINSEY, J. C. C.: Introduction to the Theory of Games. New York 1952.

[NM] v. NEUMANN, J., and O. MORGENSTERN: Theory of Games and Economic Behavior. Princeton 1944; 3. Auflage 1953; deutsche Übersetzung: Spieltheorie und wirtschaftliches Verhalten. Würzburg 1961.

[S] SAVAGE, L. J.: The Foundations of Statistics. New York 1954.

[Sh] SHUBIK, M.: Strategy and Market Structure: Competition, Oligopoly and the Theory of Games. New York, London 1959.

[T] TUCKER, A. W.: Game Theory and Programming. Stillwater 1955.

[V] VAJDA, S. 1. The Theory of Games and Linear Programming. London 1956; deutsche Übersetzung: Theorie der Spiele und Linear Programming. Berlin 1962.
2. Mathematical Programming. Reading, London 1961.

[W] WALD, A.: Statistical Decision Functions. New York 1950.

[Wei] WEISS, L.: Statistical Decision Theory. New York, Toronto, London 1961.

[Wen] WENTZEL, J. S.: Elemente der Spieltheorie. Leipzig 1962.

B. Sammelbände

[AA] Activity Analysis of Production and Allocation, hersg. von T. C. KOOPMANS. New York 1951.

[AG] Advances in Game Theory, hrsg. von M. DRESHER, L. S. SHAPLEY und A. W. TUCKER. Ann. of Math. Studies **52** (1964).

[CI] Contributions to the Theory of Games, vol. I, hrsg. von H. W. KUHN und A. W. TUCKER. Ann. of Math. Studies **24** (1950).

[CII] Contributions to the Theory of Games, vol. II, hrsg. von H. W. KUHN und A. W. TUCKER. Ann. of Math. Studies **28** (1953).

[CIII] Contributions to the Theory of Games, vol. III, hrsg. von M. DRESHER und A. W. TUCKER. Ann. of Math. Studies **39** (1957).

[CIV] Contributions to the Theory of Games, vol. IV, hrsg. von A. W. TUCKER und R. D. LUCE. Ann. of Math. Studies **40** (1959).

[DP] Decision Processes, hrsg. von R. M. THRALL, C. H. COOMBS und R. L. DAVIS. New York 1954.

[LI] Linear Inequalities and Related Systems, hrsg. von H. W. KUHN und A. W. TUCKER. Ann. of Math. Studies **38** (1956).

[RA] Recent Advances in Mathematical Programming, hrsg. von R. L. GRAVES und PH. WOLFE, New York 1963.

[SLP] Studies in Linear and Nonlinear Programming, hrsg. von K. ARROW, L. HURWICZ und H. UZAWA. Stanford 1958.

C. Einzelarbeiten

[1] ARROW, K. J., and G. DEBREU: Existence of an equilibrium for a competitive economy. Econometrica **22**, 265—290 (1954).

[2] DANSKIN, J. M., and L. GILLMAN: A game over function space. Riv. Mat. della Univ. Parma **4**, 83—94 (1953).

[3] DEBREU, G.: A social equilibrium existence theorem. Proc. Nat. Acad. Sci. USA **38**, 886—893 (1952).

[4] FLEMING, W. H.: On a class of games over function space and related variational problems. Ann. Math. **60**, 578—594 (1954).

[5] GALE, D.: A theory of n-person games with perfect information. Proc. Nat. Acad. Sci. USA **39**, 496—501 (1953).

[6] GALE, D.: The law of supply and demand. Math. Scand. **3**, 155—169 (1955).

[7] KARLIN, S.: The theory of infinite games. Ann. Math. **58**, 371—401 (1953).

[8] KEMENY, J. G., O. MORGENSTERN and G. L. THOMPSON: A generalization of the von Neumann model of an expanding economy. Econometrica **24**, 115—135 (1956).

[9] MILLS, W. H.: The four person game — edge of the cube. Ann. Math. **59**, 367—378 (1954).

[10] NASH, J. F.: Non-cooperative games. Ann. Math. **54**, 286—295 (1951).

[11] NASH, J. F.: Two-person cooperative games. Econometrica **21**, 128—140 (1953).

[12] v. NEUMANN, J.: Zur Theorie der Gesellschaftsspiele. Math. Annalen **100**, 295—320 (1928).

[13] v. NEUMANN, J.: Über ein ökonomisches Gleichungssystem und eine Verallgemeinerung des Brouwerschen Fixpunktsatzes. Ergeb. eines math. Koll. No. 8, 73—83 (1935/36).

[14] NIKAIDO, H., and K. ISODA: Note on noncooperative convex games. Pacific J. Math. **5**, 807—815 (1955).

[15] ROBINSON, J.: An iterative method of solving a game. Ann. Math. **54**, 296—301 (1951).

[16] SHAPLEY, L. S.: Stochastic games. Proc. Nat. Acad. Sci. USA **39**, 1095—1100 (1953).

[17] VILLE, J.: Sur la théorie générale des jeux où intervient l'habilité des joueurs, in Traité du Calcul des Probabilités et de ses applications, hrsg. von E. BOREL. Paris 1938, vol. 2, No. 5, 105—113.

[18] VOGEL, W.: Die Annäherung guter Strategien bei einer gewissen Klasse von Spielen. Math. Zeitschrift **65**, 283—308 (1956).

[19] WALD, A.: Über einige Gleichungssysteme der mathematischen Ökonomie. Zeitschrift f. Nationalökonomie **7**, 637—670 (1936).

[20] WALD, A.: Generalization of a theorem by v. NEUMANN concerning zero sum two-person games. Ann. Math. **46**, 281—286 (1945).

[21] WALD, A.: Note on zero sum two person games. Ann. Math. **52**, 739—742 (1950).

Sachverzeichnis

Digitalrechner in technischen Prozessen

von Helmut Hotes. Groß-Oktav. Etwa 250 Seiten. 1966. In Vorbereitung

Budgetierung

Grundsätze und Praxis betriebswirtschaftlicher Planung

von Herman C. Heiser. Groß-Oktav. 425 Seiten. 1964. Ganzleinen DM 68,—

Investitionsrechnung

von Heinrich H. Jonas. Groß-Oktav. Mit zahlreichen Tabellen und Abbildungen. 153 Seiten. 1964. Ganzleinen DM 28,—

Interne Revision

von Viktor Z. Brink und James A. Cashin. Groß-Oktav. 514 Seiten. 1962. Ganzleinen DM 48,—

Internationaler Grundriß wissenschaftlicher Unternehmensführung

von Kurt Junckerstorff. Groß-Oktav. 283 Seiten. 1964. Ganzleinen DM 34,—

Buchhaltung und Bilanz

von Erich Kosiol. Klein-Oktav. 170 Seiten. 1964. DM 5,80 (Sammlung Göschen Bd. 1213/1213a)

Der freiwillige soziale Aufwand in der Industrie

und seine betriebswirtschaftliche Behandlung

von Günter Merle. Groß-Oktav. Mit 26 Tabellen. 162 Seiten. 1963. Ganzleinen DM 28,—

Finanzwissenschaft

von Heinz Kolms. 4 Bände. 1./2. Auflage. 1962/64. Band 1—3 je DM 3,60; Band 4 DM 5,80 (Sammlung Göschen Bd. 148, 391, 776, 782/782a)

Finanzmathematik

von Marcel Nicolas. 192 Seiten mit 11 Tafeln, 8 Tabellen und 72 Beispielen. 1959. DM 5,80 (Sammlung Göschen Bd. 1183/1183a)

Einführung in die Arbeitswissenschaft

von Hubert Hugo Hilf. Klein-Oktav. 169 Seiten. Mit 57 Abbildungen. 1964. DM 5,80 (Sammlung Göschen Bd. 1212/1212a)

Allgemeine Methodenlehre der Statistik

von Johann Pfanzagl. 2 Bände. 2./3. Auflage. 1965/66. Je DM DM 5,80 (Sammlung Göschen Bd. 746/746a, 747/747a)

Lehrbuch der praktischen Statistik

Bevölkerungs-, Wirtschafts-, Sozialstatistik

von Peter Quante. Groß-Oktav. 443 Seiten. 1961. Ganzleinen DM 30,—

Kleines Lehrbuch der Statistik

für Naturwissenschaftler, Mediziner, Psychologen, Sozialwissenschaftler und Pädagogen

von Otto W. Haseloff und Hans-Joachim Hoffmann. 2., neubearbeitete und erweiterte Auflage mit 49 Figuren und einem Anhang statistischer Tafeln. Groß-Oktav. XII, 253 Seiten. 1965. Plastikeinband DM 36,—

Elementare Statistische Tabellen

von Wolfgang Wetzel. Oktav. Etwa 200 Seiten. 1966. Etwa DM 10,—

Stichworte und Definitionen zur Amtlichen Bevölkerungs- und Wirtschaftsstatistik

der Bundesrepublik Deutschland (Stand 31. 8. 1965)

von Wolfgang Wetzel und Klaus Grenzdörffer. Oktav. 50 Seiten. 1965. DM 4,80

Management Dictionary

Fachwörterbuch für Betriebswirtschaft, Wirtschafts- und Steuerrecht und Lochkartenwesen

von Werner Sommer und Hanns-Martin Schönfeld. 2./3. Auflage. 2 Bände. Oktav. 1963/66. English-Deutsch. Plastik flexibel etwa DM 16,—. Deutsch-English. Plastik flexibel DM 14,—

POLEC

Dictionary of politics and economics / Dictionnaire de politique et d'économie / Wörterbuch für Politik und Wirtschaft

von Harry Back, Horst Cirullies und Günter Marquard. Oktav. XVI, 961 Seiten. 1964. Plastikeinband DM 38,—

FSC
www.fsc.org
MIX
Papier | Fördert
gute Waldnutzung
FSC® C083411

Zeitfracht Medien GmbH
Ferdinand-Jühlke-Straße 7
99095 Erfurt, Deutschland
produktsicherheit@kolibri360.de